Fallstudien im
Personalmanagement

Nicole Böhmer
Heike Schinnenburg
Carsten Steinert

Fallstudien im Personalmanagement

Entscheidungen treffen, Konzepte entwickeln, Strategien aufbauen

PEARSON

Higher Education
München • Harlow • Amsterdam • Madrid • Boston
San Francisco • Don Mills • Mexico City • Sydney
a part of Pearson plc worldwide

Bibliografische Information der Deutschen Nationalbibliothek

Die Deutsche Nationalbibliothek verzeichnet diese Publikation in der Deutschen Nationalbibliografie; detaillierte bibliografische Daten sind im Internet über *http://dnb.dnb.de* abrufbar.

14 13 12

ISBN 978-3-86894-106-7

Martin-Kollar-Straße 10-12, D-81829 München

www.pearson.de
A part of Pearson plc worldwide

Lektorat: Martin Milbradt, mmilbradt@pearson.de
Alice Kachnij, akachnij@pearson.de
Einbandgestaltung: Thomas Arlt, tarlt@adesso21.net
Herstellung: Elisabeth Prümm, epruemm@pearson.de
Satz: mediaService, Siegen (www.mediaservice.tv)
Druck und Verarbeitung: GraphyGems, Villatuerta

Printed in Spain

Inhaltsübersicht

Vorwort 11

Teil A Mit Fallstudien lernen 13

Teil B Mini-Fälle zu typischen Personal-Funktionen 33

Kapitel B.1 Personalauswahl 35
Kapitel B.2 Personalentwicklung 53
Kapitel B.3 Personalreduzierung und Trennung von Mitarbeitern 67
Kapitel B.4 Mitarbeiterführung 87
Kapitel B.5 Zielvereinbarungen 103
Kapitel B.6 Vergütungssysteme 119
Kapitel B.7 Personalplanung 135
Kapitel B.8 Change Management 149

Teil C Fallstudien 167

Kapitel C.1 Handel und Dienstleistungen 169
Kapitel C.2 Industrie 217
Kapitel C.3 Gesundheitsbranche und Non-Profit-Organisationen 257
Kapitel C.4 Internationale Fälle 279

Die Autoren 297

Inhaltsverzeichnis

Vorwort 11

Teil A Mit Fallstudien lernen 13

Von Nicole Böhmer

A.1 Einleitung ... 14
A.2 Erste Schritte ... 16
A.3 Komplexität ... 17
A.4 Unmittelbare und grundlegende Herausforderungen ... 19
A.5 Informationen und Annahmen ... 21
A.6 Visualisierung der Zusammenhänge ... 23
A.7 Von den Alternativen zur Entscheidung ... 24
A.8 Implementierung ... 25
A.9 Lernen über drei Phasen ... 26
A.10 Fazit ... 28
Formular ... 30

Teil B Mini-Fälle zu typischen Personal-Funktionen 33

Kapitel B.1 Personalauswahl 35

Mit einer Einführung von Heike Schinnenburg

B.1.1 Was muss er denn können? ... 40
B.1.2 Ein Teamleiter für Herrn Nörgel ... 42
B.1.3 Gesucht: Syndikusanwalt ... 43
B.1.4 Vertrieb kann ich auch! ... 45
B.1.5 Ist dieser Kandidat der Richtige für uns? Analyse eines Lebenslaufs ... 46
B.1.6 Der Sohn der Freundin – Analyse eines Arbeitszeugnisses ... 48
B.1.7 Wie verbessern wir die Personalauswahl? ... 50

Kapitel B.2 Personalentwicklung 53

Mit einer Einführung von Heike Schinnenburg

B.2.1 Einführung der neuen Auszubildenden ... 59
B.2.2 Wieder Ärger mit Timo! Nachwuchsqualifizierung zwischen Anspruch und Wirklichkeit ... 61
B.2.3 „Geht´s auch freundlicher?“ Personalentwicklung für die Hotline ... 63
B.2.4 Der alte Hase ... 64
B.2.5 Impatriation im Emsland ... 66

Kapitel B.3 Personalreduzierung und Trennung von Mitarbeitern **67**
Mit einer Einführung von Carsten Steinert

B.3.1 Die „geerbte“ Mitarbeiterin 73
B.3.2 Schluss mit lustig – Trennung in der Probezeit? 75
B.3.3 Vier müssen gehen – Sozialauswahl bei betriebsbedingter Kündigung 76
B.3.4 Wie konnte das so schiefgehen? Abwerbung und Scheitern eines erfolgreichen Managers 79
B.3.5 Die doppelte Marketing-Leitung 82
B.3.6 Die 0900er Nummer 83

Kapitel B.4 Mitarbeiterführung **87**
Mit einer Einführung von Carsten Steinert

B.4.1 „Moving ahead“ – Wie reduzieren wir die Krankenquote? 93
B.4.2 Es wird gesurft 96
B.4.3 Die Fahne – Mitarbeiter mit Alkoholproblem 97
B.4.4 Der Grünschnabel 98
B.4.5 Die Sonderschicht – Wen wird es treffen? 100
B.4.6 Auf Vertrauen bauen? 101

Kapitel B.5 Zielvereinbarungen **103**
Mit einer Einführung von Nicole Böhmer

B.5.1 Die lieben Zahlen – Führen mit quantitativen Zielen 109
B.5.2 Das haben wir erreicht – Zielerreichungsgespräche vorbereiten und führen 112
B.5.3 Projekt „Führungskräfteentwicklung“ – Führen mit qualitativen Teamzielen 115
B.5.4 Das Problem mit den Lippenstiften – Motivieren im Halbjahresgespräch 117

Kapitel B.6 Vergütungssysteme **119**
Mit einer Einführung von Nicole Böhmer

B.6.1 Vertriebsziele erreichen mit zwei Stellschrauben – Erfolgs- und leistungsorientierte Vergütung in einer Sparkasse 127
B.6.2 Ein neues Vergütungssystem für die All-Well-Pha AG 129
B.6.3 Eine Frage der Prioritäten – Vergütungspakete beim Auslandseinsatz. 131
B.6.4 Was darf‘s denn sein? Einführung eines Cafeteria-Systems 133

Kapitel B.7 Personalplanung 135
Mit einer Einführung von Nicole Böhmer

B.7.1 Die neue Verkaufsfläche – Brauchen wir wirklich neue Mitarbeiter? .. 141
B.7.2 Wie viele Pflegekräfte brauchen wir? Personalbedarfsermittlung für ein Altenheim 142
B.7.3 Im Zugzwang – Personalentwicklung will geplant sein 144
B.7.4 Was tun, wenn's brennt? Der Umgang mit Burnout-gefährdeten Mitarbeitern 145

Kapitel B.8 Change Management 149
Mit einer Einführung von Carsten Steinert

B.8.1 Es schmeckt nicht alles süß – Change Management in der Qualitätsbäckerei 156
B.8.2 Wie sagen wir es richtig? Kommunikationsstrategien in Veränderungsprozessen 158
B.8.3 Geht Ihnen ein Licht auf? Einführung eines Ideenmanagement-Systems 160
B.8.4 Alles Hinterwäldler? Das neue IT-System 163

Teil C Fallstudien 167

Kapitel C.1 Handel und Dienstleistungen 169

C.1.1 „Take it“ or leave it – Welche Werte zählen?........ 170
C.1.2 Chance auf die 1a-Lage – Wie gelingt die Neuausrichtung des Teams?. 174
C.1.3 Das City-Kaufhaus Brunnwerder – Wie geht's weiter nach der Übernahme? 180
C.1.4 Alles in Ordnung bei numbers & more – 360° im Blick? 191
C.1.5 Der Vertriebsspezialist – Personalbeschaffung als Belastungsprobe ... 197
C.1.6 Die ersten 100 Tage – Herausforderungen im Verlag........ 208
C.1.7 Die Königskinder – Unzufriedenheit im Vertriebsinnendienst 212

Kapitel C.2 Industrie 217

C.2.1 Der Weg ist das Ziel – Das Mitarbeitergespräch als „eierlegende Wollmilchsau“........ 218
C.2.2 Wer darf bleiben? Sozialauswahl bei der Wagner Schiffbau GmbH.... 223
C.2.3 Bewegung bei Easy Motion – Viele Baustellen für die neue Personalleitung 229
C.2.4 SMART sollen sie sein – Warum werden keine „richtigen“ Ziele vereinbart? 232
C.2.5 Alles Gold, was glänzt? Beurteilung im Personalbereich 236
C.2.6 Die Jagdgesellschaft – Change für B3........ 243
C.2.7 Business as usual? Verkauf eines Unternehmens 249

Kapitel C.3 Gesundheitsbranche und Non-Profit-Organisationen 257

C.3.1 Im Aquarium! Personalmanagement als Herausforderung in der Elementarpädagogik ... 258
C.3.2 Entlohnungssystem für eine Zahnarztpraxis ... 262
C.3.3 Wie dreht sich die Pille? Vertriebssteuerung und Anreizgestaltung in der Pharmabranche ... 266
C.3.4 Zeit für die eigenen Lorbeeren? Outsourcing der IT-Abteilung bei Holtmann Pharma ... 270

Kapitel C.4 Internationale Fälle 279

C.4.1 Mentoren in China ... 280
C.4.2 HR Due Diligence bei der Flugtech AG ... 284
C.4.3 Auf nach Polen ... 291

Die Autoren 297

Bildnachweis 300

Vorwort

Um schwimmen zu lernen, muß ich ins Wasser gehen, sonst lerne ich nichts.

August Bebel

Wie aber können Berufseinsteiger auf dieses „Wasser" vorbereitet werden? Wie kann der vielbesagte „Sprung ins kalte Wasser" in der Berufspraxis abgemildert werden? Ein Ansatzpunkt dazu kann das Lernen mit Fallstudien sein, denn dabei werden Situationen aus der Praxis in den Lernprozess eingebunden. Damit besteht die Chance, Theorie vor dem Hintergrund praktischer Komplexität zu reflektieren und damit die Arbeitsmarktfähigkeit von Studierenden zu erhöhen.

Dieser Ansatz wird seit Jahren in verschiedenen betriebswirtschaftlichen Disziplinen genutzt und gerade von amerikanischen Business Schools propagiert. Für den Bereich des Personalmanagements fehlt es bislang an einer Sammlung von Fallstudien, die die Praxis in deutschen Unternehmen reflektiert und die Besonderheiten deutschen Arbeitsrechts berücksichtigt. Mit einer zielgerichteten Zusammenstellung von Fällen aus der Praxis für die Ausbildung von Personalern und Führungsnachwuchskräften soll dieses Buch die Lücke schließen.

Das Fallstudienbuch wendet sich an Studierende mit dem Studienschwerpunkt Personalmanagement in den Bachelor- und Master-Programmen. Sie werden zunächst an das Lernen mit Fallstudien herangeführt (*Teil A*). Diese praktische Anleitung wird ergänzt durch ein Formular, das bei der späteren eigenständigen Bearbeitung der Fälle hilfreich ist. Auch für Lehrende bietet *Teil A* eine komprimierte Darstellung der Fallstudiendidaktik. In *Teil B* und *Teil C* finden sich Fallstudien unterschiedlichen Umfangs, die sowohl autodidaktisch als auch zum Lernen in Modulen oder Lerngruppen genutzt werden können.

Dabei enthält *Teil B* eher kürzere, weniger komplexe Fälle, die in der Regel den Fokus auf ein bestimmtes Feld des Personalmanagements oder auf ein ausgewähltes Instrument legen. Die Fälle sind den typischen Feldern des Personalmanagements Personalauswahl, Personalentwicklung, Personalreduzierung und Trennung von Mitarbeitern, Mitarbeiterführung, Zielvereinbarungen, Vergütungssysteme, Personalplanung und Change Management zugeordnet. Stets sind Entscheidungen zu treffen. Oftmals erfordern die Fälle auch die Entwicklung von Konzepten. Zu jedem Feld des Personalmanagement gibt es eine Einführung, die den Zugang zu den Fällen erleichtert.

Umfangreichere und komplexere Fälle, die häufig zudem die Anwendung verschiedener theoretischer Ansätze erfordern, sind in *Teil C* angesiedelt. In diesen Fallstudien sind auch strategische Aspekte, wie die Ankopplung an die Unternehmensstrategie, und die Besonderheiten verschiedener Branchen und Berufsfelder von Bedeutung. Daher sind die Fälle in diesem Teil nach den Branchen Handel und Dienstleistungen, Industrie, Gesundheitsbranche und Non-Profit-Organisationen gegliedert. Dazu kommt ein internationaler Schwerpunkt.

Für die Lehrenden, die die Fallstudien in diesem Buch in ihren Modulen und Veranstaltungen einsetzen möchten sind zusätzliche Teaching Notes auf der Companion Website *www.pearson-studium.de* abrufbar. Diese Hilfestellungen unterstützen bei der Fallauswahl für die Lehre, indem zum Beispiel die möglichen Lernziele (Niveaustufe 3-5 nach ECTS) und Vorschläge für den Einsatz und die didaktische Umsetzung in Master- sowie Bachelor-Gruppen gegeben werden.

Eine „First-Best"-Lösung für Praxissituationen existiert in der Regel nicht. Unterschiedliche Wege sind gangbar (s. dazu auch vertiefend Teil A) und die tatsächlichen Auswirkungen einer Entscheidung werden oftmals erst in der Retrospektive sichtbar. Wir verzichten aus diesem Grund ganz bewusst auf Musterlösungen, da diese nur eine mögliche Vorgehensweise darstellen würden und andere sinnvolle Optionen ausblenden.

In diesem Buch wird aus Gründen der leichteren Lesbarkeit grundsätzlich auf die gleichzeitige Verwendung der männlichen und weiblichen Personenbezeichnung verzichtet. Die Verwendung der gewählten Form schließt die jeweils andere mit ein. Ausgenommen sind zum Beispiel Stellenanzeigen, da hier aufgrund des Allgemeinen Gleichbehandlungsgesetzes (AGG) beide Formen erforderlich sind.

Die Fälle im Buch wurden von uns in intensivem und fruchtbarem Austausch mit Praktikern und Studierenden erstellt. Dafür möchten wir uns an dieser Stelle herzlich bedanken. Gern würden wir diesen Austausch mit den Lesern dieses Buchs fortsetzen und freuen uns daher über Ihre Rückmeldungen und Erfahrungsberichte.

Osnabrück, im April 2012

Prof. Dr. Nicole Böhmer
Prof. Dr. Heike Schinnenburg
Prof. Dr. Carsten Steinert

TEIL A

Mit Fallstudien lernen

Von Nicole Böhmer

A.1 Einleitung ... 14

A.2 Erste Schritte ... 16

A.3 Komplexität ... 17

A.4 Unmittelbare und grundlegende Herausforderungen ... 19

A.5 Informationen und Annahmen ... 21

A.6 Visualisierung der Zusammenhänge ... 23

A.7 Von den Alternativen zur Entscheidung ... 24

A.8 Implementierung ... 25

A.9 Lernen über drei Phasen ... 26

A.10 Fazit ... 28

A.1 Einleitung

Nicole Böhmer

> *Jedes Denken wird dadurch gefördert, daß es in einem bestimmten Augenblick sich nicht mehr mit Erdachtem abgeben darf, sondern durch die Wirklichkeit hindurch muß.*
>
> *Albert Einstein*

Viele Instrumente des Personalmanagements werden in der Theorie schlüssig dargestellt und deren bestmögliche Gestaltung so gut begründet, dass der Leser davon unmittelbar überzeugt ist. Auch Best-Practice-Modelle sind häufig so beschrieben, dass ein anderer als der skizzierte Weg beinahe als Irrweg erscheint. Dies vermittelt den Eindruck, die Gestaltung der Instrumente des Personalmanagements sei wenig anspruchsvoll und die „richtige“ Herangehensweise eindeutig. In der Praxis greift jedoch die isolierte Betrachtung einer Theorie oder auch eines Instruments, wie zum Beispiel des Talentmanagements, oftmals zu kurz. Vielmehr ist es erforderlich, ein Portfolio von Personalmanagement-Instrumenten im Blick zu behalten. Wechselwirkungen zwischen den verschiedenen Bereichen des Personalmanagements, das Zusammenspiel mit anderen Abteilungen oder die Unternehmenskultur sind nur einige Aspekte, die die Komplexität zusätzlich erhöhen. Solche Interdependenzen stellen auch für erfahrene Praktiker immer wieder Herausforderungen dar.

An dieser Stelle setzt die Fallstudiendidaktik an, denn auf die sonst übliche Komplexitätsreduktion zu Lehrzwecken verzichtet sie überwiegend. So können Fälle eingesetzt werden, um die Herausforderungen bestimmter Praxisfelder zu beleuchten und um selbst in unübersichtlichen Situationen eine Handlungskompetenz zu erlangen. Bereits in den Bachelor-Programmen sind die Fallstudien auf der Basis entsprechender Grundlagen sinnvoll einsetzbar. In Master-Programmen können die Anforderungen sukzessive gesteigert und die Teilnehmer damit schrittweise stärker gefordert werden. Entsprechend lassen sich die Fälle in diesem Buch für verschiedene Lerngruppen verwenden, um die Studierenden insbesondere in ihrer anwendungsbezogenen und methodischen Kompetenz zu fördern. Auch die personale Kompetenz wird gestärkt.

Die tatsächliche Komplexität der Berufspraxis kann selbstverständlich ein **realer Fall** am besten vermitteln. Daher finden Sie in diesem Buch ausschließlich Fallstudien, die auf der Praxis beruhen. Die Ideen stammen aus der Praxis der Autoren im Personalmanagement, der Beratung oder aus betreuten studentischen Projekten. Im Personalbereich eines Unternehmens zählt jedoch der Umgang mit höchst vertraulichen Informationen zu den Eckpfeilern. Aus diesem Grund wird in diesem Buch auf die Benennung der realen Unternehmen verzichtet: Alle Fälle sind anonymisiert und so verfremdet, dass eine Übereinstimmung mit einer tatsächlichen Situation in einem Betrieb auf einem Zufall beruhen würde und von den Autoren nicht gewollt ist.

Dieses Kapitel dient dazu, grundsätzlich zu erklären, wie mit Fallstudien gelernt und gearbeitet werden kann. Es wird ein Schema (s. Formular Fallüberblick, S. 30) vorgestellt, anhand dessen ein Fall analysiert und sukzessive eine Lösung generiert werden kann.[1] Jeder Schritt wird erklärt, so dass Sie als Leser entscheiden können, ob und wieweit er Ihnen hilfreich erscheint. Anhand eines Beispielfalls werden wichtige

1 Das in diesem Kapitel vorgestellte Vorgehen orientiert sich an Mauffette-Leenders, Erskine und Leenders (2005).

Aspekte verdeutlicht und die Herangehensweise greifbar gemacht. Das Schema ist besonders hilfreich für die Bearbeitung der Fälle im *Teil C* dieses Buches.

Fallstudie

Ein kurzer Fall zum Einstieg

Eric Zander hatte sich auf seine neue Stelle gefreut: Er hatte seinen ersten Arbeitsvertrag nach dem Studium unterschrieben und würde nach einer Italienreise in der Unternehmensberatung Facts & Solutions im Recruiting tätig sein. Im Rahmen seiner Vorstellungsgespräche im Unternehmen hatte er erfahren, dass in den letzten Jahren im Schnitt 130 Mitarbeiter neu eingestellt wurden. Der geschäftsführende Gesellschafter, Friedrich Tucher, war Mitte 60 und hatte begeistert vom Unternehmen, der guten Gemeinschaft und der Erfolgsgeschichte seit der Gründung 1970 erzählt. Stolz hatte er berichtet, dass noch viele Mitarbeiter aus den Gründungsjahren dabei waren. Auch Erics Vorgänger im Recruiting, Wolfgang Hafer, war erst vor Kurzem altersbedingt ausgeschieden. Die Jungen hätten da nicht so ein Durchhaltevermögen und wären manchmal schwierig zu führen. *„Aber das kriegt meine Führungsmannschaft schon hin“*, meinte Herr Tucher. In den Interviews hatte Eric ihm schon seine Ideen für einen modernen Medienmix bei der Personalbeschaffung erläutern können. Insbesondere Erics Einschätzung zu den Möglichkeiten der Social Media hatte Tucher hören wollen.

Nach der Vertragsunterzeichnung hatte Eric voller Begeisterung alles über Facts & Solutions gelesen, was er in Presse und Internet gefunden hatte. Allerdings hatte er sich gewundert, dass bei der hohen Zahl von Neueinstellungen in der Presse seit Jahren immer die Mitarbeiterzahl 450 genannt wurde. *„Schlecht recherchiert oder voneinander abgeschrieben“*, dachte er.

In seinen ersten Wochen bei Facts & Solutions war Eric dann vor allem mit der Rekrutierung neuer Mitarbeiter voll beschäftigt. Entgegen seiner Erwartungen gab es von seinem Vorgänger kaum Unterlagen zur Personalauswahl. Noch nicht einmal Interviewleitfäden konnte er finden. Außer Bewerbungsgesprächen waren bislang offenbar keine anderen Auswahlinstrumente eingesetzt worden. In einem Telefonat hatte ihm Wolfgang Hafer dann berichtet, dass die Gespräche immer intuitiv geführt worden waren. Bislang war Herr Tucher oft mit dabei gewesen. *„Ja, ja, mit den Jahren werden Sie da auch ein Gefühl entwickeln, wer ins Haus passt. Und der Herr Tucher hat da auch sehr genaue Vorstellungen“*, hatte Hafer gemeint.

Dennoch ließ Eric seine Recherche nicht ruhen. Er fand heraus, dass es eine hohe durchschnittliche Betriebszugehörigkeit gab. Gleichzeitig sprachen die Zahlen für eine deutliche Frühfluktuation. Die meisten Kündigungen seitens der Mitarbeiter wurden am Ende der Probezeit oder innerhalb des ersten Jahres bei Facts & Solutions ausgesprochen. Etwa 20 Prozent der Verträge, die nach der Probezeit endeten wurden vom Unternehmen gekündigt. Die Altersstruktur der Mitarbeiter zeigte kaum jemanden über 60 Jahre. In der Altersgruppe zwischen 50 und 60 Jahren fanden sich 40 Prozent aller Mitarbeiter.

Eric schüttelte den Kopf, als er die Ergebnisse überdachte. Darauf wäre er bei seinen ersten Recherchen nie gekommen, doch der erste persönliche Auftrag von Herrn Tucher an ihn hatte schon in diese Richtung gedeutet. *„Von den neuen Mitarbeitern wünsche ich mir mehr Beständigkeit. Machen Sie mir da doch bald mal einen Vorschlag“*, hatte Tucher Eric vor drei Wochen gebeten. Am kommenden Montag hatte er nun einen Termin, um sein Konzept gemeinsam mit seinem Chef Julian Hörnschemeyer, dem Personalleiter, bei Herrn Tucher vorzustellen.

Aufgabe

Sie sind Eric. Wie verhalten Sie sich und warum?

A.2 Erste Schritte

Wenn Sie den Fall bearbeiten wollen, verschaffen Sie sich zunächst einen Überblick. Dieser erste Überblick sollte innerhalb von fünf bis zehn Minuten abgeschlossen sein. Lesen Sie dazu den ersten und den letzten Abschnitt sowie die Zwischenüberschriften. Soweit im Fall enthalten, schauen Sie sich Abbildungen und Tabellen an. Überfliegen Sie daraufhin den Text.

In jeder Fallstudie finden Sie eine Situation vor, in der eine Person einer Herausforderung gegenübersteht. Konkret sind Sie im Rahmen der Fallstudiendidaktik gefordert, sich in die Situation des **Protagonisten**, oftmals eines Personalreferenten oder Leiters eines HR-Teams, zu versetzen. Wichtig ist, dass Sie diese Person nicht als Außenstehender beraten. Sie sollen vielmehr entscheiden, als ob Sie selbst in der Position des Protagonisten wären, denn dann stände bei einer Fehlentscheidung auch Ihre eigene Karriere auf dem Spiel. Sie wären nicht nur für eine Entscheidung punktuell verantwortlich, sondern müssten auch in Zukunft damit leben. Beispielsweise würden Sie am Erfolg eines neuen Vergütungssystems gemessen und müssten es ebenso weiter entwickeln und anpassen, wenn sich wesentliche Rahmenbedingungen ändern. All dies erfordert einen gewissen Weitblick, die Antizipation zukünftiger Entwicklungen und auch unternehmenspolitischer Konstellationen, um dauerhaft zufrieden und erfolgreich im gleichen Unternehmen tätig sein zu können. Insgesamt tragen Sie in dieser Rolle deutlich mehr Risiko und haben für Entscheidungen langfristig einzustehen.

Was bedeutet das für Erics Fall?

Im Einstiegsfall könnte Eric Zander zu dem Ergebnis kommen, dass er bei Facts & Solutions dauerhaft deutlich weniger neue Mitarbeiter pro Jahr rekrutieren muss. Das augenblicklich hohe Durchschnittsalter und die Frühfluktuation im Unternehmen bedingen seiner Meinung nach die vielen Neueinstellungen und er ist zuversichtlich, dass er die Personalauswahl bald optimiert haben wird.

Identifizieren Sie die zentralen Herausforderungen im Fall und machen Sie sich auch klar, warum die Hauptperson davon betroffen ist. Stellen Sie außerdem fest, wie eng der Zeitplan des Protagonisten ist. Bleiben Ihnen Stunden, Tage oder Wochen für die Recherchen und für Ihre Entscheidung? Als Nächstes schätzen Sie den Schwierigkeitsgrad der Fallstudie ein.

A.3 Komplexität

Wie schwierig die Bearbeitung einer Fallstudie ist, kann an drei Dimensionen festgemacht werden:

- an dem analytischen Schwierigkeitsniveau,
- an dem konzeptionellen Anspruch und der Komplexität der Theorie und schließlich
- an der Darstellung und dem Umfang der Informationen in der Fallstudie.

Alle drei Dimensionen sollen von Ihnen separat eingestuft werden. Hierfür sind in der Regel drei Stufen ausreichend. Durch das selbstständige Einstufen der Fallschwierigkeit können Sie zunächst mit einfachen Fällen beginnen und sich nach und nach komplexere Fallstudien heraussuchen.

Eine recht einfach zu lösende Fallstudie mit dem Niveau 1,1,1 wird von Ihnen zum Beispiel fordern, bereits getroffene Entscheidungen anhand eines bekannten theoretischen Konzepts zu bewerten, wobei der Fall klar gegliedert ist und alle relevanten Informationen enthält (s. Abbildung A.3.1).

Ein schwieriger Fall mit dem Niveau 3,3,3 wird länger und schlecht strukturiert sein. An einigen Stellen werden Informationen fehlen, während an anderen Stellen Nebensächlichkeiten thematisiert sind. Es wird Ihre Aufgabe sein, zunächst einmal die Probleme zu identifizieren und erst danach eigenständig Entscheidungsalternativen zu entwickeln. Dazu werden Sie verschiedene Konzepte und komplexe Theorien benötigen. Im *Teil B* dieses Buches finden sich überwiegend Fälle, die das Niveau 1 oder 2 in den drei Dimensionen erreichen, während im *Teil C* das Niveau 2 bis 3 erreicht wird.

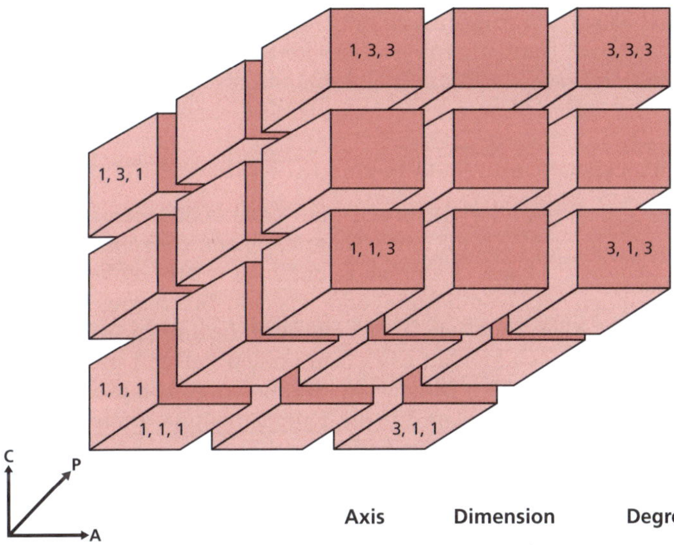

Axis	Dimension	Degree
A	Analytical	1-3
C	Conceptual	1-3
P	Presentation	1-3

Abbildung A.3.1: Würfel der Fallschwierigkeit (Quelle: Mauffette-Leenders, L.; Erskine, J.; Leenders, M.: Learning with cases. London/ Ontario: Richard Ivey School of Business 2005, S. 17.)

A.3.1 Analytisches Schwierigkeitsniveau

Eine Fallstudie, die Ihnen eine Praxissituation schildert und dazu gleich einen Lösungsweg anbietet, beinhaltet das niedrigste analytische Schwierigkeitsniveau. Sie sind in dieser Fallstudie gefordert, eine bereits getroffen Entscheidung zu evaluieren. Sollten Sie zu dem Ergebnis kommen, dass die Entscheidung unangemessen ist, können Sie auch erwägen, eine bessere zu entwickeln.

Was bedeutet das für Erics Fall?

Nehmen wir an, Eric Zander kommt im Einstiegsfall zu dem Ergebnis, dass die Stelle doch nicht seinen Erwartungen entspricht. Recruiting war und bleibt nun mal sein Steckenpferd. So entscheidet er sich, wieder den Arbeitsmarkt zu beobachten, um bei passender Gelegenheit das Unternehmen zu wechseln. Bei der Fallbearbeitung wären Sie gefordert, diese Entscheidung zu bewerten.

Schwieriger wird es, wenn Ihnen Handlungsalternativen aufgezeigt werden und Sie gefordert sind, eine davon auszuwählen (mittleres Niveau). Am Herausforderndsten ist eine Fallstudie hinsichtlich des analytischen Niveaus, wenn alle Entscheidungsalternativen von Ihnen erarbeitet werden müssen. Dies fordert nämlich Ihre Kreativität und einen guten Überblick über die Situation, bevor Sie unterschiedliche Wege in Erwägung ziehen.

Was bedeutet das für Erics Fall?

Im Beispielfall würde die Aufgabenstellung lediglich „Sie sind Eric. Wie verhalten Sie sich und warum?“ lauten, ohne vorher alternative Verhaltensweisen aufzuzeigen oder Sie durch Fragen in Ihren Analysen und Entscheidungen zu leiten.

A.3.2 Konzeptioneller Anspruch und Komplexität der Theorie

Die Dimension konzeptioneller Anspruch und Komplexität der Theorie ist niedrig ausgeprägt, wenn Sie den Fall mit einer Theorie, einem Konzept oder einer Technik lösen können. Alternativ kann es sich auch um zwei relativ einfache Theorien handeln. Diese sind Ihnen entweder bekannt oder aus dem Text heraus verständlich. Sind mehrere oder schwierige Theorien, Konzepte oder Techniken erforderlich, um die Fallstudie zu bearbeiten, so handelt es sich um einen Fall mit mittlerem Schwierigkeitsgrad in der konzeptionellen Dimension. Sind mehrere komplexe, anspruchsvolle Theorien, Konzepte und Techniken für die Fallbearbeitung erforderlich, handelt es sich um eine konzeptionell schwierige Fallstudie.

Was bedeutet das für Erics Fall?

Im Einstiegsfall sind Kenntnisse über Personalauswahl und Mitarbeiterbindung, über die Personalbedarfsermittlung sowie über die Einstiegssituation nach dem Studium erforderlich. Je nach Lerngruppe handelt es sich um ein mittleres bis hohes Schwierigkeitsniveau.

A.3.3 Darstellung und Umfang der Informationen

Ein Fall kann sehr unterschiedlich lang sein. Eine lange Fallstudie ist jedoch nicht zwangsläufig ein Indikator für eine hohe Komplexität. Wirklich spannende und schwierige Fallstudien können schon auf einer Seite beschrieben sein. Ein zwanzigseitiger Fall mit Auszügen aus dem Geschäftsbericht als Anhang mag im Schwierigkeitsgrad viel geringer sein. Daher ist es günstig, sich vor der eigentlichen Fallbearbeitung einen Eindruck von der Struktur der Informationen zu verschaffen, um die Schwierigkeit einzuschätzen.

Können Sie bereits nach dem ersten Lesen erforderliche von nicht erforderlichen Informationen und Daten trennen? Sind die Informationen strukturiert und zusammenhängend aufgeführt oder müssen Sie sich in jedem Absatz „Puzzle-Teile" abholen? Haben Sie am Ende der Fallstudie den Eindruck, gut informiert zu sein oder sind Ihnen schon diverse fehlende Angaben aufgefallen? Beantworten Sie diese Fragen für sich, um festzustellen, ob es sich um einen kurzen Fall mit gut strukturierten Informationen handelt. Dies deutet auf einen niedrigen Schwierigkeitsgrad hin. Sind die Informationen bei einem längeren Fall in einer komplizierten Textstruktur verborgen? Gibt es an einigen Stellen Informationslücken und an anderen Redundanzen? Werden die Informationen in verschiedenen Medien, zum Beispiel in Tabellen oder Abbildungen, vermittelt? Dann handelt es sich um einen Fall mit hohem Schwierigkeitsgrad, während ein mittellanger Fall mit einigen fehlenden und einigen überflüssigen Angaben eher dem mittleren Schwierigkeitsgrad zuzuordnen ist.

Was bedeutet das für Erics Fall?

Der Beispielfall ist recht kurz. Wesentliche Informationen zum Unternehmen und zum bisherigen Personalmanagement sowie zu vorhanden Instrumenten sowie zur Person Erics, zum Beispiel welches Studium er abgeschlossen hat, fehlen. Andere Punkte, wie seine Reise, erscheinen redundant. Insgesamt handelt es sich hinsichtlich der Informationen um ein mittleres Schwierigkeitsniveau.

Nach dem Abschätzen dieser drei Dimensionen kann der Fall bearbeitet werden. Vor dem Abschluss eines Falls lohnt sich auch ein Blick zurück: Bestätigt sich die ursprüngliche Einschätzung der Fallschwierigkeit oder hat sich etwas verändert? Gerade bei Lernenden, die noch wenig Erfahrung mit Fallstudien haben zeigt sich oftmals, dass die Komplexität eines Falls zunächst relativ gering eingestuft wird. Nach der Lösung treten die Verknüpfungen und Unsicherheiten deutlicher hervor. Häufig verschiebt sich damit die Wahrnehmung der Fallkomplexität nach oben, hinten und rechts im in Abbildung A.3.1 dargestellten Würfel.

A.4 Unmittelbare und grundlegende Herausforderungen

Die Fälle sind so aufgebaut, dass unterschiedliche Herausforderungen und Probleme der Unternehmenspraxis skizziert werden. Bei der Fallbearbeitung geht es darum, Wichtiges von Unwichtigem zu trennen. Wo liegen die Kernprobleme und -herausforderungen? Welche Möglichkeiten oder Bedenken sind in der Fallsituation schwerwiegend? Was sind die unmittelbaren Probleme und wo liegen grundlegende Herausforderungen? Während die unmittelbaren Probleme oftmals in der speziellen Entscheidungssituation offensichtlich sind, gehen die grundlegenden Probleme tiefer und erfordern umfassendere Lösungsansätze. Hierfür ist eine langfristigere, häufig strategische Denkweise erforderlich.

Es gilt ebenfalls zu überlegen, ob die unmittelbar anliegenden Herausforderungen einen Hinweis darauf geben, wo grundlegende Probleme im Unternehmen oder im Personalmanagement liegen. Beachten Sie, dass die Regelung von offensichtlichen Problemen teilweise den Blick auf die für die Unternehmensgeschicke zentralen Aspekte, die grundlegenden Herausforderungen, erschwert. Die unmittelbaren Probleme tragen beim Lernen mit Fallstudien dazu bei, die grundlegenden Herausforderungen besser zu durchdringen und diesbezüglich eine berufliche Handlungskompetenz auszubauen. Für die Lösung von grundlegenden Problemen sind oftmals umfassende Theorien und Konzepte des Personalmanagement hilfreich und notwendig.

Wenn Sie alle unmittelbaren und grundlegenden Probleme identifiziert haben, ist es erforderlich, als Nächstes abzuschätzen,

a) wie dringend und

b) wie wichtig die einzelnen Punkte sind.

Dies ist hilfreich, um erste Entscheidungen zu treffen, welche Punkte zeitnah geregelt werden müssen und welche warten oder delegiert werden können. Die Dringlichkeit spiegelt sich im zur Verfügung stehenden zeitlichen Korridor wider. Sie ist hoch, wenn die Entscheidung bis zu einem Zeitpunkt in der nahen Zukunft getroffen werden muss. Die Wichtigkeit der analysierten Herausforderung wächst mit der existenziellen oder strategischen Bedeutung für das Unternehmen beziehungsweise das Personalmanagement. Gehen Wettbewerbsvorteile, zum Beispiel auf dem Arbeitsmarkt, verloren, wenn hier nicht gehandelt wird? Auch wenn das Problem großen Einfluss auf die Moral der Mitarbeiter, die Unternehmenskultur oder das Unternehmensimage hat, ist die Wichtigkeit als hoch einzustufen.

Was bedeutet das für Erics Fall?

Im Fall von Eric und Facts & Solutions sind als grundlegendes Problem die Altersstruktur im Unternehmen und ebenso die Unternehmenskultur einzustufen. Letztere erschwert offenbar die Integration neuer Mitarbeiter. Dabei ist zu bedenken, dass die Kultur durch den Gründer Tucher beeinflusst wird. Das unmittelbare Thema Mitarbeiterbindung sowie die fehlenden Instrumente zur Personalauswahl lassen auf ein schwach ausgebildetes Personalmanagement als grundlegendes Problem schließen. Für Eric kommt als Herausforderung hinzu, das von Tucher geforderte Konzept kurzfristig zu entwerfen.

Denkanstoß **Symptom und Krankheit**

Viele kleine Probleme des Tagesgeschäfts können in der Praxis auf tieferliegende Herausforderungen oder auf Unstimmigkeiten im Personalmanagement oder der Unternehmensführung hindeuten. Bildhaft gesprochen können die täglich zu lösenden Probleme des Personalmanagements wie die Symptome einer tieferliegenden Krankheit betrachtet werden. Werden beispielswiese bei einem Patienten immer wieder verschiedene akute Magen-Darm-Leiden kuriert, ohne die dahinter liegende Nahrungsmittelunverträglichkeit zu erkennen, wird dies über Jahre nicht zu einer wirklichen Heilung führen. Erst wenn das zugrundliegende Problem erkannt und behandelt wird, kommt es zu einer dauerhaften Besserung. Ebenso können im Personalmanagement immer wieder unmittelbare Probleme, die oftmals dem operativen Geschäft zuzuordnen sind, gut gelöst werden. Es werden sich jedoch wieder ähnliche Probleme entwickeln, wenn die dahinter liegenden grundlegenden Herausforderungen nicht angegangen werden.

So kann im Fall ein Problem, das wichtig ist, als (lebens-)bedrohliches Symptom gesehen werden. Eine erkannte Krankheit kann akuten Behandlungsbedarf erfordern oder so geringe Auswirkungen haben, dass andere (unmittelbare) Probleme wichtiger sind. Ebenso können Symptome einer Krankheit eine hohe Dringlichkeit analog zu in einer Unfallsituation im Krankenhaus besitzen, bei der die verspätete Behandlung eine deutliche Verschlechterung des Gesundheitszustands hervorrufen würde.

Sowohl unmittelbare als auch grundlegende Probleme müssen folglich beachtet werden.

A.5 Informationen und Annahmen

Wenn Sie einen Fall zum ersten Mal lesen, werden Sie oftmals mit vielen kleinen Informationen und Hintergründen konfrontiert. Zu entscheiden, was wichtig oder unwichtig ist, stellt eine Herausforderung bei der Fallbearbeitung dar. Diese Herausforderung ist gerade in der heutigen Informationsgesellschaft sehr bedeutsam, da im Berufsleben täglich über die Relevanz von Neuigkeiten, informellen Nachrichten, E-Mails usw. entschieden werden muss. Ein Fall kann aber auch gerade dadurch komplex werden, dass über vieles Stillschweigen bewahrt wird.

So finden sich in den wenigsten Fällen tiefergehende Informationen über die **Branche**, in der der Fall angesiedelt ist, über den Berufsethos oder über die üblichen Umgangsformen der betroffenen Arbeitnehmergruppen. Wollen Sie eine passgenaue Entscheidung und eine anschließende Umsetzung erreichen, ist es sinnvoll, all diese Rahmenbedingungen zu kennen. So legen Mitarbeiter je nach Branche und Berufsgruppe oftmals unterschiedlich starken Wert auf partizipative Führung und auf umfassende Information. Bestehende Hierarchien werden in bestimmten Branchen kaum hinterfragt, in anderen hingegen eher abgelehnt.

Nachdem Sie im ersten Schritt die fehlenden **Informationen** identifiziert haben, sollten Sie abwägen, welche Informationslücken tatsächlich geschlossen werden müssen. Trotz der Komplexität dieser Aufgabe bleibt hierfür oftmals wenig Zeit. Darin gleichen sich Fallsituation und Realität. Des Weiteren liegen Informationen meistens nicht in einer direkt für Ihre Fallsituation verwertbaren Form vor. Es ist hilfreich, sich zu fragen, weshalb einige Hintergründe und Daten entscheidend erscheinen und andere nicht. Ist es die persönliche Neugierde? Oder würden die Informationen, wenn sie vorlägen, Ihre Entscheidungsfindung wesentlich beeinflussen?

Was bedeutet das für Erics Fall?

Im Einstiegsfall wird der Studienabschluss von Eric Zander nicht genannt. Diese Informationslücke ist schwer zu füllen und wenig relevant, da jeder Lerner in die Rolle des Eric Zander schlüpft und entsprechend seiner persönlichen Kompetenzen handelt. Eine Recherche und Abwägung möglicher Studienabschlüsse würde unnötige zeitliche Ressourcen binden.

Zudem wird nicht klar, ob die Frühfluktuation hauptsächlich durch Schwächen im Auswahlverfahren oder durch die Unternehmenskultur bedingt ist. Eric könnte dies weiter recherchieren. Als Lernender können Sie hierzu eine begründete Annahme treffen.

Handelt es sich um eine Informationen, die Sie dringend benötigen, müssen Sie entscheiden, wo oder bei wem Sie Ihre Lücke schließen können. So ist oftmals eine kurze Internet-Recherche oder das Nachschlagen im Lexikon ausreichend. Gerade bei spezifischen Informationen zum Personalmanagement sollten Sie Fachliteratur zu Rate ziehen. Wenn es um Angelegenheiten geht, die zum Beispiel die Branchenkultur betreffen, kann es sinnvoll sein, jemanden zu befragen, der in der betroffenen Branche oder in dem betroffenen Beruf tätig ist. So bekommen Sie schnell einen Eindruck, worauf dort besonders viel oder auch wenig Wert gelegt wird.

Um eine bestimmte Information zu sammeln, sollten Sie sich einen begrenzten Anteil von Ihrer insgesamt für den Fall vorgesehen Bearbeitungszeit reservieren. Wenn Ihr erreichter Kenntnisstand nach Ablauf dieser Zeit nicht Ihrem Informationsbedarf entspricht, sollten Sie eine auf Ihrem aktuellen Stand basierende und damit begründete Annahme treffen. Anderenfalls kommen andere Bearbeitungsschritt bei der Fallstudie zu kurz. Analog würde dies in der Praxis bedeuten, zu viele zeitliche oder auch finanzielle Ressourcen zu verwenden und damit zum Beispiel einen Projekt-Meilenstein zu gefährden.

Aufschlussreiche Hinweise und Informationen kosten somit zumindest Ihre Zeit, oftmals auch Geld, wenn zum Beispiel kostenpflichtige Datenbankrecherchen nötig sind. Besonders in der Praxis ist zu beachten, dass Ihre Recherchen nicht nur Ihre Netzwerke erhalten, sondern auch strapazieren können. Dies sollten Sie ebenfalls in ihre Kosten-Nutzen-Abwägung einfließen lassen.

Wie in der beruflichen Praxis soll beim Lernen mit Fallstudien jeder einzelne Studierende die fehlenden Informationen recherchieren, die er persönlich benötigt, um handlungsfähig zu werden. Dies gilt auch für Begriffe, die neu oder ungewohnt sind. Aus diesem Grund findet sich am Ende dieses Buches kein **Glossar**, das beispielsweise die gängigen Personalmanagement-Instrumente erklärt.

Sollte es nicht möglich sein, die erforderlichen Informationen zu erhalten oder von Ihnen der Aufwand hierfür als unangemessen hoch eingeschätzt werden, so ist es – wie bereits gesagt – erforderlich, **Annahmen** zu treffen. Nur mit diesen Annahmen kann es gelingen, sinnvoll Handlungsalternativen und Entscheidungskriterien festzulegen. Werden keine Annahmen getroffen oder wird versäumt, diese offen zu legen, sind die getroffenen Entscheidungen von anderen Menschen nicht nachvollziehbar. Dies gilt für die Zusammenarbeit in der Kleingruppenarbeit ebenso wie für die Begründung von Entscheidungen in der Praxis, beispielsweise vor der Geschäftsführung. Daher ist es wichtig, Annahmen bei der Falllösung offen zu legen und auch implizite Annahmen transparent zu machen. Dies ist für Dritte, die den Lösungsansatz nachvollziehen wollen, und auch für den Lernenden selbst bedeutungsvoll: Gerade implizite Annahmen stellen oft Hürden im Kopf dar, die nur überwunden werden können, indem sie erkannt werden.

Was bedeutet das für Erics Fall?

Im Einstiegsfall wird beispielsweise nichts über die Region gesagt, in der der Fall angesiedelt ist. Somit ist eine genauere Eingrenzung sicherlich nicht erforderlich. Die implizite Annahme, dass es sich um einen in Deutschland spielenden Fall handelt, ist hilfreich, um sich noch einmal den deutschen arbeitsrechtlichen Rahmen bewusst zu machen.

A.6 Visualisierung der Zusammenhänge

In jeder Fallstudie zeichnet sich beim Lesen ein Netzwerk von Ursachen und Wirkungen, von Möglichkeiten und Grenzen ab. Es ist wichtig, sich deren Interdependenzen bewusst zu machen. Eine Möglichkeit hierfür ist das Pfeildiagramm, das im Formular vorgegeben ist. Hier können Ursache-Wirkungszusammenhänge visualisiert werden. Auch andere Methoden, zum Beispiel eine Mindmap, können sinnvoll sein, um sich einen Überblick zu verschaffen. In Fallstudien mit vielen Akteuren geben auch Visualisierungen der Kontakte und Beziehungen zwischen den Personen interessante Aufschlüsse. Oft ist die Verdeutlichung der Zusammenhänge hilfreich, um den nächsten Schritt, die Suche nach Handlungsalternativen, vorzubereiten. Teilweise wird Ihnen an dieser Stelle auch noch ein unmittelbares oder grundlegendes Problem klar werden, das Sie zuvor nicht gesehen haben. Folgende Fragen helfen Ihnen an diesem Punkt weiter:

- Wie wäre der gewünschte Zustand in der Zukunft (das Ziel) bzw. wie wäre ein mögliches Szenario?
- Welche Fakten gibt es?
- Welche weichen Faktoren müssen berücksichtigt werden?
- Welche Netzwerke oder Gegenspieler üben Einfluss aus?
- Gibt es externe Veränderung (Arbeitsmarkt, (Arbeits-)Recht etc.)?
- Gibt es interne Veränderungen?
- Welche persönlichen Aspekte spielen hinein?
- Gibt es Methoden, die Sie einsetzten können bzw. wollen?
- Gibt es (Personalmanagement-)Instrumente, die relevant sind?
- Welche Ressourcen sind betroffen?

Im Einstiegsfall könnte das Diagramm folgendermaßen aussehen:

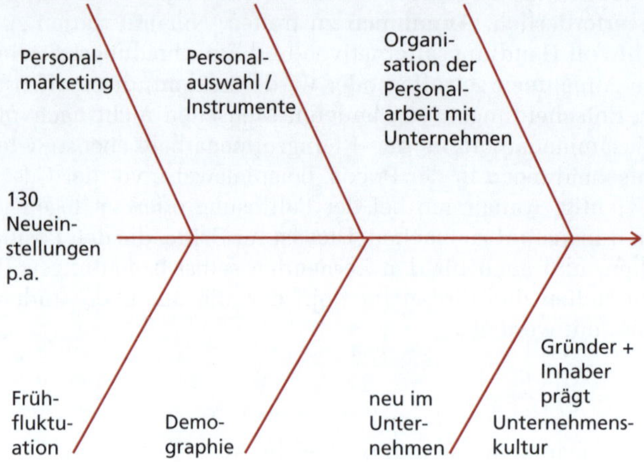

Abbildung A.6.1: Pfeildiagramm zum Einstiegsfall

A.7 Von den Alternativen zur Entscheidung

Wenn Sie den Fall bis hierher analysiert haben, können Sie als Nächstes Handlungsalternativen finden und zu einer Entscheidung kommen.

Bei den Handlungsalternativen ist Ihre **Kreativität** gefordert. Versuchen Sie möglichst nicht, gleich die naheliegendste Lösung anzunehmen. Werden Sie aufmerksam, wenn im Fall Lösungen „auf der Hand" liegen. Denken Sie quer und nutzen Sie Ihre praktischen Erfahrungen, Ihr Theoriewissen und auch Ihre Methodenkompetenz. Dazu können auch Kreativitätstechniken gehören, die Sie an dieser Stelle einsetzen. Wichtig ist darüber hinaus, eine lösungsorientierte Haltung zu bewahren, selbst wenn die Situation unübersichtlich oder festgefahren erscheint. Manchmal ist gerade an dieser Stelle eine Pause sinnvoll, um erfrischt und entspannt weiterzuarbeiten.

Was bedeutet das für Erics Fall?

1. Eric könnte im Einstiegsfall zufrieden seine Stellenbeschreibung für die nächsten Jahre ausfüllen. Sollte er irgendwann nicht mehr als Recruiter gebraucht werden, müsste er eine neue Stelle suchen.
2. Er könnte Facts & Solutions den Rücken kehren und seinen zweiten „Einstieg" in einem anderen Unternehmen machen.
3. Er könnte seine bisherigen Recherchen so nutzen, dass er seine jetzige Stelle schrittweise weiterentwickelt.

Nun gilt es, die beste Alternative auszuwählen. Oftmals wird Ihnen Ihre Intuition eine Alternative besonders nahe legen. In der Praxis würden Sie jedoch kein Gremium und keinen Vorgesetzten von Ihrer Lösung überzeugen, wenn Sie mit einem Bauchgefühl argumentieren. Beim Lernen mit Fallstudien sollen Sie daher Kriterien für Ihre Entscheidung finden und Ihre Handlungsalternativen danach abwägen. Wichtig ist dabei auch, sich bewusst zu machen, ob alle Kriterien gleich stark zu gewichten sind.

Im Formular finden Sie eine Matrix mit drei Alternativen, die Sie jeweils anhand von drei Kriterien bewerten. Die Bewertung kann nach dem von Ihnen gewählten Kriterium jeweils positiv (+), neutral (n) oder negativ (–) ausfallen. Diese Matrix ist nur eine Methode, um einer Entscheidung näher zu kommen. Sie können natürlich mehr oder weniger Alternativen und Kriterien finden. Damit Sie bei der Entscheidung tatsächlich alle im Blick behalten können, sollten Sie jedoch versuchen, sich auf drei bis fünf zu beschränken: Bei zu vielen Kriterien besteht die Gefahr, auch Nebensächlichkeiten aufzunehmen, die so unangemessen viel Aufmerksamkeit beziehungsweise Gewicht erhalten.

In der Betriebswirtschaftslehre haben harte Zahlen für die Entscheidungsfindung eine hohe Bedeutung. Auch ein Personalmanager wird vor einer Entscheidung verschiedene Szenarien, zum Beispiel anhand von Tabellenkalkulationen, durchrechnen. Da jedoch gerade im Personalmanagement weichen Faktoren eine besondere Bedeutung zukommt, sollten Sie bei der Auswahl Ihrer Entscheidungskriterien darauf achten, sowohl harte als auch weiche Faktoren einzubeziehen und angemessen zu gewichten.

Was bedeutet das für Erics Fall?

Im Beispielfall zählen zu den relevanten Kriterien die Kosten der Rekrutierung, das Wissensmanagement, die Unternehmenskultur und der erfolgreiche eigene Berufseinstieg. Entscheidet sich Eric für Alternative C, könnten sich sowohl sein Spaß an der Arbeit als auch die Situation von Facts & Solutions dadurch dauerhaft verbessern.

Da Sie in die Rolle des betroffenen Personalers schlüpfen sollen, liegt es nahe, die persönliche Karriere und Entwicklung als ein Kriterium aufzunehmen. Beachten Sie hierbei, dass Ihnen dieses Kriterium nicht helfen wird, andere von Ihrer Entscheidung zu überzeugen. Daher sind Kriterien, die das Wohl des Unternehmens und der Mitarbeiter beinhalten, oftmals tauglicher.

A.8 Implementierung

In der Praxis gibt es Führungskräfte, die für ihre blitzschnellen Entscheidungen bekannt sind. So zügig wirklich gute Entscheidungen zu treffen, ist tatsächlich eine Kunst. Schnelle Entscheider haben jedoch teilweise die nach der Entscheidung erforderlichen Schritte nicht mit in ihre Überlegungen einbezogen. Die Entscheidung ist also nur bis zu dem Moment schlüssig, in dem die Umsetzung ansteht. Das daraufhin teilweise erforderliche „Zurückrudern“ steht keinem gut zu Gesicht. Dementsprechend wird beim Lernen mit Fallstudien die Implementierung in den Fokus gerückt. Dieser Fokus unterstreicht zum einen die grundlegende Bedeutung des Change Managements[2] im Personalbereich. Zum anderen eröffnet er Möglichkeiten, praktische Grenzen und Möglichkeiten von Einführungsprozessen aus der besonderen Perspektive des Personalmanagement zu betrachten und zu üben.

2 Einen ersten Einblick in Rahmenfaktoren von Veränderungsprozessen bieten z. B. die Einführung zu Kapitel B.8 und Kotter (1995).

Im Formular finden Sie die typische Frage „Wer macht was bis wann an welchem Ort und wie?“ in einer tabellarischen Übersicht. Sie sollten zumindest die ersten beiden Meilensteine festlegen, wie Sie Ihnen aus dem Projektmanagement bekannt sind. Anhand dieser Meilensteine könnten Sie in der Berufspraxis erkennen, ob der jeweilige Teil Ihrer Umsetzungspläne geglückt ist. Versuchen Sie hier möglichst schon in Details zu denken. Es wird Ihnen weiterhelfen, sich die Frage „Wie mache ich das ganz konkret?“ zu stellen. Sollte es Ihnen schwer fallen, die auf Ihre Entscheidung folgenden Schritte zu operationalisieren, ist es ratsam, die Entscheidung zu überdenken.

Was bedeutet das für Erics Fall?

Als Erstes sollte Eric seine Kollegen und seinen Vorgesetzen befragen, was Herr Tucher eigentlich erwartet, wenn er einen „Vorschlag“ erbittet. Auch sollte er prüfen, welche Instrumente (Stellenbeschreibungen, Anforderungsprofile etc.) im Hause schon genutzt werden. Für den Bereich Personalauswahl sollte er auf jeden Fall Ideen entwickeln. Wichtig sind dabei auch Argumente (ggf. Kostengegenüberstellungen), die gegen rein intuitiv geführte Gespräche sprechen, um Herrn Tucher von Erics Vorschlägen zu überzeugen.

Eric könnte sich einen Meilenstein an das Ende seiner Probezeit setzen. Bis dahin sollte er den Personalleiter Julian Hörnschemeyer überzeugt haben, dass Maßnahmen zur Integration neuer Mitarbeiter bei Facts & Solutions erforderlich sind. Dies könnte er zum Beispiel erreichen, indem er den betriebswirtschaftlichen Nutzen anhand einer Kalkulation der Kosten durch die hohe Frühfluktuation deutlich macht.

Als nächster Schritt wäre die Einführung von Austrittsinterviews durch die jeweiligen Vorgesetzten denkbar, um unter anderem zu ermitteln, welche Integrationsmaßnahmen sinnvoll sind.

A.9 Lernen über drei Phasen

Eine Besonderheit des Lernens mit Fallstudien ist die Kombination aus individuellem Lernen und Erkenntnisfortschritt durch Gruppenprozesse (s. Abbildung A.9.1). Daher wird ein Fall idealerweise in der individuellen Vorbereitung, der Kleingruppenarbeit und der Großgruppendiskussion erschlossen.

Für einen möglichst großen Kompetenzfortschritt sollten Sie den Fall zunächst für sich allein bearbeiten. Nehmen Sie sich beispielsweise für Ihre **eigenständige Vorbereitung** einer Fallstudie aus *Teil C* etwa zwei Stunden Zeit. Verschaffen Sie sich einen Überblick und lesen Sie dann die Fallstudie intensiv. Analysieren Sie die beschriebene Situation. Versuchen Sie, die zentralen Aspekte der Fallstudie zunächst selbstständig zu erarbeiten. Gibt es Informationen, die Sie benötigen? Reservieren Sie einen Teil Ihrer Zeit für die Recherche oder treffen Sie realistische Annahmen. Nun sind Sie gefordert, eigenständige Handlungsalternativen zu entwickeln. Nutzen Sie Ihre Kreativität. Überlegen Sie dann, nach welchen Kriterien Sie zu Ihrer Entscheidung kommen können und wählen Sie eine Alternative aus. Wägen Sie darüber hinaus erste Schritte zur Umsetzung Ihrer Entscheidungen ab. Hier ist Ihre Methodenkompetenz im Projektmanagement und im Change Management gefordert. Die Lage des Protagonisten wird so komplex sein, dass Sie nicht zu einer First-Best-Lösung kommen können. Sie sind somit gefordert, Entscheidungen zu treffen, von denen Sie annehmen, dass diese für die nachhaltige Unternehmensentwicklung und auch für Ihre persönliche Karriere möglichst optimal sind.

Damit ausgestattet besuchen Sie die Präsenzveranstaltung. Hier diskutieren Sie die Fallstudie etwa 15 bis 20 Minuten in der **Kleingruppe**. Wichtig ist, dass sich alle Teilnehmer vorbereitet haben, denn eine Fallwiedergabe der vorbereiteten Gruppenmitglieder würde die Gruppe nicht weiterbringen. Besprechen Sie die zentralen Aspekte des Fallüberblicks (s. Formular, s. 30). Hierbei können Sie andere von Ihrer Lösung überzeugen und auch viel von den anderen lernen. Wie gut sind Ihre eigenen Lösungsansätze? Vielleicht müssen Sie auch einige Ihrer Gedanken revidieren. Die Besprechung des Falls dient auch dazu, Unklarheiten zu beseitigen. Diskutieren Sie besondere Herausforderungen und Schwierigkeiten des Falls mit den anderen.

Lassen Sie sich auch von guten Ideen aus der Kleingruppe überzeugen. Es geht nicht darum, die eigene Lösung zu zementieren. Nehmen Sie sich stattdessen zwei Minuten Zeit, um nach der Diskussion Ihre eigene Lösung abzurunden oder zu verändern.

Schließlich wird die Fallsituation mit der gesamten Lerngruppe erörtert (**Großgruppendiskussion**). Dabei kann durch eine gezielte Moderation nochmals ein neuer theoretischer Rahmen oder ein veränderter Blickwinkel in die Diskussion eingebracht werden. So erweitert sich der Horizont der Lerngruppe und die Qualität der individuellen Lösung wird auf ein neues Niveau gehoben.

Was bedeutet das für Erics Fall?

Im Einstiegsfall kann der Fokus zum Beispiel auf die Möglichkeiten und auf die Grenzen von altersgemischten Teams gerichtet werden.

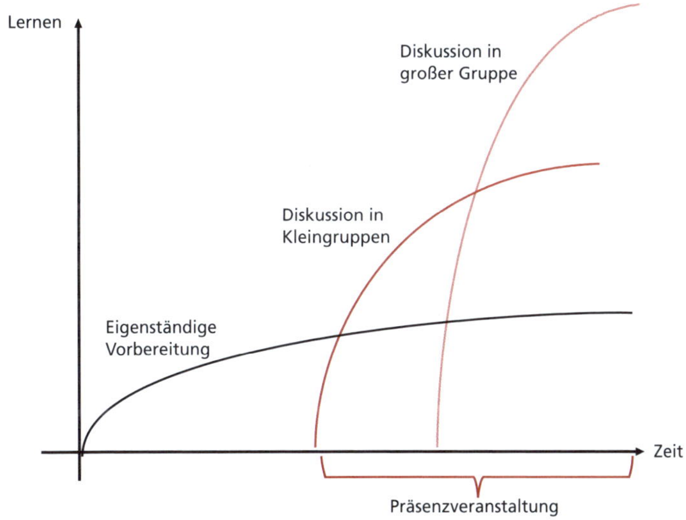

Abbildung A.9.1: Die drei Phasen des Lernprozesses (Quelle: In Anlehnung an Mauffette-Leenders, L.; Erskine, J.; Leenders, M.: Learning with cases. London/ Ontario: Richard Ivey School of Business 2005, S. 75.)

Dieses schrittweise Vorgehen ermöglicht eine sukzessive Erschließung der komplexen Praxissituation des Falls, mit der sich die Teilnehmer gegenseitig Ideen und Wissen vermitteln. Am Ende wird der Erkenntnisfortschritt für alle offensichtlich:

> *Für mich war die Vorgehensweise, erst allein an einem Fall zu arbeiten und dann noch weitere Ideen durch die Kleingruppe zu erhalten, ideal. Und durch die Diskussion in der Gesamtgruppe kamen dann noch weitere „Aha-Effekte"!*
>
> *Studierende im Masterstudiengang Business Management der Hochschule Osnabrück*

Diese Vorgehensweise unterstreicht auch die Bedeutung des Zeitmanagements. Wie der Protagonist im Fall, der in der Regel einen zeitlichen Engpass zu beachten hat, setzen Sie sich in jeder Bearbeitungsstufe einen zeitlichen Rahmen, innerhalb dessen Sie einen Analyse- oder Denkschritt abgeschossen haben wollen. Diese Beschränkung ist wiederum eine wertvolle Vorbereitung für die Praxis, in der oftmals die zur Verfügung stehende Zeit sehr knapp ist.

A.10 Fazit

Was hätte der Protagonist nun tun müssen? Der Wunsch nach einer Musterlösung ist oftmals groß und auch verständlich. Schließlich sind wir alle so sozialisiert, dass eine Aufgabe, zum Beispiel in der Mathematik, in der Regel genau eine richtige Lösung hat – zu der unterschiedliche Lösungswege führen können. Doch in der Fallstudiendidaktik und in diesem Buch gibt es **keine alleinig richtige Musterlösung**. Natürlich wäre es möglich, den Weg zu skizzieren, der in der dem Fall zugrundeliegenden Praxissituation gewählt wurde, doch würde dies andere Lösungsansätze und Entscheidungen, die mindestens ebenso praxistauglich sind, unzureichend erscheinen lassen. Unsicherheit, was die eigene Lösung angeht, auszuhalten, ist ein weiterer Teil der Vorbereitung auf die berufliche Realität, den die Fallstudiendidaktik leistet. Auch in der Praxis gibt es keine erstbeste Herangehensweise. In der Entscheidungssituation exzellent erscheinende Wege erweisen sich in der Retrospektive teilweise als nachteilig. Ebenso lässt sich kaum eine Herangehensweise als vollkommen falsch bewerten, solange alle Rahmenbedingungen, insbesondere die (arbeits-)rechtlichen Grenzen, beachtet wurden. Folglich wäre es zu kurz gegriffen, lediglich zwischen schwarzen oder weißen Lösungen zu unterscheiden. In komplexen Situationen im Unternehmen sind feine Abstufungen von **Grauschattierungen** relevant. Welcher Grauton für Sie der richtige ist, hängt von Ihnen selbst ab – sowohl bei der Fallbearbeitung als auch in der Berufspraxis.

Besonders spannend ist dieser Gedanke, wenn Sie sich der **Pfadabhängigkeit** im Personalmanagement bewusst sind: Eine einmal getroffene Entscheidung beeinflusst alle weiteren Schritte. Sie haben zum Beispiel ein Zielvereinbarungssystem eingeführt und mit variabler Vergütung verknüpft. Im ungünstigen Fall kann es sein, dass Mitarbeiter und Führungskräfte dieses System als zu fordernd empfinden. Sollte die Einführung deshalb nicht erfolgreich sein, wäre variable Vergütung in Zukunft bei den Mitarbeitern negativ belegt. Es würde dann ungleich schwieriger werden, hier ein verändertes, erfolgreiches Modell zu etablieren.

Denkanstoß

Pfadabhängigkeit – Ein Beispiel aus dem technischen Bereich

Vor ein paar Jahren konkurrierten blue ray disc und HD DVD als technische Innovationen. Nach einiger Zeit etablierte sich die blue ray disc. Sollte diese Technologie sich dauerhaft dennoch als schlechter als die HD DVD erweisen, werden trotzdem mehr Nutzer einen blue ray player haben und eine Umstellung auf HD DVD wird damit unwahrscheinlich. Die einmal getroffene Entscheidung für das blue ray-System etabliert so einen Pfad für die weitere technische Entwicklung.

Nachdem Sie die ersten Fälle in der in diesem Kapitel beschrieben Form bearbeiten haben, werden Sie feststellen, dass neben der Fachkompetenz auch die soziale, personale und Methodenkompetenz gefördert werden. Natürlich wenden Sie theoretische Grundlagen an und denken kreativ weiter, aber Sie üben auch, kleine und große Gruppen von Ihren Gedanken zu überzeugen und Erlerntes oder Recherchiertes an andere weiter zu geben. So prägt sich Neues gut ein und Sie sammeln im Unterrichten anderer erste Erfahrungen. Genauso müssen Sie auch zuhören, wenn andere ihre Ideen erklären. Außerdem können Sie gegen die Vorschläge anderer argumentieren und dabei Ihre Durchsetzungsstärke erproben. Des Weiteren trainieren Sie Ihr Zeitmanagement, wenn Sie lernen, in begrenzter Zeit zu einer adäquaten Lösung zu kommen.

In der Vergangenheit hat die reale Komplexität von Herausforderungen im Unternehmen vielen Absolventen einen „Praxisschock" versetzt, der den Berufseinstieg unnötig erschwerte. Durch das gezielte Lernen anhand von Fallstudien kann dieser Schock abgemildert werden.

Zudem hilft das Arbeiten mit Fallstudien, die passende Einstiegsposition zu finden. Durch die Fallstudien ist es möglich, Einblick in Unternehmen verschiedener Größenordnungen und unterschiedlicher **Branchen** zu geben. So werden nicht nur voneinander abweichende Unternehmenskulturen, sondern auch Berufs- und Branchenkulturen bewusst gemacht. Darauf aufbauend können unterschiedliche Herangehensweisen diskutiert werden, die je nach Branche, Unternehmensgröße und -kultur sowie je nach betroffenen Berufsgruppen mehr oder weniger Erfolg versprechend sind. Diesen Prozess unterstützen auch die unterschiedlichen persönlichen Erfahrungen, die die Teilnehmer in die Falldiskussionen einfließen lassen.

Viel Spaß beim Lernen mit den Fallstudien!

Literaturempfehlungen:

Kotter, J.: Leading Change. Why Transformation Efforts Fail. In: Harvard Business Review, Jan. 2007, S. 96-103.

Mauffette-Leenders, L.; Erskine, J.; Leenders, M.: Learning with cases. London/ Ontario: Richard Ivey School of Business 2005.

Fallstudien bearbeiten – Schritt für Schritt

Titel der Fallstudie:

Teil 1: Verschaffen Sie sich einen Überblick!

Lesen Sie dazu den ersten und letzten Absatz des Falls. Schauen Sie sich die Zwischenüberschriften, Graphiken und Tabellen an und überfliegen Sie den Text. (Max. 10 min.)

In wessen Rolle schlüpfe ich?

Was ist meine Herausforderung im Fall?

Warum bin ich davon betroffen?

Wann muss ich eine Entscheidung getroffen haben?

Wie schwierig ist die Fallstudie? Schätzen Sie den Fall in allen drei Bereichen ein:

	analytisch	theoretisch / konzeptionell	Präsentation der Informationen
1	getroffene Entscheidungen bewerten, Alternativen entwickeln und Implementierungsschritte vorschlagen	Anwendung eines bereits bekannten theoretischen Konzepts	kurzer, klar gegliederter Fall mit wenig überflüssigen oder fehlenden Informationen
2	über 1 hinaus müssen Entscheidungs-alternativen und -kriterien erarbeitet werden und es muss eine Entscheidung getroffen werden	das benötigte theoretische Konzept bedarf weiterer Erläuterung	Fall mittlerer Länge mit einigen überflüssigen oder fehlenden Informationen
3	über 2 hinaus müssen Herausforderungen / Problembereiche identifiziert werden	verschiedene Konzepte können genutzt werden und bedürfen zum Teil weiterer Erläuterung	längerer, schlecht strukturierter Fall mit vielen überflüssigen oder fehlenden Informationen

Teil 2: Gehen Sie in die Tiefe!

Lesen Sie den Text nun im Detail.

Aufgabenstellung(en):

A) Welche Probleme und Herausforderungen kann ich identifizieren?

- unmittelbar:

Problem / Herausforderung	Wichtigkeit	Dringlichkeit
1.		
2.		
3.		

-grundlegend:

Problem / Herausforderung	Wichtigkeit	Dringlichkeit
1.		
2.		
3.		

B) Welche Informationen fehlen mir?

C) Welche Annahmen treffe ich?

D) Welche Ursachen und Wirkungen / Möglichkeiten und Grenzen sehe ich?

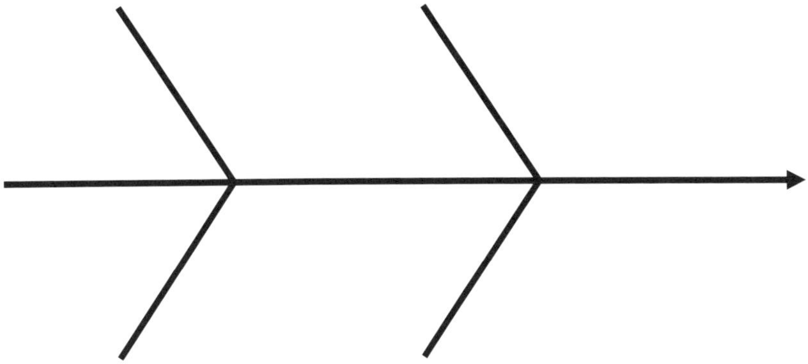

E) Welche Alternativen gibt es?

1.
2.
3.

F) Welche Entscheidungskriterien gibt es?

1.
2.
3.

G) Wie bewerte ich meine Alternativen anhand meiner Entscheidungskriterien?

	Alternative 1	Alternative 2	Alternative 3
Kriterium 1	+ n -	+ n -	+ n -
Kriterium 2	+ n -	+ n -	+ n -
Kriterium 3	+ n -	+ n -	+ n -

H) Wie entscheide ich?

I) Wie setze ich meine Entscheidung um?

	Meilenstein 1: Was ist mein erster Schritt?
Bis wann?	
Wer?	
Wie?	
Wo?	
	Meilenstein 2: Was ist mein nächster Schritt?
Bis wann?	
Wer?	
Wie?	
Wo?	

Quelle: in Anlehnung an Mauffette-Leenders, L.; Erskine, J.; Leenders, M.: Learning with cases. London, Ontario: Richard Ivey School of Business 2005.

TEIL B

Mini-Fälle zu typischen Personal-Funktionen

B.1 Personalauswahl ... 35

B.2 Personalentwicklung ... 53

B.3 Personalreduzierung und Trennung von Mitarbeitern ... 67

B.4 Mitarbeiterführung ... 87

B.5 Zielvereinbarungen ... 103

B.6 Vergütungssysteme ... 119

B.7 Personalplanung ... 135

B.8 Change Management ... 149

Personalauswahl

Mit einer Einführung von Heike Schinnenburg

B.1

B.1.1 Was muss er denn können? 40
B.1.2 Ein Teamleiter für Herrn Nörgel 42
B.1.3 Gesucht: Syndikusanwalt 43
B.1.4 Vertrieb kann ich auch! 45
B.1.5 Ist dieser Kandidat der Richtige für uns? Analyse eines Lebenslaufs 46
B.1.6 Der Sohn der Freundin – Analyse eines Arbeitszeugnisses 48
B.1.7 Wie verbessern wir die Personalauswahl? 50

ÜBERBLICK

Einführung

Heike Schinnenburg

Die Personalauswahl gehört insbesondere bei qualifizierten Tätigkeiten zu den wichtigen strategischen Funktionen im Personalmanagement. Zunächst erscheint es dabei einfach, eine freie Stelle im Unternehmen durch die Auswahl der besten Kandidaten zu besetzen, doch wird schnell deutlich, dass kompetenter Umgang mit geeigneten Verfahren und arbeitsrechtlichen Grundlagen, zum Beispiel um eine diskriminierungsfreie Ausschreibung zu gestalten, notwendig sind.

Dies beginnt bereits beim **Anforderungsprofil**, das die Grundlage für eine Ausschreibung sowie für die Entlohnung des Stelleninhabers darstellt. Selbstverständlich sollte die Erstellung des Anforderungsprofils die Basis der zu besetzenden Position sein – am besten gemeinsam mit dem oder der künftigen Vorgesetzten. Dies gilt umso mehr, als gerade ein Wechsel innerhalb einer Abteilung eine ideale Möglichkeit darstellt, die Aufgaben neu zu ordnen. Engagierten, guten Mitarbeitern können so beispielsweise höherwertige Aufgaben gegeben werden. Der Neuausschreibung kann dann ein anderes Anforderungsprofil zugrunde liegen als das bisherige. Das gemeinsam abgestimmte Profil zwischen Personal- und Fachabteilung verringert zudem potenzielle Konflikte bei der Auswahl, indem die Anforderungskriterien und das daraufhin erstellte Auswahlverfahren vorab geklärt wurden. Diese in der Praxis durchaus nicht seltene Problematik wird in der personalwirtschaftlichen Literatur wenig thematisiert. Aber gerade hier gibt es häufig Interessenkonflikte, wenn beispielsweise Vorgesetzte eine Stelle möglichst schnell besetzen möchten, während Personalmanager stärker auf die grundsätzliche Eignung von Kandidaten schauen. Eine falsche Auswahl führt nämlich zu erheblichen Problemen und Kosten. So erfordert eine Kündigung in der Probezeit in der Regel neben den Kosten für erneutes Personalmarketing ein weiteres, teures Auswahlverfahren, die Einarbeitung muss doppelt erfolgen und nicht zuletzt stellt die Trennung auch eine emotionale Belastung für das Team und die Vorgesetzten dar.

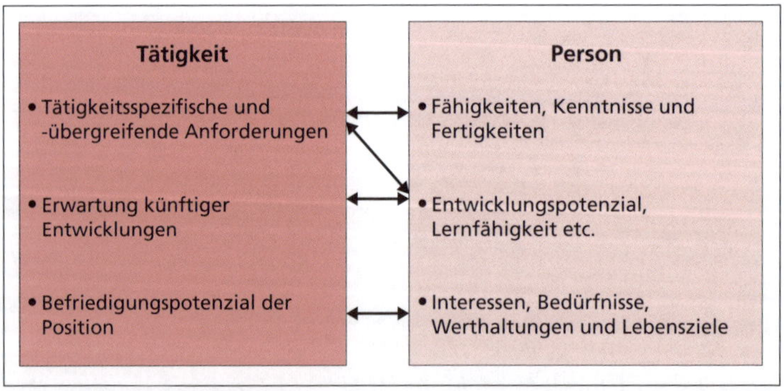

Abbildung B.1.1: Personalauswahl als Vergleich zwischen Person und Tätigkeit (Quelle: in Anlehnung an Schuler 2009, S. 116)

Für den betroffenen Mitarbeiter sind die Auswirkungen eines „Fehlgriffs" noch drastischer: Neben dem Erleben des Scheiterns führt eine Kündigung in der Probezeit häufig dazu, dass angesichts der geringen Kündigungsfrist nicht sofort eine Anschlussbeschäftigung gefunden werden kann. Das kurze Intermezzo in der falschen Position steht dann im Lebenslauf – und muss in kommenden Auswahlverfahren begründet werden. Diese Problematik zeigt, dass eine professionelle Personalauswahl auch dazu beiträgt, der hohen Verantwortung gegenüber den Bewerbern gerecht zu werden.

Dilemmata in der Praxis

Wichtig für die Generierung möglichst passender Bewerber ist eine Ausschreibung, die attraktiv und zutreffend ist. Dies mag sich wie eine Banalität lesen, ist aber bei manchen Stellen nicht einfach umzusetzen, wenn zum Beispiel der Vorgesetzte als schwieriger Zeitgenosse gilt oder aber die Stelle selbst innerhalb der Unternehmensstruktur ungünstig positioniert ist. Hier stehen Personalmanager vor der Herausforderung, die Stelle möglichst realistisch, aber gleichzeitig positiv darzustellen, um eine hohe Eignung des Bewerberpools zu erreichen. In der persönlichen Auswahl ist es weiterhin wichtig, keine Erwartungen zu wecken, die nicht erfüllt werden können, da sonst Enttäuschungen des Mitarbeiters, bis hin zum Gefühl „über den Tisch gezogen worden zu sein", vorprogrammiert sind.

In der Praxis ergibt sich des Öfteren ein zusätzliches Dilemma: Die unausgesprochenen oder sogar explizit ausgedrückten Erwartungen von Geschäftspartnern, zum Beispiel den eigenen Sohn oder die Tochter ausbilden zu lassen. Derartige Praktiken, die in manchen Unternehmen als üblicher Sonderweg geduldet werden, sind äußerst kritisch zu betrachten. Solche Entscheidungen geben das Signal, dass Leistung in dem betroffenen Unternehmen nur insoweit wichtig ist, als jemand nicht über nützliche Beziehungen verfügt. Im weiteren Verlauf folgen dann fast automatisch die nächsten Fehlentscheidungen: Die Beurteilung fällt besser aus als gegenüber anderen Mitarbeitern gerechtfertigt; schlechte Leistungen werden vom Vorgesetzten nicht angesprochen, weil die entsprechende Person sowieso als „geschützt" gilt. Der schlimmste Fall mag selten vorkommen, allerdings: Bei einer eventuell notwendigen Kündigung wären die Konsequenzen deutlich unangenehmer als bei einer Ablehnung im Auswahlverfahren.

Die Vorauswahl

Unabhängig davon, ob Bewerbungsunterlagen schriftlich oder in elektronischer Form vorliegen: Die Durchsicht der Unterlagen im Hinblick auf die gewünschten Kriterien stellt typischerweise den ersten Schritt im Auswahlprozess dar. Bei allen Bewertungsschwierigkeiten, die bekanntermaßen durch den wachsenden Anteil manipulierter Bewerbungen entstehen, bleibt zu bedenken: Erstens gibt es keine echte Alternative für diese Art der Vorauswahl und zweitens ermöglichen Bewerbungsunterlagen trotz aller Einschränkungen doch einen ersten Eindruck, ob es sinnvoll ist, Bewerber für eine Position in die engere Auswahl zu nehmen und persönlich kennenzulernen. Nachfolgend sollen einige zentrale Punkte diskutiert werden.

Die Erfüllung formaler Anforderungen gilt in der Praxis für qualifizierte Stellen als notwendiges, aber nicht als hinreichendes Kriterium. Dabei lässt sich vor allem im negativen Fall (z. B. Fehler, unsaubere oder unvollständige Unterlagen) argumentieren, dass die erste Arbeitsprobe wenig Mühe und Gewissenhaftigkeit zeigt. Im positiven Fall sind die Rückschlüsse nicht so einfach, da teilweise professionelle Bewerbungsberater die Unterlagen gestaltet haben.

Inhaltlich lassen sich durchaus relevante Informationen aus den Unterlagen ermitteln. So ermöglicht gerade der **Lebenslauf** einen schnellen Überblick über

- die grundlegenden Qualifikationen eines Bewerbers (Schul- und Studienabschlüsse, Auslandsaufenthalte, Zusatzausbildungen etc.),
- Schwerpunkte der bisherigen Tätigkeit (Branche, Funktionen, ggf. besondere Projekte) sowie
- den Erfolg im bisherigen Berufsverlauf (Zeitfolge- und Positionsanalyse).

Arbeitszeugnisse sind angesichts der rechtlichen Einschränkungen – wohlwollend, aber wahrheitsgemäß soll die Beurteilung ausfallen – schwieriger zu deuten. Vor allem bei der Trennung von Führungskräften gehört das Zeugnis häufig zum Gesamtpaket einer Aufhebungsvereinbarung! Allerdings erlauben Arbeitszeugnisse bei aller Vorsicht dennoch – gerade in Kombination mehrerer Zeugnisse mit dem Lebenslauf – einige Einschätzungen zum Gesamtbild des Bewerbers, so dass nicht von einer völligen Entwertung gesprochen werden kann. Es lässt sich zum Beispiel erkennen, welche Aufgaben ein Bewerber übernommen hat, ob „mitgewirkt" oder „geleitet" wurde, ob zusätzliches Engagement und Erfolge bescheinigt werden. Vor allem interne Aufstiege innerhalb eines Unternehmens sagen mehr über eine gute Leistung aus als die üblichen Leistungsbeurteilungen, da diese überwiegend „gut" beziehungsweise „sehr gut" (= stets zu unserer vollsten Zufriedenheit) ausfallen. Da negative Aussagen nicht zulässig sind, werden entsprechende Aspekte in der Beurteilung überwiegend weggelassen. Zeugnisleser sollten sich daher ganz nüchtern fragen: Was wird bescheinigt? Wozu werden keine oder nur vage Aussagen getroffen? Zeigt das Zeugnis insgesamt eine hohe Wertschätzung des Mitarbeiters? Wird zum Beispiel bedauert, einen wertvollen Mitarbeiter zu verlieren?

Deutlich weniger verbreitet als in den Medien proklamiert sind sogenannte „Geheimsprachen" in Zeugnissen – die Vermutung dessen schürt vor allem das Konfliktpotenzial zwischen Arbeitgeber und Arbeitnehmer sowie entsprechenden Beratungsbedarf: Doppeldeutigkeiten sind nicht nur unzulässig, sondern können bei entsprechendem Misstrauen in fast jedes Arbeitszeugnis hineininterpretiert werden. Zudem ist zu beachten, dass ein Großteil der Beschäftigten in Deutschland bei kleinen und mittleren Unternehmen beschäftigt ist, die dementsprechend selten Zeugnisse ausstellen. Missverständliche Formulierungen sind hier zumeist kein Ausdruck geheimer Warnungen vor dem Arbeitnehmer, sondern sagen eher etwas über den zum Teil geringen Professionalisierungsgrad des Zeugnisausstellers aus.

In der engeren Auswahl

Beim persönlichen Kennenlernen von Bewerbern ist zunächst hervorzuheben, was heute eine Selbstverständlichkeit sein sollte: Es handelt sich nicht um eine einseitige Auswahl des Unternehmens für einen bestimmten Bewerber, sondern die Wunschperson entscheidet sich ebenfalls, ob sie ein Angebot annimmt! Auch wenn hier natürlich für die Unternehmensperspektive Auswahlmöglichkeiten diskutiert werden, ist eine wesentliche Grundbedingung für ein gutes Personalmarketing, von Bewerbern als kompetent, fair und verlässlich erlebt zu werden. Dazu gehört, jede Art von Auswahlverfahren gut vorbereitet und anforderungsbezogen durchzuführen.

Die in Abbildung B.1.2 dargestellten Verfahren gehören zu den Klassikern und können an dieser Stelle nicht abschließend dargestellt werden (s. dazu die Literaturempfehlungen). Bewusst verzichtet wurde auf freie, unstrukturierte Vorstellungsgespräche, da bei diesen Verfahren die Vergleichbarkeit der Bewerber sowie der Anforderungsbezug kaum gegeben ist und es nicht selten zu rein intuitiven Entscheidungen kommt.

Strukturierte Vorstellungsgespräche

- Situative Fragen
- Verhaltensbeschreibung
- Multimodales Interview
- Integration von AC-Elementen

Tests

- Persönlichkeitstests
- Intelligenztests
- Leistungstests

Assessment Center (AC)

- Rollenspiel
- Fallstudien
- Präsentationen
- Postkorb
- Gruppenarbeiten und -diskussionen

Arbeitsproben

- Probearbeitstag
- Praktikum
- Abschlussarbeiten für Hochschulabsolventen

Abbildung B.1.2: Die wichtigsten Personalauswahlverfahren

Eine professionelle Personalauswahl wird dennoch immer auch ein letztes Quäntchen Intuition beinhalten, wenn es beispielsweise darum geht, welchem Bewerber am Ende eines Verfahrens am ehesten zugetraut wird, sich schnell in einem Team einzuarbeiten, gut mit Vorgesetzten klarzukommen oder langfristig im Unternehmen zu bleiben. Die Vorstellung einer rein sachorientierten Personalentscheidung hat mehr mit Rationalitätsmythen zu tun als mit der Realität. Entscheidend ist hier vielmehr, dass die vielgerühmte Menschenkenntnis selten frei von Stereotypen und Vorurteilen ist. Menschenkenntnis kann somit keine gut vorbereitete, anforderungsbezogene Personalauswahl ersetzen!

In der Praxis spielt vor allem das **Vorstellungsgespräch** eine entscheidende Rolle. Bei Führungskräften wird das Gespräch häufig mit einer zuvor vorzubereitenden Präsentation zum künftigen Wirkungsfeld ergänzt. Gerade für Hochschulabsolventen hat sich bewährt, Praktika und Bachelor- beziehungsweise Masterarbeiten als Arbeitsprobe und als gegenseitiges Kennenlernen zu nutzen. Das Risiko einer Fehleinschätzung wird damit deutlich verringert.

Für die Wirkung eines Auswahlverfahrens nach innen und außen ist zudem wichtig, dass die Vorgehensweise als nachvollziehbar und für die Position als relevant wahrgenommen wird. Das ermöglicht Bewerbern eine realistische Selbsteinschätzung sowie -selektion. Bei Ablehnung wird zudem eine sachliche Begründung erleichtert. Dass sich viele Unternehmen angesichts des AGG vor einer Auskunft scheuen, ist daher nicht wirklich nachvollziehbar. Gerade eine am Anforderungsprofil orientierte und wertschätzende Auskunft ist für abgelehnte Bewerber hilfreich und wird deren Gedanken an eine Klage eher verringern, weil dafür keine Chancen gesehen werden.

Interne Bewerbungen stellen eine besondere Herausforderung dar, da sich häufig mehrere Mitarbeiter auf eine Ausschreibung bewerben. Gerade wenn Auswahlkriterien und -verfahren nicht als transparent erlebt werden, kann es zu Frustration bei den abgelehnten Bewerbern kommen. Absagen sind hier besonders behutsam und „gesichtswahrend" zu formulieren.

Die nachfolgenden Mini-Fälle zeigen einige typische Herausforderungen der Personalauswahl und ermöglichen, sich kritisch mit einigen Dilemma-Situationen auseinanderzusetzen.

Verwendete Literatur:

Obermann, C.: Assessment Center. Entwicklung, Durchführung, Trends. Mit originalen AC-Übungen. 4. Aufl., Wiesbaden: Gabler 2009.

Schuler, H.: Auswahl von Mitarbeitern. In: L. von Rosenstiel, E. Regnet, M. Domsch (Hgg.): Führung von Mitarbeitern. Handbuch für erfolgreiches Personalmanagement. 6. Aufl., Stuttgart: Schäffer-Poeschel 2009, S.115-147.

Weuster, A.: Personalauswahl. Anforderungsprofil, Bewerbersuche, Vorauswahl und Vorstellungsgespräche. 2. Aufl., Wiesbaden: Gabler 2008.

B.1.1 Was muss er denn können?

Carsten Steinert

Mini-Fall

Eva Schön arbeitet seit 15 Monaten als Personalreferentin für ein junges und innovatives Start-up-Unternehmen, welches sich auf Dienstleistungen rund um die Erstellung von Internet-Shops spezialisiert hat. Es ist ihre erste Stelle nach Abschluss des Bachelorstudiums. Sie hatte sich bewusst für dieses Unternehmen entschieden, weil es hier im Bereich der Personalarbeit noch sehr viel aufzubauen und zu gestalten gibt. Als Eva ihre Tätigkeit begonnen hatte, arbeiteten hier 100 Mitarbeiter, überwiegend Softwareentwickler und Projektmanager. Aufgrund zweier Großaufträge ist die Anzahl inzwischen auf über 160 Beschäftigte angewachsen. Als Nächstes plant die Geschäftsleitung, den Bereich Rechnungswesen und Finanzen intern aufzubauen. Bislang wurde dieser Bereich von einer externen Steuerberatungsgesellschaft übernommen. Aufgrund des starken Wachstums ist es nun jedoch an der Zeit, auch in diesem Bereich eigenes Know-how aufzubauen. Kai Starke, der junge Geschäftsführer, hat Eva mit der Erstellung einer Stellenanzeige betraut. Da er oft auf Reisen und für Eva persönlich kaum anzutreffen ist, hat sie ihn gebeten, ihr das Anforderungsprofil via E-Mail zuzusenden.

Unkonventionell wie Kai war hatte er ihr die Anforderungen in einer E-Mail auf dem Wege zum nächsten Kundentermin von seinem Laptop aus gesendet.

E-Mail

Von: Kai Starke (Geschäftsführer)

An: Eva Schön (Personalreferentin)

Hallo Eva,

habe mir ein paar Gedanken bzgl. unserer neu geschaffenen Stelle im Bereich Rechnungswesen / Finanzen gemacht.

Der neue Kollege soll sich um den Aufbau unseres Bereiches Finanzen und Controlling kümmern, Mann der ersten Stunde sozusagen. Zudem soll er die gesamtheitliche strategische und operative Mitverantwortung für die Themengebiete Finanzen, Rechnungswesen, Buchhaltung, Controlling und Steuern haben und für mich auf Projektebene Sonderanalysen und Wirtschaftlichkeitsberechnungen erstellen. Auch brauche ich ihn bei der Liquiditätsplanung und dem Liquiditätsmanagement. Auch die Weiterentwicklung der internen Finanz- und Reportingprozesse und der Controlling-Instrumentarien soll er vornehmen und umsetzen. Wichtig ist mir außerdem, dass endlich jemand die Überwachung und Sicherstellung des gesamten Zahlungsverkehrs inkl. des Mahnwesens übernimmt. Auch soll er mir bei externen Wirtschafts- und Betriebsprüfungen den Rücken frei halten. Ich möchte damit am liebsten nichts mehr zu tun haben. Wenn wir den Bereich weiter ausbauen, soll er ihn leiten.

Ich denke, wir nennen die Position „Sachbearbeiter Rechnungswesen / Finanzen“, passt das?

Auch zum Anforderungsprofil habe ich mir ein paar Gedanken gemacht:

- *Analytische Fähigkeiten*
- *Potenzial zum Finanzleiter*
- *Spaß, Aufbauarbeit zu leisten*
- *Know-how in Controlling, Buchhaltung, betriebswirtschaftliche Finanzierung*
- *Ideal, wenn der Kandidat als Assistent des Finanzleiters eines mittleren Unternehmens gearbeitet hat*
- *Kenntnisse in MS-Office, insbesondere Excel*
- *Ideal, wenn er aus dem IT-Bereich kommt, ist aber nicht so wichtig*
- *Nicht zu jung, also über 30*
- *Nicht zu alt, unter 45*
- *Nicht mehr als 2 oder 3 verschiedene Arbeitgeber*
- *Muss in unser junges Team passen und unseren Spirit mittragen*

Besten Dank, du kannst mich natürlich auch erreichen, wenn du Fragen hast, schönes WE!

Kai

Aufgaben

Versetzen Sie sich in die Rolle von Eva Schön.

1. Wie beurteilen Sie die Positionsbezeichnung vor dem Hintergrund der zu erfüllenden Aufgabeninhalte? Welche Empfehlung würden Sie dem Geschäftsführer in diesem Punkt aussprechen?

2. Erstellen Sie eine Stellenanzeige, welche den Anforderungen des AGG genügt.

B.1.2 Ein Teamleiter für Herrn Nörgel

Heike Schinnenburg

Mini-Fall

Ilona Müller legte den Telefonhörer auf und dachte, dass die Kündigung des Teamleiters Gartencenter, Mark Hauser, in Veenstedt nicht überraschend kam. Erst vor zehn Monaten hatte sie diese Stelle ausgeschrieben und neu besetzt. Damals war sie ganz neu als Personalreferentin bei dem Baumarktunternehmen Holz & Hobby, einem Familienunternehmen mit 35 Märkten in der Region, gestartet.

Eigentlich wäre das dem Baumarkt angeschlossene Gartencenter mit zehn erfahrenen Mitarbeitern und sehr guten Umsätzen ein attraktiver Arbeitsplatz. Allerdings musste der Stelleninhaber mit dem eher schwierigen, teilweise sogar cholerischen Baumarktleiter Herrn Nörgel zurechtkommen. Bei seiner Kündigung hatte Mark Hauser sich unter anderem darüber beschwert, dass die Atmosphäre von ständigem Misstrauen und unnötigen Kontrollen geprägt sei und sein Arzt ihm aufgrund seiner Magenschleimhautentzündungen dringend zu einem Wechsel geraten hätte.

Ilona wusste, dass Herr Nörgel bereits seit 30 Jahren für Holz & Hobby arbeitete. Er war ein Mann der ersten Stunde und ihn verband eine enge Freundschaft mit dem Seniorchef.

Die Rendite des Marktes war zudem bis heute ausgezeichnet. Es stand daher nicht zur Diskussion, sich drei Jahre vor seinem Ruhestand von dem exzellenten Fachmann, der jedoch sehr autoritär führte, zu trennen. Die meisten Mitarbeiter hatten sich an seinen Führungsstil gewöhnt und kamen mehr oder weniger damit zurecht. Die Fluktuation war jedoch höher als im Unternehmensdurchschnitt. Da im Gartencenter keiner der Mitarbeiter die Leitung übernehmen konnte, musste die Stelle nun neu ausgeschrieben werden.

„Und irgendwie sollte es gelingen, dass sich Leute bewerben, die mit der Situation besser umgehen können als Mark Hauser“, dachte sich Ilona.

Aufgaben

Versetzen Sie sich in die Lage von Ilona.

1. Entwerfen Sie ein Anforderungsprofil mit den notwendigen Kriterien und berücksichtigen Sie dabei

a) fachliche (Berufsausbildung und -erfahrung, Zusatzkenntnisse) und

b) überfachliche Anforderungen (Führungsfähigkeiten, Teamfähigkeit, Belastbarkeit, Durchsetzungsfähigkeit etc.).

Beschreiben Sie die Anforderungen so konkret wie möglich und unterscheiden Sie jeweils, ob es sich Ihrer Meinung nach um Muss-Kriterien (unerlässlich für die Aufgabe) oder um Soll-Kriterien (wünschenswert) handelt. Überlegen Sie zudem für den internen Gebrauch, welche persönlichen Eigenschaften in dieser besonderen Situation hilfreich wären.

2. Entwerfen Sie eine Stellenanzeige, die „geeignete" Bewerber anspricht und zu einer Bewerbung veranlasst. Bedenken Sie, dass eine falsche Stellenbesetzung durch die damit verbundenen Neueinstellungs- und Einarbeitungskosten für ein Unternehmen sehr teuer ist!

B.1.3 Gesucht: Syndikusanwalt

Carsten Steinert

Mini-Fall

„Wenn du so viel zu tun hast, dann lass´ die Stellenanzeige doch von Petra vorbereiten", hörte Michael seine Kollegin Sybille sagen. Mit „Petra" war Petra Meier gemeint, die neue Praktikantin. Sie war seit zwei Wochen in ihrer Abteilung. Petra studierte Betriebswirtschaftslehre in einem Bachelorstudiengang und da sie überlegte, das Fach Personal zu vertiefen, hatte sie sich auf die Praktikantenstelle in der Personalabteilung der XZ Hoch- und Tiefbau AG beworben.

Michael Prinz war Personalreferent und Petra als Betreuer zugeordnet. Aktuell hatte er wieder sehr viel zu tun, so stand zum Beispiel eine neue Betriebsvereinbarung an, eine Teilbetriebsversammlung musste vorbereitet werden und dazwischen waren Bewerbungsgespräche zu führen.

Und nun hatte auch noch der langjährige Syndikusanwalt gestern seine Kündigung eingereicht. Die Stelle musste schnellstmöglich nachbesetzt werden, das war klar. „Am besten, ich schalte eine Stellenanzeige", dachte Michael. Dabei wollte er dem Rat seiner Kollegin Sybille folgen und Petra bitten, einen entsprechenden Anzeigentext vorzubereiten. Daher rief er sie zu sich in sein Büro.

„Unser Syndikusanwalt hat gekündigt und ich bitte Sie daher, den Text für eine Stellenausschreibung in der NJW, einer juristischen Fachzeitschrift, vorzubereiten. Haben Sie so etwas schon einmal gemacht?", fragte er Petra. *„Nein, mit so etwas habe ich noch keine praktische Erfahrung"*, entgegnete sie ihm. *„Kein Problem, nun haben Sie die Möglichkeit, Erfahrung zu sammeln. Bitte setzen Sie sich zunächst mit dem Leiter unserer Rechtsabteilung, Herrn Dr. Kunkel, in Verbindung und erfragen Sie die fachlichen Anforderungen. Daraus entwerfen Sie dann bitte einen Vorschlag für die Stellenanzeige"*, sagte Michael Prinz.

Als er am nächsten Morgen um 9.00 Uhr in sein Büro kam und seine E-Mails öffnete, befand sich eine Mail von Petra in seinem Postfach.

E-Mail

Von: Petra Meier (Praktikantin Personalabteilung)

An: Michael Prinz (Personalreferent)

Hallo Herr Prinz,

ich habe mit Hr. Dr. Kunkel gesprochen und auf Basis unseres Gespräches die in der Anlage beigefügte Stellenanzeige erstellt. Ich bitte Sie um Durchsicht und Druckfreigabe, damit ich diese an unsere Agentur weiterleiten kann. Da um 11.00 Uhr Annahmeschluss für die Anzeigen ist, eilt die Sache etwas.

Viele Grüße

Petra Meier

„11.00 Uhr, das ist knapp", dachte Michael. Er schaute auf seine Uhr. Es war nun 9.10 Uhr und um 9.30 Uhr hatte er den nächsten Termin, der bis 12.00 Uhr angesetzt war. So blieben ihm nur noch 20 Minuten, um die vorbereitete Stellenanzeige zu überprüfen und die Druckfreigabe zu erteilen. Schnell machte er sich an die Arbeit.

Die XZ Hoch- und Tiefbau AG ist ein junges, dynamisches Unternehmen mit Sitz in Gelsenkirchen.

Zur Verstärkung unseres Rechtsbereiches suchen wir zum nächstmöglichen Zeitpunkt einen

Syndikusanwalt

Ihr Verantwortungsbereich umfasst:
- Selbstständige Beratung in allen Rechtsfragen, speziell Baurecht
- Selbstständige Gestaltung von Einzelverträgen
- Erstellung und Weiterentwicklung von Musterverträgen
- Rechtliche Beratung der inländischen Tochtergesellschaften
- Selbstständige Prozessführung

Wir erwarten von Ihnen:
- Abgeschlossenes 1. und 2. juristisches Staatsexamen (Prädikatsexamen)
- 3-5 Jahre einschlägige Berufserfahrung
- Vertiefte Kenntnisse im Zivil-, Handels- und Baurecht sowie Verständnis und Interesse für wirtschaftliche Zusammenhänge
- Erfahrung in der Gestaltung komplexer Verträge und der Lösung schwieriger Rechtsfragen
- Deutsch als Muttersprache, korrespondenzsichere Englischkenntnisse

Gestalten Sie Ihre Zukunft erfolgreich – in einem hoch professionellen Unternehmen und mit einer Tätigkeit, die Ihnen großen eigenen Spielraum und persönliche Entwicklungsmöglichkeiten verspricht. Es erwartet Sie eine – der Verantwortung der Stelle entsprechende – leistungsbezogene Vergütung sowie ein positives Arbeitsumfeld.

Bitte senden Sie Ihre vollständigen Bewerbungsunterlagen (mit Lichtbild) an:

XZ Hoch- und Tiefbau AG
z. Hd. Herrn Michael Prinz (M.Prinz@xzhochundtiefbau.de)
Kolpingstraße 23
45879 Gelsenkirchen

Abbildung B.1.3: Stellenanzeige Syndikusanwalt

Aufgaben

Versetzen Sie sich in die Rolle von Michael Prinz.

1. Beurteilen Sie die vorgelegte Stellenanzeige vor dem Hintergrund der Attraktivität der Stelle und des AGG.

2. Erarbeiten Sie einen rechtssicheren Alternativvorschlag.

B.1.4 Vertrieb kann ich auch!

Carsten Steinert

Mini-Fall

Telefonat

Zwischen: Axel Schäfer (Teamleiter Vertrieb) und Christian Bench (Personalreferent)

„Christian Bench, Personalabteilung, guten Tag!" „Hallo Herr Bench! Gut, dass ich Sie erreiche. Hier spricht Axel Schäfer, Teamleiter Vertrieb – Mittelstandskunden – Region Süd aus Bamberg." „Hallo Herr Schäfer, schön, einmal wieder mit Ihnen zu sprechen, was kann ich denn für Sie tun?" „Nun Herr Bench, ich habe ein kleines Problem und benötige Ihren fachmännischen Rat." „Kein Problem Herr Schäfer, sehr gerne, legen Sie los!"

„Wie Sie wissen habe ich aufgrund der Kündigung unserer Vertriebsmitarbeiterin Frau Schlossberg die Vakanz eines oder einer „Vertriebsspezialisten/in Mittelstand" in meinem Team zu besetzen." „Richtig, Herr Schäfer, die Stelle haben wir vor drei Wochen intern ausgeschrieben. Bei mir liegt für diese Stelle bislang noch keine interne Bewerbung vor."

„Allerdings bei mir und genau deswegen rufe ich an. Letzte Woche sprach mich Herr Bachmann an und teilte mir sein verstärktes Interesse an der vakanten Außendienstfunktion mit, weil er hierin eine gute Möglichkeit sehe, sich fachlich und persönlich weiterzuentwickeln. Er ist bereits seit vier Jahren in meinem Team und in der Vertriebsunterstützung im Backoffice tätig. Er bekleidet dort die Funktion eines Vertriebsassistenten. Ich bin mit seinen Leistungen in seiner aktuellen Funktion auch mehr als zufrieden. Er arbeitet stets sehr gewissenhaft und zuverlässig. Alle Vertriebsspezialisten und Kunden arbeiten sehr gerne mit ihm zusammen. Allerdings hat er aus meiner Sicht sein Potenzial auf seiner aktuellen Stelle bereits voll ausgeschöpft. Ich bin der festen Überzeugung, dass er dem hohen Verkaufsdruck, der im Außendienst herrscht, nicht gewachsen ist. Andererseits möchte ich ihn aber auch nicht vor den Kopf stoßen und Gefahr laufen, diesen guten Mitarbeiter möglicherweise zu verlieren. Was würden Sie in dieser Situation vorschlagen zu tun, Herr Bench?"

Aufgabe

Versetzen Sie sich in die Rolle von Christian Bench. Was würden Sie dem Teamleiter Herrn Schäfer als geeignete Vorgehensweise in dieser Situation empfehlen?

B.1.5 Ist dieser Kandidat der Richtige für uns? Analyse eines Lebenslaufs

Heike Schinnenburg

Mini-Fall

Sie sind seit knapp einem Jahr als Personalreferentin bei der FORIA GmbH, einem mittelständischen Unternehmen für Lebensmittelverpackungen, beschäftigt. Ihr Kollege, Hans van der Felde, hat vor drei Wochen – nach langem Hoffen und Bangen – zusammen mit seiner Frau Iris die kleine Monja als Adoptivtochter bekommen und Elternzeit für ein Jahr beantragt. Für die kommenden zwölf Monate ist daher so schnell wie möglich eine Vertretung zu organisieren. In Zusammenarbeit mit Hans haben Sie im Auftrag der Personalleiterin eine Stellenanzeige in einer Online-Stellenbörse und auf der Homepage des Unternehmens geschaltet und schauen noch einmal auf die Aufgaben und Anforderungen, die dort genannt sind:

PERSONALSACHBEARBEITER / IN (Befristet auf 1 Jahr)

Ihre Aufgabe

- Vertragsausfertigung, -änderung, -überwachung, -beendigung von gewerblichen Mitarbeitern
- Erstellung und Prüfung der Gehaltsabrechnung
- Reisekostenabrechnungen und Statistik
- Korrespondenz mit internen und externen Stellen
- Erstellung von Zeugnissen

Ihr Profil

- Abgeschlossene kaufmännische Berufsausbildung mit Zusatzqualifikation als Personalkaufmann/-frau oder vergleichbare Ausbildung
- Mehrjährige Berufserfahrung im Personalwesen
- Sehr gute Kenntnisse im Vertrags-, Arbeits-, Lohnsteuer- und Sozialversicherungsrecht
- Sicherer Umgang mit den gängigen MS-Office Anwendungen
- Sehr gutes Zahlen- und Kostenverständnis
- Gutes mündliches und schriftliches Kommunikationsvermögen
- Selbstständige und exakte Arbeitsweise

Abbildung B.1.4: Stellenanzeige Personalsachbearbeiter/in

Die ersten Bewerbungseingänge zeigen, dass die Befristung von einem Jahr – genau wie befürchtet – das Potenzial der Kandidaten erheblich reduziert.

Kritisch analysieren Sie heute, am 15. November 2011, den Lebenslauf von Günter Ebert, der Ihnen als einer der ersten Kandidaten eine Bewerbung zugeschickt hat.

Günther Ebert
Erlenweg 3, 49076 Osnabrück, Tel. 0541-40405050

LEBENSLAUF

Persönliches

Geburtstag und -ort	6. Oktober 1971 in Osnabrück
Eltern	Dr. jur. Wilhelm Ebert (verstorben) Elfriede Ebert, geb. Falke
Familienstand	verheiratet seit 11. Juni 2000 mit der Finanzbeamtin Ruth Ebert, geb. Hülshoff Tochter Maria, geb. am 26. April 2001 Sohn Wilhelm, geb. am 21. April 2004

Schulischer Werdegang

1978 - 1982	Grundschule
1982 - 1992	Gymnasium; ab 1990 privates Internat Abitur im Mai 1992

Studium

1993 - 1997	Jura, Universität Münster
1997 - 2002	Betriebswirtschaft, Fachhochschule Osnabrück, Schwerpunkte Eventmanagement und Logistik Abschluss der Diplomprüfung am 7.11. 2002

Beruflicher Werdegang

1997 - 2002	Diverse Praktika bei Logistikunternehmen; Diplomarbeit bei Spedition Karlson über Textillogistik
05/2003 - 06/2004	Personaldisponent bei der Zeitarbeit XL AG Unternehmensgruppe, Osnabrück, zuständig für Logistik
07/2004 - 06/2006	Personalsachbearbeiter bei der Frans Boch Spedition, Osnabrück (800 Mitarbeiter)
07/2006 - 12/2006	Teamleiter bei Friebe Zeitarbeit, Osnabrück
02/2007 - 05/2011	Personalbetreuer für die gewerblich/technische Ausbildung der Wilhelm Sorig Logistik GmbH; in Insolvenz
Seit 06/2011	arbeitssuchend

Besondere Kenntnisse	MS Office: Word, Excel, Power Point, Outlook Ausbildereignungsprüfung, November 2007
Sprachkenntnisse	Englisch: sehr gut

Abbildung B.1.5: Lebenslauf von Günter Ebert

Aufgaben

Beurteilen Sie als Personalreferentin den Lebenslauf von Günter Ebert im Hinblick auf die ausgeschriebene Stelle.

1. Wie schätzen Sie die Qualifikation des Kandidaten bei der ersten Durchsicht ein? Erläutern Sie Ihre Vorgehensweise bei der Analyse des Lebenslaufs.

2. Wie sehen Sie im Detail die inhaltliche und formale Darstellung im Lebenslauf? Gibt es – bei Außerachtlassung von Anschreiben und Zeugnissen – Informationen, die Ihnen für einen ersten Eindruck fehlen?

3. Würden Sie Herrn Ebert einladen? Begründen Sie Ihre Entscheidung.

4. Wenn Sie Herrn Ebert privat als Freund beraten würden: Welche Hinweise würden Sie ihm zum Lebenslauf geben?

B.1.6 Der Sohn der Freundin – Analyse eines Arbeitszeugnisses

Heike Schinnenburg

Mini-Fall

Sie sind Personalreferentin bei der Bio-Vitamin-GmbH, einem Unternehmen mit derzeitig etwas über 200 Mitarbeitern, das sich auf Vitamin- und Mineralstoff-Präparate spezialisiert hat. Das expandierende Unternehmen hat sich insbesondere bei Heilpraktikern und Naturheilmedizinern einen Namen gemacht. Gestern hat allerdings Ihr Controlling-Mitarbeiter Klaus Behneke gekündigt, weil er mit seiner Frau nach Südamerika auswandern will. Sie benötigen nun jemanden, der bereits Erfahrung mitbringt und mit großem Engagement allein das Controlling betreuen kann. Wichtig ist Ihnen auch, dass der „Neue" seine Aufgabe als Dienstleister wahrnimmt und sehr kollegial mit allen Bereichen zusammenarbeitet. Das genaue Anforderungsprofil werden Sie morgen mit der kaufmännischen Geschäftsführerin Irina Mehrbach erarbeiten.

Zufällig hat Ihnen gestern eine Freundin aus Ihrer Doppelkopf-Runde per Mail das Arbeitszeugnis ihres Sohnes Peter geschickt. Sie bat darum, zu prüfen, ob das Zeugnis in Ordnung sei und fragte auch an, ob in Ihrem Unternehmen nicht eventuell etwas im Controlling frei sei. Ihr Sohn sei sehr enttäuscht, dass er nach seiner Trainee-Zeit bei einem Pharma-Unternehmen nicht übernommen worden sei.

Sie öffnen daher die Datei und lesen das Arbeitszeugnis.

Pharma-Rhonc

Zeugnis

Herr Peter Gocht, geboren am 15. März 1985, absolvierte vom 1. Oktober 2010 bis zum 31. Dezember 2011 ein Trainee-Programm in unserer Abteilung Konzern-Controlling und hatte dabei Gelegenheit, die Aufgaben eines Controllers kennenzulernen.

Insbesondere war er mit folgenden Aufgaben betraut:

- Unterstützung des jährlichen Planungsprozesses im Konzern und der unterjährigen Forecast-Rechnungen
- Mitwirkung bei der Überwachung der geplanten Budgetziele für Projekte und Abteilungen
- Koordination, Durchführung und Analyse des monatlichen Reportings
- Begleitung bei der Etablierung neuer Produkte

Des Weiteren durchlief Herr Gocht während seiner Traineezeit mehrere interne Trainings zu Finanzkennzahlen und strategischer Planung.

Herr Gocht lernte ferner verschiedene Abteilungen unseres Unternehmens kennen; insbesondere bekam er einen Überblick über die Bereich Einkauf & Beschaffung, Registrierung und Zulassung von Medikamenten, Lager und Versand von Medizinprodukten sowie Finanzen. Im Personalcontrolling wurden ihm die Aufgabenstellungen des Personalbereichs vermittelt. So wurde er z. B. in das Projekt „Reduzierung der Krankheitsraten" eingebunden.

Während seiner Trainee-Tätigkeit in unserem Hause konnte sich Herr Gocht einen umfassenden Überblick über das gesamte Arbeitsfeld des Controllings verschaffen. Gerne bescheinigen wir ihm ein gutes analytisches Denken und ein solides Verständnis für Kennzahlen. Er hat sich schnell in die jeweiligen Aufgaben eingearbeitet und die Projekte vor allem durch seine guten IT-Kenntnisse unterstützt. Die ihm übertragenen Aufgaben erfüllte er stets zu unserer vollen Zufriedenheit.

Herr Gocht besitzt korrekte Umgangsformen und trat Kollegen und Vorgesetzten gegenüber stets höflich auf. Seine Führung war einwandfrei.

Herr Gocht verlässt uns nach Ablauf des befristeten Trainee-Vertrages, da wir ihm aufgrund interner Umstrukturierungen im Controlling leider keine adäquate Position anbieten können. Wir danken ihm für seine Mitarbeit und wünschen ihm für die Zukunft alles Gute.

Frankfurt, den 31. Dezember 2011

ppa. i.V.

Frank Kottvie Dr. Friedrich Manz

Abbildung B.1.6: Traineezeugnis von Peter Gocht

Aufgaben

Versetzen Sie sich in die Rolle der Personalreferentin.

1. Nach welchen Kriterien überprüfen Sie Arbeitszeugnisse grundsätzlich, um sich einen Eindruck von der Position und den Kompetenzen des entsprechenden Menschen zu verschaffen?

2. Welche Schwierigkeiten gibt es – auch aus dem deutschen Arbeitsrecht – beim Schreiben und Beurteilen von Zeugnissen?

3. Wie beurteilen Sie das Zeugnis von Peter Gocht über seine Trainee-Zeit bei der Pharma-Rhonc? Welche Kompetenzen werden ihm bescheinigt? Welche Kompetenzen scheinen weniger ausgeprägt?

4. Würden Sie Herrn Peter Gocht zu einem Gespräch einladen? Begründen Sie Ihre Entscheidung.

B.1.7 Wie verbessern wir die Personalauswahl?

Heike Schinnenburg

Mini-Fall

„Herr König, diese Zahlen sind schon alarmierend. 20 Prozent der neueingestellten Mitarbeiter im Verkauf und Verleih der Wohnmobile haben im letzten Jahr die Probezeit nicht überstanden. Die Zahlen sagen nicht aus, ob die Mitarbeiter von selbst gekündigt haben oder von den Niederlassungen nicht übernommen wurden. In jedem Fall verursacht aber die Situation enorme Kosten für Neu-Einstellung und -Einarbeitung. Da würde ich gerne tätig werden, um die Situation zu verbessern." Simone Köster lehnte sich zurück und hielt den Atem an. Hoffentlich war sie nach sechs Wochen als Personalreferentin im mittelständischen Unternehmen Feria Traveller GmbH in Wörfelden nicht zu forsch, indem sie dem kaufmännischen Leiter gleich die Probleme präsentierte, auf die sie bei ihrer Arbeit gestoßen war.

Das expandierende Unternehmen gehörte zu den erfolgreichsten Verleihern hochwertiger Wohnmobile und unterhielt derzeitig 48 Niederlassungen in Deutschland. Auch der Verkauf von Wohnmobilen warf einen guten Gewinn ab, weil begeisterte Wohnmobil-Urlauber nach den ersten Erfahrungen oft zu Käufern wurden. Die Personalabteilung der Zentrale war erst kürzlich aufgestockt worden und nun für grundsätzliche Personalfragen, für die Personalentwicklung und die Abrechnung der Mitarbeiter in den Niederlassungen zuständig.

Herr König schaute auf: *„Wie ich sehe, haben Sie sich schnell eingearbeitet und stoßen sofort auf die Optimierungspotenziale."* Er schmunzelte und erklärte ihr dann das Problem aus seiner Sicht: *„Aufgrund der dezentralen Struktur werden Personalauswahl und -einstellungen in den Niederlassungen natürlich von den jeweiligen Leitern vor Ort selbst vorgenommen. Die „Fehlgriffe" sind aus meiner Sicht leicht erklärbar. Die Niederlassungsleiter kommen überwiegend aus dem technischen Bereich (Kfz-Meister, Techniker) und haben keine Vorbildung im Bereich Personal. Vorstellungsgespräche werden vermutlich eher aus dem Bauch heraus und wenig anforderungsbezo-*

gen geführt. Eine Hilfestellung durch die Zentrale ist bislang kaum erfolgt, was auch mehrere Führungskräfte bei der letzten Jahrestagung bemängelt haben. Wir können das Thema gerne vorrangig angehen und auch in Ihre Zielvereinbarung aufnehmen. Im Fokus der verbesserten Auswahl sollten zunächst Mitarbeiter für den Verkauf und Verleih der Fahrzeuge stehen, da dies das Kerngeschäft von Feria Traveller darstellt."

Simone Köster verließ gut gelaunt und mit ersten Ideen das Büro Ihres Chefs. Sie hatten vereinbart, dass sie innerhalb einer Woche ein Konzept vorstellen würde, um die Situation zu verbessern. Herr König hatte aber auch klar gemacht, dass es nicht darum gehen konnte, demnächst die Personalauswahl durch die Zentrale vorzunehmen – das wäre kostenmäßig nicht machbar und würde zudem die Niederlassungsleiter verärgern.

Aufgaben

Versetzen Sie sich in die Lage von Simone Köster.

1. Überlegen Sie zunächst, welche Informationen Sie noch benötigen, um einen tragfähigen Vorschlag zur Verbesserung der Personalauswahl vorzulegen.

2. Welche Auswahlverfahren erscheinen für die Feria Traveller GmbH grundsätzlich geeignet?

3. Wie wäre eine sinnvolle Durchführung der Personalauswahl in Zukunft zu gewährleisten? Und was könnten Sie tun, um die Situation in den Niederlassungen zu verbessern?

Personalentwicklung

Mit einer Einführung von Heike Schinnenburg

B.2

B.2.1 Einführung der neuen Auszubildenden 59
B.2.2 Wieder Ärger mit Timo! Nachwuchsqualifizierung zwischen Anspruch und Wirklichkeit 61
B.2.3 „Geht´s auch freundlicher?" Personalentwicklung für die Hotline............. 63
B.2.4 Der alte Hase 64
B.2.5 Impatriation im Emsland........................ 66

ÜBERBLICK

Einführung

Heike Schinnenburg

Angesichts schneller technologischer Veränderungen sowie der demografischen Entwicklung muss die Bedeutung betrieblicher Personalentwicklung (PE) heute nicht mehr begründet werden. Dennoch werden in Krisenzeiten PE-Maßnahmen häufig als Erstes reduziert, auch wenn dies langfristig einer kontinuierlichen Entwicklung sowie dem Arbeitgeberimage schadet. Ein Grund hierfür ist, dass sich der Nutzen teilweise erst langfristig zeigt. Gleichzeitig ist festzustellen, dass es unter dem Begriff **„Talentmanagement"** heute oft einfacher erscheint, von der Geschäftsleitung Budgets für PE zu erhalten. Dies gilt vor allem, wenn sich die Maßnahmen auf Personengruppen fokussieren, die als knapp für Schlüsselpositionen im sogenannten „War for Talents" gelten. In der betrieblichen Praxis zeigt sich jedoch, dass der Bedarf an PE durchaus weiter gefasst werden sollte!

Bestandteile der PE

Die PE selbst wird oft verkürzt mit betrieblichen Seminaren, Trainings und Fortbildungen gleichgesetzt. Die nachfolgende Tabelle zeigt jedoch, dass diese Maßnahmen nur einen kleinen Teil von PE darstellen. In Anlehnung an *Becker* berücksichtigt PE daher *„alle Maßnahmen der PE, der Förderung und der Organisationsentwicklung, die von einer Person oder Organisation zur Erreichung spezieller Zwecke zielgerichtet, systematisch und methodisch geplant, realisiert und evaluiert werden."*[1]

Tabelle B.2.1

Bestandteile der Personalentwicklung

Bildung	Förderung	Organisationsentwicklung
Berufsausbildung Weiterbildung Bildung im Funktionszyklus (z. B. Seminare) Führungstraining Anlernen Umschulen etc.	Auswahl und Einarbeitung Arbeitsplatzwechsel Auslandseinsatz Nachfolge und Karriereplanung Mitarbeitergespräch Personalbeurteilung etc.	Teamentwicklung Projektarbeit Beurteilungs- und Förderungssysteme Gruppenarbeit etc.
PE im engen Sinn	**PE im erweiterten Sinn: Bildung & Förderung**	**PE im weiten Sinn: Bildung, Förderung & OE**

Quelle: in Anlehnung an Becker 2009, S. 5.

Die Interdependenz zwischen allen drei Bereichen liegt auf der Hand: So erfordert die Berücksichtigung von Mitarbeitern für Seminare eine Bedarfsermittlung und Auswahl, die oft über Personalbeurteilungen und -gespräche stattfindet. Bestandteile innerbetrieblicher PE-Programme, zum Beispiel für den Führungsnachwuchs, sind

1 Becker 2009, S. 4.

häufig auch Teamentwicklungsmaßnahmen oder die Beteiligung an Projekten. Gleichzeitig ist mit der Ausgestaltung von PE auch eine **politische Dimension** verbunden: So werden mit speziellen Mentoring-Programmen für Frauen in Führungspositionen oder mit Stipendien für Nachwuchskräfte mit Migrationshintergrund Aussagen getroffen, welche Ziele das Unternehmen verfolgt. Da sich derartige Programme gut nach außen darstellen lassen, wird die enge Verbindung der PE zum Personalmarketing hier besonders deutlich.

Zielgruppen der PE

Angesichts begrenzter Ressourcen ist grundsätzlich davon auszugehen, dass PE nicht alle Mitarbeiter gleichermaßen berücksichtigt. Ökonomisch rational sind vor allem zwei Orientierungen: Erstens die Fokussierung auf Mitarbeiter mit hohem (vermutetem) **Potenzial**, da PE-Investitionen hier den größten Nutzen versprechen; zweitens die Konzentration auf Mitarbeitergruppen, die aufgrund ihrer Knappheit am Arbeitsmarkt strategisch als besonders bedeutsam für den Erfolg des Unternehmens eingeschätzt werden. Da Planungszyklen immer kürzer werden, stößt jedoch diese strategische Ausrichtung der PE an ihre Grenzen. Dies erschwert sowohl die Einschätzung des quantitativen Bedarfs, zum Beispiel an Fach- und Führungskräften, als auch die Prognose inhaltlicher Anforderungen für die Zukunft.

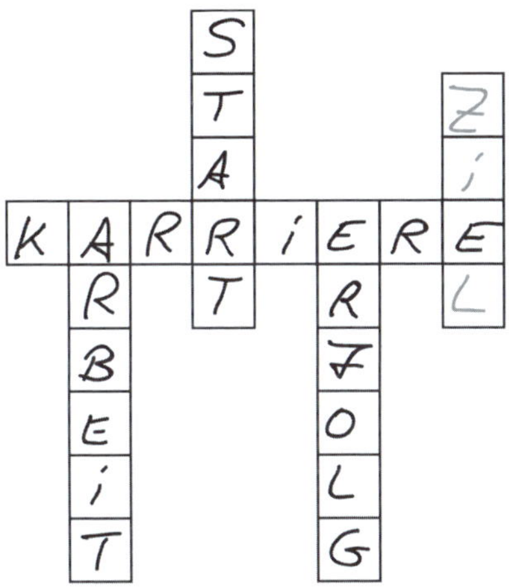

In der Praxis stellen sich weitere Herausforderungen: Bei der Konzentration auf junge „High Potentials", wie es in vielen Talentmanagement-Konzeptionen üblich ist, bleibt zu bedenken, dass genau diese Gruppe sehr wechselbereit ist. Die prestigeträchtigen Programme schüren zusätzlich die Erwartungshaltung der Teilnehmer an einen schnellen Aufstieg. Diese Hoffnung ist aber gerade in flachen Hierarchien und projektorganisierten Unternehmen kaum zu erfüllen. Bindungsklauseln erweisen sich hier weder als psychologisch geschickt noch als arbeitsrechtlich sicher. Intern verursacht eine solche Ausrichtung weitere Kollateral-Schäden: Gute Mitarbeiter, die nicht in den „Talentpool" aufgenommen werden, fühlen sich frustriert und interpretieren die Zurückweisung – nicht zu Unrecht – als Hinweis, dass eine weitere interne Karriere wenig aussichtsreich erscheint. Die Demotivation wertvoller Mitarbeiter ist die Folge.

Ohnehin wird die Erwartung vieler Berufseinsteiger, dass ein akademisches Studium eine Karriere mit kontinuierlichem Aufstieg garantiert, nicht zu erfüllen sein: Der Kampf um den Nachwuchs konzentriert sich überwiegend auf bestimmte Berufsgruppen mit speziellen Qualifikationen. In Deutschland traf dies in den letzten Jahren auf Ingenieure und Mediziner zu. Für einen großen Teil der Beschäftigten wird es angesichts geringerer Kernbelegschaften in den Unternehmen vielmehr darum gehen, auch mittels PE Positionen zu übernehmen, die zumindest ein interessantes Aufgabenfeld in einer unbefristeten Stelle bieten.

Eine breitere Ausrichtung der PE erscheint daher vielversprechender. So werden vermutlich vor allem drei Gruppen in Zukunft stärker berücksichtigt werden:

- Jugendliche, die bislang aufgrund schlechter schulischer Qualifikationen kaum für Ausbildungsplätze berücksichtigt wurden, nun aber angesichts geringer Bewerberzahlen mit besonderen Anstrengungen ausgebildet werden müssen sowie
- Mütter und Väter in Elternzeit, die in PE-Maßnahmen integriert werden sollten und mit denen rechtzeitig geeignete Wiedereinstiegsmöglichkeiten zu planen sind.

  Hier geht es überwiegend um gut qualifizierte Frauen, deren Potenzial in der Familienphase in vielen Fällen besser genutzt werden kann, als dies bisher der Fall ist. Eine aktive Rückkehrplanung mit flexiblen Lösungen verhindert Qualifikationslücken, eröffnet Entwicklungsmöglichkeiten und stellt gleichzeitig sicher, dass vorherige Investitionen in PE nicht verloren gehen.
- Mitarbeiter im mittleren bis höheren Alter, die angesichts des späteren Renteneintritts deutlich länger in den Unternehmen verbleiben werden und dafür aktuelle Qualifikationen benötigen.

  Sie dürfen hinsichtlich der Möglichkeiten der persönlichen Entwicklung nicht wie bislang demotiviert werden (Stichwort: „Ab 50 gehöre ich zum alten Eisen.") und das Lernen nicht verlernen – auch deshalb, weil weniger junge Mitarbeiter nachrücken! Lebenslanges Lernen wird künftig vom Schlagwort zur Realität strategisch ausgerichteter Unternehmen werden.

Der demografische Wandel kann also dazu führen, dass ein Umdenken bei den Zielgruppen der PE eintritt. Statt zu enger Fokussierung spricht gerade aus Flexibilitäts- und auch Mitarbeiterbindungssicht viel dafür, durch PE Chancen für alle leistungsstarken Mitarbeiter mit Potenzial zu eröffnen. Sinnvoll ist auch, zum Beispiel die Einbeziehung von Freelancern und Zeitarbeitern in die betriebliche PE zu prüfen, da diese häufig längerfristig für das Unternehmen tätig sind. PE übernimmt damit in ihrer Gesamtheit auch eine soziale Funktion, die Beschäftigungsfähigkeit (Employability) der Mitarbeiter so zu fördern, dass deren Qualifikation einerseits heutigen innerbetrieblichen Anforderungen gerecht wird, andererseits aber auch unter veränderten Rahmenbedingungen – beispielsweise Restrukturierungen oder die Notwendigkeit von Personalabbau – Chancen am Arbeitsmarkt eröffnet.

Führungskräfte stellen per se eine erklärte Zielgruppe der PE dar. Sie sind aber gleichermaßen auch Personalentwickler ihrer Mitarbeiter. So haben sie die besondere Möglichkeit, Stärken und Schwächen von Beschäftigten im Tagesgeschäft mitzuerleben. Auch können sie auf die Entwicklung der Teammitglieder durch Aufgabenzuteilung oder auch Feedback Einfluss nehmen. Teilweise wird hier von der Coaching-Funktion der Vorgesetzten gesprochen. In der Praxis und auch in der personalwirtschaftlichen Literatur finden jedoch die mit dieser Rolle verbundenen Problemfelder weniger Beachtung. So ist zunächst davon auszugehen, dass viele Führungskräfte gerade für die Mitarbeiterförderung wenig vorbereitet wurden und auch die Anreizsysteme diesen Anspruch nur selten widerspiegeln.

Angesichts des hohen Drucks und der Arbeitsbelastung in den Führungsetagen lässt sich zudem kritisch hinterfragen, ob die **Förderung von Nachwuchs** nicht teilweise sogar den Interessen der eigenen Abteilung widerspricht. Konkret wird zum Beispiel eine Nachwuchskraft dann, wenn die Investition Früchte trägt, auf eine weiterführende Position in einer anderen Abteilung wechseln. Die PE ist daher gehalten, potenzielle Zielkonflikte, zum Beispiel über angemessene Zielvereinbarungen (s. dazu auch *Teil B Kapitel 5 Zielvereinbarungen*), zu lösen und über die Gestaltung von Fördersystemen sowie Führungskräfte-Fortbildung auf die gewünschte Unternehmenskultur Einfluss zu nehmen. Eine wichtige Rahmenbedingung stellt hier die Haltung des Top-Managements dar: Ohne das Vorleben von oben, einschließlich der eigenen Teilnahme an Management-Seminaren und der Berücksichtigung von Förderzielen bei den unterstellten Führungskräften, bleiben Leitlinien eher Leerformeln statt gelebte Praxis. Wenn die oberen Führungskräfte nicht „mitziehen", lässt sich das häufig auf die tatsächlichen Prioritäten innerhalb des Unternehmens zurückführen. Veränderungen erfordern dann oftmals einen umfassenden Change-Ansatz (s. *Teil B Kapitel 8 Change Management*), der sorgsam geplant werden sollte.

Funktionszyklus der PE

Bei der Planung von PE-Maßnahmen ist es sinnvoll, sich am klassischen Funktionszyklus zu orientieren, der in Abbildung B.2.1 dargestellt ist.

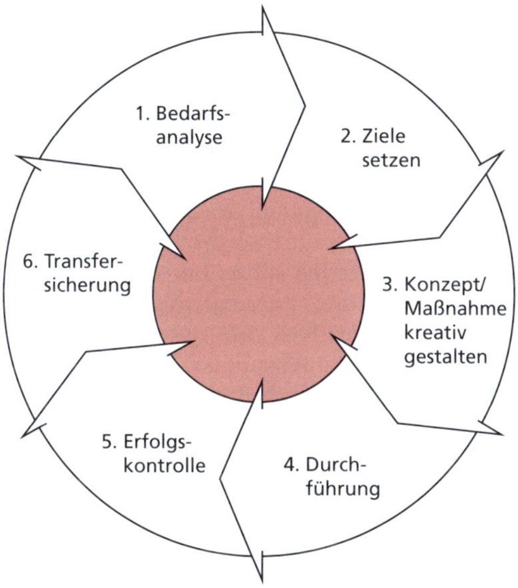

Abbildung B.2.1: Funktionszyklus der PE (Quelle: in Anlehnung an Becker 2005, S. 17)

Grundsätzlich ist bei der **Bedarfsermittlung** zunächst die Anbindung an die Strategie des Unternehmens zu prüfen, da diese Anforderungsprofile und benötigte Ressourcen für die Zukunft beeinflusst. Sodann ist zu unterscheiden, ob ein erkannter Bedarf

- einmalig erscheint, so zum Beispiel Schulungen für eine neue Abteilung, oder eher kontinuierlicher Entwicklungsbedarf (internes Nachwuchsprogramm etc.) zur Sicherung benötigter Qualifikationen vorhanden ist.
- Gruppen oder Einzelpersonen betrifft.

- Defizite beseitigen soll, wenn zum Beispiel betriebliche Aufgaben nicht so ausgeführt werden, wie dies wünschenswert wäre, oder aber Potenziale im Fokus stehen, indem besonders leistungsstarke Mitarbeiter entweder individuell gefördert werden oder in interne Programme aufgenommen werden.

Bei der Wahrnehmung von Defiziten ist zu berücksichtigen, dass deren Ursache sehr sorgfältig analysiert werden sollte, um nicht fälschlicherweise innerbetriebliche Probleme als PE-Bedarf zu deuten, die völlig andere Ursachen haben! So kann mangelnde Kundenorientierung auch aus einer Demotivation aufgrund wahrgenommener Ungerechtigkeit bei der Bezahlung oder aus einer gestörten Beziehung zur Führungskraft resultieren. Zudem darf nicht der Eindruck entstehen, dass PE als Reparaturbetrieb dient und die Teilnahme an einer Maßnahme mit der Einschätzung, derjenige „habe es wohl nötig" einhergeht. Ein erkannter Bedarf in der PE zeigt häufig auch Problemfelder in anderen Funktionsbereichen auf. So kann die Förderung interkultureller Fähigkeiten für Entsendungen an Auslandstandorte zwar sehr hilfreich sein – allerdings weisen derartige Defizite teilweise auch darauf hin, dass die Anforderungsprofile und Auswahlrichtlinien ebenfalls geändert werden sollten (vgl. *Teil B Kapitel 1 Personalauswahl*).

Vor der Konzeption einer PE-Maßnahme ist es wichtig, **Ziele** möglichst konkret herauszuarbeiten und ihre Anschlussfähigkeit an die Unternehmens- und Personalstrategie immer im Blick zu behalten. Bei der Zielsetzung lassen sich häufig vor allem qualitative Ziele festlegen. Hier ist es hilfreich, mehrere Fragen zu beantworten: Was soll nach der PE-Maßnahme anders sein? Woran wird erkennbar sein, dass sich etwas geändert hat? Welche Veränderung ist für die teilnehmenden Mitarbeiter zu erwarten? Was wird von den Teilnehmern verlangt? Je konkreter die Ziele für alle Beteiligten sind, desto besser lässt sich eine Maßnahme gestalten und desto leichter fällt auch eine spätere Evaluation.

Die **Gestaltung**, Organisation und Durchführung von PE-Maßnahmen stellt für Unternehmen oftmals eine Aufgabe dar, die einen erheblichen Kalkulations- und Planungsaufwand mit sich bringt. So ist je nach Ziel der PE abzuwägen, ob eine Maßnahme intern oder extern durchgeführt werden sollte. Bei Veranstaltungen, die insbesondere Einstellungs- und Verhaltensänderungen ermöglichen sollen (z. B. auch Teamentwicklung), ist es häufig besser, das Thema fern vom Unternehmen ungestört zu bearbeiten. Darüber hinaus können Gespräche am Abend, bei denen sich Kollegen informell auch über private Interessen austauschen, sehr hilfreich sein, um später Probleme einfacher „auf dem kurzen Dienstweg" persönlich zu klären (Networking).

Dagegen lassen sich betriebsinterne Kenntnisse – beispielsweise über die Technik der eigenen Produkte – deutlich kostengünstiger, einfacher und besser im Unternehmen vermitteln. Hier sollte auch immer geprüft werden, ob es erfahrene Mitarbeiter gibt, die ihr Wissen als Trainer – gegebenenfalls mit zusätzlicher Unterstützung – weitergeben können. Angesichts der Gefahr von Know-how-Verlust beim Renteneintritt von Mitarbeitern mit besonderen Kompetenzen und Erfahrungen können derartige Train-the-Trainer-Konzepte gleich mehrere positive Resultate erbringen: Erfahrungswissen wird im Unternehmen gehalten und durch die Trainings auch positiv gewürdigt. Gerade für ältere Mitarbeiter, die zumeist nicht mehr im Fokus von Laufbahn- und Karriereplanungen stehen, kann eine derartige Aufgabe als Teil der bisherigen Tätigkeit oder sogar als horizontaler Karriereschritt eine interessante Alternative darstellen.

PE kann nicht alles richten

Bei allen positiven Möglichkeiten, die der PE zur Verfügung stehen, soll hier nicht der Eindruck entstehen, PE-Maßnahmen seien immer geeignet, um Leistungen zu verbessern oder Einstellungen und Verhalten zu verändern! Menschen besitzen Persönlichkeitsstrukturen, die sich nicht einfach kurzfristig verändern lassen. Und manchmal passt die Aufgabe nicht wirklich gut zum Stelleninhaber – das gilt für die Eigenschaften eines Mitarbeiters genauso wie für seine Interessen. Am Beispiel einer Reklamationshotline wird dies schnell deutlich: Einige Mitarbeiter schöpfen ihr Befriedigungspotenzial daraus, Kundenprobleme zu lösen; andere empfinden diese Aufgabe als derartig stressauslösend, dass diese Tätigkeit für sie höchstens eine berufliche Notlösung darstellt. Auch ist nicht jeder Experte in seinem Feld eine gute Führungskraft. **Betriebliche Laufbahnplanungen** sollten daher berücksichtigen, dass die Entkoppelung von Karriere und Führungsverantwortung durchaus sinnvoll sein kann. Als Konsequenz gewinnen Projekt- und Fachlaufbahnen an Bedeutung.

Diese Einschränkungen gelten umso mehr, wenn zusätzlich interkulturelle Aspekte hinzukommen. So wird in vielen asiatischen Ländern von den Mitarbeitern deutlich weniger eigenständiges Mitdenken als in europäischen Ländern erwartet: Entscheidungen gelten als Privileg der Vorgesetzten und liegen daher in deren Verantwortung. Derartige Rollenerwartungen sind lange geprägt worden und lassen sich nicht kurzfristig durch Seminare verändern.

Das Personalmanagement ist hier insbesondere als **Business Partner** gefragt, auf realistische Möglichkeiten der PE hinzuweisen und in diesem Kontext auch Entscheidungen zu beeinflussen. Die folgenden Mini-Fälle behandeln einige Herausforderungen, die das breite Spektrum der PE aufzeigen.

Verwendete Literatur:

Becker, M.: Personalentwicklung. Bildung, Förderung und Organisationsentwicklung in Theorie und Praxis. 5. Aufl., Stuttgart: Schäffer-Poeschel 2009.

Becker, M.: Systematische Personalentwicklung. Planung, Steuerung und Kontrolle im Funktionszyklus. Stuttgart: Schäffer-Poeschel 2005.

Riekhof, H.-C.: Strategien der Personalentwicklung. Mit Praxisbeispielen von Bosch, Linde, Philips, Siemens, Volkswagen und Weka. 6. Aufl., Wiesbaden: Gabler 2006.

B.2.1 Einführung der neuen Auszubildenden

Heike Schinnenburg

Mini-Fall

Melanie Drescher legte den Telefonhörer auf und freute sich darüber, dass nun auch die zweite künftige Auszubildende zugesagt hatte. „Die beiden siebzehnjährigen Fachoberschüler wären dann die erste Generation von selbst ausgebildeten Mitarbeitern für den Beruf IT-System-Kaufmann/frau beim E-Commerce Unternehmen Platform X“, dachte sie.

Das expandierende Unternehmen beschäftigte derzeitig 50 Mitarbeiter, die technische Lösungen im Bereich E-Commerce entwickelten und Handelsunternehmen in diesem Bereich betreuten. Die eigene Ausbildung war für Platform X zu einer Notwendigkeit geworden, weil zu wenig qualifizierte Bewerber am Arbeitsmarkt zur Verfügung standen. Für ein mittelständisches Unternehmen war es gar nicht einfach, gute Auszubildende für sich zu gewinnen. Und Melanie wusste aus dem Austausch mit anderen Personalreferenten auch, dass viele Auszubildende einen bereits angenommenen Ausbildungsplatz doch wieder absagten, wenn ein besseres Angebot kam. Dass zwischen Vertragsunterzeichnung und Ausbildungsbeginn mehr als ein halbes Jahr lag, verstärkte das Problem der mangelnden Bindung.

Darüber hinaus war Melanie klar, dass viele Auszubildende auch während ihrer Zeit im Unternehmen frustriert waren, wenn sie einen Großteil der Zeit mit reinen Hilfstätigkeiten zubrachten, zu wenige Herausforderungen erlebten und kein Feedback erhielten. Melanie erinnerte sich an den Spruch „Lehrjahre sind keine Herrenjahre“, den sie selbst noch von ihrem Vater gehört hatte, als dieser von seiner eigenen Zeit als „Lehrling“ berichtet hatte. „Die Zeiten haben sich glücklicherweise geändert“, dachte Melanie. Sie hatte sich im letzten Jahr gefreut, als die Geschäftsführung sie noch einmal ausdrücklich gebeten hatte, die Personalentwicklung und insbesondere die Ausbildung junger Mitarbeiter besonders voranzutreiben.

Für Platform X war es wichtig, dass die Auszubildenden bereits nach kurzer Zeit gut integriert wurden, um schnell eigenständig zu arbeiten. Das ermöglichte ihnen dann auch Erfolgserlebnisse! Melanie dachte an die Bemerkung des Teamleiters Rolf Winter auf der letzten Besprechung: *„Prima, dass wir Azubis bekommen. Aber in meine Abteilung schickt ihr die bitte erst, wenn sie schon etwas können.“*

Aufgaben

Entwerfen Sie einen Vorschlag für die Einführung und Integration der neuen Auszubildenden.

1. Berücksichtigen Sie die Phase bis zum Beginn der Ausbildung. Welche Instrumente zur Bindung vor Vertragsantritt würden Sie nutzen?

2. Wie würden Sie die ersten drei Monate gestalten?

3. Bedenken Sie, dass die Mitarbeiter des Unternehmens noch keine Erfahrung mit der Ausbildung haben. Wie würden Sie Führungskräfte und Mitarbeiter für das Thema sensibilisieren?

4. Woran erkennen Sie am Ende der Probezeit, dass die Auszubildenden sich gut eingelebt haben und die Ausbildung aller Wahrscheinlichkeit nach erfolgreich abschließen werden?

B.2.2 Wieder Ärger mit Timo! Nachwuchsqualifizierung zwischen Anspruch und Wirklichkeit

Heike Schinnenburg

Mini-Fall

Stefan Küppers von der Bundesvereinigung der Deutschen Arbeitgeberverbände (BDA) beschreibt vor diesem Hintergrund, dass immer mehr Unternehmen vor einer unattraktiven Wahl stehen. „Entweder sie verzichten auf Ausbildung und bekommen zukünftig Probleme bei der Besetzung ihrer Facharbeiterstellen, oder sie versuchen eigentlich nicht ausbildungsfähige Azubis zu qualifizieren."

Quelle: Wachsmut R.; Lauer J.: Azubis haben das Lernen verlernt. In: Personalwirtschaft, 8, 2005, S. 10-12.

„Das ist genau das Problem", dachte Miriam Schmidt und las den Artikel zu Ende. Seit einem Jahr war sie nun als Personalreferentin bei der Hase-Metall GmbH tätig. Das mittelständische Unternehmen im Landkreis Osnabrück beschäftigte 250 Mitarbeiter. Da sie direkt dem kaufmännischen Geschäftsführer unterstellt war, verantwortete sie den gesamten Personalbereich.

Das Unternehmen war als guter Ausbildungsbetrieb bekannt, aber der Nachwuchsmangel machte sich bereits deutlich bemerkbar. Bei den Industriekaufleuten gab es noch genügend gut qualifizierte Bewerbungen, auch wenn gerade die Abiturienten die Ausbildung eher als Zwischenstation vor einem eventuellen Bachelorstudium nutzten. Bereits im letzten Jahr war es schwierig gewesen, die drei gewerblichen Ausbildungsstellen zu besetzen. Dies lag nicht allein an der geringen Zahl der Bewerbungen.

Immer wieder wurde bei den Bewerbungen und den Auswahlgesprächen für die gewerblichen Berufe deutlich, dass Basisanforderungen häufig fehlten, zum Beispiel Grundfertigkeiten (vor allem in Mathematik), Lernfähigkeit und angemessene soziale Umgangsformen.

Bei Praktika zeigte sich außerdem ein geringes Durchhaltevermögen, wenn eine Aufgabe nicht sofort bewältigt wurde. Betriebliche Spielregeln und Arbeitsanweisungen zu akzeptieren, war ebenfalls nicht selbstverständlich.

„Die Situation wird sich nicht grundlegend ändern", dachte Miriam. „Es wird zwar viel über Ingenieursmangel und High Potentials geschrieben, aber was uns derzeitig viel mehr zu schaffen macht, ist der Facharbeitermangel. Und je schlechter die Ausgangsqualifikation, desto schwieriger ist es, die Qualitätsanforderungen der Kunden zu erfüllen. Wenn wir nichts tun, haben wir irgendwann keinen Nachwuchs mehr, den wir auf dem notwendigen Qualitätslevel ausbilden können. Und gleichzeitig gibt es junge Leute, die ohne eine Berufsausbildung nur derartig geringe Chancen am Arbeitsmarkt haben, dass sie aus dem Teufelskreis „unqualifiziert – Niedriglohn – staatliche Unterstützung gegebenenfalls genauso hoch – daher irgendwann langzeitarbeitslos" gar nicht mehr herauskommen. Also müssen wir irgendwie früher ansetzen. Nur sind wir nun einmal kein Großkonzern", überlegte sie mit Blick auf den Artikel.

Es klopfte und Franz Salaske, der Produktionsmeister und Ausbilder für den Beruf zum Fertigungsmechaniker, kam in Miriams Büro und meinte: *„Lust auf eine schlechte Nachricht? Also, der Timo Klus ist gerade ohne Genehmigung einfach verschwunden. Er hat gestern seinen Arbeitsplatz verlassen, ohne ihn zu säubern und die Geräte wegzuräumen. Dafür hat er vom Vorarbeiter natürlich einen Rüffel bekommen. Wahrscheinlich war das der Grund."* Kurz berichtete Franz, dass der junge Mann durchaus Potenzial habe, aber wenig Durchhaltevermögen. Mehrfach gab es kleinere Schwierigkeiten, die von häufigem Zuspätkommen bis zu Nachlässigkeiten bei der Arbeit reichten. Vor allem aber konnte er mit Anweisungen und Kritik nur schlecht umgehen. Dann versteifte er sich regelrecht und schien Trotz und Aggression zu unterdrücken. Anweisungen, die ihm nicht gefielen, „hörte" er teilweise nicht.

Miriam kannte die Problematik. Sie hatten sich vor einem halben Jahr die Entscheidung nicht leicht gemacht, den jungen Mann für die Ausbildung einzustellen, der nur knapp seinen Hauptschulabschluss geschafft hatte. „In seiner Familie gab es keine guten Vorbilder", dachte Miriam. Der Vater war Alkoholiker und es wurde offen darüber gesprochen, dass er häufig gewalttätig gegenüber der Mutter und auch den Kindern wurde. Timo hatte noch vier jüngere Geschwister. In seiner Freizeit ging er zweimal pro Woche im nahen Jugendzentrum zum Boxen.

Salaske selbst hatte schon zwei ernsthafte Gespräche mit ihm geführt und meinte: *„Ich weiß nicht, was los ist. Vielleicht kommen Sie besser an ihn heran als ich."*

Aufgaben

Sie sind Miriam Schmidt.

1. Welche Möglichkeiten sehen Sie? Was würden Sie tun?

2. Nehmen Sie an, Timo kommt am nächsten Tag zu einem Gespräch zu Ihnen. Wie würden Sie das Gespräch führen? Bereiten Sie Ihren Gesprächseinstieg und Ihre Vorgehensweise vor.

Literaturempfehlung:

Wachsmut R.; Lauer J.: Azubis haben das Lernen verlernt. In: Personalwirtschaft, 8, 2005, S. 10-12.

B.2.3 „Geht's auch freundlicher?" Personalentwicklung für die Hotline

Heike Schinnenburg

Mini-Fall

Sie sind als Trainee im Personalbereich bei einem Hersteller für Computerdrucker tätig. Derzeitig ist Ihr Einsatzgebiet die Personalentwicklung.

Das Geschäft mit Druckern für den privaten Home-Office-Bereich ist hart umkämpft. Die Kalkulation ist dementsprechend eng und die Marge gering. Erträge werden vor allem durch Druckerzubehör (Tinte, Toner) generiert. Durch die sehr kulante Umtauschpolitik des Handels führen Probleme mit einem neuen Drucker sehr häufig zu Reklamationen, die für das Unternehmen hohe Kosten verursachen. Die technische Hotline des Unternehmens ist daher eine wichtige Funktion im Unternehmen, um die Kundenzufriedenheit mit den Produkten zu erhöhen und Produktrücknahmen zu verhindern.

Heute Morgen kommen Sie an Ihren Schreibtisch und finden eine Notiz Ihrer Chefin vor. Es gibt einen dringenden Arbeitsauftrag: Die neueste Kundenumfrage stellt fest, dass 60 Prozent der Befragten die Hotline als „unfreundlich" oder „eher unfreundlich" bewerten. Mehrere Beschwerde-Mails unterstützen dieses Ergebnis. So schreibt zum Beispiel Emily Stark: *„Mir wurde der Eindruck vermittelt, ich wäre zu blöd, den Stecker richtig mit dem Computer zu verbinden."* Der Auftrag der Leiterin der Personalentwicklung lautet daher knapp: *„Bitte entwerfen Sie umgehend einen Vorschlag für eine Trainingsmaßnahme. Wir sprechen dann Anfang nächster Woche darüber."*

Ihre Rückfrage bei einer Kollegin, die schon lange im Unternehmen arbeitet, ergibt folgendes Bild:

- Zwanzig Mitarbeiter arbeiten für die technische Hotline. Die meisten wurden im Zuge einer Umstrukturierung dorthin versetzt. Für viele Mitarbeiter war es eine gefühlte Verschlechterung, auch wenn die Bezahlung gut ist und bei der Personaleinsatzplanung durchaus auf persönliche Wünsche Rücksicht genommen wird.
- Mehrfach hat die Abteilungsleitung gewechselt. In den letzten drei Monaten wurde die Abteilung von einem Kollegen nur kommissarisch mitbetreut, weil dem Stelleninhaber wegen Spesenbetrugs fristlos gekündigt wurde. Der neue Abteilungsleiter Erich Schmidt ist erst seit einem Monat im Unternehmen und befindet sich heute und morgen im Rahmen seines Einarbeitungsprogramms in der Produktion.

Aufgaben

Entwerfen Sie einen Vorschlag für die Personalentwicklungsmaßnahme.

1. Gehen Sie insbesondere auch darauf ein, wie Sie eine konkretere Bedarfsermittlung vornehmen, welche Ziele die Personalentwicklungsmaßnahme haben sollte und wie inhaltlich und methodisch vorgegangen werden sollte.

2. Überlegen Sie auch, wie Sie den Erfolg der Maßnahme überprüfen würden.

B.2.4 Der alte Hase

Carsten Steinert

Mini-Fall

Norman Stark hatte es geschafft! Vor sieben Monaten war er zum Vorstand der Bankhaus AG bestellt worden und das mit nur 39 Jahren! Es war alles andere als einfach gewesen, den Spagat als junger Familienvater und die vorherige Aufgabe als Manager in der ersten Führungsebene der Großbank AG miteinander zu vereinen. Hinzu war noch das Executive MBA Programm gekommen, an dem er die letzten 24 Monate teilgenommen hatte und wofür er an unzähligen Wochenenden auf seine Familie hatte verzichten müssen. Die Mühen, die er in den letzten Jahren auf sich genommen hatte, hatten sich also gelohnt.

Bislang war er mit der Wahl seiner neuen Wirkungsstätte sehr zufrieden und hatte sich gut in seine neue Rolle eingearbeitet. Die Bankhaus AG hatte sich als mittelständisches Kreditinstitut in der Frankfurter Privatbankenszene fest etabliert und sehr positiv entwickelt, wenngleich die Zuwachsraten in den letzten Jahren deutlich geringer ausgefallen waren als noch vor der Finanzkrise. Gegenwärtig hatte die Bank rund 650 Mitarbeiter, die in einer Hauptstelle und acht Filialen tätig waren. Die Bilanzsumme betrug circa 450 Mio. Euro. *„Gemeinsam mit dem Kreditvorstand Herrn Brünning verkörpern Sie einen Generationswechsel in unserer Bank, Herr Stark“*, hatte der Aufsichtsratsvorsitzende Herr Dr. Mühlfeld ihm mit auf den Weg gegeben. *„Bislang wurde Ihr Ressort recht konservativ geführt und der Aufsichtsrat erwartet sich von Ihrer Ernennung zum Vorstand neuen Schwung. Ihre Hauptaufgabe ist es, die Entwicklung des Firmenkundengeschäftes voran zu treiben. Hieran werden Sie auch gemessen. Mit Herrn Peters haben Sie als Firmenkundenleiter einen alten, erfahrenen Hasen, auf den Sie sich in jeder Beziehung verlassen können. Ich selbst habe mit ihm hier bei der Bank angefangen. Unsere Erwartungshaltung ist hoch“*, hatte Herr Dr. Mühlfeld klargestellt.

Unmittelbar nach seinem Amtsantritt hatte Norman zunächst mit den Führungskräften seines Vorstandsressorts ausführliche Gespräche geführt und auch bereits an zwei Wochenenden Strategieworkshops organisiert. Er war der Ansicht, eine gute Mannschaft an Bord zu haben und mit seinen Führungskräften etwas bewegen zu können. Einzig bei seinem Firmenkundenleiter Herrn Peters war er sich – entgegen der Ankündigung des Aufsichtsratsvorsitzenden – nicht sicher. Bei ihm war ein Eindruck entstanden, der ihn nachdenklich stimmte und den er noch nicht einzuordnen im Stande war. Obwohl das Firmenkundengeschäft ein absolutes Schlüsselressort bildete, musste er Herrn Peters zunächst regelrecht zur Teilnahme an den Strategieworkshops drängen. Im Rahmen der Sitzungen zeigten sich dann jedoch die ungeheure Fachkompetenz und die große Erfahrung, die Herr Peters in seinen mehr als 30 Berufsjahren für die Bankhaus AG erworben hatte. Er war jetzt 55 Jahre alt. Die derzeitige Position des Firmenkundenleiters bekleidete er schon seit fast 18 Jahren und in diesem Zusammenhang war er auch maßgeblich an der positiven Entwicklung des Bankhauses beteiligt gewesen. Zu vielen der bedeutendsten Großkunden pflegte er ein über die Jahre gewachsenes, fast freundschaftliches Verhältnis. Dadurch war es ihm fast im Alleingang gelungen, das bestehende Geschäft mit diesen Kunden auszuweiten und so mangelnde Erfolge seines Teams bei der Neukundenakquise zu kompensieren. Eine klare Vorstellung oder gar eine Strategie, durch welche Maßnahmen neue Kunden akquiriert werden könnten, hatte er jedoch nicht geäußert.

Norman hatte die Gelegenheit genutzt, um Herrn Peters am Rande des Workshops etwas näher kennen zu lernen. Dabei waren sie sich durchaus sympathisch gewesen. So erfuhr Norman, dass Herr Peters erst relativ spät eine Familie gegründet hatte. Er war Alleinverdiener und seine beiden Kinder waren noch mitten in der Ausbildung. Daher konnte er sich auch nicht, wie viele seiner Kollegen, einen Ausstieg aus der Bank bereits mit Ende 50 leisten, sondern musste bis 65 durcharbeiten. Aber die Arbeit mit den Großkunden machte ihm ja auch sehr viel Spaß. Jedoch wünschte er sich durchaus, in Zukunft beruflich etwas kürzer zu treten, da die Entwicklung seiner Kinder in den letzten Jahren doch sehr an ihm vorbei gegangen war. Zudem hatte er bei seinen Mitarbeitern manchmal den Eindruck, dass diese ihn vor einen Karren spannen wollten, den sie selbst zu ziehen nicht bereit waren. Und das ärgerte ihn teilweise maßlos.

In den letzten Tagen hatte sich eine neue Situation ergeben. Der Geschäftsführer der Kugelspitz GmbH, ein neuer Firmenkunde, ließ in einem Gespräch erkennen, dass er mit der bisherigen Geschäftsabwicklung und der Betreuung durch die Firmenkundenabteilung nicht gänzlich zufrieden war. Norman war dieser Umstand sehr unangenehm, zumal er diesen Kunden bereits von seiner Tätigkeit bei der Geschäftsbank AG kannte. Nur auf sein persönliches Wirken hin war er bereit gewesen, mit seinen Geschäftsverbindungen zur Bankhaus AG zu wechseln. Gestern kam dann der nächste Schlag: Herr Martin, einer der erfolgreichsten Firmenkundenbetreuer, hatte gekündigt. Norman hatte in einem persönlichen Gespräch versucht, ihn noch umzustimmen und gebeten, die Kündigung zurückzunehmen. Doch Herr Martin war hierzu nicht bereit. *„Ich habe noch den Vorstandswechsel abgewartet, aber in der Firmenkundenabteilung hat sich trotzdem nichts geändert. Herr Peters ist zwar ein menschlich netter Kerl und ich bin beeindruckt von seiner hohen Fachkompetenz, aber ich finde, dass mein hoher persönlicher Einsatz von ihm nicht honoriert wird und er auch nichts für meine Weiterentwicklung tut. Zudem habe ich, wie viele meiner Kollegen auch, den Eindruck, dass das ständige Verantwortlichsein für andere mittlerweile immer öfter an seinen Nerven zehrt und er seiner Rolle als Führungskraft nicht mehr gerecht wird. Zudem wünschen sich viele, so wie ich, eine strategische Neuausrichtung des Firmenkundenbereiches“*, hatte Herr Martin gesagt. Darüber hinaus hatte er Norman im Vertrauen mitgeteilt, dass auch andere Mitarbeiter bereits mit Headhuntern gesprochen hätten und kurz vor dem Absprung stünden.

Aufgaben

Versetzen Sie sich in die Rolle von Norman Stark.

1. Wo liegen mögliche Problemfelder und Stolpersteine?

2. Wie beurteilen Sie grundsätzlich die fachliche Eignung und Motivation des Firmenkundenleiters Herrn Peters?

3. Was schlagen Sie vor, um das Problem zu lösen?

B.2.5 Impatriation im Emsland

Nicole Böhmer

Mini-Fall

Karo-Landmaschinen ist ein mittelständisches Unternehmen im Emsland, das Landmaschinen produziert. In bestimmten Nischenmärkten, zum Beispiel bei den Kartoffelrodern, ist es internationaler Marktführer. Am Hauptsitz des inhabergeführten Unternehmens in der Gemeinde Emsbrügge arbeiten rund 800 Mitarbeiter. Die Landmaschinen werden überwiegend im Emsland entwickelt und produziert. Im Ausland finden sich vorwiegend Vertriebsniederlassungen.

Die Personalbeschaffung für die Produktentwicklung wird immer schwieriger, da der Bedarf an Ingenieuren unterschiedlicher Fachrichtungen auf dem lokalen Arbeitsmarkt nicht gedeckt werden kann. Zudem werden immer komplexere Steuerungstechniken eingesetzt. Wenn es nicht gelingt, diese intern zu programmieren, muss die Möglichkeit in Betracht gezogen werden, diesen Bereich outzusourcen. Karo-Landmaschinen will daher künftig Ingenieure aus China, Indien und Russland einstellen. Gerade laufen konkrete Vertragsverhandlungen mit indischen Elektro-Ingenieuren.

Aufgaben

Sie sind Personalreferent bei Karo-Landmaschinen.

1. Wo sehen Sie potenzielle Probleme?

2. Entwerfen Sie ein Konzept, mit dem Sie diese entschärfen oder gar nicht erst auftreten lassen. Das entwickelte Konzept soll insbesondere Ihren Abteilungsleiter überzeugen.

Personalreduzierung und Trennung von Mitarbeitern

Mit einer Einführung von Carsten Steinert

B.3

B.3.1 Die „geerbte" Mitarbeiterin 73
B.3.2 Schluss mit lustig – Trennung in der Probezeit? .. 75
B.3.3 Vier müssen gehen – Sozialauswahl bei betriebsbedingter Kündigung 76
B.3.4 Wie konnte das so schiefgehen? Abwerbung und Scheitern eines erfolgreichen Managers 79
B.3.5 Die doppelte Marketing-Leitung................. 82
B.3.6 Die 0900er Nummer 83

ÜBERBLICK

Einführung

Carsten Steinert

Die **Personalreduzierung** erfolgt in ökonomischer Hinsicht mit dem Ziel, personelle Überkapazitäten zu vermeiden beziehungsweise zu beseitigen. Dabei handelt es sich jedoch nicht um ein Thema, das in der gleichen Logik wie andere ökonomische Aspekte als reines Investitionskalkül zu betrachten ist, da neben betrieblichen insbesondere auch persönliche und gesellschaftliche Folgen zu antizipieren sind. Über die erwähnten betriebsbedingten Anlässe hinaus kann die Trennung von Mitarbeitern jedoch auch aus persönlichen Gründen erfolgen, zum Beispiel aufgrund von mangelnder fachlicher Eignung oder Leistungsbereitschaft des Mitarbeiters oder weil die „Chemie" zwischen Mitarbeiter und Führungskraft nicht stimmt.

Ungeachtet der Ursachen und Gründe der Personalfreisetzung müssen sich Unternehmen gerade in solch kritischen Situationen ihrer sozialen Verantwortung stellen und darauf achten, den Trennungsprozess fair und menschlich wertschätzend zu gestalten. Alle an dem Freisetzungsprozess beteiligten Unternehmensvertreter sollten sich daher der besonderen Bedeutung bewusst sein, welche der **Trennungskultur** zukommt.

Personalreduzierung – Ursachen und personalpolitische Alternativen

In Bezug auf betriebliche Personalreduzierung kann zwischen **unternehmensinternen (endogenen)** sowie **unternehmensexternen (exogenen) Ursachen** unterschieden werden. Zu den endogenen Ursachen zählen Technisierung und Restrukturierungsprozesse. Im Rahmen der Technisierung bewirken zum Beispiel Automatisierungseffekte eine Substitution menschlicher Arbeitsleistung durch Maschinen – dies betrifft vor allem einfache, repetitive Tätigkeiten. Als Folge von Restrukturierungsprozessen kann ein Personalüberhang durch eine Veränderung der Aufbau- oder Ablauforganisation entstehen oder durch die Verlagerung von Betriebsteilen, zum Beispiel ins Ausland, bedingt sein. Im Rahmen von exogenen Ursachen kann der Markt infolge veränderter konjunktureller Umweltbedingungen nicht mehr in der Lage sein, das Leistungsangebot des Unternehmens aufzunehmen.[1] Ein Beispiel für eine unternehmensexterne Ursache ist die Finanzkrise. Im Jahr 2008 weitete sie sich zu einer flächendeckenden wirtschaftlichen Krise aus, von der zahlreiche Unternehmen erfasst wurden. Aufgrund der enormen Geschwindigkeit, mit der die Krise auf andere Branchen übergriff, blieb den Unternehmen kaum Zeit, um sich mit Personalabbau vorbeugenden Maßnahmen, beispielsweise mit einer Rücknahme von Fremdaufträgen, darauf einzustellen. Um dennoch betriebsbedingte Entlassungen zu vermeiden, griffen viele Unternehmen zunächst auf personalpolitische Alternativen zurück.

Die nachfolgende Aufzählung[2] bietet einen grundsätzlichen Überblick solcher **personalpolitischen Alternativen**, wobei sie jedoch keinen Anspruch auf Vollständigkeit erhebt:

- Abbau von Überstunden oder Sonderschichten
- Kurzarbeit
- Kürzung der regulären Arbeitszeit
- Einführung von Teilzeit und Sabbatical
- Einstellungsstopp

1 Vgl. Jung 2011, S. 314f.
2 Vgl. Jung 2011, S. 315ff.

- Nichtverlängerung von Zeitverträgen
- Abbau von Leiharbeitnehmern

Insbesondere bei exogenen Ursachen ist die Erwägung personalpolitischer Alternativen zur Vermeidung von Entlassungen nicht nur sozialverträglicher, sondern kann auch als kostengünstiger erachtet werden. Neben der Einsparung von teuren Abfindungszahlungen können auch die Kosten der erneuten Einstellung und Einarbeitung umgangen werden. Ebenso werden nach Beendigung der Krise Personalengpässe aufgrund zeitlicher Verzögerung beim Aufbau von neuen Mitarbeiterkapazitäten vermieden. Problematisch ist jedoch, dass sich das Ende einer schlechten konjunkturellen Lage aus Unternehmenssicht nur schwer antizipieren lässt. Die genannten personalpolitischen Alternativen lassen sich daher aus Kostengründen in der betrieblichen Praxis meist nur über einen gewissen Zeitraum aufrechterhalten. Sollte die wirtschaftliche Krise längere Zeit andauern, dann ist ein Personalabbau für viele Betriebe unumgänglich. Damit sich die dadurch erhofften Kosteneinsparungen aber auch tatsächlich einstellen, ist es ratsam, alle in diesem Zusammenhang relevanten HR-Einflussgrößen zu berücksichtigen.[3] In der Praxis werden die Dinge häufig „schön gerechnet", indem den eingesparten Gehältern nur die direkt zurechenbaren Kosten, zum Beispiel Abfindungszahlungen, gegenübergestellt werden. Schwerer zu erfassende indirekte Kosten finden meist keine Berücksichtigung. Beispiele hierfür sind der Know-how-Verlust oder Schulungskosten für verbleibende Mitarbeiter, um die Restaufgaben des abgebauten Arbeitsplatzes mitübernehmen zu können.

Instrumente des Personalabbaus

Im Rahmen eines Personalabbaus wird in der Praxis zunächst häufig versucht, die Kapazitätsreduktion mit Hilfe von **Aufhebungsverträgen** herbeizuführen. Ein Aufhebungsvertrag ist dabei eine einvernehmliche Lösung des Arbeitsverhältnisses, auf die sich Arbeitnehmer und Arbeitgeber verständigen. In der Regel erhält der Arbeitnehmer dabei eine Abfindung. Der Vorteil im Vergleich zu anderen Abbaumaßnahmen besteht unter anderem darin, dass das Unternehmen bestimmten Arbeitnehmergruppen Aufhebungsverträge gezielt anbieten kann und dadurch die grundsätzliche Möglichkeit hat, die Alters- und Qualifikationsstruktur zu lenken. Zudem wird dieses Instrument im Vergleich zu Kündigungen als sozialverträglicher erachtet, da es auf gegenseitiger Freiwilligkeit beruht.

Reicht auch das Instrument der Aufhebungsverträge nicht aus, um die notwendige Personalkapazitätsreduzierung herbeizuführen, so bleiben als Ultima Ratio nur noch **betriebsbedingte Kündigungen**. Zuvor verständigen sich Betriebsrat und Geschäftsleitung auf einen **Interessenausgleich** und **Sozialplan**. Der Interessenausgleich ist eine schriftliche Vereinbarung zwischen Betriebsrat und Arbeitgeber über alle Fragen, die mit der geplanten Betriebsänderung zusammenhängen. Der Sozialplan hingegen regelt den Ausgleich oder die Milderung der wirtschaftlichen Nachteile, die den betroffenen Arbeitnehmern infolge von geplanten Betriebsänderungen entstehen, zum Beispiel die Höhe der Abfindungszahlungen.

Kommen für eine Kündigung mehrere Arbeitnehmer in Betracht und muss nicht allen gekündigt werden, weil beispielsweise nur ein Teil der Stellen wegfällt, so hat der Arbeitgeber unter ihnen nach sozialen Gesichtspunkten auszuwählen. Dieses Verfahren wird **„Sozialauswahl"** genannt. Dabei sind vor allem Kriterien wie Alter, Dauer

3 Vgl. Spieker 2006, S. 46ff.

der Betriebszugehörigkeit, Unterhaltspflichten und eine etwaige Schwerbehinderung zu berücksichtigen.

Im Rahmen der Sozialpläne wird den Mitarbeitern meist die Möglichkeit eingeräumt, auch von sich aus mit dem Wunsch an den Arbeitgeber heranzutreten, das Unternehmen gegen Zahlung einer Abfindung zu verlassen. In der Praxis entscheiden sich jedoch häufig gerade diejenigen Mitarbeiter für diese Lösung, welche aufgrund ihrer sehr guten Qualifikation eine hohe Arbeitsmarktfähigkeit besitzen und deswegen in der Regel auch in dem abbauenden Unternehmen dringend benötigt werden. Gerade in größeren Unternehmen werden zur Betreuung ausscheidender Mitarbeiter teilweise sogenannte **Outplacement-Beratungen** angeboten. Bei Massenentlassungen werden zudem nicht selten **Transfergesellschaften** gegründet, in welchen die entlassenen Mitarbeiter für eine gewisse Zeit weiterbeschäftigt werden. Sie sind darauf ausgelegt, die übernommenen Mitarbeiter dabei zu unterstützen, eine neue Arbeitsstelle zu finden. Dementsprechend wird Wert auf Qualifizierung und Weiterbildung sowie auf Hilfen bei der Vermittlung in einen neuen Job gelegt. Neben den genannten Vorteilen sind jedoch auch Nachteile zu erwähnen: Die zumeist großzügige Ausstattung der Transfergesellschaften führt nicht selten dazu, dass die dort auf Zeit übernommenen Mitarbeiter keine geringer bezahlten Tätigkeiten, zum Beispiel bei kleineren Handwerksbetrieben annehmen, weil sie sich dann für die Übergangszeit schlechter stellen würden.

Abbildung B.3.1 stellt die skizzierten Maßnahmen der Personalreduzierung im Überblick dar.

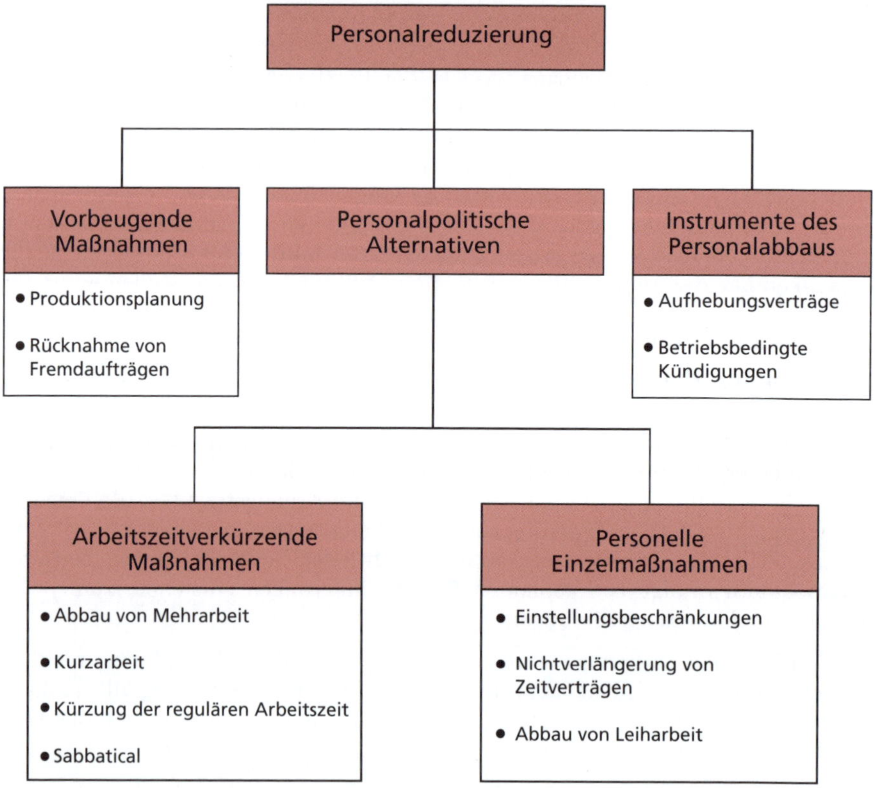

Abbildung B.3.1: Maßnahmen der Personalreduzierung im Überblick

Persönliche Trennungsgründe

Wie bereits eingangs erwähnt liegen in der betrieblichen Praxis die Ursachen für Trennungen nicht selten auf der **persönlichen Ebene**. Gerade bei hohen Führungskräften geht es neben mangelnder Leistung oft darum, dass dem bisherigen Stelleninhaber eine neue strategische Ausrichtung nicht zugetraut wird oder aber ein neuer Vorstand Führungspositionen mit vertrauten Gefolgsleuten neu besetzen möchte. In der Regel erweist sich in solchen Fällen für den Arbeitgeber eine Kündigung aus arbeitsrechtlichen Gründen als schwierig. Daher wird in der Praxis meist versucht, auf eine **einvernehmliche Beendigung** des Arbeitsverhältnisses in Form eines Aufhebungsvertrages hinzuwirken. Insbesondere bei leitenden Angestellten, also Führungskräften der oberen Ebene, ist dies eine gängige Praxis. Diese Personengruppe ist zudem aufgrund ihrer exponierten Stellung als leitende Angestellte im Vergleich zu normalen Arbeitnehmern arbeitsrechtlich weniger stark geschützt und wird auch nicht durch den Betriebsrat vertreten. Auf der Mitarbeiterebene spielen neben Leistungsdefiziten vor allem häufige und gegebenenfalls auch unentschuldigte Fehlzeiten eine Rolle.

Bedeutung eines professionellen Trennungsmanagements

Viele Führungskräfte sind in Bezug auf die Durchführung von Trennungen unerfahren und unsicher, weil sie hierauf nicht vorbereitet wurden. Häufig werden sie von ihren diesbezüglich nicht weniger unerfahrenen Vorgesetzten „ins kalte Wasser geworfen". Unterstützende Worte wie „Machen Sie mal, Sie schaffen das schon" helfen in solchen Situationen kaum. Die Unsicherheit führt in vielen Fällen dazu, dass im Rahmen des Trennungsprozesses auf der persönlichen Ebene viel „Porzellan zerschlagen" wird. Nicht nur der von der Trennung betroffene Mitarbeiter nimmt dadurch Schaden, auch für die verbleibenden Kollegen und die Führungskraft selbst ist die Situation alles andere als angenehm. Beschäftigte, die nicht von Kündigung bedroht sind, benötigen Zeit, um die zusätzlichen, neuen Aufgabenfelder zu erlernen und das Arbeitspensum der ausscheidenden Kollegen mit zu übernehmen. Aber auch der Schock, dass betriebsbedingte Kündigungen ausgesprochen werden, muss oftmals überwunden werden. Die Effizienz wird daher über einige Zeit reduziert sein (**„survivor sickness"**).

Die **häufigsten Fehler**[4] im Rahmen eines Trennungsprozesses sind:

- Mangelnde Vorbereitung (Konditionen, Termine, Personalakte)
- Delegation des Gespräches (an Personalabteilung oder Externe)
- Fehlender Konsens in der Unternehmensleitung bzgl. der Vorgehensweise
- Unklare Kündigungsbotschaft und irreführende Terminologie im Rahmen des Kündigungsgespräches
- Unzureichende und unbedachte Informationspolitik
- Verbleibende werden übersehen

Bei Trennungen aufgrund von Leistungsschwächen oder mangelnder Einsatzbereitschaft ist nicht selten festzustellen, dass sich viele Führungskräfte im Vorfeld zu konfliktscheu verhalten und zu wenig klare Anforderungen kommunizieren. Es wird vermieden, Fehler oder mangelndes Engagement des Mitarbeiters im Vorfeld gezielt und offen anzusprechen. Im Rahmen eines Trennungsprozesses beklagt sich der betroffene Mitarbeiter dann – zum Teil zu Recht – darüber, dass seine Vorgesetzten nicht früher mit ihm über sein angebliches Fehlverhalten gesprochen haben. In diesen Fällen liegt

4 Vgl. Andrzejewski 2009, S. 704.

eindeutig auch ein **Führungsversäumnis** vor, das sich vielfach darin zeigt, dass sich die wahrgenommenen Defizite weder in Beurteilungen noch in Gesprächsprotokollen eindeutig belegen lassen. Eine Kündigung ist dann arbeitsrechtlich schwer durchzusetzen oder aber entsprechend teuer für das Unternehmen.

Die oben skizzierten Fehler gilt es mit Hilfe guter Führungskultur und eines gezielten **Trennungsmanagements** zu vermeiden, welches auch eine entsprechende Vorbereitung und Begleitung der durchführenden Führungskräfte beinhaltet. Nur dadurch kann gewährleistet werden, dass der Trennungsprozess auch aus Sicht der betroffenen Mitarbeiter als fair und menschlich wertschätzend empfunden wird. Die in Abbildung B.3.2 dargestellten verdecken Folgekosten unprofessioneller Trennungsversuche können so minimiert werden.

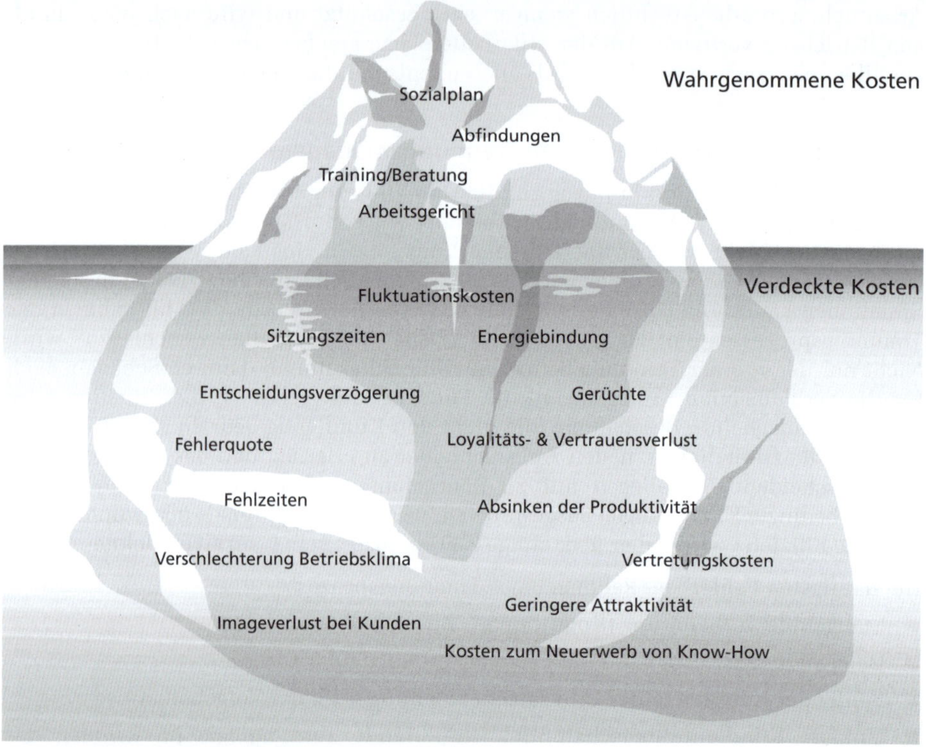

Abbildung B.3.2: Kosten-Eisberg: Folgekosten unprofessioneller Trennungsversuche (Quelle: Andrzejewski 2009, S.701)

Rolle des Betriebsrates

Abschließend soll im Rahmen dieser Einleitung auf die Rolle des Betriebsrates eingegangen werden, dem bei Trennungsprozessen eine besondere Bedeutung zukommt. Bei betriebsbedingten Kündigungen fungiert er nicht nur als Verhandlungspartner der Geschäftsleitung im Rahmen der Erstellung von Interessenausgleich und Sozialplan, er muss zudem vor Ausspruch jeder Kündigung angehört werden. Neben den rein betriebsverfassungsrechtlichen Aufgaben kommt dem Betriebsrat auch im Rahmen der vertrauensvollen Beratung der Arbeitnehmer eine wichtige Rolle zu. Nicht zuletzt davon, wie der Betriebsrat mit all diesen verantwortungsvollen Aufgaben umgeht, hängt es ab, wie sich der Trennungsprozess für die betroffenen Mitarbeiter gestaltet.

Die nachfolgenden Mini-Fälle machen deutlich, dass Trennungsprozesse für Führungskräfte und Personalmanager zu deren heikelsten Aufgaben gehören: Zwischenmenschliche Aspekte dürfen nicht unterschätzt und arbeitsrechtliche Rahmenbedingungen müssen berücksichtigt werden.

Verwendete Literatur:

Andrzejewski, L.: Trennungs-Kultur und Mitarbeiterbindung als zukunftssichernder Teil der Organisations- und Personalentwicklung. In: L. von Rosenstiel, E. Regnet, M. Domsch (Hgg.): Führung von Mitarbeitern. Handbuch für erfolgreiches Personalmanagement. 6. Aufl., Stuttgart: Schäffer-Poeschel 2009, S. 699-716.

Jung, H.: Personalwirtschaft. 9. Aufl., Oldenbourg: München 2011.

Spieker, C.: Der Kostenbumerang. In: Personalwirtschaft, 10, 2006, S. 46-49.

B.3.1 Die „geerbte" Mitarbeiterin

Carsten Steinert

Mini-Fall

„Sag mal Ole, hörst du mir überhaupt noch zu?", hörte er seine Frau Linda fragen. *„Du wirkst in den letzten Tagen immer so teilnahmslos und abwesend. Geht es dir nicht gut? Bedrückt dich etwas?"*

Und in der Tat gab es da einen Vorgang in der Versicherung, der Ole Petershage in den letzten Wochen sehr stark beschäftigte und auch zunehmend belastete. Es war bislang die schwierigste Situation, mit der er als Führungskraft konfrontiert wurde, seitdem er von seinem Vorgänger Peter Modau vor neun Monaten die Leitung des Teams „Großkunden Region Süd" übernommen hatte. Konkret ging es um seine Mitarbeiterin Verena Puttig. Frau Puttig, 29 Jahre alt, ledig, war bereits seit fünf Jahren in der Firma als „Sachbearbeiterin" in diversen Teams beschäftigt. Ursprünglich hatte sie Friseurin gelernt und auf dem zweiten Bildungsweg zur Kauffrau für Bürokommunikation umgeschult. Danach arbeitete sie zunächst für ein Zeitarbeitsunternehmen. Im Rahmen eines Zeitarbeitseinsatzes hatte sie in der Firma ausgeholfen und wurde im Anschluss in ein unbefristetes Arbeitsverhältnis übernommen. Im Zuge der letzten

Reorganisation vor knapp einem Jahr hatte der Abteilungsleiter des Teams „Großkunden Region Nord", Herr Schuffert, die Gelegenheit genutzt und Frau Puttig in das Team „Großkunden Region Süd" des damaligen Teamleiters Herrn Modau „empfohlen". Zwar war unter den Führungskräften durchaus bekannt, dass Frau Puttig sicher nicht zu den fleißigsten Mitarbeiterinnen gehörte, doch hatte Herr Modau damals aufgrund von zwei Kündigungen Personalnotstand in seinem Team. Da zudem in einigen Bereichen, zum Beispiel im Team „Großkunden Nord", Personal abgebaut werden musste, hatte die Personalleiterin externe Neueinstellungen während der Umstrukturierungsphase ausgeschlossen. Auch hatte Herr Modau damals ohnehin nur noch wenige Monate bis zu seiner Pensionierung vor sich. „Soll sich doch mein Nachfolger mit dem Problem auseinandersetzen", hatte dieser damals gedacht. Und so hatte Ole also Frau Puttig „geerbt". Bereits kurz nach Beginn seiner neuen Tätigkeit war ihm aufgefallen, dass Frau Puttig im Durchschnitt deutlich weniger Verträge bearbeitete als vergleichbare Kolleginnen und Kollegen. Zudem war ihre Fehlerquote signifikant höher. Erst letzte Woche musste er wieder mit zwei Kunden sprechen, weil sich diese bei ihm über eine fehlerhafte Abrechnung beschwert hatten. Zudem sei seine Mitarbeiterin Frau Puttig am Telefon nicht gerade freundlich und hilfsbereit, wie ein Kunde es formuliert hatte. Natürlich hatte er Frau Puttig sofort auf die fehlerhaften Abrechnungen angesprochen. *„Das kann bei der Masse an Verträgen ja durchaus einmal passieren"*, hatte sie ihm geantwortet, sich entschuldigt und natürlich Besserung gelobt. Auf ihr unfreundliches Verhalten am Telefon angesprochen entgegnete sie ihm, das könne gar nicht sein, sie achte immer darauf, Kunden gegenüber freundlich und zuvorkommend aufzutreten. Dieses Kritikgespräch war jedoch kein Einzelfall. Erst vor vier Monaten hatte er ihr eine Abmahnung ausgesprochen, weil sie wiederholt vergessen hatte, wichtige Kundendaten zu aktualisieren. Im Rahmen eines ausführlichen Gesprächs hatten er und Frau Puttig intensive Maßnahmen erarbeitet, damit sich so etwas nicht wiederholt.

Der jüngste Vorfall hatte jedoch seinen Handlungsdruck weiter erhöht. Zudem hatte Frau Puttig ihr Verhalten nicht wesentlich verändert. Sie war nach wie vor eine sehr unzuverlässige Mitarbeiterin und tat immer nur genau so viel, wie absolut nötig war. Das Vertrauen in sie hatte Ole, wie er sich selbst eingestehen musste, längst verloren. Aus diesem Grund hatte er bei wichtigen Terminangelegenheiten auch immer andere Sachbearbeiterinnen gebeten, die Arbeiten durchzuführen. Vielleicht nicht zuletzt deshalb waren die anderen Kolleginnen und Kollegen auf Frau Puttig nicht besonders gut zu sprechen, was diese jedoch nicht im Geringsten zu beindrucken schien. Auch bemerkte er, wie sich bereits einige der anderen Sachbearbeiterinnen hinter vorgehaltener Hand negativ über das Arbeitspensum von Frau Puttig äußerten.

Und nun standen in Kürze wieder Personalbeurteilungen an. Von ihren bisherigen Führungskräften, Herrn Schuffert und Herrn Modau, wurden Frau Puttigs Leistungen, wohl um des lieben Friedens willen, immer mit „entspricht den Anforderungen vollumfänglich" bewertet. Was sollte er tun? Verdient hatte sie eine solche Bewertung sicher nicht. Jedoch konnte er sich nur zu gut die endlosen Diskussionen ausmalen, die sie führen würden, wenn er die Leistungen schlechter beurteilen würde. Ohne Zweifel würde Frau Puttig sich auch auf die Unterstützung des Betriebsrates berufen. Sollte er sich all das tatsächlich antun? Hatte er mit der Einführung des neuen Vertragsverwaltungssystems nicht bereits mehr als genug um die Ohren, um sich zu allem Überfluss auch noch mit dieser unbequemen Mitarbeiterin herumzuärgern? Vielleicht würde sie ja sogar eine gute Bewertung motivieren, ihre Leistung zu steigern.

Auf der anderen Seite fragte er sich wiederum, ob Frau Puttig für ihn überhaupt die richtige Mitarbeiterin war und ob ein Ende mit Schrecken nicht besser wäre als ein Schrecken ohne Ende. Zudem hatte Frau Ditzel, welche in ein paar Monaten ihre Berufsausbildung beenden würde, angefragt, ob in seiner Abteilung nicht eine passende Stelle für sie frei wäre – und ohne Probleme könnte sie die Stelle einer Sachbearbeiterin ausfüllen. Das hatte sie bereits im Rahmen einer Urlaubsvertretung bestens unter Beweis gestellt.

All das hatte ihn dazu veranlasst, einen Termin bei Peter Brinkhoff, dem für ihn zuständigen Personalreferenten, zu vereinbaren. Mit ihm wollte er über diese Angelegenheit sprechen.

Aufgaben

1. Versetzen Sie sich in die Rolle von Ole Petershage.
Was tun Sie? Bitte begründen Sie Ihre Einschätzung und Vorgehensweise.

2. Versetzen Sie sich in die Rolle von Peter Brinkhoff.

a) Welchen Rat geben Sie Ole Petershage im Hinblick auf das bevorstehende Beurteilungsgespräch?

b) Welchen Rat geben Sie ihm, wenn Sie auf eine möglich Trennung von Frau Puttig angesprochen werden? Wie beurteilen Sie in diesem Fall den arbeitsrechtlichen Hintergrund?

B.3.2 Schluss mit lustig – Trennung in der Probezeit?

Carsten Steinert

Mini-Fall

Telefonat

Zwischen: Herrn Steffen Baumann (Personalreferent) und Herrn Schulze (Abteilungsleiter)

„Steffen Baumann, guten Morgen Herr Schulze."
„Hallo Herr Baumann, vielen Dank für den Rückruf."
„Sehr gerne geschehen, was kann ich denn für Sie tun?"
„Herr Baumann, ich möchte mit Ihnen in Ihrer Rolle als verantwortlicher Personalreferent über meinen Mitarbeiter Peter Grubleitner sprechen. Wie Sie wissen, hat Herr Grubleitner am 1. Februar dieses Jahres bei uns angefangen. Zunächst möchte ich wissen, wann genau seine Probezeit abläuft." vb
„Nun Herr Schulze, vereinbart haben wir eine Probezeit von sechs Monaten. Heute ist der 15. Juni. In sechs Wochen, das heißt am 31. Juli, läuft die Probezeit ab. Ist etwas nicht in Ordnung?"

„Hm, Herr Baumann, ich bin etwas zweigeteilt in meiner Meinung und habe mir noch kein abschließendes Urteil gebildet. Auf der einen Seite hat sich Herr Grubleitner zweifellos persönlich gut in das Team eingefügt, daran herrscht kein Zweifel. Nach wie vor unzufrieden bin ich jedoch andererseits mit seinen fachlichen Leistungen. Er ist immer noch sehr unsicher und verfügt über eine recht umständliche, zeitraubende Arbeitsweise. Darüber hinaus hat sich bereits ein Kunde bei mir über seine patzige Art beschwert. Und ich kann das durchaus nachvollziehen, denn wenn ihn die Dinge überfordern, reagiert Herr Grubleitner schnell gereizt."

„Haben Sie denn schon einmal mit ihm darüber gesprochen, Herr Schulze?"

„Nein, Herr Baumann, hierzu hatte ich leider bislang noch keine Gelegenheit. Sie wissen ja, wie das ist. Das Tagesgeschäft lässt auch einer Führungskraft wie mir hierfür kaum Spielraum – aber ich möchte jetzt, kurz vor Ende der Probezeit, ein Personalgespräch mit ihm führen und daher die weitere Vorgehensweise zunächst mit Ihnen abstimmen. Ich habe mir Folgendes überlegt: Aufgrund der Urlaubszeit und eines Krankheitsfalls in meiner Abteilung kann ich bis zum 30. September nur schwer auf Herrn Grubleitner verzichten. Aus diesem Grunde würde ich die Probezeit gern um zwei Monate, das heißt bis zum 30. September, verlängern. Wenn es ihm in dieser Zeit gelingt, seine fachlichen Defizite abzustellen, steht einer Übernahme nichts mehr im Weg. Gelingt ihm das nicht, so trennen wir uns von ihm nach Ablauf der verlängerten Probezeit, das heißt zum 30. September. Ich halte das für eine faire Lösung. Was sagen Sie als Personalexperte dazu, Herr Baumann?"

Aufgaben

Versetzen Sie sich in die Rolle von Steffen Baumann.

1. Wie beurteilen Sie den Vorschlag von Herrn Schulze? Beziehen Sie bei Ihrer Argumentation sowohl rechtliche Aspekte als auch Aspekte der Mitarbeiterführung mit ein.

2. Wie beurteilen Sie den Aspekt, dass Herr Schulze nun erstmals seit Beginn des Arbeitsverhältnisses ein Personalgespräch mit Herrn Grubleitner führen will?

B.3.3 Vier müssen gehen – Sozialauswahl bei betriebsbedingter Kündigung

Carsten Steinert

Mini-Fall

Die Geschäftsleitung der X&Z Metallbau GmbH hat beschlossen, einen Teil der Produktion in ein ausländisches Werk zu verlagern. Aus diesem Grund muss die aktuelle Belegschaft reduziert werden. Da keine alternativen Verwendungsmöglichkeiten existieren, sind betriebsbedingte Kündigungen unvermeidbar. Ein entsprechender Interessenausgleich und Sozialplan wurden mit dem Betriebsrat final verhandelt. Da vier der insgesamt sieben Mitarbeiter betriebsbedingt gekündigt werden müssen, steht nun die Sozialauswahl an. Betriebsrat und Geschäftsleitung haben sich auf das nachfolgende Punkteschema verständigt:

Punktesystem zur Sozialauswahl

Betriebszugehörigkeit: 1 Punkt pro vollendetem Jahr der Betriebszugehörigkeit bis 10 Dienstjahre – vom 11. Dienstjahr an 2 Punkte pro vollendetem Jahr (max. 70 Punkte)

Lebensalter: 1 Punkt pro vollendetem Lebensjahr (max. 55 Punkte)

Unterhaltspflichten: 4 Punkte je unterhaltsberechtigtem Kind, 8 Punkte für unterhaltsberechtigte Ehegatten

Schwerbehinderung: 5 Punkte bei Schwerbehinderung von 50 GdB, über 50 jeweils 1 Punkt für 10 GdB

Alleinerziehende: 7 Punkte

Von der Personalsachbearbeiterin wurde eine Liste der betroffenen Mitarbeiter erstellt:

Tabelle B.3.1

Liste der Mitarbeiter

Name	Vorname	Geburtsdatum	Eintrittsdatum in das Unternehmen	Grad der Behinderung (GdB)	Anzahl unterhaltspflichtige Kinder	Unterhaltspflichtiger Ehegatte	Alleinerziehend	Punkte Sozialauswahl
Müller	Anton	25.03.1953	15.12.1999	50	2	ja	nein	
Schneider	Felix	16.04.1963	01.03.1987	0	1	ja	nein	
Sahin	Anatoli	13.09.1964	01.09.2004	0	3	ja	nein	
Weber	Alexander	01.01.1983	15.09.2001	0	2	ja	nein	
Ackermann	Mark	28.07.1976	01.09.2006	70	0	nein	nein	
Schneider	Sabine	25.02.1971	15.12.1995	0	2	nein	ja	
Güll	Mustafa	26.09.1969	01.08.1991	0	5	ja	nein	

Aufgaben

1. Nehmen Sie eine Sozialauswahl vor. Stichtag für die Berechnung der Sozialpunkte ist der 31.05.2011.

2. Berechnen Sie die Abfindung für die Mitarbeiterin Sabine Schneider zum Austrittstermin 30.11.2011. Legen Sie dabei für die letzten zwölf Monate ein Bruttojahresgehalt (inkl. Bonus) von 41.000 Euro zugrunde. Dem nachfolgenden Auszug des Sozialplans können Sie Hinweise zur Berechnung der Abfindungshöhe entnehmen.

Auszug aus dem Sozialplan

[...]

§6

(1) Jeder von einer betriebsbedingten Kündigung betroffene Mitarbeiter erhält einen Sockelbetrag als Ausgleichszahlung zur Sicherung der Altersversorgung in Höhe von EURO 3.000.

(2) Hinzu kommt eine Abfindung, die sich nach folgender Formel berechnet:

Lebensalter * Betriebszugehörigkeit * Bruttomonatsgehalt / 50

Das Bruttomonatsgehalt beträgt 1/12 der gezahlten Vergütung der letzten 12 Monate einschließlich des letzten Bonus. Bei Teilzeitmitarbeitern, die innerhalb der letzten 24 Monate ihren Beschäftigungsgrad von Vollzeit oder höherer Teilzeit reduziert haben, wird zur Berechnung der o. a. Formel zunächst ein durchschnittliches Bruttojahresgehalt der letzten 5 Jahre ermittelt und hiervon 1/12 als Bruttomonatsgehalt angesetzt.

Für die Berechnung des Lebensalters ist das vollendete Lebensjahr zum Austrittszeitpunkt maßgebend. Die Betriebszugehörigkeit berechnet sich nach den Monaten der Betriebszugehörigkeit dividiert durch 12; sie wird zum Austrittstermin monatsgenau ermittelt.

(3) Der Kinderzuschlag beträgt für jedes unterhaltsberechtigte Kind zum Zeitpunkt der Beendigung des Arbeitsverhältnisses EUR 3.000,- beziehungsweise EUR 6.000.- bei wirtschaftlich Alleinerziehenden.

(4) Behinderte Beschäftigte ab einem GdB von 50% oder diesen Gleichgestellte erhalten einen Zuschlag in Höhe von EURO 5.000,-. In die Beratungen zur Beendigung des Arbeitsverhältnisses ist das Integrationsamt und der Schwerbehindertenvertreter einzubeziehen.

[...]

B.3.4 Wie konnte das so schiefgehen? Abwerbung und Scheitern eines erfolgreichen Managers

Heike Schinnenburg

Mini-Fall

Im mittelständischen Handelsunternehmen MÖWelt für Möbel und Wohnaccessoires soll die neue Vertriebslinie „Young Line" aufgebaut werden, um die Zielgruppe der jungen Kunden zwischen 18 und 30 besser anzusprechen. Auch will sich MÖWelt damit als Alternative zu einem schwedischen Anbieter positionieren. Eine Projektgruppe hat bereits ein vielversprechendes Konzept mit sehr plausiblen Planzahlen vorgelegt. Alle Mitglieder haben sich mit hohem Engagement in die Arbeit gestürzt. Die neue „Young Line" wird intern als Prestige-Projekt angesehen und gilt als begehrtes Arbeitsfeld. Vor allem Nachwuchskräfte, die in ihrem bisherigen Aufgabenfeld keine kurzfristigen Aufstiegschancen sahen, bewerben sich für „Young Line". Für die Personalleiterin Ina Martens liegen die Gründe auf der Hand: Die Führungskräfte im Hause sind oftmals selbst noch recht jung und werden voraussichtlich im Unternehmen bleiben, weil sie auch der Region verbunden sind.

Für die Führung des neuen Bereichs „Young Line" einigt sich die Geschäftsführung darauf, einen externen Experten zu suchen und einzustellen, der mit ähnlichen Konzepten bereits Erfahrung hat. Gefunden wird schließlich Max Groß, der für einen großen Möbelproduzenten bereits erfolgreich Vertriebslinien für unterschiedliche Zielgruppen aufgebaut hat. In der Branche ist er als exzellenter Vertriebsspezialist und Möbelfachmann bekannt. Mit Hilfe einer Personalberatung und interessanter Bezüge sowie Zusatzleistungen wird Max Groß abgeworben. Er wechselt zu Beginn des neuen Jahres zu MÖWelt. In der Mitarbeiterzeitung folgt die Ankündigung: Vertriebsprofi startet am 1. Januar für „Young Line". In den nächsten Monaten überschlagen sich die Ereignisse.

- *Anfang Februar:* Herr Groß legt der Geschäftsführung ein neues Konzept mit sehr positiven Zahlen und interessanten Ideen vor. Er hat bereits mit neuen Lieferanten gesprochen und ist sicher, „Young Line" im Herbst in den Möbelfilialen erfolgreich einzuführen. Vor allem der Vertriebsgeschäftsführer ist begeistert.
- *März:* Im Personalbereich gehen zwei Bewerbungen von Mitarbeitern ein, die bei „Young Line" arbeiten und sich auf interne Stellen in anderen Unternehmensbereichen bewerben. Ina Martens fragt nach den Gründen, die zwar sehr vage formuliert werden, aber auf Herrn Groß als mögliche Ursache hindeuten. Ina spricht mit dem Geschäftsführer für Personal und Finanzen und drückt ihre Besorgnis aus. Der Geschäftsführer wiegelt ab; man müsse allen Beteiligten Zeit geben, sich aneinander zu gewöhnen.
- *Mitte April:* Es gibt Unruhe in der Führungsmannschaft. Herr Groß beschwert sich beim Vertriebsgeschäftsführer, dass Führungskräfte der anderen Bereiche gegen ihn arbeiten. Dieser ruft Ina Martens von einem Kundentermin an und bittet darum, „die Temperatur bei den Kollegen zu fühlen". Auf vorsichtige Nachfragen erfährt die Personalleiterin beim Essen in der Kantine mit Kollegen der Fachbereiche, dass sich Herr Groß überhaupt nicht abstimme. Das neue Konzept sei ohne die Beteiligung von Kollegen entstanden; die bisherige Arbeit für „Young Line" sei überhaupt nicht wahrgenommen worden. Der Vertriebsgeschäftsführer spricht daraufhin mit Max Groß. Dieser versichert glaubhaft, dass die richtigen Ansätze des

alten Konzepts durchaus aufgenommen worden wären und verspricht, sich stärker um rechtzeitige Absprachen mit den Kollegen zu kümmern.

- *Mitte Mai:* Langjährige Stammlieferanten, mit denen ein großer Teil des Umsatzes realisiert wird, beschweren sich bei der Geschäftsführung, dass sie trotz vorheriger Absprachen offensichtlich nicht für „Young Line“ liefern sollen. Herr Groß habe anscheinend mit Lieferanten aus seiner früheren Tätigkeit Vereinbarungen getroffen.
- *Zwei Tage später:* Tim Kern, der Stellvertreter von Max Groß, kommt zur Personalleiterin und droht mit Kündigung, weil er mit seinem Chef nicht klar komme. Alles würde von Groß allein entschieden, der Ton wäre respektlos und alle Mitarbeiter wären frustriert. Er habe ein anderes Angebot, würde aber nur wegen seines Vorgesetzten kündigen. Ina Martens erreicht den kaufmännischen Geschäftsführer telefonisch auf der Messe und bittet ihn, unbedingt sofort mit Herrn Kern zu sprechen, um die Kündigung noch zu verhindern. Dieser spricht eine Stunde später mit Tim Kern, der daraufhin die Personalleiterin anruft, sich für das Gespräch und das Verständnis bedankt und verspricht, mit einer Kündigung bis Ende des Monats zu warten.
- *Ende Mai:* Die Geschäftsführung teilt Herrn Groß mit, dass man sich innerhalb der Probezeit von ihm trennen möchte. Offensichtlich sei es ihm nicht gelungen, sich im Unternehmen zu etablieren. Ina Martens schließt eine Aufhebungsvereinbarung und Groß wird sofort freigestellt. Die Geschäftsleitung stimmt zu, Herrn Groß noch eine Abfindung von drei Monatsgehältern zu zahlen, um ein „beiderseitiges Einvernehmen“ ohne späteres „Nachtreten“ bei Kunden zu erreichen. Die Pressemitteilung über das Ausscheiden wird gemeinsam mit Herrn Groß abgesprochen.
- *Epilog:* Herr Groß wechselt zu einem Büromöbelproduzenten. Die neue Vertriebslinie wird mit einem modifizierten Konzept sowie mit alten und neuen Lieferanten von Tim Kern erfolgreich eingeführt.

Aufgaben

Analysieren Sie den Fall.

1. Welche Gründe gibt es für das Scheitern von Max Groß? Beziehen Sie in Ihre Überlegungen auch die Erwartungshaltung und die Erfahrungen der Mitarbeiter sowie die unterschiedlichen Unternehmenskulturen (Produktion – Handel; Mittelstand – Konzern) ein.

2. Welche Möglichkeiten zum frühzeitigen Eingreifen hätte es gegeben?

a) Was hätte Ina Martens konkret tun können? Wer wäre noch gefordert gewesen?

b) Wie hätten die anderen Akteure eingreifen können?

Denkanstoß **Teure Transfers**

Unternehmenskulturen sind unter anderem geprägt von der Branche, dem Wettbewerbsumfeld und den Bedingungen, die im Unternehmen zu Erfolg geführt haben. Auch die Menschen, insbesondere die Gründer und nachfolgende Unternehmensleitungen, gestalten den Umgang untereinander und beeinflussen damit auch künftige Erwartungen der Mitarbeiter.

Bei einem Wechsel des Unternehmens sind daher unter Umständen andere Spielregeln als im alten Umfeld zu beachten. So gibt es bisherige Strukturen, Vertrauensverhältnisse und Vorabsprachen, die man sich als „Neuer" oder „Neue" erst erarbeiten muss. Eventuell werden langjährige Rituale gepflegt und es gelten andere Regeln der Absprache und der Partizipation. Gerade bei einem Branchenwechsel ist die Gefahr besonders groß, dass die Unterschiedlichkeiten unterschätzt werden. Auch zwischen Konzernen und mittelständischen Unternehmen mit einer familiär ausgerichteten Kultur sind die Unterschiede oft hoch! Rückmeldungen durch Mitarbeiter als Korrektiv für unangemessenes Verhalten gibt es zudem für hohe Führungskräfte nur selten, da Sanktionen befürchtet werden.

Häufig erfüllen daher „Stars", die von anderen Unternehmen abgeworben werden, nicht die Erwartungen:

> *[...] there is a tendency to prize a few standout individuals while ignoring how much they draw on their surrounding systems for support. For instance, many companies, sports teams, and entertainment businesses hire a star when they want to quickly improve the organization´s results. More often than not, however, newly transplanted stars fail to deliver, because they're separated from the people, structures, and norms that helped make them great in the first place.*
>
> *In one study, professors from Harvard Business School tracked more than 1,000 acclaimed equity analysts over a decade and monitored how their performance changed when they switched firms. The dour conclusion of the research: When a company hires a star, the star´s performance plunges, there is a sharp decline in the functioning of the group or team the person works with, and the company's market value falls.*

Quelle: Maubaussin, M. J.: When indivuals don´t matter. In: Harvard Business Review, Okt. 2009, S. 25.

B.3.5 Die doppelte Marketing-Leitung

Nicole Böhmer

Mini-Fall

„Herr Schumacher, ich habe gute Nachrichten", sagte Herr Dr. Wellmann, *„unser neuer Abteilungsleiter Marketing hat mir heute zugesagt. Er kommt sogar schon Anfang nächsten Monats. Die Konditionen, die ich Oliver Kruse angeboten habe, schickt Ihnen meine Assistentin rüber. Sie müssten dann bitte den Vertrag aufsetzen. Über sein Potenzial, das ich aus der Strong-Holding kenne, hatte ich Ihnen ja neulich schon erzählt. Wenn es noch Fragen gibt, können Sie mich auf dem Handy erreichen. Bis dann!"*

Schon hatte Dr. Wellmann aufgelegt – Kurt Schumacher, Leiter der Personalabteilung, blieb wie betäubt zurück. Die Marketing-Leitung war nicht vakant, im Gegenteil: Die bisherige Abteilungsleiterin Marketing, Dr. Franziska Möhle, war in der Klugerer AG, einem Unternehmen mit rund 5.000 Mitarbeitern, angesehen und beliebt. Es gab allerdings Hinweise, dass zwischen Dr. Wellmann, der erst seit einem halben Jahr Marketing-Vorstand bei dem Logistikunternehmen war, und der seit drei Jahren im Unternehmen tätigen Marketing-Leiterin die Chemie nicht stimmte. Dass Dr. Wellmann die Abteilungsleiterin bei Besprechungen mehrfach unhöflich unterbrochen hatte, war auch anderen aufgefallen. Schuhmacher vermutete, dass es zudem eine vorherige Absprache mit Kruse gab, ihn zum neuen Arbeitgeber mitzunehmen. Schon recht bald nachdem Dr. Wellmann seine Position übernommen hatte, hatte er Schumacher mehrfach darauf hingewiesen, dass er sich bei seinem bisherigen Arbeitgeber, der Strong-Holding, sein Team selbst „aufgebaut" hatte. Das sei ihm sehr wichtig, um vertrauensvoll zusammenzuarbeiten.

Schumacher überlegte genau, wann und wie er Frau Dr. Möhle zum Gespräch bitte sollte, um mit ihr über den Aufhebungsvertrag, die Freistellung und Abfindungsregelung zu sprechen. Da kam eine kurze E-Mail von Dr. Wellmann auf seinen Bildschirm.

E-Mail

Von: Herrn Dr. Wellmann (Marketing-Vorstand)

An: Kurt Schumacher (Leiter der Personalabteilung)

Das Budget für die Abfindung von Frau Dr. Möhle dürfte kein Problem sein. Der Vorstand ist sich einig. Ich habe eben mit ihr gesprochen. Sie weiß, dass Sie sich mit ihr in Verbindung setzen.

MfG

Wellmann

Als Nächstes sah sich Schumacher den Vertrag von Frau Dr. Möhle an. Die kommenden Gespräche mit ihr zählten zu dem, was er an seiner Aufgabe am wenigsten mochte.

Aufgaben

Versetzen Sie sich in die Rolle von Kurt Schumacher.

1. Wie gehen Sie vor, um einen rechtskräftigen Arbeitsvertrag mit Oliver Kruse abzuschließen?
2. Wie bereiten Sie sich auf das Gespräch mit Frau Dr. Möhle vor? Was bieten Sie ihr an?
3. Worauf achten Sie im Hinblick auf die Trennungskultur im Unternehmen?

B.3.6 Die 0900er Nummer

Carsten Steinert

Mini-Fall

„Das ist ja ein ganz schön dickes Ding", murmelte Sven Reuter, Personalreferent der PaSpe Spezialpapierfabrik GmbH. Er sah sich die Auswertung an, die ihm Reinhard Borchert, der Leiter der Facility-Management-Abteilung, gerade per E-Mail zugesandt hatte. Kurz zuvor hatte ihn Herr Borchert telefonisch darüber informiert, dass ihm auf einer Kostenstelle in den letzten beiden Monaten eine überdurchschnittlich hohe Telefonrechnung aufgefallen sei. Eine genauere Analyse der Einzelrechnungen aller dieser Kostenstelle zugeordneten Telefonanschlüsse hatte ergeben, dass ein einziger Anschluss für diese hohe Telefonrechnung verantwortlich war. Von diesem aus wurde des Öfteren eine bestimmte 0900er Nummer angerufen, was letztlich die hohen Telefonkosten verursacht hatte. Hinter dieser Nummer verbarg sich eine Sexhotline. Der Apparat, von dem aus die Anrufe getätigt wurden, stand in einem Einzelbüro. In dem Büro saß Herr Friesen. Florian Friesen war Gruppenleiter in der Finanzbuchhaltung. Er arbeitete schon seit vier Jahren für die PaSpe Spezialpapierfabrik. Soweit Sven wusste, war Friesen verheiratet, war Vater dreier kleiner Kinder und hatte vor Kurzem ganz in der Nähe ein Haus gekauft. Grundsätzlich war es denkbar, dass eine dritte Person während der Abwesenheit von Herrn Friesen in dessen Büro gegangen war, um die ominösen Anrufe zu tätigen, doch erschien Sven bei der Häufigkeit der Anrufe die Wahrscheinlichkeit, in einem fremden Büro beim Telefonieren ertappt zu werden, als recht hoch. Dies war für ihn ein weiteres Indiz dafür, dass es Herr Friesen war, der die Anrufe getätigt hatte. Da ihn Spekulationen hier nicht weiter brachten, wollte er die Anwesenheit von Herrn Friesen mit den Zeiten, zu denen die Telefonate geführt wurden, vergleichen. Vorher musste er jedoch mit dem Betriebsratsvorsitzenden sprechen.

Nachdem Sven Reuter den Betriebsratsvorsitzenden informiert und mit diesem vereinbart hatte, die Zeiterfassungsdaten von Herrn Friesen auszuwerten, übergab er Borcherts Telefonauswertung an Frau Mühlkamp, der für das Zeiterfassungssystem zuständigen Personalsachbearbeiterin. Er bat sie, die Anwesenheitszeiten von Herrn Friesen für die betreffenden Tage nachzuschlagen und in die Liste einzutragen.

Eine halbe Stunde später betrachtete er Frau Mühlkamps handschriftliche Ergänzungen.

Tabelle B.3.2

Auswertung des Telefonanschlusses von Herrn Friesen

Datum	Gerufene Nummer	Rufende Nummer	Name Anschluss	Kostenstelle	Start	Ende	Kosten Gespräch €	kommt	geht
03.06.	0900XXXXXXX	2509	Friesen, Fibu	650	22:10:35	23:04:59	91,97	11:17	23:09
10.06.	0900XXXXXXX	2509	Friesen, Fibu	650	16:58:41	17:34:14	60,20	08:58	19:07
10.06.	0900XXXXXXX	2509	Friesen, Fibu	650	17:54:07	18:31:02	61,87	s.o.	s.o.
12.06.	0900XXXXXXX	2509	Friesen, Fibu	650	11:05:05	11:09:07	8,36	09:02	19:33
12.06.	0900XXXXXXX	2509	Friesen, Fibu	650	18:22:00	19:15:13	90,30	s.o.	s.o.
14.06.	0900XXXXXXX	2509	Friesen, Fibu	650	14:46:12	14:50:16	8,36	08:04	19:59
14.06.	0900XXXXXXX	2509	Friesen, Fibu	650	19:23:58	19:27:49	6,69	s.o.	s.o.
15.06.	0900XXXXXXX	2509	Friesen, Fibu	650	10:29:56	11:00:34	51,84	09:13	19:47
15.06.	0900XXXXXXX	2509	Friesen, Fibu	650	11:01:43	11:06:00	8,36	s.o.	s.o.
15.06.	0900XXXXXXX	2509	Friesen, Fibu	650	16:07:28	17:04:48	96,99	s.o.	s.o.
							484,96		

Dann ging Sven Reuter in das Büro von Herrn Fischer, dem Leiter der Finanzabteilung und Vorgesetztem von Herrn Friesen. *„Und was gedenken Sie nun zu tun?“*, fragte Herr Fischer, nachdem Sven ihn auf den aktuellen Stand gebracht hatte. *„Nun“*, sagte Sven, *„alle Indizien sprechen dafür, dass Herr Friesen die Anrufe tatsächlich getätigt und damit eindeutig gegen unsere Betriebsvereinbarung zur Nutzung der Kommunikationssysteme verstoßen hat.“* Er legte Herrn Fischer den entsprechenden Auszug aus der Betriebsvereinbarung vor:

Betriebsvereinbarung zur Nutzung der Kommunikationssysteme

[…]

§ 2 Geltungsbereich

Diese Betriebsvereinbarung gilt für alle Mitarbeiter unabhängig von Art und Umfang ihrer Beschäftigung, insbesondere auch für Mitarbeiter auf Zeit.

§ 3 Nutzungsbedingungen

(1) Die Nutzung der Kommunikationssysteme (Telefon und Internet) durch die Mitarbeiter hat grundsätzlich zu dienstlichen Zwecken, d. h. Kommunikation mit Geschäftspartnern und Abruf nützlicher Geschäftsinformationen zu erfolgen.

(2) Die Nutzung zu privaten Zwecken ist lediglich in geringfügigem Umfang im Rahmen der arbeitsfreien Zeit (z. B. in der Pause) gestattet.

(3) Unzulässig ist jede Nutzung der Kommunikationssysteme, die

a. gegen datenschutzrechtliche, persönlichkeitsrechtliche, urheberrechtliche oder strafrechtliche Bestimmungen verstößt oder

b. für das Unternehmen geschäftsschädigende oder in sonstiger Weise beleidigende, verleumderische, verfassungsfeindliche, rassistische, sexistische oder pornografische Inhalte aufweist oder

c. kostenpflichtige Dienste aufruft.

[…]

„Ganz zu schweigen davon, dass er dem Unternehmen einen finanziellen Schaden verursacht hat, der einem Diebstahl gleichkommt. Wir haben in solchen Fällen eine grundsätzliche Verfahrensweise, indem wir alle arbeitsrechtlichen Mittel einsetzen, die uns zur Verfügung stehen, ungeachtet der Person und der Betriebszugehörigkeit", ergänzte Sven seine Ausführungen. *„Ich habe das zwar noch nicht abschließend juristisch prüfen lassen, aber im konkreten Fall müssten wir Herrn Friesen zunächst im Beisein des Betriebsrates anhören. Und wenn er die Anschuldigungen nicht nachhaltig entkräften kann, wäre eine fristlose Trennung aus meiner Sicht unvermeidlich"*, fuhr Sven fort. *„Das ist völlig ausgeschlossen"*, widersprach ihm Herr Fischer vehement, *„Friesen ist einer meiner besten Leute, zudem stehen wir kurz vor dem Ende unseres Geschäftsjahres und müssen den Jahresabschluss erstellen. Dabei kann ich unmöglich auf ihn verzichten. Bedenken Sie zudem, dass er drei kleine Kinder zu versorgen hat. Seine Frau ist nicht berufstätig. Ziehen wir ihm die 400 Euro doch vom Gehalt ab und belassen es bei einer Abmahnung"*, schlug Fischer vor.

Aufgaben

1. Wie beurteilen Sie den Vorschlag von Herrn Fischer?

2. Um weitere arbeitsrechtliche Schritte einleiten zu können, müssen Sie Herrn Friesen zunächst anhören. Bitte bereiten Sie sich auf ein solches Gespräch vor und führen es in Form eines Rollenspiels durch.

Mitarbeiterführung

Mit einer Einführung von Carsten Steinert

B.4

B.4.1 „Moving ahead" –
Wie reduzieren wir die Krankenquote? 93

B.4.2 Es wird gesurft 96

B.4.3 Die Fahne – Mitarbeiter mit Alkoholproblem 97

B.4.4 Der Grünschnabel 98

B.4.5 Die Sonderschicht – Wen wird es treffen? 100

B.4.6 Auf Vertrauen bauen? 101

ÜBERBLICK

Einführung

Carsten Steinert

In einer von immer mehr Wettbewerbs- und Wissensorientierung gekennzeichneten Unternehmensumwelt werden das Know-how, die Kreativität und die Leistungsbereitschaft der Mitarbeiter zunehmend zum entscheidenden Wettbewerbsfaktor. Insbesondere bei Dienstleistungsunternehmen hängt die Qualität der angebotenen Dienstleistung stark von der Leistung der Beschäftigten ab. Aufgabe der **Mitarbeiterführung** ist es, dafür Sorge zu tragen, dass der Wettbewerbsfaktor „Mitarbeiter" sein Potenzial entfalten kann und es in den Dienst des Unternehmens stellt. Doch gerade das ist in der Praxis für die Führungskräfte nicht immer einfach und wird – vor allem von Führungskräften der mittleren und unteren Ebene – als emotional belastend empfunden: Sie geraten als Vorgesetzte immer mehr in eine **„Sandwich-Position"** hinein. Während jeder Mitarbeiter erwartet, dass sich die Führungskraft um seine persönlichen Belange kümmert und für seine Bedürfnisse stark macht, hat die Führungskraft nur begrenzte Ressourcen zu verteilen. Zudem muss sie häufig unangenehme Entschlüsse umsetzen. Die Motivation bei allen Mitarbeitern hoch zu halten, wie vom Top-Management gefordert, ist deshalb nicht immer zu gewährleisten.

Dimensionen und Funktionsbereiche der Mitarbeiterführung

Ganz grundsätzlich kann Führung verstanden werden als **„zielbezogene Einflussnahme"**, mit welcher die Mitarbeiter dazu bewegt werden sollen, bestimmte Ziele (des Unternehmens) zu erreichen.[1] Der Erfolg des Einflussversuchs wird beeinflusst durch ein Zusammenspiel aus der Persönlichkeit des Beeinflussenden (z. B. seines Menschenbilds), der Persönlichkeit des Beeinflussten, den Struktur- (und Kultur-)Eigenschaften des Unternehmens und der unmittelbaren Situation. Grundsätzlich können, wie in Abbildung B.4.1 dargestellt, zwei Dimensionen der Einflussnahme unterschieden werden:

1. Die Führung kann – losgelöst von Personen – durch Strukturen (**indirekte, strukturelle Führung**) erfolgen, welche auf die optimale Kontextgestaltung des Arbeitsumfeldes abzielen. Als Beispiele hierfür können Organigramme oder Stellenbeschreibungen genannt werden, aber auch Anreizsysteme oder die Arbeitszeitregelung.

2. Demgegenüber wird die interaktionale Einflussnahme durch eine Person als **direkte Führung** bezeichnet. Bei dieser Form erfolgt die Personalführung durch eine situationsabhängige Interaktion zwischen Mitarbeiter und Führungskraft. Ein Kritik- oder Motivationsgespräch wäre ein Beispiel für diese Form.

1 Vgl. von Rosenstiel 2009, S. 3.

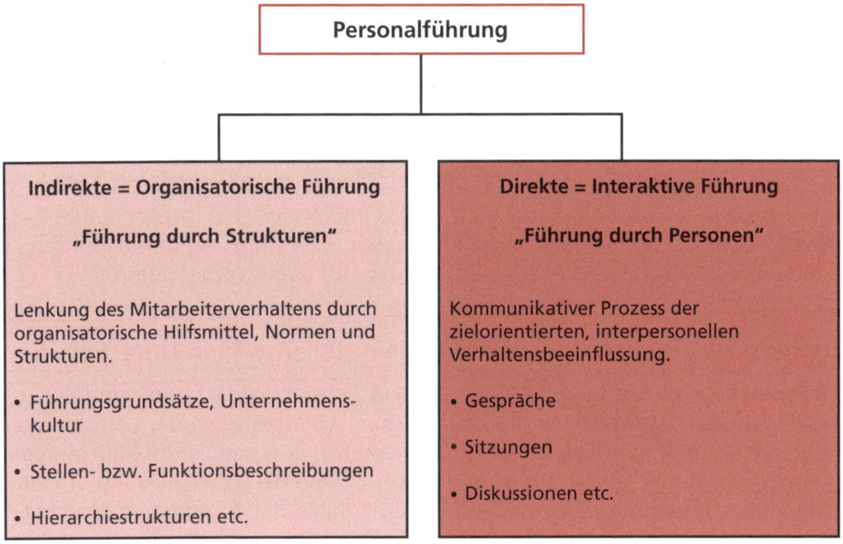

Abbildung B.4.1: Dimensionen der Mitarbeiterführung

In der betrieblichen Praxis hat Führung zwei grundlegende Funktionen zu erfüllen: Zum einen soll dadurch dafür Sorge getragen werden, dass die Mitarbeiter ihre Aufgaben in der entsprechenden Zeit und in der geforderten Qualität erfüllen und damit sicherstellen, dass die ökonomischen Ziele des Unternehmens erreicht werden. Dies wird auch als **Lokomotionsfunktion** der Führung bezeichnet. Sie betont den ökonomischen, aufgabenorientierten Aspekt der Führung. Zum anderen arbeiten die Mitarbeiter in der Regel nicht isoliert, sondern in Teams an gemeinsamen Aufgaben. Daher dürfen auch zwischenmenschliche Aspekte und der Zusammenhalt innerhalb der Gruppe nicht außer Acht gelassen werden. Diese Funktion der Führung wird als **Kohäsion** bezeichnet. Beide Funktionen sind in Abbildung B.4.2 zusammenfassend dargestellt.

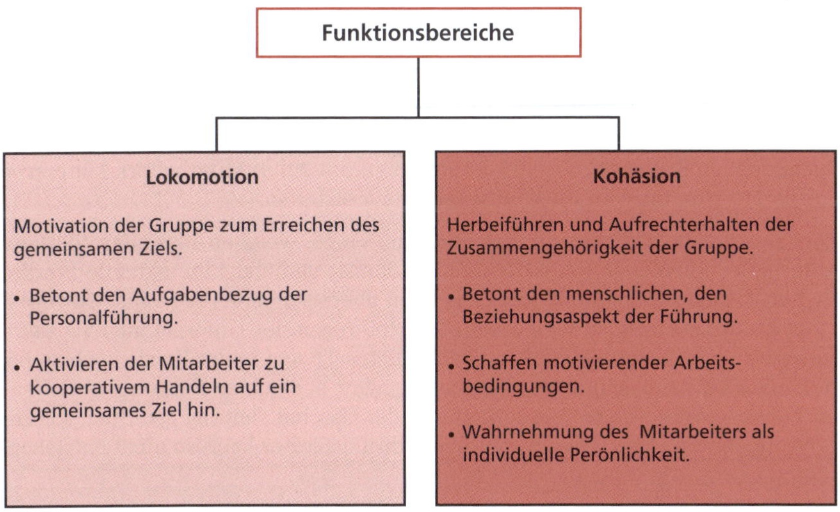

Abbildung B.4.2: Funktionsbereiche der Führung

Wird im Rahmen der Führung die Lokomotionsfunktion zu sehr betont, so resultiert daraus eine Kultur, welche sehr stark auf Leistung und Aufgabenerfüllung ausgerichtet ist. Dadurch besteht die Gefahr, dass sich Mitarbeiter nicht mehr wohlfühlen und demotiviert sind, weil den zwischenmenschlichen Aspekten nicht genügend Raum geboten wird. Werden andererseits jedoch die zwischenmenschlichen Aspekte im Rahmen der Kohäsion zu stark in den Vordergrund gestellt, besteht die Gefahr, dass Produktivität und Qualität sinken, da die Mitarbeiter gegebenenfalls nicht ihre volle Leistung abrufen. So ist es wichtig, sich in der Praxis um eine ausreichende Balance zwischen diesen beiden Funktionen zu bemühen. Wie Führung praktisch umgesetzt wird, manifestiert sich im persönlichen Führungsstil eines Vorgesetzten.

Führungskultur – Bedeutung und aktueller Stellenwert in Unternehmen

Gute Mitarbeiter sind ein knappes Gut. Und zukünftig wird sich aufgrund des demografischen Wandels der Wettbewerb um die besten Mitarbeiter weiter verschärfen. Um in diesem „War for Talent" erfolgreich zu sein, stehen entsprechende Maßnahmen der Mitarbeitergewinnung, -entwicklung und -bindung im Fokus des personalwirtschaftlichen Handelns. Eine gute **Führungskultur** bildet dabei das Fundament, auf welchem die genannten Maßnahmen aufgebaut werden. Dementsprechend sollte die Führungskultur in einer Zeit, in der weiche Faktoren wie das Arbeitsklima oder die Wertschätzung der Mitarbeiter immer entscheidender für die Arbeitgeberattraktivität werden, zu den Kernanliegen von Unternehmensführung avancieren. Bildlich gesprochen stellt sie den Boden des Fasses dar, in welches die finanziellen Mittel für das Talent Management oder auch das Employer Branding fließen. Und wenn dem Fass der Boden fehlt, Mitarbeiter also aufgrund schlechter Führung das Unternehmen verlassen, dann ist alles Geld, was für deren Gewinnung, Bindung und Weiterentwicklung ausgegeben wurde, vergeblich investiert worden – denn wie es *Sprenger* formuliert hat: *„Mitarbeiter kommen zu Unternehmen, aber sie verlassen Vorgesetzte."*[2]

Auch aktuelle Studien[3] weisen das Führungsverhalten als wichtigen Faktor für die emotionale Mitarbeiterbindung aus und scheinen die obigen Aussagen damit zu unterstützen. Glaubt man den Studien, dann haben 21 Prozent aller Arbeitnehmer keine emotionale Bindung mehr an ihren aktuellen Arbeitgeber; sie haben also ihre „innere Kündigung" bereits vollzogen. Zudem deuten die Untersuchungsergebnisse auf einen signifikanten Zusammenhang zwischen der Fluktuationsneigung und dem Grad der emotionalen Bindung hin. So weisen Mitarbeiter mit geringer oder fehlender emotionaler Bindung eine deutlich höhere Wechselbereitschaft auf als ihre emotional stark gebundenen Kollegen. Einem Unternehmen mit 2.000 Mitarbeitern können so im Jahr bis zu 2,6 Mio. Euro an Fluktuationskosten entstehen.

Vor dem skizzierten Hintergrund stellt sich die Frage, welchen **aktuellen Stellenwert** die **Mitarbeiterführung** in deutschen Unternehmen genießt. Eine aktuelle Studie der Hochschule Osnabrück[4] kommt dabei zu einem überraschenden Ergebnis: Obwohl Führung und Führungskultur in vielen Selbstdarstellungen der Unternehmen als zentraler Wettbewerbsfaktor bekundet werden, gleicht dieses Thema in der Praxis noch zu häufig einem bloßen Lippenbekenntnis. Nicht selten wird schlechtes Führungsverhalten der oberen Führungskräfte sogar wissentlich von der Geschäftsleitung geduldet, sofern das operative Ergebnis stimmt. Die notwendige Führungskultur kann so nicht entstehen.

2 Sprenger 2010, S. 229.
3 Vgl. Gallup Engagement Index 2010.
4 Vgl. Steinert und Halstrup 2011, S. 38.

Welche Möglichkeiten gibt es, dem entgegenzuwirken und dauerhaft eine gute Führungskultur zu implementieren? Die Formulierung von „Führungsgrundsätzen" und „Unternehmenswerten" reicht allein nicht aus. Dialogbereitschaft, Einbeziehung der Beteiligten, Kompetenzaufbau und die Bereitschaft zu nachhaltiger (Weiter-)Entwicklung stellen zunächst die notwendigen Bedingungen dar. Um tief greifend für den Aufbau, die Akzeptanz und Umsetzung einer Führungskultur im Unternehmensalltag zu sorgen, müssen zudem die Werte, welche die Führungskultur in einem Unternehmen prägen sollen, konsequent top down vorgelebt werden. Dabei muss die Geschäftsleitung mit gutem Beispiel vorangehen. Führungskräfte aller Ebenen und Mitarbeiter müssen spüren, dass die konsequente Umsetzung der Führungskultur für jedes einzelne Mitglied der Geschäftsleitung ein persönliches Anliegen darstellt und schlechte Führung langfristig die gleichen Konsequenzen mit sich bringt wie ein schlechtes operatives Ergebnis.

Veränderte Aufgaben von Führung

In diesem Zusammenhang drängt sich die Frage auf, was unter „schlechter" beziehungsweise unter „guter" Führung verstanden wird. Um darauf eine Antwort zu finden, soll ein Blick auf die sich kontinuierlich verändernden Aufgaben der Führung geworfen werden. Der Wandel der Aufgaben von Führung, welcher in gewisser Hinsicht einem Paradigmenwechsel gleichkommt, ist im Wesentlichen auf zwei Faktoren zurückzuführen:

1. Den **Strukturwandel der Arbeitswelt** aufgrund zunehmender Globalisierung, Wettbewerbsintensität sowie beschleunigter Technologieentwicklung.

   Dieser führt zu einer fortlaufenden Umstellung der Arbeitsinhalte. Damit verbunden sind erhöhte Anforderungen an die Mitarbeiter, unter anderem in Bezug auf Qualifikation, Leistungsbereitschaft und Kreativität. Führung muss nun verstärkt darauf ausgerichtet werden, individuelles Wissen und Kompetenzen der Mitarbeiter zu entwickeln und für das Unternehmen zu erschließen.

2. **Veränderte Anforderungen der Arbeitnehmer** aufgrund des gesellschaftlichen Wertewandels bedingen zudem veränderte Führungsinstrumente.

   Arbeit wird von den Individuen zunehmend als Quelle der Selbstverwirklichung erkannt und sie legen verstärkt Wert auf interessante Arbeitsinhalte, Wertschätzung sowie persönliche Entwicklung. Dies wiederum erfordert eine individualisierte, kommunikative Form der Führung. Auch Führung durch Zielvereinbarung (s. *Teil B Kapitel 5 Zielvereinbarungen*) geht in diese Richtung, da dem Mitarbeiter bei den Maßnahmen zur Erreichung der Ziele ein entsprechender Freiraum gewährt wird.

Erhöhte Anforderungen an Führungskräfte

Durch die oben genannten Faktoren verändert sich nicht nur die Art beziehungsweise verändern sich nicht nur die Instrumente der Führung. Die Führung ist insgesamt anspruchsvoller geworden und führt damit zu erhöhten Anforderungen bei den Führungskräften, insbesondere im Bereich der zwischenmenschlichen Kommunikation. Um als Führungskraft erfolgreich zu sein, reicht es nicht mehr aus, „nur" ein guter Fachmann zu sein. Es ist zudem die Freude an der Zusammenarbeit mit Menschen und die Bereitschaft unabdingbar, sich mit deren Nöten, Sorgen und Bedürfnissen auseinanderzusetzen. Gute Personalführung zeichnet sich unter anderem dadurch aus, den Mitarbeiter als Mensch zu sehen und ihm ehrliche, persönliche Wertschätzung entgegenzubringen. Das beinhaltet, regelmäßige Personalgespräche mit dem Mitarbeiter zu führen und konkrete Maßnahmen zur Weiterentwicklung der individuellen Kompetenzen zu vereinbaren.

Dabei ist es keinesfalls so, dass Menschen in eine Führungsrolle hineingeboren werden. Führung ist grundsätzlich erlernbar und aus diesem Grund sind Entwicklungsprogramme auch von großem Nutzen, gerade für junge, unerfahrene Führungskräfte. Häufig resultieren nämlich Führungsfehler in der Praxis aus Unsicherheit. Viele Führungskräfte haben sich, bevor sie Führungskraft wurden, als gute Fachspezialisten einen Namen gemacht und werden daraufhin befördert – und mit der Beförderung ist fast automatisch Führungsverantwortung verbunden. Während sich diese Führungskräfte in ihrem Fachgebiet sicher fühlen, betreten sie häufig im Bereich Führung Neuland und werden zudem oft ohne Unterstützung ins kalte Wasser geworfen. Ihnen fehlt Erfahrung und Hilfestellung im Umgang mit schwierigen und herausfordernden Führungssituationen, zum Beispiel wenn sich Mitarbeiter nicht an Richtlinien halten, wenn unliebsame Entscheidungen zu treffen sind oder gar der Verdacht einer Suchtproblematik besteht. Eine besondere Herausforderung liegt für junge Führungskräfte auch darin, den richtigen Umgang mit älteren Mitarbeitern zu finden, die ihnen nicht selten in Bezug auf Wissen und Erfahrung überlegen sind. Neben der Rolle des Vorbilds sind zum Beispiel die des Coachs, des Kommunikators und des Motivators zu füllen.

Die nachfolgenden Mini-Fälle beschäftigen sich daher mit typischen Problemen der direkten und indirekten Führung und bieten Gelegenheit, das eigene Führungsverhalten kritisch zu reflektieren.

Verwendete Literatur:

Gallup Inc.: Engagement Index Deutschland 2010 auf der Homepage *eu.gallup.com/Berlin/146030/Praesentation-zum-Gallup-EEI-2010.aspx*

Von Rosenstiel, L. (2009): Grundlagen der Führung. In: L. von Rosenstiel, E. Regnet, M. Domsch (Hgg.): Führung von Mitarbeitern. Handbuch für erfolgreiches Personalmanagement. 6. Aufl., Stuttgart: Schäffer-Poeschel 2009, S. 3-27.

Sprenger, R.: Was man festhält, flieht. In: A. Ritz, N. Thom (Hgg.): Talent Management. Talente identifizieren, Kompetenzen entwickeln, Leistungsträger erhalten. Wiesbaden: Gabler 2010, S. 227-231.

Steinert C.; Halstrup, D.: Schlechte Führung wird toleriert, wenn die Zahlen stimmen. Stellenwert der Personalführung in deutschen Unternehmen. In: Personalführung, 7, 2011, S. 38-41.

B.4.1 „Moving ahead" – Wie reduzieren wir die Krankenquote?

Carsten Steinert

Mini-Fall

Stefan Hagen arbeitete seit fünf Jahren als Personalreferent für die Bremse AG, einem mittelständischen Automobilzulieferer, welcher Bremsen für die großen Automobilkonzerne herstellte. Das Unternehmen war in Deutschland mit zwei Werken vertreten. Ein Werk war in Niedersachsen am Standort Hannover und ein weiteres in Hessen am Standort Rüsselsheim. Insgesamt arbeiteten in dem Unternehmen 1.100 Mitarbeiter. Der Großteil davon, 850 Mitarbeiter, waren als gewerbliche Arbeitnehmer in der Produktion tätig. Die restlichen 250 Mitarbeiter waren in der Verwaltung beschäftigt. Die Mitarbeiter waren wie folgt auf die beiden Standorte verteilt:

- *Standort Hannover:* 400 gewerbliche Arbeitnehmer in der Produktion, 100 Beschäftigte in der Verwaltung;
- *Standort Rüsselsheim:* 450 gewerbliche Arbeitnehmer in der Produktion, 150 Beschäftigte in der Verwaltung;

Jedes der beiden Werke hatte eine eigene Arbeitnehmervertretung. Darüber hinaus gab es einen Gesamtbetriebsrat. Die Bremse AG war nicht tarifgebunden und auch kein Mitglied eines Arbeitgeberverbandes. Mit dem Gesamtbetriebsrat wurden für alle wesentlichen personalwirtschaftlichen Aspekte zur Arbeitszeit, zu betrieblichen Leistungen, zu Nebenleistungen und zur Zusammenarbeit Betriebsvereinbarungen abgeschlossen, die für beide Werke gleichermaßen galten.

Trotz verbesserter Auftragslage nach der letzten Wirtschaftskrise und der damit gestiegenen Umsatzzahlen war ein enormer Anstieg der Kosten zu verzeichnen, welcher den neuen Vorstandsvorsitzenden, Herrn Dr. Schmalhuber, stark beunruhigte. Aus diesem Grund hatte er vor sechs Monaten eine groß angelegte Initiative zur Standortsicherung initiiert und hierzu das übergreifende Großprojekt „Moving ahead" gestartet. Ziel dieses Großprojektes war die Steigerung der Eigenkapitalrendite durch eine umfassende Kostensenkung. Alle Maßnahmen galten für beide Standorte Hannover und Rüsselsheim.

Eine der Hauptursachen für den Kostenanstieg wurde unter anderem in einer steigenden Krankenquote vermutet. Daher war die Senkung des Krankenstandes als ein Handlungsfeld im Rahmen des Großprojektes „Moving ahead" identifiziert worden. Erklärtes Ziel des hierfür eingerichteten Teilprojektes war es, den Krankenstand schrittweise innerhalb von drei Jahren auf ein mit anderen Unternehmen vergleichbares Niveau zu senken. Gelang dies nicht, drohten den Mitarbeitern Kürzungen des Weihnachtsgeldes von bis zu 20 Prozent.

Stefan Hagen nickte zustimmend, als er sich die Krankheitszahlen der zurückliegenden drei Jahre ansah, welche vom Personalcontrolling aufbereitet worden waren.

Tabelle B.4.1

Entwicklung der Krankenquote[5] am Standort Hannover

Krankenquote in % / Geschäftsjahr	2009	2010	2011
kfm. Mitarbeiter	2,5	2,8	2,6
gewerbl. Mitarbeiter	7,2	8,6	9,3

Tabelle B.4.2

Entwicklung der Krankenquote am Standort Rüsselsheim

Krankenquote in % / Geschäftsjahr	2009	2010	2011
kfm. Mitarbeiter	2,4	2,6	2,3
gewerbl. Mitarbeiter	9,2	10,3	10,9

Tabelle B.4.3

Entwicklung der Unfallquote[6] am Standort Hannover

Unfallquote in % / Geschäftsjahr	2009	2010	2011
kfm. Mitarbeiter	k. A.	k. A.	k. A.
gewerbl. Mitarbeiter	1,1	1,9	2,6

Tabelle B.4.4

Entwicklung der Unfallquote am Standort Rüsselsheim

Unfallquote in % / Geschäftsjahr	2009	2010	2011
kfm. Mitarbeiter	k. A.	k. A.	k. A.
gewerbl. Mitarbeiter	0,9	1,5	2,3

5 Die Kennzahl ergibt sich als Quotient der Division der Krankheitstage durch 365 Kalendertage. Auch Kurzerkrankungen unter drei Kalendertagen werden dabei erfasst. Nicht berücksichtigt hingegen werden Mitarbeiter, die aufgrund eines Arbeitsunfalls erkrankt sind. Sie werden in einer anderen Statistik, der Unfallquote, erfasst.

6 Die Kennzahl ergibt sich als Quotient der Division der Anzahl während eines Geschäftsjahres verunfallter Mitarbeiter durch die Anzahl aller Mitarbeiter.

„Es wäre schön, Vergleichszahlen zu haben“, dachte Stefan. Da die Bremse AG keinem Arbeitgeberverband angehörte, war es jedoch sehr schwer, an konkrete Branchenvergleichszahlen zu kommen. Daher bemühte er das Internet. Nach fünfzehn Minuten stieß er auf eine Umfrage des „HR-Ampelcheck 3.0“. *„Wir sind deutlich schlechter als der Branchendurchschnitt“*, murmelte er.

Da Stefan zunächst keine Idee hatte, welche Maßnahmen zur Reduktion des Krankenstandes in der Bremse AG ergriffen werden könnten, beschloss er, sich an Markus Brünning zu wenden, einen alten Studienfreund. Der könnte ihm bestimmt weiterhelfen, schließlich arbeitete er bei einer Unternehmensberatung, die sich auf Personalthemen spezialisiert hatte. Er schrieb ihm eine Mail. Zwei Stunden später hatte er bereits die Antwort.

E-Mail

Von: Markus Brünning (Unternehmensberater)

An: Stefan Hagen (Personalreferent, Bremse AG)

Hallo Stefan,

lange nichts mehr von dir gehört! Hoffe es ist alles klar soweit? Zu deiner Frage: Es gibt hier zwei denkbare Ansätze. Einige Unternehmen der Branche haben mit der Einführung von „Rückkehrgesprächen“ gute Erfahrungen gemacht, andere konnten durch die Einführung eines betrieblichen Gesundheitsmanagements den Krankenstand ebenfalls erfolgreich reduzieren. Ich hoffe, das hilft dir weiter. Würde mich freuen, mit dir mal bald wieder ein Bier zu trinken.

Viele Grüße auch an die Family

Markus

Aufgaben

Sie sind Stefan Hagen. Innerhalb des Personalbereichs wurden Sie mit der Leitung dieses Teilprojekts „Senkung der Krankheitsquote“ beauftragt.

Arbeitsauftrag Themenfeld 1:

1. Führen Sie zunächst eine Situationsanalyse durch und vergleichen Sie die Krankheitsquoten der Bremse AG mit dem Branchendurchschnitt. Sie können sich dabei auf die Ergebnisse des aktuellen HR-Ampelchecks stützen bzw. eigenes Zahlenmaterial recherchieren.

2. Entwickeln Sie ein Konzept für die Einführung von Rückkehrgesprächen für die Bremse AG.

3. Reflektieren Sie das Instrument der Rückkehrgespräche insbesondere unter dem Aspekt der Mitarbeiterführung. Welche Rolle nehmen dabei die Führungskräfte ein und wie können die Führungskräfte hierauf vorbereitet werden?

4. Bitte beziehen Sie bei Ihren Überlegungen – sofern notwendig – auch mitbestimmungsrechtliche Fragen mit ein und legen Sie dar, wie Sie diese taktisch und in der Chronologie sinnvoll bei der Mitarbeitervertretung platzieren würden.

Arbeitsauftrag Themenfeld 2:

1. Entwickeln Sie ein Konzept für die Einführung eines betrieblichen Gesundheitsmanagements für die Bremse AG.

2. Erarbeiten Sie einen konkreten Vorschlag, wie Ihr Gesundheitsmanagement-System in der Bremse AG implementiert werden könnte.

3. Bitte beziehen Sie bei Ihren Überlegungen – sofern notwendig – auch mitbestimmungsrechtliche Fragen mit ein und legen Sie dar, wie Sie diese taktisch und in der Chronologie sinnvoll bei der Mitarbeitervertretung platzieren würden.

B.4.2 Es wird gesurft

Carsten Steinert

Mini-Fall

Marcus Münzer hatte vor vier Monaten die Leitung des Teams „Vertragsbearbeitung Mittelstandskunden West" des Logistikkonzerns Fritz & Fritz übernommen. Sein fünfköpfiges Team bestand aus drei Mitarbeiterinnen und zwei Mitarbeitern. Es war seine erste Führungsposition und er war daher noch relativ unerfahren. Gemäß dem Grundsatz „Schau lieber in die Augen deiner Mitarbeiter als in ihre Personalakte" war er bestrebt, in seinem Team entsprechend Präsenz zu zeigen, um bei etwaigen Fragen oder Problemen unterstützend eingreifen zu können. Daher machte er jeden Morgen, bevor er in sein Büro ging, zunächst eine Begrüßungsrunde durch die Zimmer seiner Teammitglieder. Auch während des Tages machte er hier und da Stippvisite bei seinen Mitarbeitern.

Dabei fiel ihm auf, dass Torsten Koch, einer der Vertragssachbearbeiter, fast bei jedem seiner Besuche den Internetbrowser geöffnet hatte. Zu Beginn hatte er dem noch wenig Bedeutung beigemessen, jedoch hatte er beschlossen, zukünftig genauer hierauf zu achten. Und in der Tat, während der letzten beiden Wochen war er fast zwanzigmal im Büro von Torsten Koch gewesen beziehungsweise hieran vorbeigegangen und bei mindestens der Hälfte seiner Besuche hatte er den Eindruck, dass der Mitarbeiter mit Internetsurfen beschäftigt war. Angesprochen hatte er ihn hierauf bislang noch nicht. Natürlich kannte Marcus die Arbeits- und Organisationsanweisung (A+O) der Geschäftsleitung zum Thema „Umgang mit dem Internet". Demnach war der Gebrauch des Internets nur für dienstliche Zwecke bestimmt und privates Surfen am Arbeitsplatz nicht gestattet. Da die A+O in regelmäßigen Abständen immer wieder als Erinnerung an die Mitarbeiter versendet wurde, musste sie ebenfalls allen seinen Teammitgliedern bekannt sein, auch Torsten Koch. Schließlich arbeitete er bereits seit drei Jahren bei Fritz & Fritz.

Marcus war sich unschlüssig, wie er mit dieser Situation umgehen sollte.

Aufgabe

Versetzen Sie sich in die Lage von Marcus Münzer. Was würden Sie konkret in dieser Situation tun?

B.4.3 Die Fahne – Mitarbeiter mit Alkoholproblem

Nicole Böhmer

Mini-Fall

Sie arbeiten in einer Versicherungsniederlassung mit 30 Beschäftigten. In Ihrer Funktion als Niederlassungsleitung wollen Sie heute ein Gespräch mit Ulrich Stieglitz führen. Sie beide kennen sich noch aus ihrer gemeinsamen Ausbildungszeit als Versicherungskaufmann und haben schon so einiges zusammen erlebt. Früher sind Sie oft auch in Ihrer Freizeit zusammen gewesen und haben so manches Fest zusammen gefeiert. Sie selbst haben „Karriere“ gemacht: Heute sind Sie in der Situation, Vorgesetzter Ihres ehemaligen Freundes Ulrich Stieglitz zu sein. Er bekleidet aktuell die Funktion eines Teamleiters Sachversicherungen mit fünf Mitarbeitern.

Der Anlass des heutigen Gesprächs ist für Sie etwas unangenehm. Von verschiedenen Seiten ist Ihnen seit Längerem zugetragen worden, dass Ulrich Stieglitz im Verdacht steht, Alkoholiker zu sein. Aus Ihrer gemeinsamen Vergangenheit wissen Sie, dass Ulrich Stieglitz ganz gerne mal einen „über den Durst“ trinkt. Dieses negative Verhalten scheint sich jedoch in den letzten Wochen verstärkt zu haben. Es wird hinter vorgehaltener Hand im Haus getuschelt, dass Ulrich Stieglitz oft durch ein Zittern der Hände auffalle, andere wollen auch schon einmal eine morgendliche Fahne bemerkt haben. Ihnen selbst ist aufgefallen, dass er Termine vergisst und häufig verspätet zu Besprechungen erscheint. Hinzu kommen „Flüchtigkeitsfehler“ bei der Vertragsgestaltung von Sachversicherungen, die Ihrer Versicherung teuer zu stehen kommen. Außerdem hat sich eine Kundin, Frau Meiser, bei Ihnen beschwert. Zunächst sei ihr nur die etwas unfreundliche Art aufgefallen, später will sie dann festgestellt haben, dass Ulrich Stieglitz lallte und eine Fahne hatte.

Als Niederlassungsleiter kennen Sie die Dienstzeiten und die Krankenstände sehr gut und haben selbst festgestellt, dass Ulrich Stieglitz häufig sehr kurzfristig und zumeist auch nur für ein bis zwei Tage krank ist. Auch privat scheint Ulrich Stieglitz so einige Probleme zu haben. Seine Lebenspartnerin ist vor vier Wochen mitsamt den beiden Kindern aus dem gemeinsam gebauten Haus ausgezogen.

Ihr Ziel ist es, Ulrich Stieglitz mit all diesen Vorfällen, Fakten (Krankenstand) und Gerüchten zu konfrontieren, da Sie den begründeten Verdacht eines Alkoholmissbrauchs haben. Falls dem so ist, möchten Sie in dem heutigen Gespräch gleich weitere Maßnahmen in die Wege leiten.

Aufgaben

Sie befinden sich in der Position des Niederlassungsleiters.

1. Bereiten Sie sich auf das Gespräch vor.

   a) Überlegen Sie sich einen Gesprächseinstieg.

   b) Machen Sie sich Ihre Gesprächsziele bewusst.

c) Welche Hilfestellungen können Sie anbieten?

d) Mit welchen Schwierigkeiten müssen Sie möglicherweise rechnen?

e) Welche Vereinbarungen könnten am Ende des Gesprächs stehen?

2. Führen Sie anschließend das Gespräch.

3. Halten Sie die wichtigsten Punkte aus dem Gespräch fest und überlegen Sie sich Ihre nächsten Schritte. Bedenken Sie dabei, wie Sie die Einhaltung der im Gespräch vereinbarten Punkte kontrollieren können.

B.4.4 Der Grünschnabel

Heike Schinnenburg

Mini-Fall

Sie sind seit zehn Monaten beim mittelständischen Unternehmen FORIA als Personalreferent beschäftigt. Nach Ihrer Probezeit haben Sie einen eigenen Bereich bekommen und betreuen nun 200 Mitarbeiter (Abteilung Konstruktion und Abteilung Logistik) in allen personalwirtschaftlichen Themen.

Insgesamt beschäftigt das mittelständische Unternehmen 700 Mitarbeiter. FORIA produziert Verpackungen für die Lebensmittelindustrie und hat sich als Spezialist einen Namen gemacht. Sonderfertigungen führen dazu, dass auch die speziellen Werkzeuge selbst im Unternehmen hergestellt werden. Aufgrund der erhöhten Anforderungen von Großkunden im Maschinenbau und des zunehmenden Kostendrucks stellte die Geschäftsführung vor einem Jahr den promovierten Ingenieur Dr. Max Ahrens (31 Jahre) ein und ernannte ihn vor sechs Monaten zum Abteilungsleiter Konstruktion. Dr. Ahrens ist ein ausgewiesener Experte für Materialfragen und kommt von einem größeren Wettbewerber. Von seiner Einstellung versprach sich die Geschäftsführung viel und honorierte daher auch seinen Wechsel zu FORIA mit einem deutlichen Gehaltsaufschlag. Zudem wurde ihm – bei entsprechender Leistung – die Abteilungsleiter-Position im Arbeitsvertrag zugesichert.

Heute gehen Sie verspätet in die Werkskantine und hören plötzlich vom Nachbartisch Teile des Gesprächs. *„Solche Leute kennt man ja zur Genüge. Von nichts eine Ahnung und dann spielt er sich hier auf. Ich weiß nicht, was denen da oben einfällt, so einen Grünschnabel zum Abteilungsleiter zu machen.“* Die Stimme kennen Sie – sie gehört zu Wilfried Treichel, einem fünfzigjährigen Werkzeugmechaniker, der seit mehr als dreißig Jahren bei FORIA beschäftigt ist und sich über Weiterbildungen und viele Einsätze beim Kunden (wenn zum Beispiel plötzlich Probleme bei der Abfüllung von Eis oder Joghurt auftauchen) ein fundiertes Spezialwissen angeeignet hat. Treichel ist ein „Urgestein“ des Unternehmens und ein echter Praktiker, der schon mehrfach für Großaufträge kundenspezifische Lösungen ausgetüftelt hat. Er ist daher der informelle Chef der kleinen Abteilung Sonderkonstruktion mit acht Mitarbeitern, die vor sechs Monaten offiziell in die Abteilung Konstruktion eingegliedert wurde und somit nun Dr. Ahrens untersteht. Vorher wurde die Abteilung vom früheren Chef der Konstruktion Anton Wegener (der bei einem Autounfall schwer verletzt wurde und vorzeitig in den Ruhestand ging) nur kommissarisch betreut, weil alles gut lief. Treichel und Wegener kannten sich gut und arbeiteten eher auf Augenhöhe miteinander. Räumlich arbeitet die Sonderkonstruktion schon lange allein in einem kleinen Nebengebäude, einer früheren Lagerhalle, die ursprünglich als Provisorium gedacht war.

Sie wissen, dass Dr. Ahrens in seiner Zielvereinbarung als erstes Ziel den Auftrag der Geschäftsführung bekommen hat, das Wissen aus dem Sonderkonstruktionsbereich zusammenzutragen und für die Serienfertigung nutzbar zu machen. Ohne die Kooperation mit Treichel erscheint dies kaum möglich, das ist für Sie völlig klar. Schließlich hat Treichel nicht umsonst den Spitznamen „der Spezialist".

Als Sie Ihr Tablett wegbringen, sehen Sie am Tisch noch mehrere Leute der Sonderkonstruktion sitzen, die hitzig diskutieren. Auf dem Weg in Ihr Büro treffen Sie zufällig Dr. Ahrens und ergreifen die Gelegenheit beim Schopf, ihn vorsichtig auf Treichel anzusprechen. *„Ach wissen Sie"*, zuckt Dr. Ahrens die Achseln, *„Treichel ist wirklich nicht besonders kooperativ und seine Sprüche nach dem Motto 'viel Uni-Zeugs, aber kein praktisches Wissen' habe ich tatsächlich neulich zum Anlass genommen, ihn in mein Büro zu beordern. Offenbar funktioniert es auf der kollegialen Ebene nicht. Ich habe ihm daher klargemacht, dass er meinen Anweisungen gefälligst Folge zu leisten hat. Seine Reaktion war allerdings wenig konstruktiv. Er behauptete, er wisse gar nicht, was ich meine und hätte schließlich so viel zu tun, dass er nicht ständig auch noch Sonderaufgaben für mich erledigen könnte. Und vieles wäre sowieso 'aus dem Bauch heraus' – das ließe sich nicht einfach aufschreiben und von Hinz und Kunz anwenden. Aber ich habe schon überlegt, ob da nicht eine Abmahnung fällig wäre. Immerhin handelt es sich um die Zukunft des Unternehmens – da kann nicht einfach jemand den Einzelkämpfer spielen. Wenn Sie eine bessere Idee haben, bin ich ganz Ohr – aber jetzt muss ich zur Geschäftsführung."*

Aufgaben

Versetzen Sie sich in die Situation des Personalreferenten. Analysieren Sie den Fall mit Hilfe der folgenden Fragen:

1. Welchen offiziellen Streitpunkt gibt es – und worum wird aus Ihrer Sicht wirklich gestritten? Ist der Konflikt eher sachlich begründet? Oder vermuten Sie einen Beziehungskonflikt? Wer ist direkt oder indirekt am Konflikt beteiligt?

2. Welche Annahmen erscheinen realistisch, die gegebenenfalls geprüft werden sollten?

3. Welche Interessen verfolgen die Parteien? Welche Machtbasen sehen Sie?

4. Gibt es konfliktverschärfende Verhaltensweisen? Wenn ja: Welche erkennen Sie konkret?

5. Wie schätzen Sie die Eskalationsstufe des Konfliktes ein?

6. Welche Alternativen sehen Sie zur Konfliktlösung?

7. Was würden Sie konkret tun, um das Problem zu lösen?

B.4.5 Die Sonderschicht – Wen wird es treffen?

Carsten Steinert

Mini-Fall

Sie sind seit zehn Monaten als Gruppenleiter in der Versandabteilung der MTEX Produktionsgesellschaft tätig. Es ist Ihre erste Führungsaufgabe und Ihr kleines Team besteht aus drei Mitarbeitern.

- *Herr Steffen Karl, 42 Jahre:* Er gilt als gutmütig, überaus loyal und zuverlässig. Herr Karl ist zudem sehr hilfsbereit und neigt daher dazu, sich selbst ein wenig zu viel zuzumuten. Das war auch der Grund, weswegen er vor zwei Monaten für vier Wochen krankgeschrieben war. Der Betriebsarzt Dr. Düvel hatte ihm danach eindringlich empfohlen, ein wenig kürzerzutreten.
- *Herr Günter Zwielich, 37 Jahre:* Herr Zwielich gilt als ein sehr unbequemer Mitarbeiter und kennt seine Rechte besser als seine arbeitsvertraglichen Pflichten. Bei für ihn unangenehmen Tätigkeiten neigt er gern zu ausschweifenden Diskussionen, durch welche er versucht, den Tätigkeiten auszuweichen. Unter Ihrem Vorgänger erhielt er sogar bereits eine Abmahnung, da er die Übernahme einer Arbeit zu Unrecht verweigert hatte.
- *Herr Marcus Strobel, 39 Jahre:* Herr Strobel ist ähnlich engagiert und hilfsbereit wie Herr Karl und ein passionierter Hobbyfußballer. In seiner Freizeit trainiert er sehr erfolgreich eine Jugendmannschaft. Das Training findet immer freitags von 16.00-18.30 Uhr statt und die Saison geht gerade in die entscheidende Phase.

Es ist Freitag 15.00 Uhr als Sie einen Anruf von Ihrem Abteilungsleiter Herrn Baumann erhalten. *„Gerade hat mich einer unserer wichtigsten Großkunden angerufen. Er benötigt dringend noch zwei Paletten unserer Metallschienen, um einen wichtigen Auftrag abschließen zu können“*, teilt er Ihnen mit. *„Es ist wichtig, dass die Ware noch heute unser Werk verlässt. Ich habe für 20.00 Uhr einen Kurierdienst bestellt, der die Metallschienen zu unserem Kunden bringt. Bitte stellen Sie sicher, dass die zwei Paletten bis dahin vorschriftsmäßig verpackt sind und zur Abholung bereitstehen. Ich kann nur noch einmal betonen, wie wichtig es für uns ist, diesen Großkunden nicht zu enttäuschen“*, fügte Herr Baumann noch hinzu.

Ihnen ist sofort klar, was das zu bedeuten hat. Normalerweise ist freitags um 15.30 Uhr Feierabend für Ihre Mitarbeiter. Dieser Auftrag erfordert aber, dass ein Mitarbeiter heute Überstunden machen und bis circa 20.00 Uhr im Unternehmen verbleiben muss. Sie selbst haben für dieses Wochenende bereits seit Langem einen Trip nach Paris gebucht und müssen daher um 15.30 Uhr die Firma verlassen, um pünktlich am Flughafen zu sein.

Aufgabe

Versetzen Sie sich in die Situation des Gruppenleiters. Welchen Mitarbeiter wählen Sie für die Sonderschicht aus und warum?

B.4.6 Auf Vertrauen bauen?

Nicole Böhmer

Mini-Fall

Die Business-Bank AG bietet ausschließlich Online-Banking-Produkte an. Als Tochter einer deutschen Großbank hat sie sich in den letzten Jahren gut entwickelt. Derzeit werden 1.000 Mitarbeiter beschäftigt, die Teilzeitquote liegt bei 30 Prozent. 2/3 der Mitarbeiter sind im Call-Center tätig. Es handelt sich überwiegend um qualifizierte Bankkaufleute.

Bislang arbeiten alle Bereiche mit einem Gleitzeitsystem. Die bisherige Zeiterfassungs-Hard- und -Software ist jedoch veraltet. Um die Kosten für ein neues System zu sparen, hat die Geschäftsleitung mit Ihnen, Frau Kaiser, als neuer Leiterin des Personalmanagements das Ziel vereinbart, bis zum Jahresende Vertrauensarbeitszeit einzuführen.

Um dem Arbeitszeitgesetz gerecht zu werden, möchten Sie eine Form der Vertrauensarbeitszeit wählen, bei der die Mitarbeiter auch zur eigenen Kontrolle ihre geleisteten Stunden in Excel-Tabellen festhalten. Herr Franz, der Personalreferent, hat ein erstes Konzept entwickelt, das dem Betriebsrat vorgestellt werden soll.

Heute ist der 5. April und der Betriebsrat soll in einer Sitzung am Nachmittag mit ins Boot geholt werden. Daran nehmen außer Ihnen und Herrn Franz, der sein Konzept selbst erklären wird, die freigestellte Betriebsratsvorsitzende Frau Bär sowie Herr Fuchs, ein noch recht neues Betriebsratsmitglied, teil.

Die hohe Zahl der engagierten und gut qualifizierten Mitarbeiter spricht aus Ihrer Sicht dafür, dass das Unternehmen reif für ein moderneres Arbeitszeitmodell ist. Die Implementierung würde Sie natürlich sowohl gegenüber der Geschäftsleitung als auch den anderen Führungskräften gut positionieren.

Sie gehen auch davon aus, dass Sie in den anstehenden Verhandlungen lernen werden, „was für ein Erbe“ Sie mit der neuen Tätigkeit übernommen haben. Frau Bär hat schon viel Erfahrung und ist arbeitsrechtlich sehr fit. Sie können sich vorstellen, dass Frau Bär zu den latenten Zielen der Geschäftsleitung bei Vertrauensarbeitszeit die Reduzierung der Personalkosten zählt. Herr Fuchs hat im Unternehmen auch für eine Führungslaufbahn gute Voraussetzungen. Es bleibt abzuwarten, wie er sich positioniert. Auf jeden Fall wollen Sie eine Konfrontation vermeiden.

Aufgaben

1. Was meint Frau Kaiser mit „Erbe“? Worauf würden Sie sich an ihrer Stelle einstellen?

2. Mit welchen Argumenten gegen die Vertrauensarbeitszeit rechnen Sie?

3. Wie wollen Sie diesen Argumenten begegnen?

4. Welches Ergebnis der heutigen Sitzung wollen Sie anstreben?

5.6.5 Auf Vertrauen bauen

Zielvereinbarungen

Mit einer Einführung von Nicole Böhmer

B.5

B.5.1 Die lieben Zahlen – Führen mit quantitativen Zielen ... 109

B.5.2 Das haben wir erreicht – Zielerreichungsgespräche vorbereiten und führen ... 112

B.5.3 Projekt „Führungskräfteentwicklung“ – Führen mit qualitativen Teamzielen ... 115

B.5.4 Das Problem mit den Lippenstiften – Motivieren im Halbjahresgespräch ... 117

ÜBERBLICK

Einführung

Nicole Böhmer

Zielvereinbarungen sind ein seit Langem viel beachtetes und genutztes Mittel zur Messung von Mitarbeiterleistung im Unternehmen. Die Möglichkeit, individuelle und damit passgenaue Ziele zu vereinbaren und gleichzeitig die Mitarbeiter für die übergeordneten Ziele des Unternehmens zu sensibilisieren, ist unbestritten attraktiv. Auch sind diese Vorteile sowohl der Unternehmensleitung als auch den Führungskräften gut vermittelbar. Mit diesem Kapitel, das sich dem Führungsinstrument Zielvereinbarung besonders zuwendet, soll der in den letzten Jahren erkennbaren hohen praktische Relevanz und Verbreitung Rechnung getragen werden.

Als theoretische Fundierung für Zielvereinbarungen gilt zum einen Management by Objectives (MbO), ein in der Betriebswirtschaftslehre verortetes Konzept, das auf *Peter F. Drucker* zurückgeht. Zum anderen zählt dazu die Goal Setting Theorie mit psychologischen Wurzeln, die den Motivationstheorien zugeordnet werden kann. Beide Ansätze sprechen sich für die Festlegung spezifischer Ziele pro Mitarbeiter aus: Diese verdeutlichen Verantwortungsbereiche und Aufgabenschwerpunkte. Auch sollen sie die (Selbst-)Verpflichtung des Mitarbeiters konkretisieren, eigenverantwortlich und selbstkontrolliert gesetzte Ziele zu erreichen („Commitment"). Einhergehen soll eine positive Motivationswirkung, wenn die Ziele anspruchsvoll, aber nicht überfordernd, exakt definiert als angestrebte Ergebnisse formuliert sind und ein regelmäßiges Feedback über den Stand der Zielerreichung erfolgt. Zudem sollten die Ziele schriftlich festgehalten werden. Die Anforderungen an die Zielformulierung werden häufig im **„SMART-Prinzip"** zusammengefasst (**S**pezifisch, **M**essbar, **A**nspruchsvoll, **R**ealistisch, **T**erminiert)[1].

Zeitgemäße Leistungsmessung

Was spricht für die Verwendung von Zielvereinbarungen? In der heutigen Zeit, in der viele Arbeitsplätze durch stetige Veränderungen der Anforderungen und zur Aufgabenerfüllung erforderlichen Kompetenzen gekennzeichnet sind, ist ein Instrument erforderlich, das unterschiedliche Wege der Aufgabenerfüllung zulässt (Subjektivierung der Leis-

1 Vgl. Eyer und Haussmann 2001, S. 34ff.

tung) und gleichzeitig eine Bemessung der Mitarbeiterleistung durch die Führungskraft oder sogar den Markt (Finalisierung der Leistung) sicherstellt. Dies ermöglicht das Führen durch Ziele – sowohl im Betrieb als auch an anderen Arbeitsorten, zum Beispiel im Homeoffice oder beim Kunden. Zielvereinbarungen können daher eine flexible, zeitgemäße Führung unterstützen. Kritische Aspekte sollten hingegen nicht ausgeblendet werden: *„So wurde das Führungsinstrument der Zielvereinbarung zwar schon in den 50er Jahren des vorigen Jahrhunderts erfunden, gilt aber immer noch als zeitgemäß – obwohl seine Behäbigkeit mittlerweile unübersehbar ist. Denn schnell agiert ein Mitarbeiter nicht, wenn er vor dem Handeln zuerst durch seine Zielvereinbarungen blättert.“*[2] Auch wird ein am Jahresanfang gefasstes Ziel, das im Jahresverlauf nicht verändert werden kann, die Flexibilität eher einschränken als fördern. Oft können Mitarbeiter nämlich aufgrund der Änderungen von nicht beeinflussbaren situativen Bedingungen das ursprünglich definierte Leistungsziel nicht erreichen, obwohl sie in dem von ihnen beeinflussbaren Leistungsprozess überzeugen. Entsprechend ist das Führen durch Ziele eine kontinuierliche Führungsaufgabe, in der Vorgesetzte jederzeit für Fragen zur Verfügung stehen und regelmäßige Gespräche zum Grad der Zielerreichung geführt werden sollten.

Gesprächszyklus im Jahresverlauf

Folglich setzt der erfolgreiche Einsatz von Zielvereinbarungen die fortdauernde Begleitung der Anstrengungen des Mitarbeiters, die vereinbarten Ziele zu erreichen, durch die Führungskraft voraus. Gleichzeitig ist eine entsprechende Gesprächskultur erforderlich. In der Praxis vorgesehen ist oftmals ein jährlicher Zyklus aus Mitarbeitergesprächen, der ein Zielvereinbarungs- und Zielerreichungsgespräch sowie mehrere Feedbackgespräche beinhaltet (s. Abbildung B.5.1). So haben Zielvereinbarungen auch das Potenzial, die Kommunikation zwischen Mitarbeiter und Führungskraft zu verbessern.

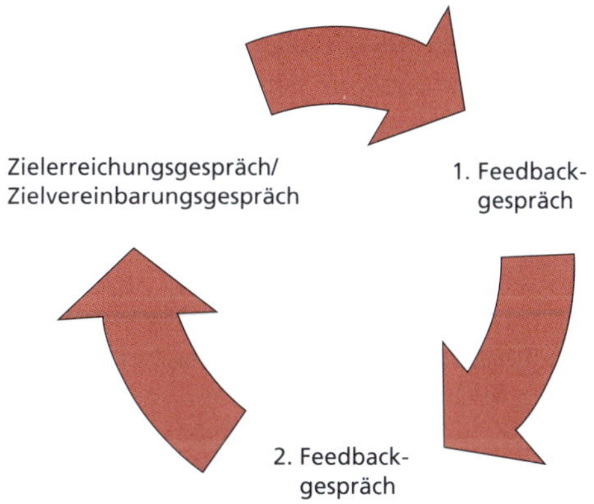

Abbildung B.5.1: Zyklus der Gespräche im Jahresverlauf

Doch wie bei vielen Führungsinstrumenten birgt auch bei Zielvereinbarungen jedes Gespräch eigene Herausforderungen. Grundlegend ist die Frage, wie gut es gelingt, Ziele tatsächlich als ein in der Zukunft angestrebtes Ergebnis zu formulieren. Anders als bei der Delegation von Aufgaben oder von Aufgabenbereichen, die Mitarbeiter und Führungskraft vertraut ist, beinhaltet eine Zielvereinbarung mehr Freiheitsgrade für den Mitarbeiter: Er kann weitestgehend selbstständig entscheiden, wie er das Ziel erreichen möchte und übernimmt die Verantwortung hierfür.

2 Gloger 2010, S. 20f.

Zentral für das Gelingen bleibt auch die Frage, inwieweit ein vereinbartes Ziel tatsächlich vereinbart oder von der Führungskraft vorgegeben wird. Die gewünschte motivatorische Wirkung ist vor allem zu erwarten, wenn tatsächlich eine Vereinbarung möglich ist und Mitarbeiter und Führungskraft Ziele **im Konsens finden**. In der Praxis stellt sich dies häufig als problematisch dar, wenn nach den Prinzipien des MbO Ziele von oben nach unten kaskadenförmig über die hierarchischen Ebenen heruntergebrochen werden. Dann hat sich die Führungskraft in der Regel selbst im Rahmen der Zielkaskade den übergeordneten Zielen verpflichtet. Nun ist sie gefordert, den Ideen und Vorschlägen des Mitarbeiters für die individuelle Zielvereinbarung Rechnung zu tragen. Insbesondere bei quantitativen Zielen offenbart sich hier ein erheblicher Druck, dem die Führungskraft von oben wie von unten ausgesetzt ist. Er befindet sich in einer klassischen **„Sandwich-Position"**. Diese Position des Mittlers zwischen den Vorstellungen der nächsthöheren Hierarchieebene und den eigenen Mitarbeitern ist die Führungskraft im gesamten Jahreszyklus den Zielvereinbarungen ausgesetzt. Aufgrund des Wandels außerhalb des Unternehmens, der Veränderungen im Team (z. B. durch neue Kollegen) oder der persönlichen Situation einzelner Mitarbeiter (z. B. krankheitsbedingte oder familiäre Probleme) erscheinen die am Jahresanfang gefundenen Ziele gegebenenfalls nach einigen Monaten unrealistisch hoch. Dennoch erfordert die Zielkaskade eine Erreichung, um den geforderten Beitrag zum Jahresziel des Unternehmens zu leisten. Willigt dabei eine Führungskraft ein, die Ziele eines Mitarbeiters oder des Teams nach unten zu korrigieren oder stellt sich verbal vor ihr Team, riskiert sie damit persönliche Nachteile, zum Beispiel eine schlechtere Karriereentwicklung oder einen geringeren Jahresbonus. Pocht die Führungskraft hingegen auf die Zielerreichung, so riskiert sie neben der Demotivation ihrer Mitarbeiter auch eine dauerhafte Verschlechterung der Führungsbeziehung.

Neben den nach MbO recht unkompliziert abzuleitenden quantitativen, **harten Zielen** sind für die betriebliche Praxis auch weiche, qualitative Ziele relevant. Führungskräfte sind angehalten, neben Individualzielen pro Mitarbeiter auch Teamziele zu nutzen. Mit den verschiedenen Zielarten sind unterschiedliche Chancen und Risiken verbunden. Generell sind die quantitativen Ziele typischerweise einfacher, da ihre Zuordnung rechnerisch möglich ist und die Zielerreichung in den meistens Fällen eindeutig und objektiv gemessen werden kann.

Dies verleitet in der Praxis dazu, sich stark auf quantitative Ziele zu konzentrieren. Das folgende Beispiel verdeutlich die damit verbundene Problematik: Ist der Mitarbeiter durch die Zielvereinbarung gefordert, individuelle Verkaufserfolge anzustreben, so besteht eine hohe Wahrscheinlichkeit, dass Kunden aus kurzfristigem Erfolgsstreben des Mitarbeiters heraus Produkte angeboten werden, die diese nicht benötigen. Gehört gleichzeitig eine langfristige Kundenbindung zu den Unternehmenszielen, maximiert der Mitarbeiter seine persönliche Zielerreichung zulasten der langfristigen Unternehmensziele. Derartige **Fehlsteuerungen** können reduziert werden, wenn möglichst alle Facetten der Arbeitsaufgabe umfassend mit Zielvereinbarung abgedeckt werden. Voraussetzung hierfür wäre es, auch qualitative Ziele zu formulieren und Bemessungsgrößen zu finden, die diese ausreichend abbilden können.

Wenn über die Stellenbeschreibung eines Mitarbeiters hinausgehende projektbezogene Aufgaben in die Zielvereinbarungen einfließen, kann es ebenfalls zu Fehlsteuerungen kommen: Der Großteil der Kernaufgaben eines Mitarbeiters kann unberücksichtigt bleiben und die Projekte werden möglicherweise zu Lasten der normalen Aufgaben der Stelle verstärkt bearbeitet. Aus Mitarbeiterperspektive besteht zudem die Gefahr der Überlastung beziehungsweise der Überforderung. Ferner lässt sich bei durch Routineabläufe geprägten Stellen praktisch lediglich ein kleiner Teil der Aufgaben sinnvoll in Zielvereinbarungen abbilden.

Leicht entsteht der Eindruck, dass es günstiger ist, mehr Ziele zu vereinbaren, um alles Nötige einfließen zu lassen und Fehlsteuerungen zu vermeiden. Hierbei muss jedoch bedacht werden, dass die Anzahl der Ziele so gering bleiben muss, dass der Mitarbeiter sie im Tagesgeschäft im Hinterkopf behalten und berücksichtigen kann. Bereits bei mehr als drei bis fünf Zielen wird diese schwierig. Auch die Gewichtung der einzelnen Ziele untereinander hilft dem Mitarbeiter, Prioritäten richtig zu setzen. Es ist empfehlenswert, mit mindestens einem qualitativen Ziel bei jedem Mitarbeiter zu arbeiten, um unter anderem die schon angesprochenen Fehlsteuerungen durch rein quantitative Ziele zu vermeiden.

Qualitative Ziele können dann vorteilhaft sein, wenn die Verhaltensweisen in komplexen beziehungsweise in unbestimmten Tätigkeitsbereichen einbezogen werden sollen, die zum Beispiel die Qualität von Kundenberatungen betreffen. Gleichzeitig muss versucht werden, diese messbar zu machen. Die Anforderungen an die Führungskräfte bei der Formulierung der Ziele und der Zielerreichungsgrade steigen dadurch erheblich. Als Leistungsindikatoren werden vielfach zahlenmäßige Ausdrucksformen verwendet, wie im Beispiel Reklamationsquoten. Diese Indikatoren sind kritisch zu sehen, da sie wiederum einen weichen Aspekt in eine harte Kennzahl überführen. Naturgemäß kann diese Kennzahl nur einen Ausschnitt abbilden und unterliegt zudem Zufällen und Faktoren, die sich dem Einfluss des Mitarbeiters entziehen. Ein anderer Ansatz, um qualitative Ziele smart zu gestalten, ist das Hinzufügen einer Zeitkomponente, wenn beispielsweise ein Konzept bis zum 30. Juni entwickelt werden soll. Je früher dieses Konzept fertig ist, desto größer wäre der Nutzen für das Unternehmen und damit die Zielerreichung. Alternativ besteht die Möglichkeit, Zielerreichungsgrade zu vereinbaren, die versuchen, komplexe Tätigkeitsinhalte zu operationalisieren. Diese Ziele erscheinen allerdings viel vager und angreifbarer, weswegen sie in der Praxis oftmals weniger beliebt sind. Das mit Zielvereinbarungen verbundene Konfliktpotenzial zeigt sich darin, wenn trotz der scheinbaren Rationalität die dem Instrument inhärente Subjektivität zum Tragen kommt.

Vereinbart ein Mitarbeiter ein individuelles Ziel, wird er diesem naturgemäß mehr Aufmerksamkeit schenken als den übergeordneten Aufgabenstellungen seiner Arbeitsgruppe oder der Unterstützung von Kollegen. Daher ist bei Mitarbeitern mit individuellen Zielvereinbarungen eine Neigung zum **„Einzelkämpfertum"** zu beobachten. Eine Möglichkeit, dem entgehen zu wirken, ist die Vereinbarung von mindestens einem Teamziel, das den Fokus wieder auf die Gruppe richtet. Die Auswahl dieses Ziels bedarf jedoch sorgfältiger Abwägung, da ein Teamziel nur dann sinnvoll eingesetzt ist, wenn auch alle einbezogenen Mitarbeiter einen Beitrag dazu leisten können. Gleichzeitig sollte die Führungskraft im Jahresverlauf im Blick behalten, dass weder „Trittbrettfahren" toleriert wird noch der Druck auf leistungsschwächere Mitarbeiter aufgrund des Teamziels zu stark anwächst. In beiden Fällen würden sich Motivation und Leistungsfähigkeit verschlechtern.

Nur in wenigen Unternehmen ist es möglich, Zielvereinbarungen einzuführen, ohne Unterschiede in Eloquenz und **Kommunikationsvermögen** der Mitarbeiter und Führungskräfte zu beachten. Stärker noch als bei Personalbeurteilungen ist offensichtlich, dass sowohl der Mitarbeiter als auch der Vorgesetzte über die für die Vereinbarungen benötigten sozialen, kommunikativen und fachlichen Voraussetzungen verfügen müssen. Gerade für viele Mitarbeiter sind kommunikativ-argumentative Fähigkeiten erforderlich, die sie in anderen Bereichen selten benötigen. Entsprechend besteht das

Risiko von ungünstigen Verhandlungsergebnissen aufgrund einer Überforderung oder eines asymmetrischen Durchsetzungsvermögens. Daher ist eine gleichberechtigte Zielvereinbarung in vielen Konstellationen unrealistisch.

Auch das Gespräch um die Zielerreichung am Ende des Jahres kann Herausforderungen mit sich bringen. So wird eine anspruchsvolle, wenn auch realistische Zielvereinbarung dazu führen, dass ein Teil der Mitarbeiter nicht alle gesetzten Ziele erreicht. Der Führungskraft obliegt es nun, dies zu kommunizieren, die Mitarbeitermotivation für das nächste Jahr aufrecht zu erhalten und gleichzeitig wieder anspruchsvolle Ziele zu vereinbaren. Werden unter Aufbietung aller Kräfte Ziele erreicht, werden die zukünftigen Ziele erneut höher ausfallen (Intensivierungspflicht). Auch die Kommunikation dessen bedarf viel Geschicks.

Doch ist eine unzureichende Wirkung von Zielvereinbarungen stets auf die Führungskraft zurückzuführen? Aus ihrer Perspektive betrachtet sind Zielvereinbarungen sicherlich ein anspruchsvolles Instrument, das auch einen spürbaren Zeitaufwand mit sich bringt. Alle Gespräche mit dem Mitarbeiter im Jahresverlauf wollen vorbreitet, geführt und nachbereitet werden. Nur eine Führungskraft, die den positiven Effekt der Zielvereinbarung in der Praxis erkennt, wird bereit sein, mehrere Tage ihrer Zeit im Jahr mit diesen Führungsinstrumenten zu füllen. Daher kann für eine erfolgreiche Implementierung von Zielvereinbarungen eine entsprechende Schulung der Führungskräfte und idealerweise auch der Mitarbeiter entscheidend sein. Letztendlich ersetzen Führungsinstrumente nicht Führung, sondern sollen Unterstützung bieten und die Führungskraft zu einem bestimmten Führungsverhalten hinlenken.

Zielvereinbarungen werden gern *„als aufgehender Komet am Himmel der Leistungsentlohnung“*[3] bezeichnet. Hintergrund sind die unbestrittenen Stärken von Zielvereinbarungen. Als Folge implementieren viele Unternehmen diese zeitgleich mit einem leistungsorientierten Vergütungssystem. Doch bereits die Zielvereinbarung als neues Führungsinstrument birgt die oben beschriebenen Stolpersteine für Führungskräfte und Mitarbeiter. Eine gekoppelte Einführung kann zu Verunsicherungen und zu Überforderungen führen, da es an Erfahrungen mit Zielvereinbarungen und der Messung der Zielerreichung mangelt. Aus diesem Grund finden sich in diesem Kapitel zunächst Mini-Fälle, die ausschließlich die praktischen Herausforderungen von Zielvereinbarungen unterstreichen. Im folgenden Kapitel werden dann Vergütungssysteme aufgegriffen, in denen Zielvereinbarungen als Instrumente der Leistungsmessung enthalten sind.

Verwendete Literatur:

Bahnmüller, R.: Stabilität und Wandel der Entlohnungsformen. Entgeltsysteme und Entgeltpolitik in der Metallindustrie, in der Textil- und Bekleidungsindustrie und im Bankgewerbe. München: Hampp 2001.

Eyer, E.; Haussmann, T.: Zielvereinbarung und variable Vergütung. Ein praktischer Leitfaden – nicht nur für Führungskräfte. 5. Aufl., Wiesbaden: Gabler 2011.

Jetter, F: Zielvereinbarungsgespräche als Führungs- und Kommunikationsinstrument im Personalwesen und der Unternehmensleitung. Über die dritte Evolutionsstufe einer Managementmethode. In: F. Jetter, R. Skrotzki (Hgg.): Handbuch Zielvereinbarungsgespräch. Stuttgart: Schäffer-Poeschel 2000, S. 3-37.

3 Bahnmüller 2001, S. 20.

Menzel, W.; Grotzfeld, S.; Haub, C.: Mitarbeitergespräche. Mitarbeiter motivieren, richtig beurteilen und effektiv einsetzen. 8. Aufl., München: Haufe-Lexware 2009.

Gloger, S.: „Geld darf nicht verführen". Interview mit Reinhard K. Sprenger. In: Manager-Seminare, 153, Dez. 2010, S. 20-21.

B.5.1 Die lieben Zahlen – Führen mit quantitativen Zielen

Nicole Böhmer

Mini-Fall

Sie sind Alexandra Marx und führen ein fünfköpfiges Team von Außendienstmitarbeitern für den Kaffee-Konzern „Aufgebrüht". Vom Vertriebsmanagement wurden Ihnen für das nächste Geschäftsjahr die folgenden Ziele für Ihr Geschäftsgebiet Ruhr-Nord aufgegeben, das das Ruhrgebiet und die Region bis hoch nach Nordhorn beinhaltet:

- 5% Umsatzzuwachs bei der Cash Cow gemahlener Kaffee (500g Paket, in drei Geschmacksrichtungen),
- 750 Sonderplatzierung für die Produktinnovation Kaffee-Well (Ayurvedische Kaffeepads und Bohnen) inkl. mind. 1/2 Palette Absatz.

Ihr Team besucht große Supermärkte mit Vollsortiment (Verbrauchermärkte mit mehr als 1.500 qm Verkaufsfläche), um den Verkauf und die angemessene Platzierung der Kaffee- und Teeprodukte von „Aufgebrüht" sicher zu stellen. Sie selbst kennen den Vertrieb aus Ihrer vorherigen Position als Key Account Managerin.

Nun möchten Sie möglichst die quantitativen Ziele an Ihre Mitarbeiter weitergeben. Im Sinne einer verantwortungsvollen Mitarbeiterführung wollen Sie die individuellen Gegebenheiten Ihrer Mitarbeiter berücksichtigen, denn Ihr Team ist heterogen besetzt:

- *Petra Hoff:* Vollzeit-Mitarbeiterin, Handelsfachwirtin;
  - stets in gutem Kontakt mit den Marktleitern, bereits seit zwölf Jahren im Team;
- *Stefanie Müller:* Vollzeit-Mitarbeiterin, Dipl.-Betriebswirtin;
  - erste Stelle nach dem Trainee-Programm; will sich bewähren, tut sich aber seit Übernahme der Stelle vor sechs Monaten noch schwer;
- *Siegfried Trautwein:* Teilzeit-Mitarbeiter (mit 50% Arbeitszeit), Groß- und Außenhandelskaufmann;
  - bei Stichproben in seinem Gebiet waren Sie vom Zustand der Regale in den Märkten wenig begeistert; ein Marktleiter hat ihm im letzten Jahr Hausverbot erteilt;
- *Martin Behrends:* Vollzeit-Mitarbeiter kurz vor dem Ruhestand, Industriekaufmann;
  - bringt immer die erwarteten Zahlen, meckert aber über den zunehmend unerträglichen Druck im Unternehmen;
- *Franziska Kreft:* Vollzeit-Mitarbeiterin, Einzelhandelskauffrau; die einzige ehemalige Mitarbeiterin einer Agentur, an die ein Teil des Vertriebs 2007 kurzzeitig outgesourct worden war;
  - als jungem (und zugegeben günstig einzukaufendem) Talent wurde ihr nach Ende des Tests ein Arbeitsvertrag angeboten; wenn das Tagesgeschäft komplexer wird, ist bei ihr an einigen Stellen der Quereinstieg zu spüren; sie bemüht sich, selbstständig Lücken zu schließen.

Bei den Teamsitzungen ist Ihnen das stark ausgeprägte Einzelkämpfertum Ihrer Mitarbeiter aufgefallen, das Ihr Vorgänger auch gefördert hat. Sie haben sich zum Ziel gesetzt, die Kohäsion im Team zu stärken.

Aufgaben

Sie sind Alexandra Marx.

1. Sie sollen mit jedem Mitarbeiter Einzelziele sowie ein zusätzliches qualitatives Teamziel mit all ihren Mitarbeitern vereinbaren. Finden Sie eine Lösung!

2. Wie werden die Sichtweisen der jeweiligen Mitarbeiter sein? Versuchen Sie diese bei der Zielfindung zu berücksichtigen.

3. Füllen Sie den Zielvereinbarungsbogen beispielhaft für einen Mitarbeiter aus (Ziele und Zielerreichungsgrade).

4. Welches waren die größten Herausforderungen für Sie? Welche Überlegungen zu den wechselseitigen Auswirkungen der Einzelziele auf die Mitarbeiter untereinander haben Sie angestellt?

Zielvereinbarung

Name: Position/Einsatzbereich:

Kriterien		Gewichtung	Zielwert	Ergebnis / Zielerreichung (ZE)		Anteil gem. Gewicht. **)
*Zielart *)*	**Ziel**	______%		**Ergebnis**	**ZE in %*)**	
		deutlich übertroffen =				
		übertroffen =				
		erreicht =				
		teilweise nicht erreicht =				
Quelle **)		nicht erreicht =				
*Zielart *)*	**Ziel**	______%		**Ergebnis**	**ZE in %*)**	
		deutlich übertroffen =				
		übertroffen =				
		erreicht =				
		teilweise nicht erreicht =				
Quelle **)		nicht erreicht =				
*Zielart *)*	**Ziel**	______%		**Ergebnis**	**ZE in %*)**	
		deutlich übertroffen =				
		übertroffen =				
		erreicht =				
		teilweise nicht erreicht =				
Quelle **)		nicht erreicht =				
		Gesamt				

*) Zielart: TZ = Teamziel, EZ = Einzelziel / Zutreffendes bitte eintragen
**) Wo kann der Zielwert abgelesen werden? Z.B. Name des EDV-Programms
Datum:

Unterschrift Mitarbeiter: ____________________

Unterschrift Vorgesetzter: ____________________

*) max. 120/min.70
**) ZE x Gewichtung
Ergebnis besprochen am

Unterschrift Mitarbeiter: ____________________

Unterschrift Vorgesetzter: ____________________

Abbildung B.5.2: Zielvereinbarungsbogen I

B.5.2 Das haben wir erreicht – Zielerreichungsgespräche vorbereiten und führen

Nicole Böhmer

Mini-Fall

Sie sind Alexander Engel, Leiter einer Niederlassung der lokalen Telekommunikationsgesellschaft NeuKom Solutions mit drei Mitarbeitern. Die Ziele für den Bereich „Neukunden", „DSL Premium Neuverträge" und „Servicequalität" wurden am Jahresanfang mit den Mitarbeitern vereinbart. Die Teammitglieder haben ihre Ziele gemäß den folgenden Angaben erreicht beziehungsweise auch nicht erreicht.

Tabelle B.5.1

Übersicht der Zielerreichung pro Mitarbeiter

Alexander Engel ist Leiter der Niederlassung und kann „natürlich" alles.

Alexander Engel	DSL Premium Neuverträge	Neukunden
Ziel	250	300
Erreichung	250	300

Peter Daum ist ein Vollzeit-Mitarbeiter und war bei Zielvereinbarung sehr stark im Bereich DSL. Die Akquisition von Neukunden musste mehr werden.

Peter Daum	DSL Premium Neuverträge	Neukunden
Ziel	250	300
Erreichung	200	300

Stefanie Mehring ist eine Vollzeit-Mitarbeiterin. Sie hatte bei Zielvereinbarung gerade ausgelernt und zeigte gute Ergebnisse bei der Akquisition von Neukunden. DSL war noch zu vertiefen.

Stefanie Mehring	DSL Premium Neuverträge	Neukunden
Ziel	100	300
Erreichung	180	200

Siegfried Waldmann ist ein Teilzeit-Mitarbeiter (50% Arbeitszeit). Bei Zielvereinbarung konnte er beide Bereiche gleich gut.

Siegfried Waldmann	DSL Premium Neuverträge	Neukunden
Ziel	100	100
Erreichung	60	150

Für alle Niederlassungen von NeuKom Solutions war das Ziel vorgeben, im Bereich „Servicequalität" die Durchschnittsbewertung 2,5 von den Kunden (6er-Skala, Schulnotensystem) zu erreichen. Nach den Ergebnissen der kürzlich durchgeführten Kundenbefragung stieg die Servicequalität in Ihrer Niederlassung von 3,2 im Vorjahr auf 2,9.

Nun stehen die Zielerreichungsgespräche an.

Aufgaben

Stellen Sie sich vor, Sie sind Alexander Engel.

1. Sie sollen zum Ende des Jahres Zielerreichungsgespräche führen. Wie werden die Sichtweisen der jeweiligen Mitarbeiter sein? Versuchen Sie diese bei der Gesprächsvorbereitung zu berücksichtigen.

2. Füllen Sie den Zielvereinbarungsbogen beispielhaft für einen Mitarbeiter aus (Zielerreichungsgrade und Ergebnis).

3. Welches sind mögliche Diskussionspunkte, die Sie im Gespräch zu erwarten haben? Welche Herausforderungen stellen sich Ihnen?

4. Führen Sie das Zielerreichungsgespräch für den ausgewählten Mitarbeiter.

Zielvereinbarung

Name: Position/Einsatzbereich: Geschäftsstelle

Kriterien		Gewichtung	Zielwert	Ergebnis / Zielerreichung (ZE)		Anteil gem. Gewicht. **)
*Zielart *)*	Ziel	35%		Ergebnis	ZE in %*)	
EZ	Neuverträge DSL-Premium	deutlich übertroffen =				
		übertroffen =				
		erreicht =				
		teilweise nicht erreicht =				
Quelle **)		nicht erreicht =				
*Zielart *)*	Ziel	35%		Ergebnis	ZE in %*)	
EZ	Neukunden	deutlich übertroffen =				
		übertroffen =				
		erreicht =				
		teilweise nicht erreicht =				
Quelle **)		nicht erreicht =				
*Zielart *)*	Ziel	30%		Ergebnis	ZE in %*)	
TZ	Servicequalität	deutlich übertroffen =				
		übertroffen =				
		erreicht =				
		teilweise nicht erreicht =				
Quelle **)		nicht erreicht =				
		Gesamt				

*) Zielart: TZ = Teamziel, EZ = Einzelziel / Zutreffendes bitte eintragen
**) Wo kann der Zielwert abgelesen werden? Z.B. Name des EDV-Programms

Datum:

Unterschrift Mitarbeiter: ______________________

Unterschrift Vorgesetzter: ______________________

*) max. 120/min.70
**) ZE x Gewichtung

Ergebnis besprochen am

Unterschrift Mitarbeiter: ______________________

Unterschrift Vorgesetzter: ______________________

Abbildung B.5.3: Zielvereinbarungsbogen II

B.5.3 Projekt „Führungskräfteentwicklung" – Führen mit qualitativen Teamzielen

Nicole Böhmer

Mini-Fall

Sie sind Martina Teufel, Leiterin des Teams Personalbetreuung II mit drei Personalreferenten in der Personalabteilung des Pharma-Konzerns Advance! Für das nächste Geschäftsjahr haben Sie mit dem Vorstand das Ziel vereinbart, ein neues Konzept für die Personalentwicklung gestandener Führungskräfte zu erarbeiten. Anlass war eine Mitarbeiterbefragung, die eine deutliche Abweichung zwischen der Führungspraxis in den meisten Abteilungen und dem Führungsleitbild von Advance! offenlegte. Von Ihren Kollegen in den Teams Personalbetreuung I und III haben Sie gehört, dass der Vorstand derartige Aufträge sehr ernst nimmt und davon auch weitere Karriereschritte abhängen können.

Das Konzept muss zunächst dem Personalleiter und dem Vorstand vorgestellt werden. Anschließend sollen konkrete Maßnahmen und eine Budgetplanung abgeleitet werden. Bis zum 31. Dezember sollen erste Maßnahmen umgesetzt werden, so dass bei der bereits im nächsten Jahr geplanten erneuten Mitarbeiterbefragung „spürbare Veränderungen" (so hatte es der Vorstand formuliert) deutlich werden. Im folgenden Jahr soll auch die weitere Begleitung der Entwicklungsmaßnahmen durch Ihr Team erfolgen.

Sie möchten die Stärken Ihrer Mitarbeiter berücksichtigen und das Projekt so weit wie möglich auf Ihr Team übertragen:

- *Martina Teufel:* Leiterin des Teams, Dipl.-Betriebswirtin;
  - kennt das Gebiet, möchte die Arbeit von ihren Mitarbeitern machen lassen;
- *Helge Munter:* Personalkaufmann;
  - sehr erfahren in der Betreuung von Mitarbeiter und Führungskräften, kann konzeptionell jedoch nicht so gut arbeiten;
- *Maike Bach:* Industriekauffrau;
  - konzeptionell stark und kreativ, muss ins Thema Führungskräfteentwicklung eingearbeitet werden;
- *Walter Wolf:* Apotheker, Teilzeit mit 50% Arbeitszeit;
  - kommunikativ, engagiert, viele Kontakte in anderen Abteilungen.

Aufgaben

Stellen Sie sich vor, Sie sind Martina Teufel.

1. Sie sollen mit allen Mitarbeitern ein Teamziel mit den zugehörigen Zielerreichungsgraden vereinbaren. Dieses Teamziel soll bei jedem Mitarbeiter 40 Prozent der persönlichen Zielvereinbarungen (bestehend aus Team- und Individualzielen) ausmachen. Wie kann das Ziel aussehen? Bedenken Sie, dass es verschiedene Betrachtungsweisen bei den beteiligten Mitarbeitern geben kann. Füllen Sie den Zielvereinbarungsbogen für das Teamziel aus.

2. Welches sind Ihre zentralen Überlegungen? Wo werden die größten Diskussionspunkte im Team liegen?

3. Erläutern Sie, welches Vorgehen Sie zum Umgang mit den Zielerreichungsgraden mit dem Team abstimmen wollen.

Zielvereinbarung

Name:		Position/Einsatzbereich:			
Kriterien	Gewichtung	Zielwert	**Ergebnis / Zielerreichung (ZE)**		**Anteil gem. Gewicht. **)**
*Zielart *)* **Ziel**	_____%		**Ergebnis**	**ZE in %*)**	
	deutlich übertroffen =				
	übertroffen =				
	erreicht =				
	teilweise nicht erreicht =				
Quelle **)	**nicht erreicht =**				
*Zielart *)* **Ziel**	_____%		**Ergebnis**	**ZE in %*)**	
	deutlich übertroffen =				
	übertroffen =				
	erreicht =				
	teilweise nicht erreicht =				
Quelle **)	**nicht erreicht =**				
*Zielart *)* **Ziel**	_____%		**Ergebnis**	**ZE in %*)**	
	deutlich übertroffen =				
	übertroffen =				
	erreicht =				
	teilweise nicht erreicht =				
Quelle **)	**nicht erreicht =**				
	Gesamt				

*) Zielart: TZ = Teamziel, EZ = Einzelziel / Zutreffendes bitte eintragen
**) Wo kann der Zielwert abgelesen werden? Z.B. Name des EDV-Programms
Datum:

Unterschrift Mitarbeiter: ________

Unterschrift Vorgesetzter: ________

*) max. 120/min.70
**) ZE x Gewichtung
Ergebnis besprochen am

Unterschrift Mitarbeiter: ________

Unterschrift Vorgesetzter: ________

Abbildung B.5.4: Zielvereinbarungsbogen III

B.5.4 Das Problem mit den Lippenstiften – Motivieren im Halbjahresgespräch

Nicole Böhmer

Mini-Fall

Sie sind Susanne Oltmann, Leiterin eines Teams im Produktmanagement des Pharma-Konzerns Advance! mit drei Mitarbeitern. Im laufenden Geschäftsjahr haben Sie mit dem Vorstand das Ziel vereinbart, ein neues Konzept für die Markteinführung einer Hautpflegeserie für Männer zu erarbeiten. Das Konzept soll dem Abteilungsleiter und dem Vorstand vorgestellt werden. Anschließend soll eine Handlungsempfehlung an die anderen Abteilungen herausgegeben und das Konzept bis 31. Dezember umgesetzt werden. Im kommenden Jahr erfolgt die weitere Begleitung.

Das Teamziel war wie folgt vereinbart:

„Ein neues Konzept für die Markteinführung einer Hautpflegeserie für Männer erarbeiten. Das Konzept muss dem Abteilungsleiter und dem Vorstand vorgestellt werden, anschließend soll eine Handlungsempfehlung an die anderen Abteilungen herausgegeben und das Konzept bis 31.12. umgesetzt werden. Im folgenden Jahr soll die weitere Begleitung erfolgen."

Folgende Zielerreichungsgrade wurden dazu abgestimmt:

- nicht erreicht (70%) = keine Konzepterstellung erfolgt
- teilweise nicht erreicht = Erstellung des Konzeptes und bzw. oder Handlungsempfehlung bis 31.12.
- erreicht (100%) = Umsetzung bis 31.12.
- übertroffen = Umsetzung bis 31.12. und Vorbereitung der kommenden Begleitung
- deutlich übertroffen (120%) = Umsetzung bis 30.9. und weitere Begleitung

Das Teamziel geht mit einer Gewichtung von 50 Prozent in die individuellen Zielvereinbarungen der Mitarbeiter ein. Im Sinne einer verantwortungsvollen Mitarbeiterführung wollen Sie die individuellen Gegebenheiten Ihrer Mitarbeiter berücksichtigen:

- *Susanne Oltmann:* Leiterin des Teams, Dipl.-Betriebswirtin;
  - kennt das Gebiet, möchte die Arbeit von ihren Mitarbeitern machen lassen;
- *Heinz Gödecker:* Zielgruppenmanager (Apotheker);
  - Spezialist in Sachen Hautpflege, kann konzeptionell jedoch nicht so gut arbeiten;
- *Janine Seemann:* Sachbearbeiterin (Industriekauffrau);
  - konzeptionell stark und kreativ, muss ins Thema Hautpflege eingearbeitet werden;
- *Kevin Neumann:* Sachbearbeiter (PTA), Teilzeit mit 50% Arbeitszeit;
  - kommunikativ, engagiert, viele Kontakte in anderen Abteilungen.

Im Jahresverlauf wurde das Team wider Erwarten stark durch einen Markteinbruch im Bereich der „Cash Cow" Lippenstifte in Anspruch genommen. Zudem war Kevin Neumann sechs Wochen krank. Sie wissen, dass sich alle Mitarbeiter im Tagesgeschäft sehr engagiert haben. Gleichzeitig hat Ihnen der Vorstand signalisiert, dass er auf Ihr Konzept wartet. Nun steht das Zwischengespräch zum 30. Juni an. Derzeit ist für das gesamte Jahr absehbar, dass die Erstellung des Konzeptes und beziehungsweise oder Handlungsempfehlung bis 31. Dezember erreicht werden können. Nach Ihrer Einschätzung ist es bereits nicht mehr möglich, das Ziel deutlich zu übertreffen.

Aufgaben

Versetzen Sie sich in die Rolle von Susanne Oltmann.

1. Sie bereiten sich nun auf das Halbjahresgespräch mit dem Team vor. Welches sind Ihre zentralen Überlegungen? Wo werden die größten Diskussionspunkte im Team liegen? Bedenken Sie, dass es verschiedene Betrachtungsweisen bei den beteiligten Mitarbeitern geben kann.

2. Führen Sie dann das Halbjahresgespräch.

Vergütungssysteme

Mit einer Einführung von Nicole Böhmer

B.6

B.6.1 Vertriebsziele erreichen mit zwei Stellschrauben – Erfolgs- und leistungsorientierte Vergütung in einer Sparkasse 127

B.6.2 Ein neues Vergütungssystem für die All-Well-Pha AG 129

B.6.3 Eine Frage der Prioritäten – Vergütungspakete beim Auslandseinsatz 131

B.6.4 Was darf´s denn sein? Einführung eines Cafeteria-Systems 133

ÜBERBLICK

Einführung

Nicole Böhmer

Die Steuerung des Vergütungsbudgets ist für viele Unternehmen von hoher Relevanz, da dieses beispielsweise im Dienstleistungsbereich regelmäßig mehr als 50 Prozent der Gesamtkosten ausmacht. Es erscheint daher selbstverständlich, dass dieser bedeutende Kostenblock möglichst effektiv und effizient eingesetzt werden sollte. In der Vergütungspraxis finden sich oftmals historisch gewachsene und unternehmensindividuelle Entgeltmodelle, die dieser Forderung kaum gerecht werden. In den folgenden Mini-Fällen wird deutlich, dass das Zusammenspiel von organisatorischen und interaktiven Aspekten der Führung häufig ausschlaggebend für den Erfolg von Vergütungssystemen ist: Anreizsysteme bergen bereits bei der Konzeption große Herausforderungen. Auch die Implementierung will durchdacht und auf das Unternehmen zugeschnitten sein. Wie beides schließlich von Mitarbeitern und Führungskräften gelebt wird, macht jedoch den Unterschied aus.

Grundlegende Gestaltungsaspekte

Als erster Schritt hin zur Effektivität eines Entgeltverfahrens stellt sich die Frage nach dem damit angestrebten Ziel. Die von den Unternehmen verfolgen **Ziele** sind sehr heterogen. Die größte Schnittmenge zeigt sich bei den Zielen Leistungssteigerung und Motivation. Aber mit Vergütungssystemen können auch Mitarbeiterbindung, die Gewinnung neuer Mitarbeiter oder die Verbesserung der Kommunikation im Hause angestrebt werden. Tabelle B.6.1 gibt, ohne Anspruch auf Vollständigkeit, einen Überblick möglicher Ziele. Es wird deutlich, wie stark die nicht quantifizierbaren Aspekte überwiegen. Auch deshalb sollten vor dem Beginn der Konzeption eines Entgeltmodells zunächst die Ziele geklärt werden. Nur wenn diese klar sind, können die Verfahrenskomponenten entsprechend gestaltet werden.

Tabelle B.6.1

Mögliche Zielsetzungen von Vergütungssystemen

Quantifizierbare Ziele	Qualitative Ziele
■ Bessere Steuerung der Vergütungsaufwendungen ■ Leistungssteigerung der Mitarbeiter, z. B. Umsatzerhöhung ■ Reduzierung des Vergütungsbudgets ■ Verlagerung bzw. Übertragung eines Teil des Marktrisikos auf die Mitarbeiter	■ Berücksichtigung individueller Mitarbeiterbedürfnisse ■ Erhöhung der Arbeitszufriedenheit ■ Förderung der Kommunikation zwischen Führungskraft und Mitarbeiter ■ Förderung von Innovationen ■ Förderung der Mitarbeiterbindung ■ Förderung der Selbstständigkeit und der Verantwortungsübernahme (Mitunternehmertum) ■ Förderung des Teamgeistes unter den Mitarbeitern ■ Gewinnung neuer Mitarbeiter und Personalmarketing ■ Identifikation der Mitarbeiter mit Unternehmenszielen und -strategie ■ Motivationssteigerung ■ Umsetzung der Personal- und Unternehmensstrategie ■ Verbesserung der Arbeitsqualität ■ Verbesserung der Mitarbeiterförderung

Darüber hinaus ist es von zentraler Bedeutung, dass alle Mitarbeiter verstehen, wie sich ihr persönliches Entgelt zusammensetzt. Diese scheinbare Selbstverständlichkeit zeigt sich in der Praxis gerade bei ausgefeilten Vergütungssystemen als Hürde, da es nicht gelingt, die Entgeltkomponenten allgemeinverständlich zu erklären und zu kommunizieren. Ein derartiger Mangel an **Transparenz** kann die Effektivität und Effizienz einschränken. Gleichzeitig ist es von erheblicher Bedeutung für die Zielerreichung eines Vergütungssystems, dass die Mitarbeiter und Führungskräfte dieses akzeptieren und bereit sind, es mit Leben zu füllen. Dazu kann beitragen, dass das Entgeltmodell als gerecht empfunden wird. Dabei können die Anforderungs-, Leistungs-, Qualifikations-, Ergebnis-, Markt- und soziale **Gerechtigkeit** Berücksichtigung finden. Abbildung B.6.1 zeigt ein Modell, das möglichst viele Gerechtigkeitsaspekte zu berücksichtigen versucht.

Abbildung B.6.1: Beispiel eines Vergütungssystems

Für Mitarbeiter, Führungskräfte und Personalabteilungen wächst mit der Komplexität des Entgeltverfahrens auch der damit verbundene **administrative Aufwand**. Insbesondere, wenn in der heutigen Zeit mit einem Vergütungssystem die Individualisierung des Entgelts nach den Bedürfnissen oder dem Lebensabschnitt der Beschäftigten vorangetrieben werden soll, kann dieser Aufwand deutlich wachsen. Ein Beispiel hierfür sind **Cafeteria-Systeme**, bei denen die Mitarbeiter die Möglichkeit haben, nach den persönlichen Präferenzen unterschiedlichste Leistungen von Unternehmensseite zu nutzen. Angefangen bei (Unfall-)Versicherungen und betrieblicher Altersvorsorge über Arbeitszeitflexibilisierung bis hin zu Dienstwagen und sonstigen Sachleistungen muss jedes Element genau auf den damit verbunden Verwaltungsaufwand geprüft werden. Gewiss ist eine Komponente eines Cafeteria-Systems nur dann sinnvoll, wenn die Beschäftigten diese – zum Beispiel aufgrund steuerlicher oder sozialversicherungsrechtlicher Vorteile – zu besseren Bedingungen als am freien Markt beziehen können.

Mit dem Anspruch eines geringen administrativen Aufwands geht oftmals der Wunsch nach der **Flexibilität** des Vergütungssystems einher. So sollte das Vergütungssystem bei Veränderungen im Unternehmen oder im Umfeld möglichst gut anpassbar sein. Diese Anforderung erstreckt sich auch auf das Vergütungsbudget, das in der Regel bei der Einführung neuer Entgeltkomponenten wächst. Bei der Implementierung von erfolgs- und leistungsorientierten Vergütungsmodellen muss beispielsweise mit mindestens 10 Prozent mehr Kosten gerechnet werden. Dagegen ist die Flexibilisierung nach unten, zum Beispiel in Krisenzeiten, unter anderem aufgrund der starken Mitbestimmungsrechte des Betriebsrats in der Regel schwer durchsetzbar.

Erfolgs- und leistungsorientierte Vergütung

Das Thema erfolgs- und leistungsorientierte Vergütung hat seit Jahren eine besondere Relevanz, da sie von der Majorität der Unternehmen in mehr und mehr Hierarchieebenen genutzt wird. Die Gründe hierfür liegen in den generellen Werten unserer Leistungsgesellschaft, aber auch in der immer lauter werdenden Forderung der Unternehmen nach mehr Leistungsorientierung und Mitunternehmertum der Beschäftigten. Die Brisanz des Themas unterstreicht, dass sich der Staat dazu veranlasst sah, innerhalb kurzer Zeit zwei neue Regulierungen von Vergütungsregelungen zu verabschieden: Gesetz zur Angemessenheit der Vorstandsvergütung (VorstAG) und Instituts-Vergütungsverordnung (Instituts-VergV). Hintergrund waren unter anderem die teilweise deutlichen Fehlsteuerungen von Unternehmen aufgrund von variablen Vergütungselementen.

Als grundlegende Herausforderung bei der Gestaltung variabler Vergütungskomponenten stellt sich die Frage, wie Leistung im Unternehmen definiert werden soll. Wird als Leistung eher das aufgefasst, was der Mitarbeiter an Kompetenz, Geschick oder Engagement eingebracht hat oder wird die Leistung vom Markt oder vom Ergebnis des Arbeitsprozesses her bestimmt (Finalisierung)? Dann wäre der Leistungsbegriff eng verwoben mit dem Erfolg des Teams oder auch des Unternehmens. Je nachdem welche Antwort bei der Konzeption eines Vergütungssystems gefunden wird, kann ein geeignetes Instrument zur **Messung von Leistung** ausgewählt werden. Hier kommen in der Regel Zielvereinbarungen, Personalbeurteilungen und rein quantitative Kennzahlen in Frage. Diese Instrumente bringen jeweils unterschiedliche Herausforderungen sowohl für die Führungskräfte aus auch für die Mitarbeiter mit sich (s. *Teil B Kapitel 4 Mitarbeiterführung* und *Kapitel 5 Zielvereinbarungen*).

Bezogen auf die eingangs gestellte Frage nach Effektivität und Effizienz von Vergütungssystemen sind erneut die mit dem variablen Entgelt verfolgten Ziele relevant.

Für eine Motivationswirkung gilt es als ausschlaggebend, dass der variable Vergütungsanteil für den Einzelnen **spürbar hoch** ist. Von einer spürbaren Höhe wird ab einem Anteil von acht bis zehn Prozent des Jahreseinkommens oder mindestens einem Monatseinkommen ausgegangen. Um ein entsprechend hohes Budget zur Ausschüttung bringen zu können, werden oftmals freiwillige Sonderzahlungen, zum Beispiel Weihnachts- oder Urlaubsgelder, in den „Topf" für die variable Vergütung überführt. Hierbei ist sorgfältig zu prüfen, ob die vormals freiwillige Leistung nicht im Laufe der Jahre aufgrund einer sogenannten „Betrieblichen Übung" verpflichtend gezahlt werden muss.

Variabilisiert ein Unternehmen auch in den unteren Einkommensgruppen deutlich mehr als ein Monatseinkommen p. a., können hieraus wiederum negative Effekte erwachsen: Ein Mitarbeiter, der zum Beispiel für die Finanzierung seiner Immobilie oder sonstiger grundlegender Bedürfnisse auf den variablen Vergütungsanteil angewiesen ist, wird mit Befürchtungen, wenn nicht sogar mit Ängsten kämpfen, sollte dieser Anteil in Gefahr sein. Für die Arbeitsleistung werden diese Emotionen kontraproduktiv sein. Dies ist ein Grund, weshalb sich in der Praxis vielfach Entgeltmodelle finden, bei denen der variable Anteil mit der Einkommenshöhe und Verantwortung des Mitarbeiters anwächst.

Mit der Entscheidung über die durchschnittliche Höhe des variablen Entgelts verknüpft ist auch, wie stark eine zentrale **Steuerung des Vergütungssystems und -budgets** möglich sein soll. Je stärker die Vergütungsentscheidung dezentralisiert wird, desto weniger ist in der Regel eine zentrale Steuerung möglich und desto mehr ist die Kompetenz der Führungskräfte gefordert. In der Praxis werden die Führungskräfte daher teilweise dazu angehalten, die Zielerreichungsgrade ihrer Mitarbeiter nicht zu hoch ausfallen zu lassen oder zu deckeln, obwohl das Vergütungssystem dies nicht vorsieht. Solche impliziten Regeln erhöhen die Intransparenz für die Mitarbeiter und reduzieren den Entscheidungsspielraum der Führungskräfte, so dass die Akzeptanz des gesamten Verfahrens darunter leiden kann. Ein anderer Ansatz, Budgets „im Rahmen" zu halten, ist es, jede Vergütungsentscheidung der Führungskräfte durch die Personalabteilung genehmigen zu lassen.

Zweifel an der Rationalität, Objektivität und Gerechtigkeit, die auch mit variabler Vergütung kaum erreichbar sind, können zu der Herausbildung von **Mythen** und Ritualen in Unternehmen führen. So kann beispielsweise ein Leistungsmythos implizieren, dass Leistung sich lohnt, nur die Besten belohnt werden und hoher Einsatz Voraussetzung für entsprechende Entlohnung bzw. Karriereschritte ist. Diese Mythen können als Instrumente verwendet werden, um die Motivation und Leistungsbereitschaft von Mitarbeitern sowie die Stabilität des Vergütungssystems aufrecht zu erhalten. Unterstrichen werden diese Mythen durch Symbole, zum Beispiel durch eine anerkennende Wortwahl bei der Bekanntgabe des persönlichen Bonus. Darüber hinaus geben technische Kontrollinstrumente bei Vergütungsentscheidungen den Anschein rationaler Leistungsmessung.

Diese scheinbare Rationalität wird auf die Spitze getrieben, wenn die Mitarbeiter entsprechend ihrer ermittelten Leistung in eine Reihenfolge gebracht werden, die allen zugänglich gemacht wird. Derartige Rankings werden vor allem enormen Druck auslösen. Besonders für die Mitarbeiter am unteren Ende der Skala ist ein solches Verfahren hoch problematisch. In jedem Fall wird das „Einzelkämpfertum", das sich bei jeder Form der individuellen Leistungsmessung intensivieren wird, durch Rankings maximiert.

Zählt es zu den Zielen, eine starke Kohäsion in Teams aufzuweichen oder eine generell stärkere Leistungsorientierung in der Unternehmenskultur zu etablieren, können individuelle Leistungsboni hierzu einen spüren Beitrag leisten. Dieses Beispiel zeigt den Einfluss von Vergütungssystemen auf die Unternehmenskultur. Entgeltmodelle können auch dazu beitragen, Unternehmensbereiche, die sich eher reserviert gegenüberstehen, enger zusammenwachsen zu lassen, indem die Bereiche von den Erfolgen des jeweils anderen profitieren. Alternativ kann ein erfolgsorientierter Vergütungsbestandteil eingeführt werden, der anhand von Kennzahlen des Unternehmenserfolgs ermittelt wird, und damit ein Mehr an Zusammenhalt im Sinne des Mythos „Wir sitzen alle in einem Boot" provoziert.

Motivationswirkung

Gerade bei erfolgs- und leistungsorientierter Vergütung zählt die Steigerung der Mitarbeitermotivation zu den zentralen Zielsetzungen. Beispielsweise gelten in der neoklassischen Theorie monetäre Anreize aufgrund der Prämisse der Nutzenmaximierung als einzige Anreizform. Das Thema Motivation zählt bei der Entgeltgestaltung zu einem der am häufigsten diskutierten Aspekte. Die Literatur ist übersät mit Veröffentlichungen dazu. Motivationstheorien werden entworfen, verworfen, weiterentwickelt und hinterfragt, ohne eine vollständige und widerspruchsfreie Erklärung des Mitarbeiterverhaltens bieten zu können. Obwohl die Empirie immer wieder neue Ergebnisse zeigt, die die Wirksamkeit von leistungs- und erfolgsorientierter Vergütung zur Motivationssteigerung nicht grundsätzlich bestätigen und vielfach eher widerlegen, wächst die Zahl komplexer Vergütungssysteme.

Bei der Betrachtung von Motivation kann unterschieden werden zwischen extrinsischen Anreizen (mittelbare oder instrumentelle Bedürfnisbefriedigung) und intrinsischen Anreizen (unmittelbare Bedürfnisbefriedigung). Freude an der Arbeit, das Erreichen selbstgesetzter Ziele oder das Einhalten von Normen um ihrer selbst willen zählen zu den intrinsischen Motivatoren.[1]

Entlohnung zählt zu den extrinsischen und materiellen Anreizen für Arbeit. Die intrinsische Motivation kann durch extrinsische Anreize zerstört werden, wenn der

1 Vgl. Frey und Osterloh 2002, S. 24f.

Effekt der psychologischen Verdrängung („Crowding out") eintritt: Wird eine Person beispielsweise für eine Aktivität belohnt, die sie aus eigenem Antrieb ausgeführt hätte, verliert die intrinsische Motivation ihre Funktion. Als Folge davon wird sie abgebaut. Beim Wegfall der Belohnung besteht dann dieser intrinsische Handlungsanreiz nicht mehr. Ob der positive Effekt der extrinsischen Motivation den beschriebenen Verdrängungseffekt übersteigt und so zu einer insgesamt erhöhten Motivation führt, ist schwer vorhersehbar.[2] Darüber hinaus können neue, motivierende Vergütungselemente nach einiger Zeit für die Mitarbeiter ihre Innovativität verlieren und zu selbstverständlichen Bestandteilen des Entgelts degenerieren.

Trotz der angeführten Mängel extrinsischer Motivation bleibt sie unverzichtbar, da sie Beschäftigte unabhängig von deren individuellen intrinsischen Motivationsstrukturen zu einer koordinierten Leistung im Sinne der Unternehmensziele bewegen kann. Durch sie wird zudem uninteressante Arbeit stärker zufriedenheitsstiftend und Konflikte werden in ihrer Bedeutung relativiert. Neben dem als „verborgene Kosten der Belohnung" bezeichneten „Crowding out-Effekt" zählt es daher zu den „verborgenen Gewinnen", dass extrinsische Anreize Mitarbeiter dazu bringen, Aufgaben zu übernehmen, mit denen sie nicht vertraut sind oder die sie als ungewohnt und überfordernd empfinden.[3]

Prämien zur Innovationsförderung

Zählt zu den Zielen der Vergütung, die Ideen der Mitarbeiter stärker zu nutzen, um damit den kontinuierlichen Verbesserungsprozess im Unternehmen oder die Innovationskraft zu steigern, kann dies durch Prämien unterstützt werden. Die Höhe der Prämie richtet sich häufig nach den im ersten Jahr erwirtschafteten Einsparungen oder zusätzlichen Erträgen (z. B. 30%) und variiert damit deutlich von Vorschlag zu Vorschlag. Klassische zentralisierte „Betriebliche Vorschlagswesen" werden in den letzten Jahren immer häufiger durch moderne Modelle des Ideenmanagements abgelöst. Um der Erfahrung zu begegnen, dass gute Ideen vielleicht patentiert, aber nicht bis zur Marktreife vorangetrieben werden, haben sich verschiedene Ansatzpunkte herauskristallisiert.

Ein Ansatzpunkt kann der Zeitpunkt der Prämienausschüttung sein. So werden Prämien an Mitarbeiter nicht bereits ausgeschüttet, wenn die Idee von einem Gutachter positiv bewertet wurde, sondern erst nach der tatsächlichen Umsetzung. Darüber hinaus spielt die Verantwortungsübernahme für die Idee eine entscheidende Rolle. Ideen werden nicht mehr anonym weitergeleitet, sondern persönlich über den eigenen Vorgesetzten weitergegeben. Stützt der Vorgesetzte eine Idee, so übernimmt er eine Art Mentorenposition für den Vorschlag seines Mitarbeiters. Voraussetzung hierfür ist eine Unternehmenskultur, die innovationsförderlich ist und eine entsprechende Bereitschaft und Begeisterungsfähigkeit der Führungskräfte für die von Mitarbeiterseite eingebrachten Innovationen beinhaltet.

Vergütung im Auslandseinsatz

Für besondere Mitarbeitergruppen gilt es in der Praxis, auch spezielle Vergütungsmodelle zu finden. Ein Beispiel sind die Expatriates, das heißt Mitarbeiter, die für einige Jahre einen Auslandseinsatz für das Unternehmen übernehmen. Die besondere Herausforderung im Fall einer Entsendung ist generell, dass alle Felder des Personal-

2 Vgl. Frey und Osterloh 2002, S. 33f.
3 Vgl. Frey und Osterloh 2002, S. 38f.

managements eine erhöhe Komplexität aufweisen, weil zum Beispiel unterschiedliche steuer-, arbeits- und sozialversicherungsrechtliche Rahmenbedingungen gelten. Darüber hinaus ist es erforderlich, nicht nur dem Mitarbeiter mit seinem beruflichen Profil Beachtung zu schenken, sondern jeweils auch die Besonderheiten von Familie beziehungsweise Partnerschaft miteinzubeziehen. Der Erfolg einer Auslandsentsendung wird wesentlich davon beeinflusst, ob das private Umfeld des entsandten Mitarbeiters den Einsatz positiv begleitet.

Für die Vergütung im Rahmen eines Auslandseinsatzes bedeutet dies, dass ein breites Spektrum an **Zusatzleistungen** gezahlt wird. Neben einer Mobilitätsprämie als zusätzlichem Anreiz gehören unter anderem Härtezulagen für eine schlechtere Infrastruktur im Gastland (z. B. medizinische Versorgung) zum Entgeltpakt. Aber auch Schulgeld für Kinder kann zu den Entgeltkomponenten zählen. Gerade bei „Dual Career Couples", das heißt bei Paaren, bei denen beide Partner eine Karriere verfolgen, sollte dem mitreisenden Partner durch eine Ausgleichszahlung oder Hilfestellung beim Finden einer geeigneten Stelle im Gastland die Wertschätzung des entsendenden Unternehmens signalisiert werden. Üblicherweise hat jede Entsendung ihre Besonderheiten. Dies verführt schnell dazu, in jedem Fall alle Details individuell zu verhandeln. Darunter leiden jedoch die Entgeltgerechtigkeit sowie die Transparenz und Administrierbarkeit. Daher ist in vielen internationalen Unternehmen die Einführung einer **„Entsenderichtlinie"** hilfreich, um wesentliche Bedingungen zu standardisieren und Klarheit für alle potenziellen Expatriates zu schaffen.

Mit diesen Denkanstößen konnte nur ein Ausschnitt des breiten Themas Vergütung angesprochen werden, die für die Bearbeitung der folgenden Mini-Fälle eine Grundlage bieten. Abschließend bleibt festzuhalten, dass bei jeglichen Überlegungen zu Vergütungssystemen in einem Unternehmen das gesamte Spektrum der materiellen und immateriellen Anreize für die Mitarbeiter berücksichtigt werden sollte. Neben einem extrinsisch motivierenden Vergütungssystem kann zur Zielerreichung eines Unternehmens vor allem die Schaffung günstiger Voraussetzungen für die Entstehung von intrinsischer Motivation beitragen. Das Anreizsystem als Ganzes wird die Unternehmenskultur beeinflussen und sollte daher nicht nur vom Personalmanagement sondern ebenso von der Unternehmensleitung mitgetragen werden.

Verwendete Literatur:

Böhmer, N.: Variabel Vergüten. Leitfaden für die Gestaltung von Entgeltsystemen in Banken und Sparkassen. Düsseldorf: Symposion Publishing 2007.

Breisig, T.: Entgelt nach Leistung und Erfolg. Grundlagen moderner Entlohnungssysteme. Frankfurt am Main: Bund 2003.

Frey, B. und Osterloh, M. (Hgg.): Managing Motivation. Wie Sie die neue Motivationsforschung für Ihr Unternehmen nutzen können. Wiesbaden: Gabler 2002; insbesondere „Motivation – der zwiespältige Produktionsfaktor", S. 19-42.

Sprenger, Reinhard K. (2009): Es gibt keine richtigen Anreize. In: Neue Züricher Zeitung 19.01.2009: *www.nzz.ch/nachrichten/wirtschaft/aktuell/es_gibt_keine_richtigen_anreize_1.1672894.html* (Stand: 09.01.2012).

B.6.1 Vertriebsziele erreichen mit zwei Stellschrauben – Erfolgs- und leistungsorientierte Vergütung in einer Sparkasse

Nicole Böhmer

Mini-Fall

Das variable Vergütungssystem der Sparkasse Wüste besteht aus zwei Elementen:

1. Variabler Vergütungsanteil für Vertriebsmitarbeiter

Die individuellen variablen Vergütungsanteile für die Mitarbeiter im Vertrieb werden folgendermaßen ermittelt: Jährlich entscheidet der Vorstand, welche Mengen pro Produkt abgesetzt werden sollen. Diese Entscheidung wird bis auf die Mitarbeiterebene „heruntergebrochen". Insgesamt unterscheidet die Sparkasse acht Finanzprodukte, die in das Vergütungssystem einbezogen und mit einem Gewichtungsschlüssel versehen werden (s. Tabelle B.6.2). Die Summe der gewichteten Produkte beträgt 100 Prozent. Eine erste Priorisierung erfolgt durch die Festlegung der Gewichtungsschlüssel, womit Geschäftsbereiche und Produkte in ihrer Wichtigkeit hervorgehoben werden. Die Vertriebsleitung bezeichnet dies als „erste Stellschraube".

Für jedes Finanzprodukt werden Regelwerte definiert, die die erwarteten Vertriebsmengen pro Produkt und Mitarbeiter in einem Jahr beinhalten. Die Regelwerte werden auch „zweite Stellschraube" genannt. Die Festlegung der Regelwerte soll gewährleisten, dass diese für die Mitarbeiter anspruchsvoll sind. Nicht jeder Beschäftigte wird so den Maximalwert erreichen können.

Tabelle B.6.2

Übersicht der Finanzprodukte im Vergütungssystem

Finanzprodukte	Sparen	Bausparen	Kreditkarten	Wertpapiere	Baufinanzierung	Lebensversicherungen	Sachversicherungen	Konsumentenkredite
Gewichtung	10%	5%	20%	30%	15%	7,5%	20%	2,5%
Regelwert (Stück pro Mitarbeiter)[4]	10	100	20	50	20	75	20	100

4 Zur Vereinfachung werden in Tabelle B.6.2 einheitlich Stückzahlen genannt, statt bei einigen Produkten zum Beispiel Bauspar- oder Versicherungssummen anzugeben.

Die Gewichtung und der Regelwert werden jeweils zum Jahresanfang bekannt gegeben. Sie sind für alle Mitarbeiter des Vertriebs unabhängig von ihrem Einsatzort oder ihrer Qualifikation identisch. Zur Ermittlung des variablen Vergütungsanteils werden die Leistungspunkte des einzelnen Mitarbeiters festgestellt. Die Leistungspunkte errechnen sich aus dem Verhältnis zwischen Regelwert und Verkaufszahl pro Produkt. Rechenbeispiel 1 verdeutlicht diesen Zusammenhang.

Beispielrechnung 1: Ein Mitarbeiter verkauft 30 Kreditkarten. Damit erreicht er (30/20) 1,5 Leistungspunkte. Diese werden mit dem Gewichtungsfaktor multipliziert (1,5 * 20%). So wurden 30 Prozent der gesamten Sollleistung mit Kreditkarten erreicht.

Die variable Vergütung wird aus der Summe der Leistungen bei den acht Finanzprodukten ermittelt. Um in den Genuss eines variablen Vergütungsanteils zu kommen, müssen mindestens 50 Prozent der gesamten Sollleistung erreicht werden. Das Maximum liegt bei 150 Prozent. Um die Mitarbeiter zum Verkauf aller Produkte zu motivieren, sind die maximal anrechenbaren Verkaufserfolge auch pro Produkt begrenzt. Für ein Finanzprodukt wird nicht mehr als das Doppelte des jeweiligen Regelwerts für die Vergütungsermittlung angerechnet (Deckelung).

Aus den individuell erreichten Leistungssätzen wird ein Ranking erstellt. Alle Mitarbeiter des Vertriebs erscheinen in dieser „Rennliste", die regelmäßig intern veröffentlicht wird.

2. Variabler Vergütungsanteil für alle Mitarbeiter

Der zweite Teil des Vergütungssystems richtet sich gleichermaßen an die Mitarbeiter des Betriebs und des Vertriebs. Dabei wird die Summe aller durch die Mitarbeiter des Vertriebs erwirtschafteten Boni ein zweites Mal zur Verfügung gestellt. Dieser Topf wird entsprechend der Mitarbeiterzahlen auf die Teams aller Unternehmensbereiche umgelegt (s. Beispielrechnung 2), so dass Betrieb und Vertrieb von den Verkaufserfolgen profitieren. Die Verteilung auf die Teammitglieder erfolgt diskretionär durch die jeweilige Führungskraft.

Mit den Mitarbeitern wird im Arbeitsvertrag Geheimhaltungspflicht bezüglich der Gehälter vereinbart. Nur die Höhe des Gesamtbonus im Topf wird kommuniziert.

Beispielrechnung 2: Die Vertriebsmitarbeiter haben Einzelprämien in einer Gesamthöhe von 300.000 Euro erhalten. Bei insgesamt rund 300 Mitarbeitern im Unternehmen beträgt der durchschnittliche zur Verfügung stehende Bonus pro Vollzeitmitarbeiter 1.000 Euro. Eine Führungskraft mit zehn Mitarbeitern verteilt somit 10.000 Euro in seinem Team.

Aufgaben

1. Unterziehen Sie das Verfahren einer kritischen Würdigung. Gehen Sie dabei auch darauf ein, welche Ziele die Sparkasse Wüste mit dem System erreichen kann.

2. Sie sind Leiter einer Geschäftsstelle der Sparkasse Wüste mit drei Mitarbeitern in der Kundenberatung und Betreuung, alle ausgebildete Sparkassenkaufleute. Da das Geschäft im Laufe des Jahres in vielen Segmenten deutlich eingebrochen ist, sind die Einzelprämien durch den Vertrieb für Sie selbst und Ihre Mitarbeiter deutlich geschrumpft. Auch im Topf stehen Ihnen daher statt der bislang jeweils rund 3.000 Euro in diesem Jahr nur 2.000 Euro zur Verteilung zur Verfügung. Nun stehen Sie vor der Herausforderung, diesen Topf zu verteilen. Dabei gehen Ihnen die folgenden Aspekte zu den Mitarbeitern durch den Kopf:

- *Anton Ammer:* 32 Jahre, verheiratet, eine Tochter;
  - Zugpferd der Geschäftsstelle im Wertpapier-Geschäft, auch gut bei Versicherungsprodukten;
  - Einbruch der Einzelprämie deutlicher als bei allen anderen;
  - immer unbeschwert und fröhlich, steht allen mit Rat und Tat zur Seite;
- *Petra Krauss:* 45 Jahre, verheiratet, zwei Söhne;
  - hat seinerzeit die Finanzierung des Einfamilienhauses ihrer Familie mit Ihnen beraten, daher wissen Sie, dass diese auch die Boni einkalkuliert;
  - macht einen „guten Job", ist aber nicht ehrgeizig; ihr Potenzial scheint weitestgehend ausgeschöpft oder auf die Freizeit konzentriert;
- *Stephen Meerhaus:* 23 Jahre, alleinstehend;
  - hat kürzlich erzählt, dass er seine Schwester finanziell unterstützt;
  - Festgehalt am niedrigsten im gesamten Team;
  - sehr engagiert und lernwillig;
  - erst seit drei Monaten im Team und in der Sparkasse; er würde daher ein Absinken des Bonus nicht feststellen können.

a) Wie sollte die Verteilung aussehen? Legen Sie einen Betrag für jeden der drei Mitarbeiter fest und zeigen Sie Ihre Gründe dafür auf.

b) Bereiten Sie sich auf ein Gespräch mit einem Ihrer Mitarbeiter vor, in welchem Sie Ihre Entscheidung mitteilen. Führen Sie anschließend das Gespräch.

B.6.2 Ein neues Vergütungssystem für die All-Well-Pha AG

Nicole Böhmer

Mini-Fall

Die All-Well-Pha AG vertreibt hochwertige Körperpflege-Produkte und Wellness-Arrangements. Von den etwa 1.500 Mitarbeitern arbeiten 1/5 in der Zentrale und 4/5 im Vertrieb in den bundesweit 50 Niederlassungen. Derzeit wird im Unternehmen ein kriterienorientiertes Personalbeurteilungssystem für alle Mitarbeiter eingesetzt.

Die Vergütung der Mitarbeiter erfolgt nach dem geltenden Tarifvertrag. Zusätzlich erhalten alle vor Weihnachten ein Gehalt als freiwillige Sonderzahlung. Eine an der individuellen Leistung orientierte Vergütung gibt es bislang nicht.

Sie haben als Leiter des Personalmanagements mit dem neue Vorstandsmitglied Frau Gral das Ziel vereinbart, innerhalb des nächsten Jahres im gesamten Unternehmen ein neues, adäquates Vergütungssystem zu implementieren.

Heute findet die erste Sitzung der Arbeitsgruppe „Neues Vergütungssystem (NVS)" statt. Die Arbeitsgruppe soll bei der Entwicklung des Vergütungssystems mitwirken und hat neben Ihnen und der Personalreferentin Frau Kraft folgende Mitglieder:

- Frau Frankfurt ist die langjährige Leiterin der Niederlassung in Saarbrücken. Sie wissen, dass sie variable Vergütung grundsätzlich super findet und als richtigen Ansporn für die Mitarbeiter sieht. Wie viele Führungskräfte im Hause sieht sie sich selbst als beste Vertrieblerin in ihrem Team.
- Frau Stefan ist Nachwuchsführungskraft und durchläuft derzeit ein Trainee-Programm. Aus den Vorstellungsgesprächen mit ihr ist Ihnen noch im Ohr, wie wichtig sie es findet, dass sich Mitarbeiter auch als Mit-Unternehmer sehen.
- Herr Muck ist Kundenberater in einer Niederlassung in der Innenstadt. Er ist Ihnen bereits als Azubi in einer Diskussionsrunde aufgefallen, weil er es ungerecht fand, dass die älteren Kollegen mehr Geld verdienen als die jüngeren, auch wenn Letztere viel mehr verkauften.
- Herr Zahl, der Leiter des Controllings, wird vermutlich kritisch auf die Mehrarbeit hinweisen, die durch ein neues Vergütungssystem auf das Controlling zukäme.
- Herr Burg ist der Vorsitzende des Betriebsrates. Auch wenn er sich gerne selbst als Co-Manager bezeichnet, ist er Gewerkschaftsmann und wird auf die Besitzstandswahrung pochen. Mögliche Einsparungen durch das neue System wird er kaum akzeptieren.
- Frau Maier ist Teamleiterin der Gehaltsabrechnung, für die das neue System natürlich viele Veränderungen mit sich bringt.

Frau Kraft stellt das in Abstimmung mit Ihnen erarbeitete Konzept vor. Anschließend soll darüber „konstruktiv" diskutiert werden:

„Unser Vergütungssystem soll sowohl die individuelle Leistung als auch die Teamleistung honorieren. Außerdem sollen die Mitarbeiter je nach Erfolg des Unternehmens mehr oder weniger verdienen. Wir wollen unser bisheriges Weihnachtsgeld, das ja immer ein Monatsgehalt ausgemacht hat, als Grundlage nehmen. Der Vorstand entscheidet jedes Jahr nach seiner Einschätzung der Unternehmensentwicklung, wie hoch der hieraus hervorgehende „Topf" sein soll.

Wir wollen die Mitarbeiter damit nicht verschrecken: Selbst wenn die Mitarbeiter nicht so gute Leistungen bringen, sollen ihnen vom ehemaligen Weihnachtsgeld mindestens 900 Euro bleiben. Aber die Guten sollen mit bis zu zwei Monatsgehältern belohnt werden. Die Niederlassungsleiter haben die Aufgabe, den ihnen anteilig zustehenden „Vergütungstopf" leistungsorientiert zu verteilen.

Grundlage dafür sollen Zielvereinbarungen sein. Jeder Mitarbeiter soll bis zu fünf Ziele pro Jahr haben, die mit ihm abgestimmt werden. Darunter muss mindestens ein qualitatives Ziel sein, das zum Beispiel die persönliche Entwicklung des Mitarbeiters fördert. Es gehört auch mindestens ein Teamziel dazu. Wenn die Niederlassungsleiter den individuellen Bonus pro Mitarbeiter ermittelt haben, schauen wir vom Personalmanagement über die Verteilung. Wenn wir einverstanden sind, wird der Bonus dem Mitarbeiter im Zielerreichungsgespräch vom Niederlassungsleiter mitgeteilt.

Unser bewährtes Personalbeurteilungssystem bleibt natürlich bestehen."

Aufgaben

Versetzen Sie sich in die Rolle des Leiters des Personalmanagements.

1. Sie haben sich bewusst für die Gründung einer Arbeitsgruppe entschieden und die Teilnehmer sorgfältig ausgewählt. Welche Vorteile versprechen Sie sich davon?
2. Mit welchen Argumenten gegen das neue Vergütungssystem rechnen Sie?
3. Wie wollen Sie diesen Argumenten begegnen? Wer wird Sie dabei unterstützen?
4. Welches Ergebnis der heutigen Sitzungen streben Sie an?

B.6.3 Eine Frage der Prioritäten – Vergütungspakete beim Auslandseinsatz

Nicole Böhmer

Mini-Fall

Martin Meyerhoff möchte für seinen Arbeitgeber, die Every AG, eine Aufgabe im Ausland übernehmen. Sowohl die amerikanische als auch die portugiesische Niederlassung haben ihm interessante Stellen angeboten. Beide sind herausfordernd für Martin und er denkt, dass sowohl die eine als auch die andere Option seiner Karriere zuträglich sein würde.

Wie der Zufall es will, unterscheiden sich die beiden Aufgaben nicht wesentlich: Beide Niederlassungen wollen die Software „YYY" einführen. Martin Meyerhoff hatte seinerzeit bei der erfolgreichen Einführung von „YYY" in der Unternehmenszentrale als Ingenieur im Projektteam mitgearbeitet. Bei den beiden Stellen im Ausland wäre er jeweils Projektleiter. Die Projekte sind für drei Jahre angedacht.

Die Every AG verwendet für die Vergütung von Auslandseinsätzen grundsätzlich den heimatlandbasierten Balance Sheet Approach. Darüber hinaus sind die Angebote der beiden Niederlassungen unterschiedlich:

Tabelle B.6.3

Die Angebote beider Niederlassungen

Angebot der U.S.-Niederlassung in Chicago	Angebot der portugiesischen Niederlassung in Lissabon
■ Mietzuschuss für das Haus bei Bonn: 700 € pro Monat ■ private Krankenversicherung für die Familie ■ interkulturelles Training für ihn (Beginn: sechs Wochen vor Abreise) ■ variable Prämie in Abhängigkeit von seiner persönlichen Leistung: max. 30% seines Grundgehalts ■ Übernahme der Kosten des Relocation-Services ■ Schulgeld bis zu 5.000 € p. a. ■ drei Heimflüge für die Familie p. a. (Business Class) ■ einmalige pauschale Mobilitätsprämie: 3.000 €	■ Übernahme von 1/3 des vorherigen Einkommens seiner Ehefrau, bis sie eine geeignete Position gefunden hat. Sollte sie innerhalb der ersten drei Monate nichts finden: Unterstützung durch einen Personalberater. ■ interkulturelles Training und Sprachkurs für die ganze Familie für ein Jahr ■ variable Prämie in Abhängigkeit von seiner persönlichen Leistung: max. 20% seines Grundgehalts ■ Härte-Ausgleich: 10% seines Grundgehalts pro Monat ■ Übernahme der Umzugskosten (beide Richtungen) ■ Schulgeld bis zu 2.500 € p. a. ■ zwei Heimflüge für die Familie p. a.

Da sich Martin bis zum Anfang der nächsten Woche entscheiden muss, wo er hingeht, will er beide Angebote vergleichen und mit seiner Frau Susanne diskutieren. Glücklicherweise werden sie sich die Zeit nehmen können, da ihre Kinder Marc (8 Jahre) und Fanny (4 Jahre) an diesem Wochenende bei ihrer Patentante sein werden.

Susanne findet die Idee, ins Ausland zu gehen, nicht so gut. Sie ist aber einverstanden, da sie darin auch die Chance für die Kinder sieht, eine Fremdsprache quasi „im Vorübergehen" zu erlernen. Martin und sie hatten nämlich erst relativ spät – in ihrem Studiensemester in Großbritannien, wo sie sich auch kennen gelernt hatten – eine Fremdsprache fließend sprechen gelernt.

Susanne hat im letzten Jahr wieder angefangen als Fachärztin für Allgemeinmedizin zu arbeiten. Mit der Praxisgemeinschaft, in der sie tätig ist, ist sie meistens zufrieden. In der letzten Zeit berichtet sie jedoch gelegentlich über Streitigkeiten. Zudem haben die Meyerhoffs vor zwei Jahren ein Haus am Sitz der Zentrale von Every bei Bonn gekauft. Gerade ist es so umgebaut und eingerichtet, dass sich die Familie wohlfühlt.

Aufgaben

Stellen Sie sich vor, Sie sind Martin Meyerhoff.

1. Welches Angebot nehmen Sie an und warum?

2. Legen Sie Ihre Entscheidungskriterien offen.

3. Die Every AG hat global rund 1.000 Mitarbeiter. Die zentralen Führungsaufgaben in den fünf Niederlassungen weltweit werden überwiegend von Mitarbeiter der Zentrale (Parent Country Nationals) übernommen. So sind durchgängig rund 25 Mitarbeiter im Auslandseinsatz. Wenn Sie Personalreferent mit dem Schwerpunkt Entsendungen bei der Every AG wären: Was würden Sie verändern und warum?

B.6.4 Was darf's denn sein? Einführung eines Cafeteria-Systems

Nicole Böhmer

Mini-Fall

Sie sind Personalreferent in der Personalabteilung der FlexiKa GmbH, einem Zulieferer der Automobilindustrie. Im Unternehmen sind 1.000 Mitarbeiter am Firmensitz in Bergesdorf, einer Kleinstadt in den Voralpen, beschäftigt.

Über die tarifliche Vergütung von 13 Gehältern hinaus zahlt das Unternehmen seit Langem im April ein sogenanntes „Urlaubsgeld", das je nach Unternehmensentwicklung 90-125 Prozent eines Monatsgehalts ausmacht. Über die tarifliche Erhöhung hinaus ist die Geschäftsleitung im nächsten Jahr bereit, ein Prozent zusätzlich zu gewähren.

Herr Burgmann, einer der Geschäftsführer, hatte im April aus einem Branchentreffen die Idee mitgebracht, die Mitarbeiterbindung und -motivation mit einem Cafeteria-System zu erhöhen. Seit Mitte Oktober liegt der Personalabteilung der konkrete Auftrag vor, diese Vergütungskomponente einzuführen. Bereits im Januar will die Unternehmensleitung über das Cafeteria-System informieren. So bleibt Ihnen keine Zeit für eine Mitarbeiterbefragung. Ihr Team steht nun unter anderem vor der Aufgabe, attraktive Wahlkomponenten für alle Mitarbeiter zusammenzustellen.

Die Mitarbeiterstruktur sieht folgendermaßen aus:

- 10% Auszubildende, 60% Mitarbeiter in der Produktion, 30% Mitarbeiter in der Verwaltung und im Vertrieb;
- Die Altersverteilung ist relativ gleichmäßig. Viele der Mitarbeiter haben Familie und Immobilienbesitz oder streben mindestens eins von beiden an.
- Die Teilzeitquote liegt bei 20%.

Aufgaben

1. Machen Sie als Personalreferent einen konkreten Vorschlag für ein auf die FlexiKa zugeschnittenes Cafeteria-System.

Bitte beachten Sie:

In einem ersten Schritt wollen Sie sich für ein Design des Systems entscheiden. Da Sie nur über begrenzte Kapazitäten in der Personalabteilung verfügen, wollen Sie mit drei Auswahlkomponenten beginnen. Welche Komponenten wählen Sie? Warum halten Sie diese für besonders geeignet? Das System soll kostenneutral für FlexiKa und nach dem Motto „Mehr Netto vom Brutto" für die Mitarbeiter eingeführt werden. Es liegt in Ihren Händen, das entsprechende Budget festzulegen.

2. Sie und Ihre Kollegen in der Personalabteilung sind nicht so glücklich mit Ihrem Auftrag. Obwohl Ihnen die Vorteile des Cafeteria-Systems bewusst sind, halten Sie es für Ihre Pflicht, die Geschäftsführung auf Ihre Bedenken hinzuweisen. Welche sind das?

Personalplanung

Mit einer Einführung von Nicole Böhmer

B.7

B.7.1 Die neue Verkaufsfläche – Brauchen wir wirklich neue Mitarbeiter? 141

B.7.2 Wie viele Pflegekräfte brauchen wir? Personalbedarfsermittlung für ein Altenheim ... 142

B.7.3 Im Zugzwang – Personalentwicklung will geplant sein 144

B.7.4 Was tun, wenn's brennt? Der Umgang mit Burnout-gefährdeten Mitarbeitern 145

ÜBERBLICK

Einführung

Nicole Böhmer

Personalplanung ist Inhalt vieler Lehrbücher des Personalmanagements und oftmals eines der ersten Themen in entsprechenden Vorlesungen: Mit ihrer Hilfe können teure ad hoc-Maßnahmen in vielen Situationen vermieden werden (präventive Kostenvermeidung). Bestes Beispiel sind Personalabbaumaßnahmen mit Sozialplänen, die in der Regel hohe Kosten für Abfindungszahlungen und Outplacement-Beratungen verursachen – und im Extremfall möglicherweise einige Monate später weitere Kosten für die kurzfristige Rekrutierung von neuem Personal nach sich ziehen.

In der Praxis der unternehmerischen Personalarbeit wird das Thema Personalplanung mehr als stiefmütterlich behandelt. So zeigt beispielsweise eine Studie mittelständischer Unternehmen aus dem Jahr 2009, dass sich nur jedes fünfte Unternehmen mit qualitativer Personalplanung befasst. Dort wird ebenfalls deutlich, wie selten eine Personalplanung über ein Jahr hinaus üblich ist.[1] Auch in diesem Buch findet sich Personalplanung eher zum Ende des *Teil B* – was in keiner Weise eine Geringschätzung von Seiten der Herausgeber darstellt, sondern vielmehr die Bedeutung der Personalplanung als eine Art Klammer über alle bisherigen Themen betonen soll. Ziel dieser Einführung ist es, zu unterstreichen, weshalb der Personalplanung eine hohe Bedeutung auch und gerade in der betrieblichen Praxis zukommen muss. Die nachfolgenden Mini-Fälle verdeutlichen das übergeordnete Ziel der Personalplanung: Sicherzustellen, dass die im Unternehmen benötigten Mitarbeiter in der erforderlichen Qualität und Quantität zum richtigen Zeitpunkt und am richtigen Ort verfügbar sind.

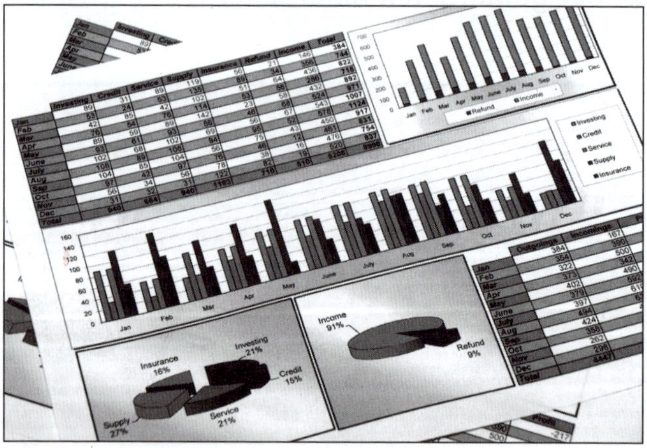

Der Blick in die Zukunft

Die Personalplanung ist die **Antizipation** zukünftiger personeller Entwicklungen. Naturgemäß ist der Blick in die Zukunft, so fundiert er auch auf Daten aus der Vergangenheit basieren mag, mit großen Unsicherheiten behaftet. Diese Unsicherheiten mögen zunächst abschreckend wirken. Die Komplexität einiger Planungsmethoden hat den gleichen Effekt. Jedoch lässt sich bereits mit einfachen Mitteln, zum Beispiel mit einer Tabellenkalkulation, eine erste grundlegende Personalbedarfsplanung für Schlüsselpositionen erstellen, die einen Beitrag dazu leistet, personelle Risiken für das Unternehmen zu reduzieren.

1 Vgl. Haufe Akademie 2009.

Branchenspezifische Planung

Die Mini-Fälle zur Personalplanung in diesem Buch verdeutlichen, dass die Rahmenbedingungen von Branche zu Branche stark abweichen. Ein Beispiel aus dem Non-Profit-Bereich wird im Folgenden die Bedeutung einfacher Planungsschritte erklären. Für eine Kindertagesstätte wird in der Regel durch die Kommune, die die Einrichtung mitfinanziert, die Soll-Stärke aufgrund einer genauen Berechnung vorgegeben. Sind einmal alle Stellen besetzt, könnte das Thema Personalplanung vernachlässigt werden. Dies wäre jedoch ein Fehler, da zum Beispiel durch Mitarbeiter, die die Einrichtung wechseln, Teilzeitwünsche oder Elternzeiten kontinuierlich kalkuliert werden muss, ob und wie lange qualifiziertes Personal in der richtigen Zahl vorhanden ist. Im Extremfall droht in dieser Branche der Entzug der Betriebserlaubnis, wenn qualifiziertes Personal fehlt. Selbst wenn dieser seltene Fall nicht eintritt, sind Nachfolgeplanungen und Vertretungsregelungen zumindest für zentrale Positionen wie die Leitung erforderlich. Die hierfür nötigen Kompetenzen können nicht von heute auf morgen erworben werden. Neben der operativen Personaleinsatzplanung, der Personalbedarfsplanung und der korrespondierenden Personalbeschaffungsplanung zeigt sich im Beispiel die Bedeutung von Personalentwicklungsplanung, hier insbesondere der Nachwuchsplanung. In größeren Unternehmen haben sich Nachwuchspools bewährt. Alternativ werden in einigen Firmen besondere Entwicklungspositionen, zum Beispiel die des Junior Beraters in der Consulting-Branche, geschaffen. Entscheidend für den Erfolg jeder dieser Maßnahmen ist eine entsprechende fördernde Kultur, die die Kandidaten stützt, und das aktive Vorleben durch Geschäftsleitung und Führungskräfte.

Unternehmensexterne Einflussfaktoren

Auch die Herausforderungen des externen Arbeitsmarktes lassen sich am Beispiel der Kindertagesstätte veranschaulichen: Obwohl die **demografische Entwicklung** unserer Gesellschaft zu sinkenden Kinderzahlen führt, hat sich die Nachfrage nach Erziehern, insbesondere für 0-3-Jährige, spürbar erhöht. Die Gründe liegen darin, dass mehr Betreuungsplätze geschaffen werden und gleichzeitig der gesellschaftliche Wertewandel dazu führt, dass immer mehr Eltern nicht erst nach drei, sondern bereits nach einem oder nach zwei Jahren Elternzeit wieder in den Beruf zurückkehren wollen. Dieses Zusammenspiel politischer Entscheidungen, veränderter **gesetzlicher Rahmenbedingungen** und sozialer Veränderungen konnte vor fünf Jahren noch niemand antizipieren. Praxisrelevant ist ebenfalls, dass sich ein Unternehmen aufgrund einer veränderten Rechtslage dazu gezwungen sieht, die Qualifikation der Beschäftigten anzupassen. Hier stellen sich rein operative Herausforderungen: Wie gelingt es in einem solchen Fall, Personalentwicklungsmaßnahmen innerhalb eines engen zeitlichen Rahmens so zu planen, zu koordinieren und zu organisieren, dass tatsächlich die Lücke zwischen den Mitarbeiterqualifikationen und den veränderten Anforderung geschlossen wird?

Die Prognose des Personalbedarfs wird branchenübergreifend derzeit auch durch die Einführung von Pflegezeiten für Familienangehörige erschwert. Darüber hinaus ist die seit Jahren zu verzeichnende **Zunahme von psychischen Erkrankungen** in unserer Gesellschaft ein Aspekt, der unter anderem in Anbetracht der Vielzahl von Burnout- und Boreout-Erkrankten die Personalplanung beeinflusst. So sollten bei der Berechnung von Soll-Stellen nicht nur die Kosten für eine zusätzliche Stelle einbezogen werden. Auch die Kosten einer kontinuierlichen Überlastung von Mitarbeitern, vor allem durch Überforderung von Leistungsträgern, stressbedingte Fehler und Fehlzeiten sollten einkalkuliert werden. Relevant ist hier selbstverständlich ebenfalls der gelungene Zuschnitt von Anforderungsprofilen bei der qualitativen Personalplanung.

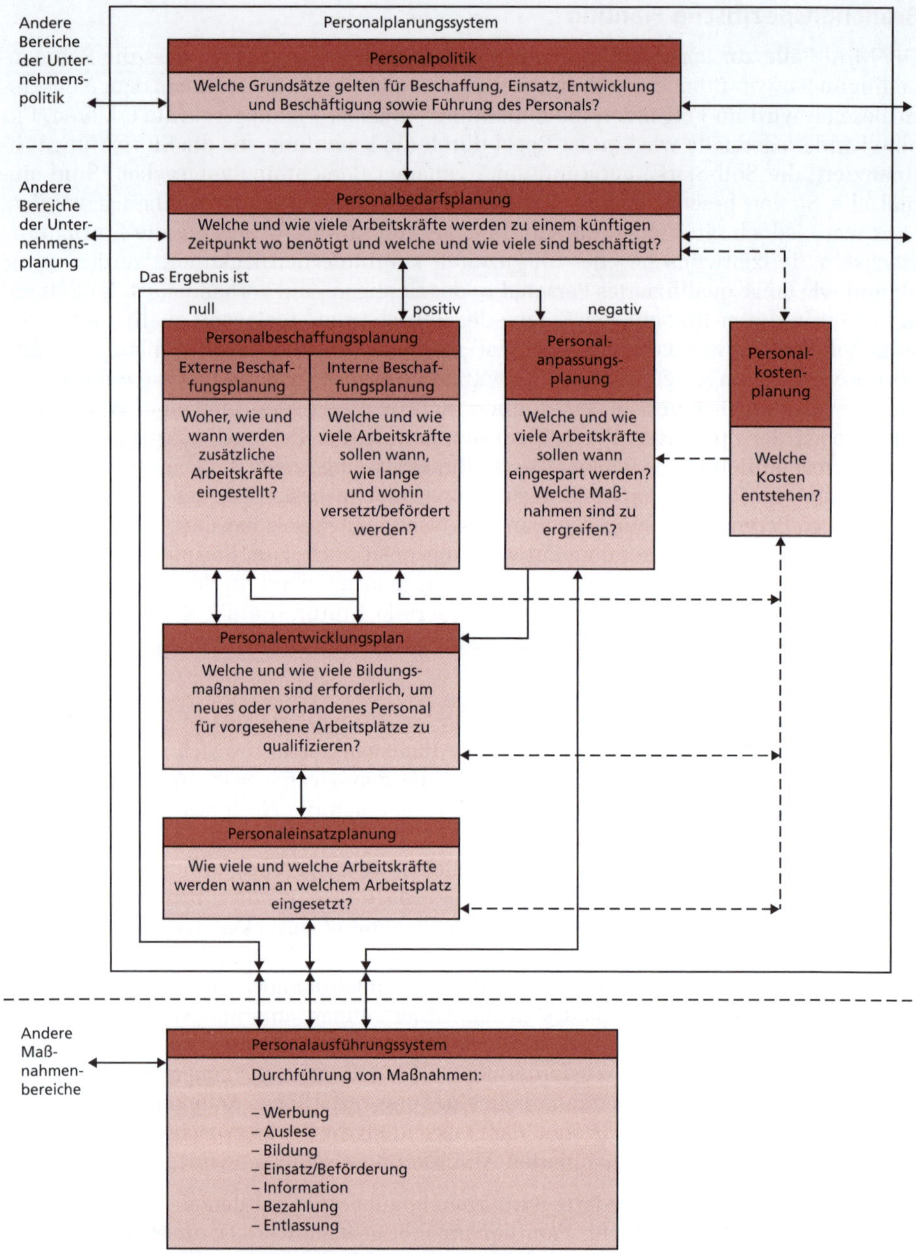

Abbildung B.7.1: Personalplanungssystem *(Quelle: Boden, 2009, S.35)*

Unternehmensinterne Einflussfaktoren

Folglich zählen die Branchen- und gesellschaftlichen Entwicklungen, technische Neuerungen, aber auch Gesetze und die Tarifpolitik zu den unternehmensexternen Faktoren, die die Personalplanung berücksichtigen sollte. Unternehmensintern ist die Personalplanung kein Selbstzweck, sondern so weit wie möglich mit der Unternehmensplanung verwoben. Abbildung B.7.1 gibt einen Überblick der verschiedenen Planungsbereiche sowie deren **Anknüpfungspunkte zu anderen Bereichen der Unternehmensplanung**. Wesentliche Eckdaten sind dabei die Arbeitsorganisation, die Betriebszeiten und die demografischen Daten des Unternehmens. Mit der wachsenden Bedeutung der demografischen Veränderungen in unserer Gesellschaft wächst auch die Bedeutung von unternehmensbezogenen Altersstrukturanalysen. Als Vorreiter in diesem Bereich sind Unternehmen zu sehen, die bereits bei der Personalrekrutierung für neue Betriebsstätten auf eine ausgeglichene Verteilung aller Altersgruppen Wert legen.

Nicht zuletzt hängt eine erfolgreiche Personalplanung von der richtigen Auswahl und Nutzung der zur Verfügung stehenden **Personalplanungsinstrumente** ab. Verbreitet sind bei der quantitativen Personalplanung die Budgetierung, die Stellenplanmethode, arbeitsproduktivitätsbezogene Kennzahlen sowie Soll-Ist-Vergleiche. Schätzverfahren, Expertenbefragungen oder Trendexplorationen werden seltener genutzt. Bei der qualitativen Personalplanung kommen Anforderungsprofile, Stellenpläne und Mitarbeiterbeurteilungen verbreitet zum Einsatz.[2] Auf eine vertiefende Betrachtung einzelner Instrumente wird an dieser Stelle bewusst verzichtet, da dies den Rahmen einer Einführung ins Thema sprengen würde. Eine Selbstverständlichkeit, nämlich dass aktuelle und aussagekräftige Zahlen und Prognosen Zeit und damit Ressourcen in der Personalabteilung in Anspruch nehmen, darf instrumentenunabhängig nicht aus dem Blick geraten.

Als mögliches Hemmnis für eine professionelle Personalplanung in der Praxis kommen die Interessen der handelnden Akteure und die **Mitbestimmungsrechte** nach § 92 des Betriebsverfassungsgesetzes (BetrVG) in Betracht. Negative Erfahrungen mit einem Betriebsrat, der weitgehende Mitbestimmungsforderungen äußert, verhindern in einigen Unternehmen die Personalplanung. Doch auch die Betriebsräte haben Vorbehalte, weil die planerisch erzeugte Transparenz die Entscheidungsspielräume und Grauzonen an der Basis einschränken kann: Informelle Regelungen, die möglicherweise für die Beschäftigten vorteilhafter wären, können nicht aufrechterhalten werden. Wenn es gelingt, den Personalbedarf exakter zu ermitteln, wächst möglicherweise die Arbeitsbelastung pro Mitarbeiter. Auch ein stärker flexibilitätsorientiertes Personalmanagement kann gefördert werden. Flexibilitätsfördernde Maßnahmen wie Zeitarbeit oder befristete

2 Vgl. Haufe Akademie 2009.

Verträge bringen zum einen aus Beschäftigtenperspektive mehr Beschäftigungsrisiken mit sich. Zum anderen können Konsequenzen für die Mitarbeiter abgemildert werden, wenn beispielsweise ein Personalabbau durch frühzeitige Maßnahmen begleitet wird.[3]

Strategic Workforce Planning

Neben eher kurzfristiger Planung für das operative und möglicherweise taktische Geschäft, zählt die mittel- bis langfristige und strategische Personalplanung zu den bedeutenden Handlungsfeldern des Personalmanagements in den nächsten Jahren. Damit verbunden ist der Begriff „Workforce Planning", der die Idee einer vergangenheitsbasierenden und gleichzeitig zukunftsorientierten qualitativen und quantitativen Personalplanung beinhaltet. Workforce Planning sollte darüber hinaus prozessbasiert, mehrdimensional, dynamisch und szenariogestützt sowie **integrativ** im Hinblick auf unternehmensstrategische interne und externe Faktoren sein: So kann Workforce Planning einen Beitrag dazu leisten, dass das Personalmanagement stärker als in der Vergangenheit die **Strategieentwicklung** im Unternehmen aktiv beeinflusst. Szenarien machen alternative Entwicklung in Abhängigkeit von der Veränderung der oben beschriebenen unternehmensinternen und -externen Einflussfaktoren deutlich. Definierte Prozesse beim Planen sollen mehr Transparenz, eine höhere Datenqualität und Validität ermöglichen. Damit werden die Planungen weniger angreifbar. Für das Workforce Planning werden komplexe Planungsinstrumente eingesetzt, die beispielsweise bei Trendexplorationen auf mehrdimensionale Datenpools zugreifen. Orientiert an der Wertschöpfungskette des jeweiligen Unternehmens werden die aktuellen Arbeitsstrukturen abgebildet. So kann auch dynamisch geplant werden, indem beispielsweise kurzfristig auf aktuelle Krisensituationen kompetent eingegangen wird.[4]

3 Vgl. Breisig 2005, S. 129; S. 146.
4 Vgl. Güpner und Seebacher 2009, S. 76ff.

Die Ergebnisse des Workforce Planning bieten eine Basis, um mit der gleichen Sprache wie andere Bereiche des Unternehmens zu sprechen: Der Werteschöpfungsbeitrag des Personalmanagements wird transparenter. Daten und Zahlen unterstützen das Business und fördern die Sensibilität für Themen des Personalmanagements. Über das reine Liefern dieser Daten hinausgehende Beratungen können helfen, die Position eines **HR Business Partners** aufzubauen. Wenn es dem Personalmanagement mit seiner Planung gelingt, systematisch Unsicherheiten und Risiken, zum Beispiel des internen und externen Arbeitsmarktes, zu reduzieren, wird es im Zusammenspiel mit anderen Abteilungen an Macht und Einfluss gewinnen. Rekapitulieren wir die eingangs erwähnte geringe Verbreitung grundlegender Personalplanungsmethoden, erscheint der Weg der meisten Personalabteilungen hierher noch weit.

Verwendete Literatur:

Boden, M. (Hg.): Handbuch Personal. Personalmanagement von Arbeitszeit bis Zeitmanagement. Landsberg am Lech: mi-Fachverlag 2005, S. 33-62 (Personalplanung).

Breisig, T.: Personal. Eine Einführung aus arbeitspolitischer Perspektive. Berlin: NWB 2005, S. 126-144 (Personalplanung als personalpolitisches Handlungsfeld).

Güpner, A.; Seebacher, U.: Last Call for HR. Workforce Planning. München: Usp Publishing 2009.

Haufe Akademie (Hg.): Personalplanung in der Krise. Studie Personalplanung 2009. *www.entgeltforum.de/ref_pub/Studie-Personalplanung-2009.pdf* (Stand: 23.01.2012).

B.7.1 Die neue Verkaufsfläche – Brauchen wir wirklich neue Mitarbeiter?

Heike Schinnenburg

Mini-Fall

„Ich freue mich, dass es gelungen ist, die neue Fläche anzumieten! Sie alle wissen ja, dass ich schon länger darauf gehofft habe. Mit der Vergrößerung können wir dann auch den Outdoor-Bereich sowie die Saisonfläche vergrößern." Alle Mitarbeiter klatschten, als Stefanie Rohrbach die Neuigkeit bei der monatlichen Teambesprechung verkündete und prosteten ihr zu. Im Anschluss an die abendliche Besprechung nach Ladenschluss kam Frau Kelk auf ihre Chefin zu. *„Sagen Sie, wäre es möglich, dass ich dann meine Arbeitszeit auf 100 Prozent aufstocken kann, Frau Rohrbach? Ich könnte das Geld dringend brauchen"*, meinte sie. Stefanie überlegte und antwortete: *„Ich muss erst einmal durchrechnen, was die Vergrößerung für die Personalplanung bedeutet – die Entscheidung ist ja gerade erst gefallen. Aber vielen Dank für den Hinweis, dass Sie gerne mehr arbeiten würden. Ich schaue mir das an und dann komme ich auf Sie zu."*

Später im Büro nahm Stefanie die Zahlen zur Hand. Als Inhaberin eines erfolgreichen Sportgeschäfts in Marktfeld plante sie schon seit zwei Jahren eine Vergrößerung. Nun war es gelungen, in den nächsten drei Monaten mit einem geringfügigen Umbau die bisherigen 900 qm Verkaufsfläche auf insgesamt 1.400 qm durch die Übernahme des 1. Obergeschosses zu vergrößern.

Im letzten Jahr erwirtschaftete das Sportgeschäft 1,71 Mio. Euro Umsatz brutto mit zehn Mitarbeitern (inklusive Stefanie selbst). Von den zehn Mitarbeitern arbeiten fünf mit je 40 Stunden pro Woche als Vollzeitkräfte. Dann gab es noch Frau Saul, die seit zwei Jahren aufgrund ihrer pflegebedürftigen Mutter mit 70 Prozent einer Vollzeitkraft arbeitete sowie vier sehr flexible Verkaufsberaterinnen mit je 50 Prozent – Frau Kelk war eine davon. Die studentische Aushilfe Eva (30%) verstärkte das Team in den Arbeitsspitzen. Durch diese Mischung war gewährleistet, dass die Öffnungszeiten von 10-20 Uhr abgedeckt und zudem in den frequenzstarken Zeiten die meisten Berater im Geschäft waren.

Stefanie überlegte. Nun stellte sich die Frage, wie viele Mitarbeiter künftig benötigt wurden. Außerdem war zu berücksichtigen, dass angesichts der verkaufsstarken Zeiten (nachmittags und vor allem samstags) die Flexibilität auf keinen Fall eingeschränkt werden durfte. Das Telefon klingelte und Stefanie nahm ab. Herbert Sonneberg, der örtliche Sparkassenleiter, kam sofort auf den Punkt: *„Frau Rohrbach, wie schön, dass ich Sie erreiche. Wir hatten doch vor zwei Wochen über die Erweiterung der Geschäftsräume gesprochen. Also der Kredit ist kein Problem, das machen wir alles wie besprochen. Da wäre noch etwas. Meine Tochter ist ja im Sommer mit der Schule fertig und würde wahnsinnig gerne bei Ihnen lernen. Was halten Sie denn davon?“* Stefanie bedankte sich für den Anruf und versprach, über die Möglichkeit, demnächst auszubilden, nachzudenken. Bislang bildete das Sportgeschäft nicht aus, weil es in der Vergangenheit schwierig war, die Übernahmemöglichkeiten abzuschätzen.

Aufgaben

Versetzen Sie sich in die Lage von Stefanie Rohrbach.

1. Berechnen Sie den notwendigen Personalbedarf, wenn eine Umsatzerhöhung proportional im Verhältnis zur Fläche angenommen werden kann.

2. Wie würden Sie die notwendigen zusätzlichen Stunden auf neue und bisherige Mitarbeiter aufteilen? Unter welchen Bedingungen würden Sie die Stunden für Frau Kelk erhöhen?

3. Wie gehen Sie mit der Anfrage des Sparkassenleiters um?

B.7.2 Wie viele Pflegekräfte brauchen wir? Personalbedarfsermittlung für ein Altenheim

Petra Gorschlüter

Mini-Fall

Carina Schulte hat gerade ihre neue Stelle als Assistentin der Geschäftsführung bei einer katholischen Stiftung aufgenommen. Diese Stiftung ist Träger von verschiedenen Einrichtungen wie zum Beispiel Krankenhäusern und Pflege- und Behinderteneinrichtungen.

Im Gespräch mit ihrer neuen Chefin, der Geschäftsführerin Frau Dr. Birgt Bauer, erhält Carina Schulte ihren ersten Arbeitsauftrag. *„Kümmern Sie sich doch bitte darum, wie viele Pflegekräfte wir in unseren Pflegeeinrichtungen wirklich brauchen!“*, so der Auftrag von Fr. Dr. Bauer. *„Am besten, Sie beginnen beim Altenheim St. Agnes. Denn von dort kommen immer wieder Beschwerden von Angehörigen, dass zu wenig Personal in der Pflege sei!"*

Engagiert macht sich Carina Schulte an die Arbeit und überlegt zunächst, wovon der Personalbedarf der Pflegekräfte abhängig ist. Grundlage ist der erforderliche Arbeitsaufwand in der Pflege, der sich nach der Anzahl und der Pflegestufe der Bewohner richtet. Carina Schulte recherchiert, dass die drei Pflegestufen im Sozialgesetzbuch geregelt sind und dass jeder Pflegestufe ein Minutenwert zugeordnet ist, der den Pflegebedarf bemisst.

Aus dem Controlling erhält Carina Schulte folgende Informationen über die aktuelle Belegung des Altenheims St. Agnes:

Tabelle B.7.1

Belegung nach Pflegestufen

Pflegestufe	Pflegebedarf in Minuten pro Tag	Belegte Plätze in St. Agnes
Pflegestufe I	110 Min.	10
Pflegestufe II	134 Min.	18
Pflegestufe III	304 Min.	30

„So, mit diesen Angaben lässt sich der Arbeitsaufwand in der Pflege berechnen", überlegt Carina Schulte, „aber um die Anzahl der Stellen zu ermitteln, brauche ich noch die Information wie viel Arbeitszeit pro Pflegekraft zur Verfügung steht." Diese Information bekommt Carina Schulte aus der Personalabteilung. In allen Pflegeeinrichtungen der Stiftung – so auch im Altenheim St. Agnes – beträgt die wöchentliche Arbeitszeit für Pflegekräfte 38,5 Stunden. „Damit habe ich nun alle Informationen", freut sich Carina Schulte, „um die Anzahl der benötigen Stelle in der Pflege zu ermitteln!"

Aufgaben

Sie sind Carina Schulte.

1. Berechnen Sie auf Basis der vorliegenden Daten den benötigten Bedarf an Pflegekräften für das Altenheim St. Agnes! Welchen methodischen Ansatz zur Personalbedarfsermittlung legen Sie Ihrer Rechnung zugrunde?

2. Überlegen Sie, welche Probleme mit dieser Art der Berechnung des Personalbedarfs verbunden sind und was in Ihrer Rechnung nicht abgebildet ist.

B.7.3 Im Zugzwang – Personalentwicklung will geplant sein

Nicole Böhmer

Mini-Fall

Skandale bei der Beratung von Privatkunden haben die Politik veranlasst, recht kurzfristig eine Gesetzesänderung einzuführen, die für Ihr Unternehmen, die MoneyTodayXL AG, erheblich mehr Dokumentationsaufwand mit sich bringt. Auch die Softwareindustrie wurde hiervon unvorbereitet getroffen. Daher liegen Ihnen erst drei Angebote von Softwarelösungen vor. Nur eine dieser Lösungen lässt sich Ihrer Meinung nach im Haus einführen. Der Vorstand hat nun entschieden, das Produkt der Firma SoFlexXL zu kaufen. SoFlexXL bietet das Softwarepaket alleine oder mit verschiedenen Dienstleistungspaketen an. Ein Paket umfasst die Schulung aller Endanwender, ein anderes die Ausbildung von hausinternen Trainern. Dabei wird vorausgesetzt, dass die Schulungsräume vom Kunden – in diesem Fall also von Ihrem Unternehmen – gestellt werden.

Tabelle B.7.2

Kosten pro Seminar (jeweils ein Schulungstag)

bis 10 Schulungen	3.000 €
bis 50 Schulungen	2.000 €
bis 150 Schulungen	1.800 €
mehr als 150 Schulungen	1.500 €
Ausbildungen von fünf eigenen Trainern (Intensivseminar, Dauer: eine Woche)	15.000 €

In Ihrem Unternehmen müssen alle Mitarbeiter mit Kundenkontakt in den Niederlassungen im Geschäftsgebiet „Niedersachsen und Nordrhein Westfalen" sowie etwa 25 Prozent der Mitarbeiter in der Zentrale mit der neuen Software arbeiten. Somit haben Sie 1.850 Mitarbeiter zu schulen.

In der Zentrale in Osnabrück gibt es zwei EDV-Schulungsräume mit jeweils zwölf Plätzen. Im Unternehmen besteht eine lange Tradition, die darauf basiert mit vielen Trainern aus der Mitarbeiterschaft zu arbeiten, denn damit werden die Seminare stärker auf die Bedürfnisse der Mitarbeiter und auf die internen Prozesse ausgerichtet. Da die Jahresplanung der EDV-Seminare bereits im Dezember des Vorjahres abgeschlossen wurde, stehen pro EDV-Schulungsraum durchschnittlich maximal noch drei Tage in der Woche zur Verfügung.

Inzwischen ist der August angebrochen und die Software kann ab dem 15. September unternehmensweit installiert werden. Die Auslieferung von SoFlexXL an Ihre EDV-Abteilung erfolgt am 1. September. Die gesetzliche Dokumentationspflicht beginnt am 1. Januar des nächsten Jahres. Es sind Stichproben zu erwarten. Bei schlechten Prüfungsergebnissen drohen erhebliche Geldstrafen bis hin zum Entzug der Betriebserlaubnis im betroffenen Produktbereich.

Leider ist die Benutzerführung der Software für Ihre Mitarbeiter völlig anders als bei der bisherigen Anwendung. Sie gehen daher davon aus, dass sich selbst EDV-affine Anwender das Programm nicht autodidaktisch aneignen können. Auch muss gerade in der ersten Zeit vermehrt mit fehlerhaften Eingaben gerechnet werden.

Aufgaben

Sie sind Teamleiter Personalentwicklung bei der MoneyTodayXL AG. Welchen Weg schlagen Sie der Personalleitung vor?

1. Kauf der Trainings vom Softwareanbieter
2. Ausbildung von internen Trainern und Seminare in der Unternehmenszentrale
3. Ausbildung von Multiplikatoren und Kleingruppenschulungen in den Niederlassungen

Begründen Sie Ihre Entscheidung. Bedenken Sie dabei die Kosten, die Zeitplanung und andere wichtige (weiche) Faktoren.

B.7.4 Was tun, wenn's brennt? Der Umgang mit Burnout-gefährdeten Mitarbeitern

Katrin Lattner und Nicole Böhmer

Mini-Fall

Die Think Tank Soft GmbH & Co. KG, ein aufstrebendes Jungunternehmen im Navigationssoftwaregeschäft, beschäftigt aktuell 50 Mitarbeiter. Da die Branche boomt und die Auftragslage stimmt, konnte der Unternehmensgründer und Geschäftsführer Michael Hees (34 Jahre) (jetzt CTO) das große amerikanische Navigationssoftwareunternehmen NavTem als Investor gewinnen. NavTem ist an einer maximalen Rendite interessiert. Michael Hees arbeitet auf das selbst gesetzte Ziel hin, mit seinem Unternehmen Weltmarktführer in einem Spezialsegment der Navigationssoftwarebranche zu werden. Dieses Ziel spiegelt sich in der Unternehmenskultur wider: Beispielsweise besteht die unausgesprochene Erwartung, dass alle Mitarbeiter regelmäßig Überstunden machen, die nicht abgegolten werden. Mitarbeiter, die pünktlich in den Feierabend gehen, werden von der Geschäftsleitung und von „unternehmensloyalen" Mitarbeitern „schief" angeschaut. Die schnelle Entwicklung des Unternehmens hat oberste Priorität.

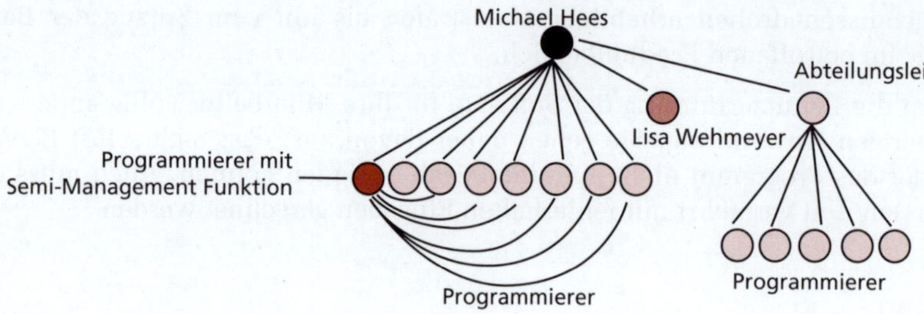

Abbildung B.7.2: Organigramm vor dem Einstieg von NavTem

Nachdem NavTem als Investor aufgetreten war, wurde die Geschäftsführung aufgeteilt. Ein zweiter Geschäftsführer, der zweiundvierzigjährige Stefan Vogt, übernimmt den Teilbereich Controlling / Finance (CFO) und kümmert sich um den Produktvertrieb sowie die externe Wahrnehmung der Think Tank Soft. Daher reist er oft tagelang zu Geschäftspartnern innerhalb Europas und in die USA.

Die beiden Geschäftsführer wollen den Erwartungen des Investors NavTem entsprechen – nicht zuletzt, weil ihre jährlichen Boni an den Gewinn von Think Tank Soft geknüpft sind. Die Firma wächst stetig weiter. Es sind, bis auf eine Sekretärin, ausschließlich junge, männliche Mitarbeiter angestellt. Seitdem NavTem in die Think Tank Soft investiert, ist eine zunehmende Fluktuation der Mitarbeiter zu verzeichnen.

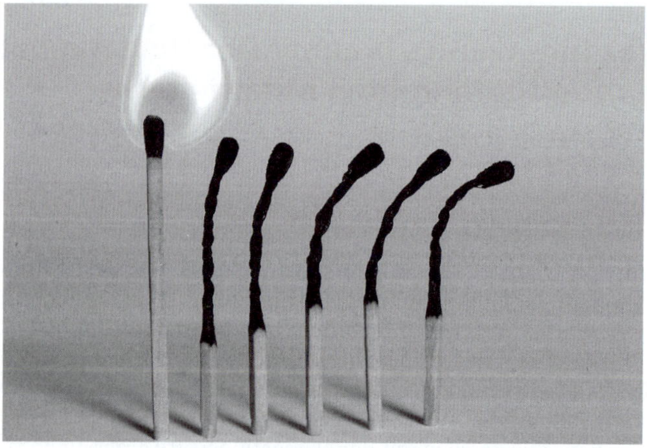

Lisa Wehmeyer, einunddreißig Jahre, arbeitet bereits seit fünf Jahren für Think Tank Soft als Sekretärin in Vollzeit. Sie gilt als extrem tüchtig und wird von der Geschäftsführung aufgrund ihrer Genauigkeit und ihres Engagements sehr geschätzt. Sie ist jedoch seit Monaten permanent gereizt. Niemand traut sich, ihr Fragen zu stellen, sie um Unterstützung zu bitten oder mit ihr in irgendeiner Form sozial zu interagieren. Sie sieht blass aus, hat tiefe Augenränder und ist von dürrer Statur. Selbst die Kollegen im gleichen Büro sehen sie selten essen. An Urlaub oder Kranksein ist nicht zu denken – ihre Arbeitskraft wird benötigt und selbst im Krankenbett kontaktieren sie die Kollegen.

Selbstverständlich muss sich Lisa auch um die regelmäßigen Beiträge der Mitarbeiter für die Kaffeekasse und den Einkauf von Getränken kümmern. Haben Mitarbeiter vergessen, ihr den Geldbetrag für die Kaffeekasse zu geben, muss sie selbst in Vorkasse gehen. Ihren Ärger kommuniziert sie gegenüber den Kollegen lautstark.

Neben den Sekretariatsaufgaben ist Lisa schon immer für die Buchführung zuständig. Die Rechnungen des Unternehmens sollen stets pünktlich beglichen werden und die Meldungen an das Finanzamt müssen fristgerecht erfolgen. Zeitlichen Aufschub gibt es nicht. Zudem sitzt sie in einem Raum mit zwei Programmierern. Lisa macht kaum Pausen und nimmt sich abends und am Wochenende regelmäßig Ordner mit nach Hause, um die Arbeit termingemäß zu schaffen. Nach wie vor macht sie ihre Arbeit konstant sehr gut.

Anderen Mitarbeitern fallen die Stimmung und die Arbeitslast von Lisa auf, doch niemand sagt etwas. Den Geschäftsführern, die täglich mit Lisa zusammenarbeiten, fällt an ihrem Verhalten nichts Ungewöhnliches auf. Da sie selbst eine enorme Arbeitslast zu tragen haben, kennen sie von sich nichts anderes als „24h" am Tag zu arbeiten.

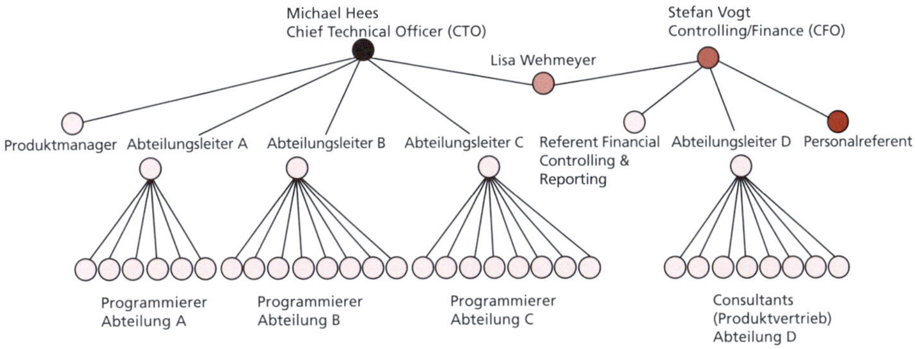

Abbildung B.7.3: Organigramm nach dem Einstieg von NavTem

Seit Kurzem sind Sie als Personalreferent bei Think Tank Soft tätig. Nach längerer Tätigkeit in einem Großunternehmen mit behäbigen Entscheidungsstrukturen haben Sie sich besonders auf das junge Betriebsklima eines Start-Ups gefreut. Wie Lisa sind auch Sie direkt dem Geschäftsführer Controlling / Finance unterstellt. Schon bei Ihrer Bewerbung hatte Sie das direkte Arbeiten für die Geschäftsführung und ohne einen Betriebsrat als interessante Abwechslung im Vergleich zu Ihrem bisherigen Aufgabenbereich gereizt.

Aufgaben

1. Wie kann Lisa Ihrer Einschätzung nach geholfen werden?

2. Um die von Ihnen erarbeiteten Maßnahmen umzusetzen, müssen Sie mit den Geschäftsführern sprechen. Wie sensibilisieren Sie die beiden

a) für das Thema im Allgemeinen und

b) für die Situation von Lisa?

Empfehlung:

Podcast: *www.dradio.de/dlf/sendungen/lebenszeit/1610953* (Stand: 8.1.2012)

Change Management

Mit einer Einführung von Carsten Steinert

B.8

B.8.1 Es schmeckt nicht alles süß – Change Management in der Qualitätsbäckerei .. 156

B.8.2 Wie sagen wir es richtig? Kommunikationsstrategien in Veränderungsprozessen 158

B.8.3 Geht Ihnen ein Licht auf? Einführung eines Ideenmanagement-Systems 160

B.8.4 Alles Hinterwäldler? Das neue IT-System 163

ÜBERBLICK

Einführung

Carsten Steinert

Im Hinblick auf die grundlegend veränderten Markt- und Wettbewerbsbedingungen sind **kontinuierliche Veränderungsprozesse** in Unternehmen allgegenwärtig und mehr zur Regel als zur Ausnahme geworden. Während in der Vergangenheit nach erfolgter Veränderung für eine gewisse Zeit ein Zustand der „Organisationsruhe" eingesetzt hat, ist der Wandel heute zur ständigen Herausforderung, gewissermaßen zum Dauerprojekt geworden.[1] Passen sich die Unternehmen nicht permanent an die veränderten Marktstrukturen an, so laufen sie Gefahr, mittelfristig aus dem Markt katapultiert zu werden. Der frühere, langjährige CEO von General Electric, *Jack Welch*, hat dies mit folgenden Worten auf den Punkt gebracht: *„If change is happening on the outside faster than on the inside, the end is in sight."*

Der **organisatorische Wandel** ist jedoch ein äußerst komplexer Prozess und zeichnet sich durch vielschichtige Problematiken aus. Neben den eher „harten", betriebswirtschaftlich-technischen Fragen umfasst er die Gestaltung sogenannter „weicher" Faktoren wie Partizipation, Führung und Motivation der Mitarbeiter. Zudem werden im Rahmen der Umsetzung von Veränderungsprozessen nicht selten arbeits- und betriebsverfassungsrechtlich relevante Bereiche tangiert. Die aktive Unterstützung von Veränderungsprozessen im Rahmen eines professionellen Change Managements gehört daher zu einem wichtigen Handlungsfeld des Personalbereiches.

Eng verwandt ist **Change Management** mit dem Ansatz der **Organisationsentwicklung (OE)**. Allerdings ist OE stärker verhaltenswissenschaftlich ausgerichtet und berücksichtigt vorrangig kulturelle und Mitarbeiteraspekte. Der Begriff Change Management hat sich dagegen in der Betriebswirtschaftslehre etabliert, weil hier ebenfalls Effizienz und Marktorientierung eine wichtige Rolle spielen.

Anlässe und Formen von Wandel

Aktuellen Studien[2] zufolge ist die **Restrukturierung** und Reorganisation mit 57 Prozent der wichtigste Anlass für Veränderungen in Unternehmen. Typische Restrukturierungsmaßnahmen sind beispielsweise die Optimierung von Abläufen durch Veränderung von Prozessen oder auch der Abbau von Stellen aufgrund von Synergieeffekten. Da jedoch derartige Programme in der Praxis oft nur das Ziel von Kosteneinsparungen verfolgen, gehen sie nicht sehr tief. Eine grundlegende Veränderung der strategischen Ausrichtung unterbleibt somit in den meisten Fällen. Um eine solche strategische Neuausrichtung geht es hingegen bei der **Reorientierung**, die damit wesentlich tiefer reicht. Ein Beispiel hierfür wäre ein verändertes Produktportfolio, welches aus einer Anpassung des aktuellen Geschäftsmodells an sich verändernde Marktbedingungen resultiert. Sind grundlegende Veränderungen bezüglich Fähigkeiten oder Verhalten der Organisationsmitglieder das Ziel, wird dies als Revitalisierung bezeichnet. Als Beispiel hierfür könnte die Einführung von Zielvereinbarungen genannt werden, um mehr Verantwortung auf die Mitarbeiter zu übertragen und internes Unternehmertum zu fördern (s. *Teil B Kapitel 5 Zielvereinbarungen*). Die tief greifendste Form einer Veränderung im Unternehmen ist die **Remodellierung**. Sie umfasst die Änderungen von Werten und Überzeugungen sowie von darauf aufbauenden Einstellungen und betrifft damit im

1 Vgl. Krüger 2009, S. 22.

2 Vgl. u. v. Capgemini Change Management Studie 2010. Die Untersuchung bezieht sich auf Unternehmen in Deutschland, Österreich und der Schweiz.

Kern die Kultur eines Unternehmens. In der Praxis gestaltet sich die Remodellierung als überaus schwierig und zeitaufwendig, zum Beispiel wenn nach einer erfolgten Unternehmensübernahme die Kultur des übernommenen Unternehmens an der des Käufers ausgerichtet werden soll. Hierzu werden häufig Visionen und Leitbilder formuliert. Dabei ist zu beachten, dass dies allein nicht ausreicht. Erst wenn das Leitbild von der Mehrheit der Organisationsmitglieder akzeptiert und gelebt wird, ist die Remodellierung nachhaltig gelungen.[3]

Die skizzierten **Formen des Wandels** sind in der nachfolgenden Abbildung B.8.1 nochmals in Form eines Schichtenmodells dargestellt. Dabei nimmt die Tiefe des Wandels von oben nach unten zu.

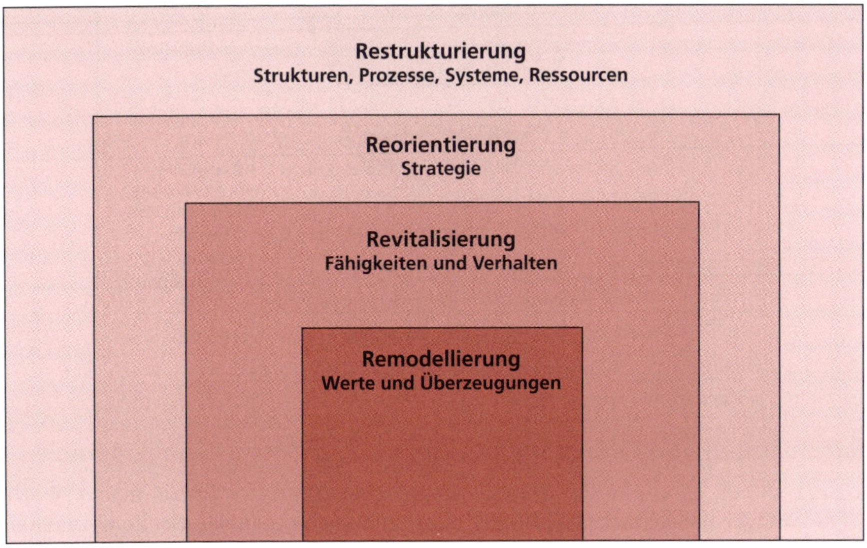

Abbildung B.8.1: Formen und Objekte des Wandels (Quelle: Krüger 2009, S. 56)

Wandel 1. und 2. Ordnung

Komplexe Systeme wie Organisationen weisen häufig eine gewisse Eigendynamik auf. Hieraus können sich, zum Beispiel in Form kreativer Ideen oder innovativer Vorhaben, ungeplante Impulse für Veränderungsprozesse entwickeln. Ein derartiger Wandel wird auch als ungeplanter organisatorischer Wandel bezeichnet. Demgegenüber umfasst der geplante organisatorische Wandel alle intendierten, gesteuerten, organisierten und kontrollierten Aktivitäten zur antizipativen und zielgerichteten Organisationsgestaltung.[4]

Unabhängig davon, ob es sich um einen geplanten oder ungeplanten Wandel handelt, lassen sich Veränderungsprozesse in Unternehmen hinsichtlich der damit verbundenen Komplexität und Intensität sowie der von betroffenen Mitarbeitern erlebten Angst unterscheiden. So führt beispielsweise die mit der Reorganisation einer einzelnen Abteilung verbundene Veränderung bei den Mitarbeitern zu einer gewissen Betroffenheit, möglicherweise zu Verunsicherung und teilweise auch zu Angst. Wird jedoch im

3 Vgl. Vahs und Weiland 2010, S. 5.
4 Vgl. Vahs und Weiand 2010, S. 2.

Rahmen eines Fusionsprozesses eine vollständige Unternehmensreorganisation durchgeführt, dann ist nicht nur der damit verbundene Wandel grundlegend vielschichtiger und tief gehender, sondern auch die von den Betroffenen wahrgenommene Angst vor der Veränderung deutlich stärker. Das erste Beispiel bezeichnet einen **Wandel 1. Ordnung**. Dabei handelt es sich in erster Linie um kleinere, kontinuierliche Anpassungen im Rahmen des Unternehmenswachstums, die sich auf einzelne Organisationseinheiten oder -bereiche beschränken. Demgegenüber ist der **Wandel 2. Ordnung** grundlegender. Er umfasst die gesamte Organisation auf allen Ebenen und erfolgt diskontinuierlich.[5]

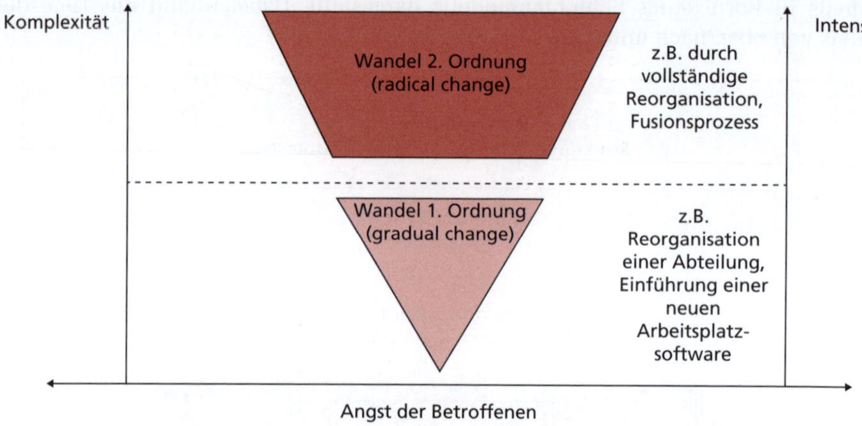

Abbildung B.8.2: Wandel 1. und 2. Ordnung (Quelle: in Anlehnung an Vahs 2009, S. 277)

Erfolgsfaktoren und Phasenmodelle des Veränderungsmanagements

Die Analyse von gescheiterten Veränderungsprozessen in der Praxis macht deutlich, dass es weniger betriebswirtschaftliche oder technisch-organisatorische Gründe sind, welche einen geringen Umsetzungserfolg bewirken. Die Fragen, welche neue Software benutzt wird, wo Kosteneinsparungen realisiert werden können oder wie die neuen Arbeits- und Unternehmensstrukturen zu gestalten sind, werden meist richtig gelöst. Als eine der Hauptursachen gelten vielmehr Defizite auf der **menschlichen Ebene**. Der „Faktor" Mensch wird häufig ausgeblendet. Es wird meist nicht umfassend und transparent genug kommuniziert und nicht beziehungsweise zu wenig beachtet, wie Veränderungsprozesse bei demjenigen ablaufen, der sie mittragen und umsetzen muss – dem Mitarbeiter. Dadurch kommt es nicht selten zu Widerständen, zum Beispiel aufgrund unzureichender Information über den Gesamtprozess oder aus Angst vor Verlust von Einfluss und Macht. Bedingt durch diese Widerstände und den daraus resultierenden Konflikten entsteht keine oder zu wenig Veränderungsbereitschaft und die Umsetzung der Projekte verzögert sich oder scheitert. Erfolgreiche Veränderungsprozesse basieren auf dem Mitnehmen der Menschen. Empirische Untersuchungen[6] weisen unter anderem die nachfolgenden **Erfolgsfaktoren** von Veränderungsprozessen aus:

- Veränderungen sollten rechtzeitig geplant und eingeleitet werden. In diesem Zusammenhang ist es wichtig, die **Komplexität der Veränderung** nicht zu unterschätzen. Daher ist im Vorfeld eine umfassende Analyse der Situation und des Umfeldes ebenso wichtig wie das Commitment des Top-Managements.

5 Vgl. Vahs und Weiand 2010, S. 3.
6 Vgl. Vahs und Leiser 2007, S. 119ff.; Capgemini 2010, S. 20ff.

- Insbesondere in der Umsetzungsphase ist eine **Partizipation der Mitarbeiter** unabdingbar. Dadurch wird nicht nur die Akzeptanz erhöht, sondern auch gewährleistet, dass Mitarbeiter und Führungskräfte ihr Know-how und ihre Erfahrung entsprechend einbringen können.
- **Klare und eindeutige Ziel- und Zeitvorgaben** schaffen Transparenz bei den vom Wandel Betroffenen. Dadurch wird das Verständnis erhöht und die Akzeptanz setzt insbesondere in Veränderungsprozessen „Verstehen" voraus.
- Aus diesem Grund ist auch eine zeitnahe, transparente und authentische **Informations- und Kommunikationspolitik** für den Veränderungserfolg unerlässlich.
- Besonders gefordert sind zudem die **Führungskräfte des mittleren Managements**. Sie sind gewissermaßen das Bindeglied zwischen den visionären Vorstellungen des Top-Managements und den von Machbarkeitsüberlegungen geprägten Verhaltensweisen der unteren Führungskräfte und den Mitarbeitern.

Um Veränderungsprozesse mit einer hohen Wahrscheinlichkeit zum Erfolg zu führen, ist es hilfreich, den Gesamtprozess zunächst in verschiedene Phasen zu unterteilen und jeder Phase dann die passenden Instrumente zuzuordnen. Ganz grundsätzlich lassen sich dabei Konzeptions-, Implementierungs- und Stabilisierungsphase unterscheiden. Da sich diese in der betrieblichen Praxis teilweise überschneiden, müssen die einzelnen Phasen eher als logische Schritte und weniger als streng chronologische Abläufe verstanden werden.

Aus einer Vielzahl an vorhandenen Modellen gilt das **8-Stufen-Konzept** von *Kotter*[7] als eines der bekanntesten und wird daher in der nachfolgenden Abbildung B.8.3 kurz skizziert und den Veränderungsphasen gegenübergestellt.

7 Vgl. Kotter 1996.

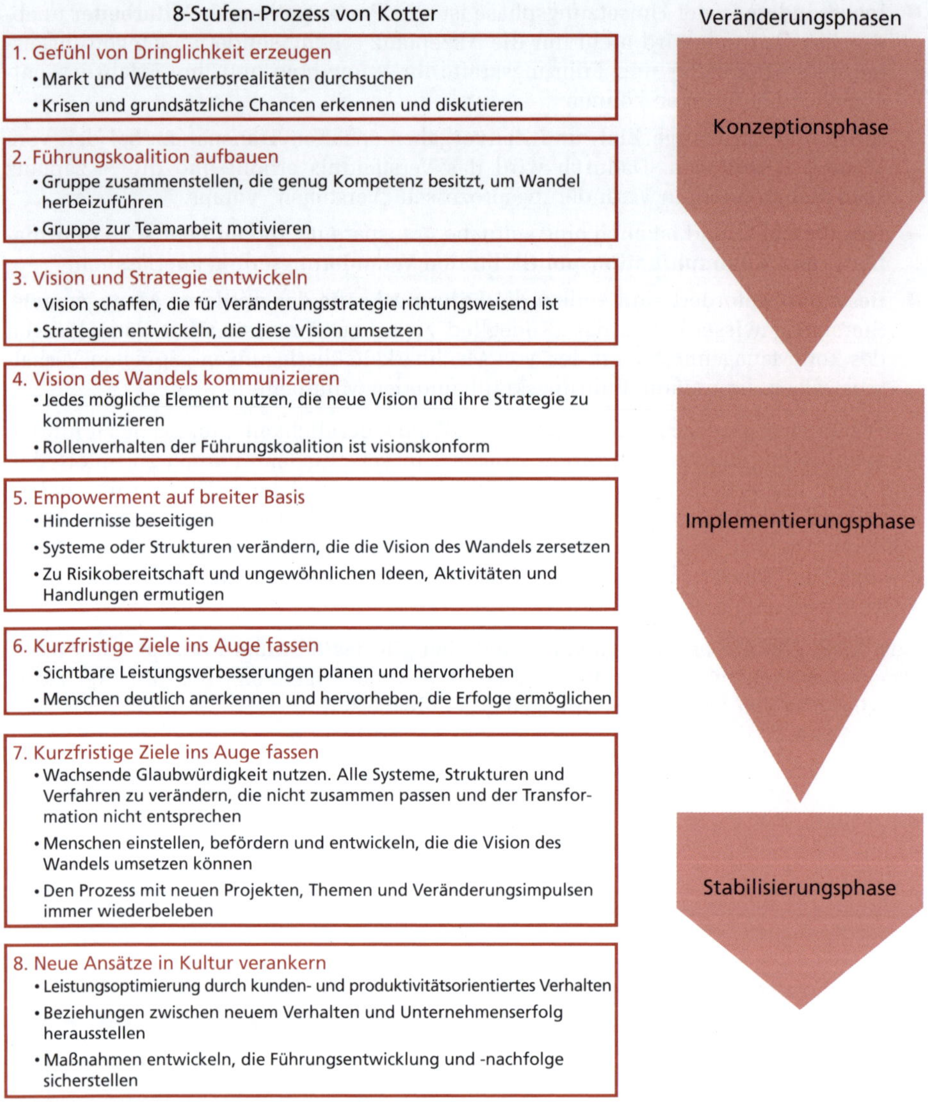

Abbildung B.8.3: Der 8-Stufen-Prozess von Kotter

Rolle und Aufgaben des Personalmanagements in Veränderungsprozessen

Change Management stellt einen beratungs- und betreuungsorientierten Kernprozess der Personalarbeit dar. Als Berater ist der Personalbereich wichtiger Ansprechpartner des Top-Managements im Rahmen der Konzeption des Veränderungsprozesses. Diese beratende Rolle behält er für die Geschäftsleitung auch für die gesamte Dauer des Veränderungsprozesses bei. In der Praxis kommen bei der Begleitung und aktiven Umsetzung des Veränderungsprozesses zudem vielfältige Aufgaben in der Betreuung hinzu. Hierzu gehören, bei mitbestimmungspflichtigen Themen im Sinne des BetrVG, zunächst die Beratung und Verhandlung mit dem Betriebsrat bis hin zum Abschluss von Interessenausgleich und Sozialplan. Insbesondere die Beratung mit dem Betriebsrat erfolgt in der Praxis häufig verzögert, meist sogar erst dann, wenn die Konzeptionsphase vollständig abgeschlossen ist. Die Folge davon ist meist eine Verärgerung der Arbeitnehmervertreter, die – je nach Art der Beziehung zwischen den Sozialpartnern – nicht selten in einer Blockadehaltung mündet. Dies wiederum kann zu einer deutlichen Verzögerung der Umsetzung des Veränderungsprozesses führen. Daher wird an dieser Stelle im Rahmen einer partnerschaftlichen Zusammenarbeit eine möglichst frühzeitige Einbindung des Betriebsrates empfohlen. Zudem ist der Personalbereich häufig auch bei der Gestaltung von Kommunikationsmaßnahmen gegenüber der Belegschaft federführend. Im Rahmen der weiteren Umsetzung der geplanten Veränderungsmaßnahmen müssen auch meist die Qualifizierungsbedarfe der Mitarbeiter in Bezug auf neue oder veränderte Tätigkeiten ermittelt und durch geeignete Schulungsmaßnahmen angepasst werden. Schließlich gilt es, die durch die Veränderung induzierten kollektiv- und individualarbeitsrechtlichen Maßnahmen, zum Beispiel Versetzungen oder auch Freisetzungen, professionell durchzuführen.

Die nachfolgenden Mini-Fälle beschäftigen sich mit einigen typischen Herausforderungen im Rahmen der Konzeption und Begleitung von Veränderungsprozessen.

Verwendete Literatur:

Capgemini (Hg.): Change Management Studie 2010. Business Transformation. Veränderungen erfolgreich gestalten. 2010 auf der Homepage *www.de.capgemini.com/insights/publikationen/change-management-studie-2010* (Stand: 21.02.2012).

Kotter, J.: Leading Change. Cambridge, Mass.: Harvard Business School Press 1996.

Krüger, W.: Excellence in Change. Wege zur strategischen Erneuerung. 4. Aufl., Wiesbaden: Gabler 2009.

Vahs, D.: Organisation. Ein Lehr- und Managementbuch. 7. Aufl., Stuttgart: Schäffer-Poeschel 2009.

Vahs, D.; Leiser, W.: Change Management in schwierigen Zeiten. Erfolgsfaktoren und Handlungsempfehlungen für die Gestaltung von Veränderungsprozessen. 2. veränderter Nachdruck, Wiesbaden: Gabler 2007.

Vahs, D.; Weiand, A.: Workbook Change Management. Methoden und Techniken. Stuttgart: Schäffer-Poeschel 2010.

B.8.1 Es schmeckt nicht alles süß – Change Management in der Qualitätsbäckerei

Carsten Steinert

Mini-Fall

„Sie legen doch großen Wert auf gutes Essen und mögen gerne Süßgebäck, Herr Rüter. Deshalb ist das erste eigenverantwortliche Beratungsprojekt, das ich Ihnen anbieten kann, von der Branche her sicher ganz nach Ihrem Geschmack!“, hörte Jonas Rüter seinen Chef bei L&P-Consulting sagen. Nun war es endlich so weit, Jonas sollte eineinhalb Jahre nach Beendigung seines Masterstudiums als erstes eigenständiges Projekt die Beratung der Qualitätsbäckerei und -confiserie GmbH übernehmen.

Die Qualitätsbäckerei und -confiserie GmbH war ein etabliertes Familienunternehmen mit Sitz in München, das im Jahre 1887 als Stadtbäckerei gegründet worden war. Insgesamt waren dort 124 Mitarbeiter beschäftigt, einen Betriebsrat gab es nicht. Mit großer Sorgfalt wurden qualitativ hochwertige Backwaren und Süßgebäck hergestellt und in zwölf Filialen vertrieben. Trotz der hohen Qualität waren viele Kunden weggebrochen, da die Anzahl der Selbstbedienungsketten, die Standardwaren aus Osteuropa orderten und in den Läden vor Ort nur aufbackten, immer mehr zugenommen hatte. Der Umsatz war um über 20 Prozent zurückgegangen. Seitens der Geschäftsleitung bestand die Sorge, dass sich dieser Trend verstärkt fortsetzen könnte. Daher wurde L&P-Consulting mit einer umfassenden Ist-Analyse und entsprechenden Handlungsempfehlungen beauftragt.

Bei seinem ersten Vor-Ort-Besuch erfuhr Jonas, dass Vater und Sohn, beide in ihrem Handwerk ausgebildet, das Familienunternehmen gemeinsam geführt hatten, wenngleich sie beide dabei teilweise durchaus konträre Auffassungen bezüglich der strategischen Unternehmenspositionierung vertreten hatten. Während der Sohn, Thomas Reuter Junior, neuen Ansätzen und Ideen durchaus aufgeschlossen gegenüberstand, hielt der Senior lieber an Bewährtem fest und tat sich schwer damit, Veränderungen anzustoßen. Insbesondere die zunehmenden SB-Bäckereien wurden von ihm lange Zeit nicht als ernsthafte Konkurrenten angesehen und als „Billig-Kram“ abgetan. Seitdem sich der Vater im Jahr 2008 – zumindest offiziell – aus der Geschäftsführung zurückgezogen und der Sohn das Ruder übernommen hatte, wurden in dem Unternehmen jedoch einige Veränderungen angestoßen, um vermehrt auch jüngere Zielgruppen ansprechen zu können. So wurde vor zwei Jahren das Geschäftsfeld erweitert und ein Onlineversandhandel eröffnet. Zudem wurde eine kleinere Pralinen- und Schokoladenmanufaktur mit insgesamt 25 Angestellten übernommen. Hierdurch sah sich das Unternehmen in der Lage, zusätzlich zum bisherigen Sortiment nun auch feine Pralinen und Schokoladen aus eigener Produktion anbieten zu können. Auch wurde von dem zugekauften Unternehmen Regine Oberenzer, eine einunddreißigjährige patente Fränkin, als Führungskraft übernommen. Frau Oberenzer war gelernte Lebensmitteltechnikerin und hatte bereits viel Erfahrung im Onlinehandel. Neben dem sehr zeitintensiven Onlinehandel sollte sie sich um die Koordination des gesamten Vertriebs sowie um die Betreuung der Filialen kümmern. Dies missfiel dem Senior Reuter, der die Filialbetreuung bislang mit sehr viel Herzblut selbst wahrgenommen hatte und diese, trotz seines stattlichen Alters von 70 Jahren, nicht loslassen mochte. Bis heute nutzte er noch sein altes Büro und fuhr einmal in der Woche in die näher gelegenen Filialen, um dort persönlich nach dem Rechten sehen. Bei den Mitarbeitern war die

Verwirrung groß, da Entscheidungen letztlich von allen drei Personen getroffen werden konnten und de facto auch getroffen wurden. Zudem gestaltete sich dadurch der Informationsfluss extrem schwierig; wichtige Informationen erreichten nur selten alle betreffenden Personen. Ohnehin war die Kommunikation mit den einzelnen Standorten sehr unterschiedlich. Aufgrund der räumlichen Distanz war gerade der persönliche Kontakt mit einigen weiter entfernt liegenden Filialen schwer aufrecht zu erhalten.

Ein weiteres Problem betraf die Mitarbeiter in den einzelnen Filialen. Wie Jonas im Rahmen von Gesprächen mit den Filialleitungen vor Ort erfahren hatte, gestaltete sich in den einzelnen Niederlassungen die Personalgewinnung zunehmend schwieriger. Zwar waren die Filialleitungen dazu berechtigt, die Auswahl der Mitarbeiter eigenverantwortlich vorzunehmen, doch existierten keine einheitlichen Anforderungsprofile und Neueinstellungen scheiterten häufig bereits an der mangelnden Qualifikation der Bewerber. Von den wenigen gut geeigneten Kandidaten entschieden sich – nach Aussage der Filialleitungen – viele für die Konkurrenz, auch wenn es sich dabei um SB-Bäckereien handelte. *„Vielleicht ist ein Grund hierfür unser Image. Ich denke, unsere Filialen werden in den Augen Jüngerer als zu fein und vornehm wahrgenommen, ja vielleicht sogar auch als etwas zu verstaubt“*, teilte Jonas eine erfahrene Filialleiterin ihre Vermutung mit. Aber auch bei den vorhandenen Mitarbeitern waren deutliche Probleme in Bezug auf deren Einsatzbereitschaft und Motivation festzustellen. Dadurch wurde es häufig versäumt, den Kunden vor Ort kompetent und freundlich über die Produkte und auch über die Möglichkeiten der Anfertigung von Torten zu speziellen Anlässen, wie zum Beispiel Hochzeiten, zu informieren, wodurch gute Umsatzmöglichkeiten ungenutzt blieben. Viele langjährige Mitarbeiter waren zudem die sehr persönliche und wertschätzende Art des Seniorchefs über Jahre hinweg gewohnt gewesen und hatten teilweise Schwierigkeiten mit dem als distanziert empfundenen Führungsstil des Sohnes.

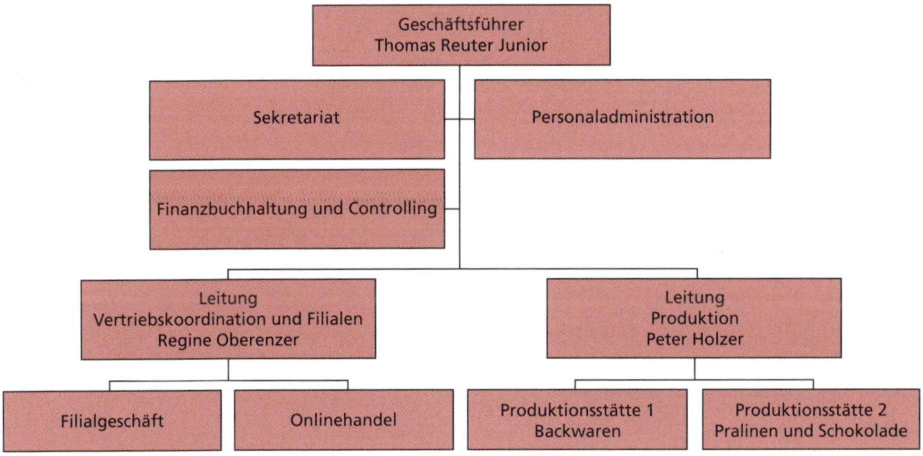

Abbildung B.8.4: Organigramm der Qualitätsbäckerei und -confiserie GmbH

Da die Qualitätsbäckerei und -confiserie GmbH keinem Arbeitgeberverband angehörte, war sie nicht tarifgebunden und die Entlohnung erfolgte individuell unterschiedlich. Dementsprechend klagten einige der Filialleiterinnen auch über eine geringe Bezahlung ohne transparentes Gehaltssystem. Vor allem Gehaltserhöhungen wurden von den Mitarbeitern so wahrgenommen, als erfolgten sie rein nach „Nasenfaktor“.

Zudem musste Jonas in einem Gespräch mit dem Produktionsleiter Peter Holzer erfahren, dass es in der Produktion Unzufriedenheit gab. *„Seit der Ausdehnung der Geschäftstätigkeit auf den Bereich „Pralinen und Schokolade" kommt immer wieder Unmut in beiden Produktionsstätten auf, die nach wie vor an zwei unterschiedlichen Standorten betrieben werden. Vor allem die neu in das Unternehmen integrierten Mitarbeiter des Pralinen- und Schokoladenbereiches haben den Eindruck, dass die alteingesessenen immer wieder bevorzugt behandelt werden – sowohl was die Bezahlung als auch was den persönlichen Kontakt angeht. Und bei den alteingesessenen Mitarbeitern in Produktionsstätte 1 verhält es sich kurioserweise genau andersherum. Sie fühlen sich gegenüber den neu integrierten Mitarbeiter zurückgesetzt, da die Integration des neuen Werkes von mir einen hohen Zeitaufwand erforderte und ich nun regelmäßig einen Tag die Woche in der neuen Produktionsstätte 2 verbringe. Der Unwillen auf beiden Seiten wächst. Zunehmend kommt es auch zu Qualitätsmängeln bei den hergestellten Produkten, die offensichtlich auf die Nachlässigkeit aufseiten der Produktionsmitarbeiter zurückzuführen sind"*, teilte ihm Produktionsleiter Peter Holzer mit.

Aufgaben

Versetzen Sie sich in die Rolle von Jonas Rüter.

1. Identifizieren Sie im Rahmen einer Ist-Analyse vier Problemfelder der Qualitätsbäckerei und -confiserie GmbH.

2. Entwickeln Sie zu jedem der vier identifizierten Problemfelder entsprechende Handlungsempfehlungen.

B.8.2 Wie sagen wir es richtig? Kommunikationsstrategien in Veränderungsprozessen

Carsten Steinert

Mini-Fall

Die Car Finance Lease GmbH ist ein inhabergeführtes, mittelständisches Finanzdienstleistungsunternehmen, welches sich auf das Leasing sowie die Finanzierung von Neu- und Gebrauchtwagen spezialisiert hat. Insgesamt verfügt das Unternehmen über 350 Mitarbeiter. Die Zentrale befindet sich in Münster. Neben dem Vertriebsstandort Münster gibt es noch sechs kleinere Vertriebsfilialen mit Sitz in Bremen, Hamburg, Frankfurt am Main, Stuttgart, Berlin und München. Hier sind jeweils zwischen sieben und fünfzehn Mitarbeiter beschäftigt. In den letzten Jahren nahm das Geschäftsvolumen stetig zu. Konzentrierte sich das Unternehmen dabei ursprünglich nur auf Geschäftskunden, so wurden die Privatkunden als zusätzliches Geschäftsfeld neu entdeckt. Da das operative Geschäft stets im Fokus stand, wurde die Anpassung der organisatorischen Strukturen vernachlässigt. Bedingt dadurch nahmen die Kosten ebenfalls stetig zu. Die überproportionale Kostenzunahme führte dazu, dass sich der operative Gewinn vor Steuern – trotz der Steigerung des Geschäftsvolumens um durchschnittlich 15 Prozent jährlich – in den letzten vier Jahren praktisch kaum veränderte. Die Geschäftsleitung entschloss sich daher dazu, die organisatorischen Strukturen zu überprüfen, um entsprechende Kostensenkungspotenziale zu identifizieren. Dabei wurde auf die Dienste einer Unternehmensberatung zurückgegriffen.

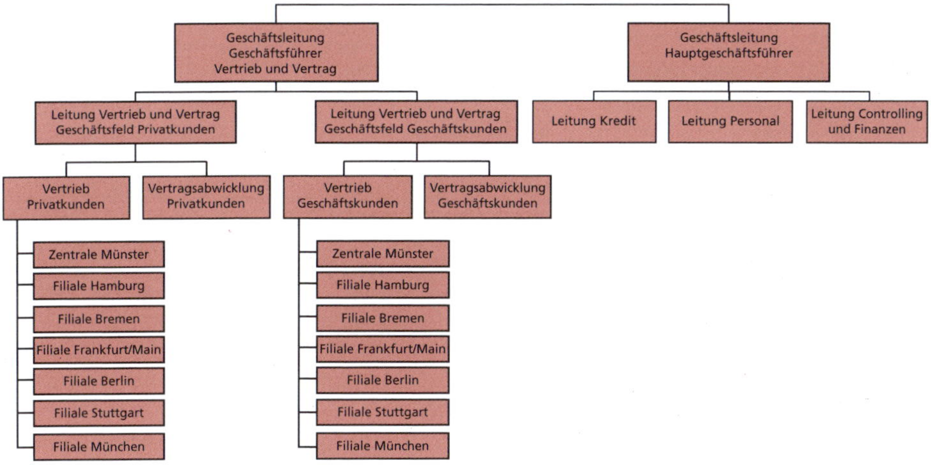

Abbildung B.8.5: Organigramm der Car Finance Lease GmbH vor der Umstrukturierung

Die Konzipierungsphase ist beendet und die geplanten organisatorischen Veränderungen umfassen im Kern zwei Maßnahmen:

1. In der Hauptverwaltung soll der neue Bereich „Vertragsabwicklung“ gegründet werden, in welchem die bislang von jedem Geschäftsfeld eigenständig durchgeführte Vertragsabwicklung zusammengefasst wird. Neben schnelleren Durchlaufzeiten verspricht sich die Geschäftsleitung hierdurch vor allem Synergieeffekte. Die frei werdenden Kapazitäten sollen vor allem dazu genutzt werden, um zusätzliches Neugeschäft mit dem gleichen Personalstamm zu bearbeiten. Auf Personalabbaumaßnahmen wird explizit verzichtet.

2. Um Mietkosten zu sparen, soll die Vertriebsfiliale in Bremen – mit sieben Mitarbeitern die kleinste aller Filialen – geschlossen werden; die Geschäfte sollen zukünftig von Hamburg aus bearbeitet werden. Aufgrund der räumlichen Nähe zu den meisten Kunden und den in der Hamburger Filiale zur Verfügung stehenden Räumlichkeiten erscheint dies problemlos möglich. Durch die Zusammenlegung können zudem drei der sieben Stellen eingespart werden. Der Stellenabbau kann realisiert werden, indem befristete Arbeitsverträge nicht verlängert werden. Die verbleibenden vier Stellen sollen nach Hamburg verlegt werden.

Die Geschäftsleitung sieht sich nun der Herausforderung gegenübergestellt, die Belegschaft offen und umfassend über die geplanten organisatorischen Veränderungsmaßnahmen zu informieren. Durch diese Initialkommunikation soll die Umsetzung der geplanten Maßnahmen offiziell eingeleitet werden.

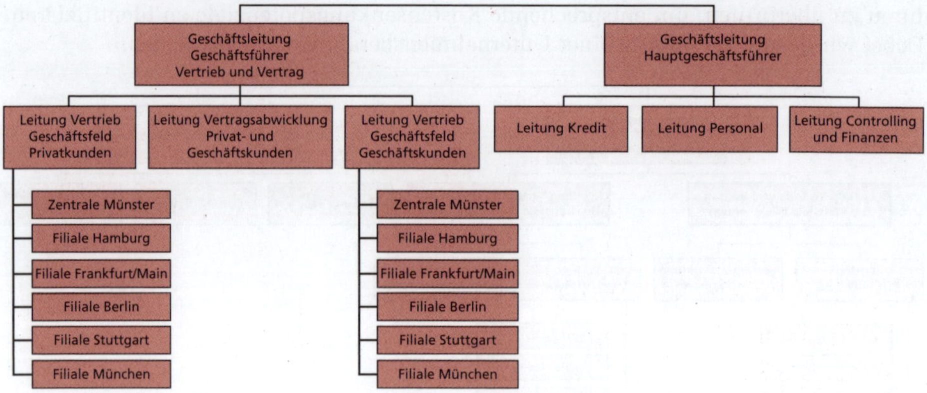

Abbildung B.8.6: Organigramm der Car Finance Lease GmbH nach der Umstrukturierung

Aufgabe

Entwerfen Sie für die Car Finance Lease GmbH ein Konzept für die Auftaktkommunikation der geplanten Veränderung an die Belegschaft. Berücksichtigen Sie dabei die Art der Kommunikation, zum Beispiel Setting, Timing, Teilnehmer oder auch Einladung. Beachten Sie auch formale Wege wie Hierarchien. Bitte beachten Sie hierbei, dass das Unternehmen über keinen Betriebsrat verfügt.

Literaturempfehlung:

Brehm, C. R.: Kommunikation im Wandel. In: W. Krüger (Hg.): Excellence in Change. Wege zur strategischen Erneuerung. 4. Aufl., Wiesbaden: Gabler 2009, S. 325-327.

B.8.3 Geht Ihnen ein Licht auf? Einführung eines Ideenmanagement-Systems

Carsten Steinert

Mini-Fall

Die Top-Stahl GmbH & Co. KG ist ein Unternehmen der Metall verarbeitenden Industrie, welches sich mit der Produktion qualitativ hochwertigen Edelstahls einen Namen gemacht hat. Das Unternehmen ist in Deutschland mit zwei Werken vertreten. Ein Werk befindet sich in Nordrhein-Westfalen am Hauptstandort Duisburg und ein weiteres, kleineres in Niedersachsen am Standort Salzgitter. Insgesamt arbeiten in dem Unternehmen 1.600 Mitarbeiter. Davon sind 1.250 Mitarbeiter, somit der Großteil der Belegschaft, als gewerbliche Arbeitnehmer in der Produktion tätig. Die restlichen 350 Mitarbeiter sind in der Verwaltung beschäftigt. Die Aufteilung der Beschäftigten auf die beiden Standorte ist wie folgt:

- Hauptstandort Duisburg: 800 gewerbliche Arbeitnehmer in der Produktion, 250 Beschäftigte in der Verwaltung.
- Standort Salzgitter: 450 gewerbliche Arbeitnehmer in der Produktion, 100 Beschäftigte in der Verwaltung.

Jedes der beiden Werke hat eine eigene Arbeitnehmervertretung. Darüber hinaus gibt es einen Gesamtbetriebsrat. Mit dem Gesamtbetriebsrat wurden für alle wesentlichen personalwirtschaftlichen Aspekte, welche nicht tarifvertraglich geregelt sind, Betriebsvereinbarungen abgeschlossen, die für beide Werke gleichermaßen gelten.

Nach guten Zuwächsen stagniert der Umsatz des Stahlproduzenten seit dem Geschäftsjahr 2009. Gleichzeitig ist ein enormer Anstieg der Kosten zu verzeichnen.

Die Geschäftsleitung, allen voran der neue Hauptgeschäftsführer Herr Dr. Gruber, entschließt sich daher zu einer groß angelegten Initiative zur Standort- und Zukunftssicherung. Ziel dieses Change-Programmes ist die Steigerung der Eigenkapitalrendite durch umfassende Kostensenkungen. Alle Maßnahmen gelten für beide Standorte, für Duisburg und Salzgitter, in gleichem Maße.

Eine auf Empfehlung der hinzugezogenen Unternehmensberatung durchgeführte Bestandsanalyse zeigt deutliche Defizite der Top-Stahl GmbH & Co. KG im Bereich des Innovationsmanagements, insbesondere hinsichtlich der Innovationsfähigkeit und -bereitschaft der Beschäftigten. Diese Aussage stützt sich auf folgendes Zahlenmaterial:

Tabelle B.8.1

Anzahl eingereichter Verbesserungsvorschläge am Standort Duisburg

Anzahl eingereichte Verbesserungsvorschläge / Geschäftsjahr (absolut)	2008	2009	2010
kaufmännische Mitarbeiter	8	7	8
gewerbliche Mitarbeiter	8	6	7

Tabelle B.8.2

Anzahl eingereichter Verbesserungsvorschläge am Standort Salzgitter

Anzahl eingereichte Verbesserungsvorschläge / Geschäftsjahr (absolut)	2008	2009	2010
kaufmännische Mitarbeiter	1	3	1
gewerbliche Mitarbeiter	2	3	1

Zudem wurde von der Unternehmensberatung angemerkt, dass die meisten Vorschläge von Führungskräften der mittleren Ebene kämen und sich die Mitarbeiter der unteren Ebenen offenbar überhaupt nicht angesprochen fühlten, Vorschläge zu entwickeln. Gegenüber der Beratung formulierte der Betriebsratsvorsitzende es so: *„Das sollen die machen, die auch dafür bezahlt werden! Die Mitarbeiter wären doch blöd, Ideen zu äußern, die Arbeitsprozesse so vereinfachen, dass Kollegen eingespart werden!“*

Ein systematisches Ideenmanagement-System gibt es in dem Unternehmen derzeit nicht. Lediglich auf einer Intranetseite wird zu Verbesserungsvorschlägen aufgerufen, die jeder Mitarbeiter an eine E-Mail-Adresse senden kann. Dort sind auch alle Vorschläge der letzten fünf Jahre einsehbar. Die in den 1980er Jahren eingeführten Qualitätszirkel sind seit Jahren „eingeschlafen". Sofern ein Mitarbeiter einen Verbesserungsvorschlag hatte, konnte er diesen bislang formlos seiner Führungskraft mitteilen. Prämien hierfür gab es jedoch keine.

Da nach Ansicht der Geschäftsleitung ein zeitgemäßes und funktionierendes Ideenmanagement-System jedoch jährliche Einsparungspotenziale in sechsstelliger Höhe bietet, wird dessen Einführung auch als ein Teilprojekt im Rahmen des umfassenderen Change-Programmes identifiziert.

Innerhalb des Personalbereiches wurde Ihnen dieses Teilprojekt übertragen.

Aufgaben

1. Führen Sie zunächst eine Situationsanalyse durch und vergleichen Sie die Anzahl der eingereichten Verbesserungsvorschläge der Top-Stahl GmbH & Co. KG mit dem Branchendurchschnitt. Sie können sich dabei auf die Ergebnisse des aktuellen dib-Reports zum Ideenmanagement stützen beziehungsweise eigenes Zahlenmaterial recherchieren.

2. Entwickeln Sie für die Top-Stahl GmbH & Co. KG ein zeitgemäßes Ideenmanagement-System in Grundzügen.

3. Erarbeiten Sie einen konkreten Vorschlag, wie dieses Modell im Unternehmen implementiert werden soll.

4. Reflektieren Sie Ihr Modell auch unter dem Aspekt der hierfür notwendigen organisationalen Rahmenbedingungen wie Unternehmenskultur, Führungsstil des Managements sowie Rolle der Führungskräfte.

5. Beziehen Sie bei Ihren Überlegungen – sofern notwendig – auch mitbestimmungsrechtliche Fragen ein und legen Sie dar, wie Sie diese taktisch und in der zeitlichen Chronologie sinnvoll beim Betriebsrat platzieren würden.

B.8.4 Alles Hinterwäldler? Das neue IT-System

Heike Schinnenburg

Mini-Fall

Im mittelständischen Unternehmen Drewes & Boringhaus werden Industriematten produziert, die für einen rutschfesten und ergonomischen Untergrund sorgen. Mit 135 Mitarbeitern hat die eigentümergeführte GmbH nun eine Größe erreicht, die aus Sicht der beiden geschäftsführenden Gesellschafter, Michael Drewes (kaufmännischer Leiter) und Jürgen Boringhaus (technischer Leiter), dringend ein neues IT-System benötigt. Dieses soll in Kürze den Gesamtprozess verbessern, die Durchlaufzeit verringern, aktuelle Informationen für das Controlling bereitstellen und viele bislang einzeln gepflegte Excel-Listen ablösen.

Nach umfangreichen Recherchen hat sich Michael Drewes für den Anbieter ENTIX entschieden, der sich mit schlanken, praktikablen IT-Lösungen für den Mittelstand am Markt regional gut etabliert hat. In den üblichen Projektbesprechungen, an denen auch die Teamleiter teilgenommen hatten, wurden die Anforderungen an das System noch einmal festgelegt und der Ablauf wurde besprochen. Die interne Koordination wird von dem sechsundzwanzigjährigen Steffen Kramer übernommen. Er ist zudem für die Organisation und Durchführung der notwendigen Schulungen zuständig. Als Wirtschaftsingenieur bringt er die notwendigen Voraussetzungen mit und freut sich, als Assistent der kaufmännischen Geschäftsführung nun das erste Projekt übernehmen zu können. Herr Kramer ist vor fünf Monaten auf dringenden Rat von Ihnen eingestellt worden, um die Geschäftsführung zu entlasten.

Sie selbst sind Marius Wilms und betreuen das Unternehmen seit fünf Jahren als externe Personalleitung auf Honorarbasis, da Drewes & Boringhaus nicht groß genug ist, um eigenständig eine professionelle Personalabteilung zu tragen. Auch die Gehaltsabrechnung wird bei Ihnen als Dienstleistung durchgeführt. Vor Ort kümmert sich noch Chantal Boringhaus, die Ehefrau des technischen Geschäftsführers und gelernte Steuerfachgehilfin, mit einer halben Stelle um die Personaladministration.

Heute Morgen erreicht Sie ein Anruf von Michael Drewes, der Ihnen berichtet, dass das IT-Projekt vier Wochen vor der Umstellung vor enormen Problemen steht. Er äußert Zweifel, ob Steffen Kramer, der mit Ihnen gemeinsam ausgewählt wurde, tatsächlich den Anforderungen gewachsen ist. Nach einigen weiteren Gesprächen mit den unterschiedlichen Beteiligten schauen Sie noch einmal auf Ihre Notizen.

Sichtweisen zur Einführung des IT-Systems

- *Michael Drewes* ist Treiber und Auftraggeber des Projekts und hat dieses vertrauensvoll und komplett in die Hände seines Assistenten gelegt, da er selbst häufig Auswärtstermine wahrnimmt und auch derzeitig für zwei Tage in Belgien Kunden besucht. Er zweifelt jetzt an Kramers Kompetenz. Ein unausgesprochener Vorwurf schwingt mir gegenüber im Telefonat mit. Drewes wurde von einem Anruf des zuständigen Projektleiters bei ENTIX alarmiert, der das mangelnde Engagement und die unzureichenden Kenntnisse bei den Mitarbeitern von Drewes & Boringhaus mit Sorge ansprach.

- *Steffen Kramer* begann seine erste Tätigkeit nach Abschluss des Studiums bei dem Industriemattenhersteller vor fünf Monaten und befindet sich daher noch in der Probezeit. Er hat wahrgenommen, dass die Mitarbeiter nicht so engagiert sind, wie es erforderlich wäre. Für ihn ist die Notwendigkeit, das neue System einzuführen, völlig klar. Seine zumeist langjährigen Kollegen sähen aber den Bedarf nicht wirklich und würden sich an dem Projekt nur sehr schleppend beteiligen. Für die Schulungen, die er selbst durchführt, gäbe es immer wieder Absagen wegen dringender Aufgaben im Tagesgeschäft. *„Das sind aus IT-Sicht alles Hinterwäldler“*, äußert er frustriert; seit einigen Wochen schlafe er wegen des Projektes schlecht. Aus seiner Sicht hat sich die Geschäftsleitung völlig aus dem Projekt herausgezogen. Selbst bei der ersten Projektsitzung war Herr Drewes nur teilweise anwesend, weil es ein dringendes Problem mit einem Kunden gab. Am ersten Tag wurde Kramer von beiden Geschäftsführern instruiert, dass man eigenständige Arbeit von ihm erwarte. Drewes zu Kramer: *„Sie sollen ja mittelfristig eine Führungsaufgabe übernehmen. Es ist mir daher lieber, Sie entscheiden auch einmal eigenständig, wenn ich nicht da bin und machen gegebenenfalls einen Fehler, als dass Sie ständig bei mir auf der Matte stehen.“* Der junge Absolvent will daher die Problematik nicht zu früh ansprechen, weil er hofft, das Ruder noch herumreißen zu können.
- *Wilhelm Müller*, Teamleiter Produktion: Er kommt mit dem bisherigen System hervorragend klar und bemängelt, dass eine (aus seiner Sicht überflüssige) Veränderung gerade in einer Zeit durchgeführt wird, in der für die meisten Mitarbeiter die Kapazitätsgrenze ohnehin schon erreicht sei. Es sei nicht wirklich hilfreich, dass man dem neuen Assistenten der Geschäftsführung vieles erst noch erklären müsse. Anscheinend wäre das ohnehin seine Idee mit dem neuen System. Anforderungen würde er häufig per Mail schicken und Begriffe benutzen, die kaum verständlich wären. Müller fügt hinzu: *„Stattdessen wäre es doch besser, er käme einfach mal in die Produktion! Dann wüsste er, was wir hier tun und könnte doch vielleicht selbst sehen, was wir brauchen!“*
- *Tatjana Kovic*, Teamleiterin Lagerlogistik: Die Veränderung ist aus ihrer Sicht überfällig – das würden aber viele Kollegen nicht sehen und die Bedeutung wäre durch die Geschäftsleitung auch kaum kommuniziert worden. Angesichts der knappen Personalsituation ist es aus ihrer Sicht daher kein Wunder, dass die Projektarbeit keinen hohen Stellenwert einnimmt. Sie sieht Kramer als sehr engagiert, aber unerfahren. Er würde häufig Dinge voraussetzen, die für die Produktionsmitarbeiter nicht selbstverständlich wären. So hätten einige zu Hause noch nicht einmal einen Computer oder würden ihren PC höchstens zum Surfen und Spielen nutzen, was für Kramer bestimmt kaum vorstellbar wäre. Der zunehmende Druck in der letzten Zeit hätte das Problem verschärft, da er jetzt mehr Mails schreiben würde, statt persönlich auf die Leute zuzugehen. *„Wahrscheinlich möchte er sich so absichern“*, vermutet sie. Sie stellt auch noch fest, dass die Rolle von Herrn Kramer nicht klar kommuniziert wurde – es sei für die Belegschaft (und auch wohl für ihn) unklar, was er entscheiden dürfe.

Aufgaben

Analysieren Sie den Fall.

1. Welche Gründe gibt es für die Problematik? Durchleuchten Sie insbesondere die Rolle der Geschäftsführung und des Assistenten vor dem Hintergrund des beschriebenen Unternehmens.

2. Was würden Sie aus Sicht von Marius Wilms kurzfristig in dieser Situation empfehlen, um den Veränderungsprozess in die gewünschte Richtung zu beeinflussen?

3. Was sollte aus Ihrer Sicht langfristig verändert werden, damit eine ähnliche Situation nicht noch einmal passiert?

TEIL C

Fallstudien

C.1 Handel und Dienstleistungen 169

C.2 Industrie 217

C.3 Gesundheitsbranche und Non-Profit-Organisationen .. 257

C.4 Internationale Fälle 279

Fallstudien

C.1 Handel und Dienstleistungen

C.2 Industrie

Handel und Dienstleistungen

C.1

C.1.1 „Take it“ or leave it – Welche Werte zählen? 170
C.1.2 Chance auf die 1a-Lage – Wie gelingt die Neuausrichtung des Teams? 174
C.1.3 Das City-Kaufhaus Brunnwerder – Wie geht's weiter nach der Übernahme? 180
C.1.4 Alles in Ordnung bei numbers & more – 360° im Blick? 191
C.1.5 Der Vertriebsspezialist – Personalbeschaffung als Belastungsprobe 197
C.1.6 Die ersten 100 Tage – Herausforderungen im Verlag 208
C.1.7 Die Königskinder – Unzufriedenheit im Vertriebsinnendienst 212

ÜBERBLICK

C.1.1 „Take it" or leave it – Welche Werte zählen?

Nicole Böhmer und Heike Schinnenburg

Wie soll die Vergütung in verschiedenen Berufsgruppen aussehen? „Verdienen die Mitarbeiter, was sie verdienen?" Eine „richtige" Antwort auf diese Frage gibt es sicherlich nicht. Es scheint jedoch festzustehen, dass einige Menschen mit jedem Euro, den sie verdienen, ein Vielfaches hiervon an gesellschaftlichen Werten schaffen – oder auch zerstören. Schon dieser Teil des „Social Return on Investment" (SROI) kann kontrovers diskutiert werden. Im Personalmanagement eröffnet sich daneben noch eine Vielzahl weiterer Wertediskussionen. Einige wurden in den letzten Jahren auch von der Politik aufgenommen und führten zu Gesetzesinitiativen. Der im Arbeitnehmerüberlassungsgesetz (AÜG) festgelegte Mindestlohn für die Zeitarbeit ist ein Ergebnis dessen.

Fallstudie

„Wie ihr es immer dreht und immer schiebt – erst kommt das Fressen, dann die Moral" – dieser Ausspruch des Gaunerchefs Mackie Messer aus Brechts Dreigroschenoper blieb Leon Mehring noch lange im Kopf, nachdem er das Theater verlassen hatte. Obwohl er sich sehr auf die Aufführung gefreut hatte, war er gedanklich immer wieder abgeschweift: Das heutige Gespräch mit dem Personalleiter Peter Breitmann von „Take it" hatte ihn auch nach zehn Stunden im Unternehmen nicht loslassen wollen. Wie jeden Dienstag hatten sie sich zu ihrem Jour fixe getroffen. Nachdem sie die üblichen Themen aus dem Tagesgeschäft abgestimmt hatten, war Herr Breitmann auf ein lukratives Geschäft zu sprechen gekommen. Dieses beinhaltete, dass Leon ein Zeitarbeitsunternehmen gründete und als ersten Hauptkunden die neuen XL-Filialen von „Take it" mit Personal versorgte.

„Take it" war eine Bekleidungseinzelhandelskette, die das untere Preissegment bediente. Bundesweit war das Unternehmen in den letzten fünfzehn Jahren von fünf auf 1.200 Niederlassungen angewachsen. Jährlich kamen etwa 75 Filialen dazu. Bislang waren die Filialen jeweils etwa 200 bis 300 qm groß. Im letzten Jahr hatte die Geschäftsführung eine neue Unternehmensstrategie entwickelt. Aufgrund der höheren Sensibilität der Öffentlichkeit für die Produktionsbedingungen in der Textilindustrie sah diese vor, stufenweise den Anteil von Baumwollbekleidung aus kontrolliert biologischem Anbau zu erhöhen. Außerdem sollte sich das Unternehmen auf Ladenlokale zwischen 400 und 600 qm konzentrieren. Darin würden dann „XL-Stores" entstehen, die gleichzeitig die Schließung der vorherigen, kleinen Läden im gleichen Stadtteil bedingten. Mit der neuen Strategie ging die Idee einher, die Personalkosten zu senken und die Flexibilität zu erhöhen. Den Mitarbeitern der ehemaligen, kleinen Filialen sollte betriebsbedingt gekündigt werden. Gleichzeitig bestand dann für sie die Möglichkeit, in einem Zeitarbeitsunternehmen wieder angestellt zu werden. Selbstverständlich galten dort nicht die Tariflöhne des Einzelhandels, sondern die der Zeitarbeit. Ersparnisse waren dort vor allem durch die geringere Anzahl von Urlaubstagen und teilweise veränderte Eingruppierung der Mitarbeiter ohne Einzelhandelsausbildung – das betraf die meisten Mitarbeiterinnen – zu realisieren.

Da Leon bei den täglichen Aufgaben als Teamleiter Personaleinsatz Vorstellungs- und Mitarbeitergespräche in den Filialen führte, hatten ihm diese Pläne bereits zu denken gegeben. So hatte er Einblick in die täglichen Nöte der Mitarbeiter und in die bereits jetzt geringe Vergütung. Im Unternehmen gab es bislang keinen Betriebsrat, was wohl auch auf die abwehrende Haltung der Geschäftsführung zurückzuführen war. Leon wusste aber, dass die neue Strategie aufgrund der schon bestehenden Unzufriedenheit vieler Mitarbeiter diese Situation schnell ändern könnte.

So hatte er erst gestern ein Gespräch mit Kathrin Funke (Filiale Westerfeld, Marienstadt) geführt. Die alleinerziehende Mutter zweier Kinder (acht und zehn Jahre) war gelernte Arzthelferin und hatte nach ihrer Scheidung keinen Einstieg mehr in ihren erlernten Beruf gefunden. Frau Funke war eine sehr patente Frau, die sich schnell in das Modegeschäft eingearbeitet hatte. Allerdings war es für sie schwierig, ständig kurzfristig in der Filiale einzuspringen, weswegen es oft Reibereien mit Frau Klenker, der Filialleiterin, gab. Leon wusste, dass es für die Filialleitungen tatsächlich nicht einfach war, die Filialen mit dem knappen Personalbudget gut zu führen. Jede Filiale war daher darauf angewiesen, mit sehr flexiblen Leuten zu arbeiten. Gerade für Mitarbeiterinnen mit kleineren Kindern war dies aber oft schwierig, da sie mehr Planungssicherheit benötigten. Frau Funke hatte sich daher bei Leon über Frau Klenker beschwert und gefragt, ob sie eventuell in einer anderen Filiale arbeiten könnte. Sie würde in der Zwischenzeit schon zusammenzucken, wenn ihr Telefon läute und hätte immer Angst, sie müsse wieder völlig ungeplant einspringen. Es wäre ohnehin so, dass die Einsatzpläne immer unregelmäßiger würden. Leon hatte ihr versprochen, die Personalsituation der anderen Filialen in Marienstadt zu prüfen. „Es war ärgerlich“, dachte er. Kathrin Funke hatte er selbst eingestellt und er wusste, dass sie das Geld dringend brauchte. Eine Reduzierung ihres Einkommens würde für sie bedeuten, dass sie zusätzlich auf staatliche Leistungen angewiesen wäre, weil Einkommen und Kindesunterhalt nicht reichen würden.

„Ein typischer Fall“, dachte Leon. Er hatte schon vielen Mitarbeiterinnen bei „Take it“ eine Chance gegeben, sich nach längerer Elternzeit oder auch aus der Arbeitslosigkeit heraus in die Modebranche einzuarbeiten. Die Aufgabe selbst machte den meisten auch Freude, das wusste er aus den vielen Gesprächen in den Filialen. Am Anfang freuten sich alle über den Job. Das knappe Gehalt und der zunehmende Kostendruck mit dünner Personalbesetzung in dieser personalintensiven Branche führten jedoch zunehmend zu Überlastungen und Frustrationen bei den Mitarbeitern. Neue Mitbewerber im Niedrigpreissektor des Textileinzelhandels verschärften die Situation zusätzlich, weil der Preisdruck immer weiter zuzunehmen schien.

Leons Gedanken schweifen zurück zu seiner eigenen Situation: Bislang hatte er sich auch deshalb für seine Aufgabe begeistern können, weil er so „seinen Mitarbeiterinnen“ zur Seite stehen konnte. Durch die Netzwerke, die er mittlerweile in der Zentrale hatte, gelang es ihm oftmals, bei Veränderungsprozessen die Arbeitsbedingungen in den Filialen zumindest nicht noch weiter abrutschen zu lassen. Nun sollte er als zentraler Treiber der neuen Strategie mitwirken, die die Situation der Mitarbeiterinnen weiter verschlechtern würde. Herr Breitmann hatte ihm bereits einen rudimentären Business Plan mitgegeben, damit er diesen für sich prüfen könnte. Er hatte Zeit bis Ende des Monats, um sich zu überlegen, ob er das Zeitarbeitsunternehmen gründete und künftig für sein eigenes Unternehmen tätig war.

Die Zahlen sahen für „Take it“ sowie für das neue Zeitarbeitsunternehmen auf den ersten Blick sehr verlockend aus. Nach dem Ende seines Studiums vor fünf Jahren hätte er sich ein potenzielles Jahreseinkommen von mehr als 150.000 Euro zumindest nicht so schnell vorgestellt. Das Risiko der Selbstständigkeit schien gegenüber dem deutlichen Einkommenszuwachs überschaubar, zumal er die Geschäftspartner in seiner zweijährigen Teamleiter-Aufgabe bei „Take it“ gut kennengelernt hatte. Für die ersten zwei Jahre wurde ihm außerdem ein Mindestauftragsvolumen von „Take it“ zugesichert. „Take it“

würde ihm sicher nicht so entgegenkommen, wenn das Vorhaben nicht attraktiv wäre, dachte er und nahm sich vor, die üblichen Stundenaufschläge für die Personaldienstleistung und Risikoübernahme gründlich zu recherchieren.

Es gab auch bereits ein Vorgängermodell. Kurz nachdem er ins Unternehmen gekommen war, hatte „Take it" die Payroll-Prozesse outgesourct. Der ehemalige Teamleiter Gehaltsabrechnung, Carsten Stark, hatte sich sehr erfolgreich damit selbstständig gemacht. Jetzt kam er als Dienstleister regelmäßig vorbei, um sich der Zufriedenheit seines größten Kunden zu versichern und die Service Level Agreements gegebenenfalls anzupassen. Oft gingen sie danach einen Kaffee trinken und Carsten entwickelte sich immer mehr zum Lebemann mit gebräunter Haut von den vielen Stunden auf dem Golfplatz. Leon bewunderte Carsten insgeheim, weil er das neu übernommene Risiko der Selbstständigkeit scheinbar spielerisch schulterte – und zwar offensichtlich sowohl mit mehr Freizeit als auch mit gutem Einkommen. Zwischenzeitlich hatte Leon überlegt, dass er vielleicht die gleiche Chance gehabt hätte, wenn er einige Jahre früher zu „Take it" gekommen wäre.

Er dachte an seinen Studienabschluss zurück; damals hatten sie als erster Jahrgang seiner Hochschule einen Eid auf Ehrbarkeit, Nachhaltigkeit und Verantwortung für die Gesellschaft geschworen beziehungsweise unterschrieben:

- *Ich werde stets mit größter Rechtschaffenheit handeln und in meiner Arbeitsweise ethischen Prinzipien treu bleiben.*
- *Ich werde mein Unternehmen nach bestem Gewissen führen und mich vor Entscheidungen und Verhalten hüten, die lediglich meinen eigenen egoistischen Zielen dienlich sind, aber dem Unternehmen und seinen Mitarbeitern Schaden zufügen.*
- *Ich werde alle Gesetze und Verträge einhalten, die mein persönliches Verhalten und das meines Unternehmens betreffen.*
- *Ich werde die Interessen meiner Kunden, Mitarbeiter, Aktionäre und des Unternehmensumfeldes sichern.*
- *Ich werde mich selbst beruflich weiterentwickeln und auch die berufliche Entwicklung mir unterstellter Manager fördern, damit meine Profession weiter wächst.*
- *Ich werde danach streben, weltweiten nachhaltigen ökonomischen, sozialen und ökologischen Wohlstand zu schaffen.*
- *Ich übernehme volle Verantwortung für meine Handlungen und präsentiere Unternehmensleistungen und Unternehmensrisiken akkurat und wahrheitsgerecht.*
- *Ich erkenne meine Rechenschaftspflicht gegenüber anderen Absolventen an, nach diesem Eid zu handeln und erkenne ihre Verantwortung mir gegenüber an, selbiges zu tun.*[1]

Seinerzeit war er nicht nur von diesen Werten überzeugt, sondern auch davon, diesen jederzeit treu bleiben zu können. Gerade mit dem ersten unterschriebenen Arbeitsvertrag als Personalreferent bei einem renommierten Lebensmittelkonzern, der bereits seit Jahren CSR-Berichte (Corporate Social Responsibility) veröffentlichte, schien das Berufsleben sich nach seinen Idealen und Wünschen zu entwickeln. In den letzten Jahren war der Idealismus allerdings vom Tagesgeschäft in den Hintergrund gedrängt worden: Schon in den ersten Monaten seines Berufslebens war ihm klar geworden, dass CSR im Hause des Lebensmittelkonzerns von vielen Führungskräften eher belä-

1 In Anlehnung an Harvard Business School, zitiert nach Gloger 2010, S. 21.

chelt wurde. Es war nicht einfach, die Säulen Ökonomie, Ökologie und Soziales gleichermaßen zu verfolgen. Aber seine Aufgabe hatte ihm Spaß gemacht.

Nach drei Jahren hatte er das Gefühl gehabt, sich auf der Stelle nicht mehr weiterentwickeln zu können und den Wechsel in die erste Führungsaufgabe bei „Take it" gewagt. Die völlig andere Unternehmenskultur im Einzelhandel und besonders die Art der Mitarbeiterführung, die nicht so recht zu seinem eigenen Menschenbild zu passen schien, hatten ihn zunächst unvermittelt getroffen, doch mit der Hilfe von Herrn Breitmann hatte er sich schnell eingefunden. Inzwischen schätzte Leon die oft hemdsärmlige und direkte Kultur im Unternehmen. Überhaupt war Leon Herrn Breitmann dankbar, denn er hatte sich stets wie eine Art informeller Mentor ihm gegenüber verhalten. Genau auf diese Beziehung hatte Breitmann heute Morgen angespielt, als er Leon ausdrücklich bat, die Annahme des Angebots ernsthaft zu bedenken.

Am nächsten Morgen fuhr Leon zum Flughafen, um nach München zu einer Fachtagung über HR-PR und CSR im HR-Bereich zu fliegen. Ob er den ersten CSR-Bericht von „Take it" noch fertig stellen würde? In den letzten Wochen hatte sein Team mit den Recherchen begonnen und viele Aspekte gefunden, die in den Bereich „offen kommunizierte Mängel" passen würden. Herr Breitmann war von der ersten Fassung wenig begeistert gewesen und meinte, es wäre unklug, den Bericht so dem Vorstand vorzulegen. Dabei hatte er ihn ursprünglich gebeten, möglichst objektiv an die Recherche zu gehen

Zugegeben, so richtig zufrieden hatten Leon die Ergebnisse der Recherche auch nicht gemacht. Wie schon so oft hatte er festgestellt, dass seine beiden Personalreferenten nicht das richtige Handwerkszeug für derartige Mini-Projekte mitbrachten. Die Ergebnisse waren in der Regel oberflächlich. Auch in der Gesprächsführung, zum Beispiel bei Vorstellungsgesprächen, stellte er immer wieder fest, dass gerade Marlies Ballhof sich dabei nicht wohl fühlte. Er hatte versucht sie zu coachen, aber sie schien sich – ebenso wie ihr Kollege Martin Flame – eher in Routineaufgaben zuhause zu fühlen. Relikte aus der Zeit seiner Vorgängerin? Oder einfach das Ergebnis, dass beide intern nach ihrer Ausbildung im Einzelhandel im Personalbereich eingearbeitet wurden und bisher wenig Fortbildung für den Personalbereich bekommen hatten? Er war sich nicht sicher: Immer wenn er ansetzte, die beiden in eine andere Aufgabe hinein zu entwickeln, war der Prozess eher mühsam. Martin Flame hatte sich sogar bei Herrn Breitmann dahingehend geäußert, dass er mit Aufgaben betraut wurde, die doch eher der Teamleiter selbst erledigen sollte. Breitmann hatte Leon darauf angesprochen und gemeint, er solle sich stärker um den „Kernbereich" kümmern und die beiden jungen Personalreferenten nicht verunsichern. Zunehmend stellte Leon fest, dass auch die Qualität seiner Arbeit nicht dem entsprach, was er von sich selbst erwartete.

Seine Gedanken schweiften weiter. Als er das letzte Mal zum Flughafen gefahren war, hatte er gehofft, drei erholsame Wochen auf Mallorca mit seiner Freundin Maren zu verbringen. Seit seinem Wechsel zu „Take it" hatten sie eine Wochenendbeziehung geführt und etwas gemeinsame Zeit dringend nötig gehabt. Maren hatte das genauso gesehen wie er. Am dritten Abend hatte sie ihm dann von ihrem Wunsch erzählt, jetzt, mit Anfang 30, eine Familie zu gründen. Er war wie vor den Kopf geschlagen gewesen, da die Idee, Kinder zu haben, für ihn nach wie vor in die weite Zukunft gehörte. So hatten sie sich an dem Thema immer mehr aufgerieben und schließlich drei Monate später getrennt. Seither versuchte er, sich in Marktbrück, der Kleinstadt, in der die Zentrale von „Take it" angesiedelt war, ein soziales Umfeld aufzubauen. Auf dem regionalen Personalleiterstammtisch hatte er kürzlich Annette Kurz kennengelernt. Sie war nach dem Studium in die Geschäftsleitung des elterlichen Mittelstandsunternehmens eingestiegen und hatte dort einen Aufgabenschwerpunkt im Personalbereich. Seit einem Monat verbrachten sie am Wochenende viel Zeit zusammen. Durch ihre gemeinsamen Aktivitäten hatte er die schönen Seiten der Region besser kennengelernt.

Annette würde am Freitagabend auch nach München kommen. Gemeinsam würden sie über das Wochenende dort bleiben. Er freute sich daher besonders auf die Zeit. Außerdem lebten einige alte Studienfreunde in München, mit denen er sich schon für heute Abend verabredet hatte. Er wollte seine Situation mit den Freunden diskutieren. Danach würde er sich seine nächsten Schritte überlegen. Eines war klar: Wenn es ums Einkommen ging, würden sie ihm zur Selbstständigkeit raten. Schon bei seinen letzten Besuchen hatte ihn beeindruckt, wie viel die anderen in München verdienten und welche Boni sie jährlich erhielten.

Aufgabe

Sie sind Leon Mehring. Was tun Sie und warum?

Literaturempfehlung:

Gloger, A.: Phrasen mit Perspektive. In: ManagerSeminare, 1, 2010, S. 18-23.

C.1.2 Chance auf die 1a-Lage – Wie gelingt die Neuausrichtung des Teams?

Heike Schinnenburg und Dirk Funck

Expansionen sind in manchen Branchen vor allem durch Übernahmen bestehender Unternehmen möglich. So gibt es zum Beispiel für den Einzelhandel nur sehr begrenzt Top-Lagen (1a) mit der entsprechenden Kundenfrequenz, die gerade für Mittelständler zudem nur schwer zu bezahlen sind. Die Übernahme eines Mitarbeiterstamms alteingesessener Unternehmen stellt Erwerber oft vor erhebliche Herausforderungen. So ist zu prüfen, ob das geplante Konzept mit den Mitarbeitern – die häufig unter völlig anderen Rahmenbedingungen gearbeitet haben – überhaupt realistisch umsetzbar ist beziehungsweise was zu tun ist, um die Neuausrichtung vorzunehmen. Auch die Qualifikation des Teams sowie das Gehaltsgefüge im Vergleich zum Stammunternehmen spielen eine gewichtige Rolle bei der Frage, ob und wie eine Übernahme sinnvoll ist.

Fallstudie

„Überlegen Sie es sich", meinte Herr Kramberg verschmitzt, *„die Gelegenheit, eine 1a-Lage zu diesen Bedingungen zu bekommen, gibt es nur einmal im Leben. Ich lege Ihnen gerne alles offen, was Sie brauchen."* Er verabschiedete sich aus der Runde, die sich beim Netzwerk „Business Talk" einmal im Monat im örtlichen Einzelhandelsverband traf. Rabea Marrek schaute ihm sprachlos nach.

Vor zwei Jahren hatte sie sich mit einem Geschäft für liebevoll ausgewählte Geschenkartikel selbstständig gemacht, obwohl ihr viele abgeraten hatten. Rabea bewies aber den Skeptikern innerhalb kurzer Zeit, dass sie über das richtige Gespür für Trends und auch über kaufmännisches Geschick verfügte. Bereits nach einem halben Jahr eröffnete sie in der Nachbarstadt eine Filiale. Beide Geschäfte liefen hervorragend und die insgesamt sechs Mitarbeiter brachten mit Begeisterung neue Ideen ein. Rabea suchte nun schon seit einem knappen Jahr einen Standort in bester Innenstadtlage. Sie hatte sich ausgerechnet, dass sie bei circa zehn Läden innerhalb der Region langfristig die besten Synergieeffekte erzielen könnte und auch deutliche Einkaufsvorteile zu generieren wären. Allerdings gab es kaum freie und bezahlbare Ladenflächen, die für sie passten. Jetzt schien dieser Traum Wirklichkeit werden zu können. Herr Kramberg führte in Holtenstedt, Rabeas Heimatstadt, ganz in der Nähe ihrer beiden Läden ein alteingesessenes Geschäft für Glas, Porzellan und Keramik (GPK) und Geschenkartikel. Die Verkaufsfläche war mit 250 qm allerdings mehr als doppelt so groß wie die beiden bisherigen Geschäfte von Rabea. Hinzu kamen noch Nebenflächen für Büro und ein Handlager von insgesamt rund 50 qm.

Herr Kramberg suchte schon seit ein paar Jahren einen geeigneten Nachfolger, da er sich mit seinem Sohn zerstritten hatte. Alexander Kramberg arbeitete bereits seit drei Jahren in einem Warenhaus in München und hatte kaum noch Kontakt zu seinem Vater – das wusste Rabea von ihrer Mutter, die über die Holtenstedter Verhältnisse stets auf dem Laufenden war.

Am nächsten Tag schaute sie sich das Geschäft persönlich an. Die Immobilie gehörte Herrn Kramberg, der ihr die Räume für die nächsten 5 Jahre zur sehr günstigen Monatsmiete von 11 €/qm zzgl. 2 €/qm Nebenkosten vermieten wollte, wenn sie im Gegenzug seine fünf Mitarbeiterinnen übernehmen würde. Rabea kannte den aktuellen Mietspiegel; normalerweise war es kaum möglich, in dieser Lage und Qualität etwas Vergleichbares unter 22 €/qm zu bekommen. „Der Laden machte einen guten Eindruck“, dachte sie, als sie die Jugendstil-Fassade anschaute. Etwas „angestaubt“, aber solide und eher hochwertig.

Der Gesamteindruck war geprägt von den Traditionsmarken der Branche. Die Warenpräsentation war überwiegend nach Marken ausgerichtet, gut strukturiert und besser als erwartet. Die Dekoration wirkte überraschend ansprechend und mit vielen Details liebevoll abgerundet. Geführt wurden insbesondere die Warengruppen GPK (alles rund um den gedeckten Tisch) und Haushaltwaren (Küchenutensilien rund ums Kochen und Backen). Hinzu kam ein vergleichsweise kleines Angebot an Geschenkartikeln. Rabea entdeckte hier eher die Standard-Importware des Einkaufsverbands, die es in vergleichbarer Form auch in den Kauf- und Warenhäusern und bei den Möbelhäusern zu kaufen gab.

Herr Kramberg selbst war nicht da, so dass Rabea die Nachfrage der Verkäuferin mit einem lächelnden „Ich möchte mich nur umschauen“ beantworten konnte und in Ruhe durch den Verkaufsraum schlenderte. Die vier Mitarbeiterinnen, die sie im Geschäft beobachtete, machten zwar einen kompetenten Eindruck, aber mit Rabeas Leuten, die die Begeisterung aus jeder Pore ausstrahlten, hatten sie wenig gemeinsam. Es gibt mehr Mitarbeiterinnen als Kunden, dachte Rabea kritisch. Sie beobachtete, dass eine circa fünfzigjährige Mitarbeiterin für eine Kundin Ware aus den Nebenräumen holte. Vor ihrem inneren Auge sah sie bereits ein vollgestelltes Lager, in dem Warenüberhänge aus mehreren Saisons ihr verstaubtes Dasein fristeten.

Dennoch: Die Lage war exzellent. Das Geschäft lag nicht zu weit von ihren bisherigen entfernt, aber eine Kannibalisierung war aufgrund des unterschiedlichen Einzugsgebietes nicht zu befürchten. Und es war ihr nach der Suche der letzten Monate sofort klar, dass sie etwas Ähnliches kaum bekommen würde und bezahlen könnte! Allerdings war die Fläche zu groß, um hier ausschließlich ihr Geschenkartikelsortiment anzubieten. Rebea überlegte aber schon länger, ihr aktuelles Konzept zu erweitern und um arrondierende Warengruppen zu ergänzen. Insbesondere Papeterieartikel wie Grußkarten und Geschenkverpackungen sowie eine kleine Lederwarenabteilung mit modischen Handtaschen und Accessoires konnte sie sich gut vorstellen. Die Themen „Kochen“, „Backen“ und „gedeckter Tisch“ würden sich darin auch integrieren lassen. Hier müsste das Sortiment aber einerseits reduziert und andererseits trendiger werden. Außerdem wäre das Konzept stärker auf Impulskäufe ausgerichtet und benötigte deutlich weniger Beratung als ein traditionelles GPK-Geschäft. „Mit zwei Vollzeit-Mitarbeitern und ein paar flexiblen, engagierten Aushilfen müsste ich vielleicht auskommen“, dachte sich Rabea. Vor allem war die Idee bestechend, dass bei Urlaubszeiten gegebenenfalls auch die Mitarbeiter einer Filiale in den anderen aushelfen konnten. Ihr Handy klingelte und Rabea zog sich in die Ecke mit den Grillgeräten zurück. *„Hallo Iris“*, meldete sie sich. Ihre Mitarbeiterin Iris führte die Filiale Schwabach-Ülzen mit großem Engagement. *„Hallo Rabea, gut, dass ich dich erreiche. Leider musste ich gerade Anja nach Hause schicken. Die ist wirklich krank, auch wenn sie meinte, es ginge schon. Und Marlene schreibt morgen Klausur, die kann leider nicht einspringen.“* Rabea überlegte und meinte: *„Klasse, dass du schon alles probiert hast. Schaffst du es bis mittags allein? Dann würde ich nachmittags dazu kommen.“ „Ja, klar, danke dir!“*, kam erleichtert zurück. „So schnell geht mir ein Nachmittag für die Buchhaltung verloren“, dachte Rabea, „das muss ich langfristig auch anders lösen.“

Am nächsten Morgen verabredete sie zusammen mit ihrem Steuerberater Timo Jung, den sie noch von der Schule kannte, einen Termin mit Herrn Kramberg. In der Besprechung bestätigten sich ein paar Tage später ihre ersten Vermutungen: Die Kosten lagen – typisch für ein alteingesessenes GPK-Geschäft – deutlich über dem Wert, der Rentabilität versprach (s. u.). Vor allem die eigene Immobilie hatte diese Situation verschleiert, da Herr Kramberg keine Eigenmiete berechnet hatte. Dem Inhaber war die Situation durchaus bewusst, er zeigte aber deutlich die Potenziale auf, die an diesem Standort für Rabea bestanden.

Ihm selbst lagen vor allem die Mitarbeiterinnen am Herzen, von denen die ersten drei ein „eingeschworenes Team“ darstellten, so Herr Kramberg. Er hatte seinen Mitarbeiterinnen auch bereits mitgeteilt, dass er nun in Ruhe einen guten Nachfolger beziehungsweise eine gute Nachfolgerin suchen würde und sie sich keine Sorgen machen müssten. Den Einkauf hatte Herr Kramberg nach dem Tod seiner Frau selbst übernommen; die Buchhaltung wurde überwiegend vom Steuerberater erledigt. Stolz berichtete er, dass er stets über Tarif bezahlt hatte und auch jede Mitarbeiterin ein 13. Monatsgehalt als Weihnachtsgeld bekam.

Das Team bestand aus folgenden Mitarbeiterinnen:

- Als 1. Verkäuferin und Vertreterin des Inhabers arbeitete zunächst *Gertrud Pelzke* im Geschäft. Herr Kramberg wies darauf hin, dass sie im örtlichen Tennisverein aktiv war und jeden in Holtenstedt kannte. Frau Pelzke hatte sich früher viel um den kleinen Alexander gekümmert, als Krambergs Frau Maria schwer krank wurde und dann an einer Krebserkrankung starb. Sie war 49 Jahre alt, hatte bei Kramberg gelernt und arbeitete nun seit 33 Jahren im Unternehmen. Sie hatte nach und nach auch Buchhaltungsaufgaben übernommen und kannte die Zahlen des Unternehmens. Ihr wurde von Kramberg mehr oder weniger versprochen, dass sie ihre Position auch bei einem Nachfolger behalten würde. Rabea erinnerte sich an die schlanke Frau mit dem Kurzhaarschnitt und der Lesebrille an einer goldenen Kette, die hinter der Kasse stand und Listen prüfte. Sie war auch überrascht, als sie das Gehalt sah: Frau Pelzke verdiente 2.700 Euro brutto und somit circa 300 Euro über dem Durchschnitt einer 1. Verkäuferin.

- *Gabriele Müller*, 62 Jahre, arbeitete seit 22 Jahren bei Kramberg und kümmerte sich vor allem um den Bereich Haushaltswaren, da sie ihre Ausbildung bei einem Markenhersteller absolviert hatte. Sie kam Montag und Mittwoch bis Freitag sowie drei Samstage im Monat. Herr Kramberg beschrieb sie als sehr zuverlässig und loyal. Ihr Mann führte ein kleines Restaurant, das Dienstag seinen Ruhetag hatte – daher wurde diese Regelung getroffen. Frau Müller bekam 2.400 Euro brutto (circa 200 Euro mehr als üblich). Herr Kramberg wusste, dass Frau Müller durchaus gerne vorzeitig in den Ruhestand gehen würde, da ihre Tochter Ende des Jahres das Restaurant übernehmen würde. Mit ihrem Mann wollte Gabriele dann den Ruhestand genießen und eventuell noch etwas als Aushilfe arbeiten.
- *Irmgard Kerlich*, 42 Jahre, gelernte Einzelhandelskauffrau, wies eine Betriebszugehörigkeit von 19 Jahren auf. Sie arbeitete Dienstag bis Freitag und jeden zweiten Samstag. Rabea schüttelte den Kopf, als sie diese arbeitsvertraglich fixierte Regelung aufschrieb. Frau Kehrlich kümmerte sich vor allem um Warenpräsentation und hatte – so Kramberg – ein geschicktes Händchen für die Tischdekoration. Sie gab neben ihrer Arbeit montags noch Kurse zur Tischdekoration an der Volkshochschule. Bei Kramberg verdiente sie 2.307,69 Euro. Herr Kramberg erklärte die Gehaltsentwicklung mit der Situation, dass Frau Kehrlich vor 15 Jahren – als das Geschäft noch deutlich profitabler war – ein Angebot eines Filialisten vorgelegt hatte, der sie wegen ihrer guten Dekoration abwerben wollte. Herr Kramberg hatte es als eine Frage der Ehre angesehen, Frau Kehrlich zu behalten und meinte: *„Dem habe ich es gezeigt. Einfach meine Mitarbeiterin abwerben! Das lasse ich mir nicht bieten.“* Die Gehaltserhöhung war dann in den kommenden Jahren einfach fortgeschrieben worden. Außerdem war auch Frau Müller damals gehaltlich angepasst worden, um Unfrieden zu vermeiden.
- *Marianne Al-Tahedi* war 40 Jahre alt und hatte einen zweijährigen Sohn. Sie war ursprünglich Friseurin, hatte den Beruf aber aufgrund einer Allergie aufgeben müssen. Durch ein Praktikum mit Lohnkostenzuschuss der Bundesagentur für Arbeit kam sie vor 4 Jahren zu Kramberg. Als eine andere Mitarbeiterin in den Ruhestand ging, wurde sie fest übernommen. Der Inhaber erzählte, dass sie auf die halbe Stelle dringend angewiesen war, da ihre Ehe mit einem achtundzwanzigjährigen Ägypter (den sie im Urlaub kennengelernt hatte) kurz nach der Geburt des Kindes auseinander ging. Frau Al-Tahedi arbeitete jeden Tag von 10-14 Uhr und wechselte sich samstags mit Frau Kerlich ab – dafür wurde dann ein freier Tag nach Absprache gewährt. Zur Leistung äußerte sich Herr Kramberg eher ausweichend und meinte, sie wäre schon „in Ordnung“. Sie verdiente 1.100 Euro brutto pro Monat.
- *Jessica Friese* war mit ihren 23 Jahren die Jüngste im Team und auch die letzte Auszubildende bei Kramberg. Sie war offenbar ehrgeizig und hatte erst kürzlich als einzige Mitarbeiterin eine nebenberufliche Fortbildung zur Handelsfachwirtin abgeschlossen. „Aus den Anmerkungen von Herrn Kramberg ließ sich erahnen, dass die junge Mitarbeiterin mit ihren Verbesserungsvorschlägen, die sie aus ihrer Fortbildung mitbrachte, bei Herrn Kramberg und Frau Pelzke häufig „aneckte““, dachte Rabea. Herr Kramberg drückte es so aus: *„Das ist ein motiviertes junges Mädchen. Ihr fehlt natürlich noch die Erfahrung und sie ist dann manchmal sehr enttäuscht, wenn sich Dinge nicht so umsetzen lassen. Wir haben ja auch unseren Kundenstamm, der es sehr schätzt, wenn nicht ständig alles geändert wird.“* Frau Friese kam sehr flexibel und arbeitete abends noch zwei Tage in der Woche als

Reitlehrerin. Sie war für eine halbe Stelle übernommen worden, als Frau Al-Tahedi im Mutterschutz war und Elternzeit geplant hatte. Sie verdiente 900 Euro brutto im Monat und wohnte derzeitig noch bei ihren Eltern im ausgebauten Dachgeschoss. Sie hatte aber schon zweimal bei Herrn Kramberg angefragt, ob es Perspektiven auf eine Vollzeitstelle mit mehr Verantwortung gäbe.

Rabea bedankte sich für das offene Gespräch und versprach, sich alles sehr kurzfristig durch den Kopf gehen zu lassen. Sie verabredeten, sich in drei Tagen wieder zu treffen.

Im Eiskaffee um die Ecke bestellte sich Rabea ihren Lieblingseisbecher und zog zusammen mit Timo Jung ein erstes Resümee. Aus Sicht ihres Steuerberaters war die Finanzierung zumindest kein Problem, wenn sie es schaffte, den Personalkostenanteil bezogen auf den Nettoumsatz zumindest auf 17 Prozent zu senken. Timo schaute auf seine Zahlen und zuckte die Schultern: *„Da musst du eben noch hart verhandeln. Für das Gesamtpaket wird Herr Kramberg so keinen Nachfolger finden – das weiß er auch."* Insgesamt schien sich im Geschäft in den letzten Jahren kaum etwas geändert zu haben. Offenbar hatte Kramberg lange gehofft, das Familienunternehmen doch an den Sohn übergeben zu können. Rabeas Mutter hatte erzählt: „Wer etwas auf sich hielt, ging früher zu Kramberg." „Aber diese Zeiten", dachte Rabea, „waren lange vorbei." Die Mitarbeiterinnen waren zwar loyal und engagiert – aber würden sie eine Neuausrichtung positiv mittragen und gestalten? Dafür musste ihr noch einiges einfallen...

Aufgabe

Stellen Sie sich vor, Sie sind Rabea. Wie würden Sie vorgehen?

Literaturempfehlungen:

Krüger, W. (Hg.): Excellence in Change. Wege zur strategischen Erneuerung. 4. Aufl., Wiesbaden: Gabler 2009; insbesondere hierin Bach, N.: Einstellung und Verhalten der betroffenen Mitarbeiter, Kap. 5 (S. 193-229); und Brehm, C. R.: Kommunikation im Wandel, Kap. 8 (S. 307-335).

Gutknecht, K.: Handelscontrolling und Kennzahlen. In: K. Gutknecht, J. Stumpf, D. Funck (Hgg.): Erfolgreich im mittelständischen Handel. Erprobte Methoden, Hilfsmittel und Erfolgsstrategien. Wolnzach: Kastner 2010, S. 351-372.

Stumpf, J.: Standortanalyse und Standortstrategien. In: K. Gutknecht, J. Stumpf, D. Funck (Hgg.): Erfolgreich im mittelständischen Handel. Erprobte Methoden, Hilfsmittel und Erfolgsstrategien. Wolnzach: Kastner 2010, S. S. 91-127.

Kennzahl	€	in % v. N.-Ums.	Bemerkung
Bruttoumsatz	**720.000**	**118,0%**	Gegenwert der verkauften Waren und DL
Mehrwertsteuer	109.831	18,0%	Durchschnittswert
Nettoumsatz	**610.169**	**100,0%**	ohne Mehrwertsteuer
Wareneinsatz	360.000	59,0%	schwankt branchenspezifisch stark
Rohertrag	**250.169**	**41,0%**	häufig auch DB I; in %: Abschlagsspanne
Personalkosten	147.076	24,1%	4 Vollzeitkräfte ohne GF
Raumkosten	7.200	1,2%	Nur Nebenkosten; keine Eigenmiete
Werbekosten	15.254	2,5%	
sonstige Kosten	48.814	8,0%	
Kosten gesamt	**218.344**	**35,8%**	
Betriebsergebnis	**31.826**	**5,2%**	
weitere Leistungskennzahlen			
VK-Fläche	250 qm		reine Verkaufsfläche
Nebenräume	50 qm		Büro / Lager etc.
Nebenkosten	2 €		2 €/qm NK pro Monat
MA	4,0		VZ-Basis (3 VZ, 2*0,5), GF ohne Berechnung
Kosten gesamt je MA	36.769 €		Durchschnitt, incl. AG-Nk (ca. 21%)
Umsatz je qm	2.880 €		Basis: Bruttoumsatz
Umsatz je VZK	180.000 €		Basis Bruttoumsatz; TZ-Kräfte anteilig
durchschn. Lagerbest.	225.000 €		(Anfangsbestand + Endbestand) / 2
Lagerumschlag	1,6		Basis: Umsatz zu EK-Preisen (Wareneinsatz)

Tabelle C.1.1: Kennzahlen Kramberg

Zusatzinformationen

Holtenstedt	Kaufkraft je Einwohner		Marktpotenzial	
Einzugsgebiet /Fahrzeit	**10 Min.**	**20 Min.**	**10 Min.**	**20 Min.**
Einwohner	**9.775**	**43.571**	**9.775**	**43.571**
Papier/Büro/Schreibwaren	49,4 €	49,4 €	482.885 €	2.152.407 €
Geschenkartikel	19,3 €	19,3 €	188.658 €	840.920 €
Spielware (inkl. Video)	47,9 €	47,9 €	468.223 €	2.087.051 €
Lederwaren	24,6 €	24,7 €	240.465 €	1.076.204 €
Haushaltswaren/GPK	118,3 €	118,1 €	1.156.383 €	5.145.735 €
Summe "Living" (Geschenkartikel+HH/GPK)	**137,6 €**	**137,4 €**	**1.345.040 €**	**5.986.655 €**
Summe aller Warengruppen	**260 €**	**259 €**	**2.536.613 €**	**11.302.317 €**

Tabelle C.1.2: Kaufkraft und Marktpotenzial

Kennzahlen	GPK	Sport	Damen-oberbekl.	Herrenmodehaus (1.700 qm; 1a-Lage; mittlere Stadt)	Rabea Geschenkartikel (80 qm; Durchschnitt beider Läden)
Personalproduktivität in €/MA	120.000	180.000	150.000	271.000	126.000
Flächenproduktivität in €/qm	2.200	2.200	3.500	4.265	3.370
Handelsspanne (netto)	39,5%	36,0%	36,5%	42,3%	44,7%
Kosten (inkl. kalk. Kosten)	40,4%	34,0%	36,0%	33,5%	42,5%
Personalkosten (ohne GF)	14 - 18%	12 - 15%	13 - 16%	13,0%	8,5%
Gewinn vor Steuern (inkl. kalk. Kosten)	-0,9%	2,0%	0,5%	8,8%	2,2%

Tabelle C.1.3: Benchmark des Einzelhandelsverbandes für die Branchen GPK, Sport und DOB

C.1.3 Das City-Kaufhaus Brunnwerder – Wie geht's weiter nach der Übernahme?

Heike Schinnenburg und Dirk Funck

Sanierungen gehören zu besonderen Herausforderungen im Personalmanagement. Einerseits sind strategische Überlegungen unerlässlich, um für die Zukunft nachhaltig tragfähige Entscheidungen zu treffen – andererseits stehen gleichzeitig dringliche Aufgaben an. So muss im vorliegenden Fall bei der Neuausrichtung eines Kaufhauses unter anderem entschieden werden, ob der bisherige Filialleiter das Potenzial zum Geschäftsführer aufweist. Gleichzeitig gibt es Abwanderungstendenzen wichtiger Leistungsträger des Unternehmens.

Fallstudie

„Die Geschäftsführung von HIGHBOARD hat meinem Vorschlag zugestimmt, Ihnen das Projekt „City-Kaufhaus Brunnwerder" federführend zu übertragen." Adrian von Sommersell schaute Ulf Schrader prüfend an. *„Ich freue mich, dass Ihre guten Leistungen damit gewürdigt wurden und Sie so schnell ein wichtiges Projekt bekommen. Die wesentlichen Unterlagen habe ich Ihnen schon auf den Schreibtisch gelegt. Wie Sie wissen, wurden die Lage des Kaufhauses, die Kaufkraft des Einzugsgebietes und die Mitbewerber gründlich geprüft – die Umsatzprognose und die Gewinnprognose sind positiv, wenn wir die Personalprobleme in den Griff bekommen. Das Haus wird in drei Monaten aus der heutigen Konzernstruktur herausgelöst und an uns übergeben. Der angestrebte Eröffnungstermin soll nach einigen erforderlichen Umbauarbeiten Mitte Oktober sein, damit wir das Weihnachtsgeschäft mitnehmen können. Das Haus bleibt aber während des Umbaus offen. Wir haben also insgesamt sechs Monate Zeit für das Projekt. In zehn Tagen erwarte ich Ihre Empfehlung zur personellen Neuausrichtung des Hauses. Enttäuschen Sie mich nicht."*

Das Telefon klingelte und Ulf Schrader verließ das Büro seines Vorgesetzten. Er summte euphorisch seinen derzeitigen Lieblingssong, hatte aber gleichzeitig ein flaues Gefühl im Magen. Schließlich war es nicht selbstverständlich, bereits 18 Monate nach seinem Masterabschluss und seinem Einstieg bei HIGHBOARD ein solches Projekt leiten zu können. Beim Abschluss des Arbeitsvertrages musste er sich gegenüber ehemaligen Kommilitonen durchaus rechtfertigen, bei einer bekannten Private Equity Firma anzuheuern, erinnerte er sich. Im Zuge der Finanzkrise gab es Tendenzen, alle Wagniskapital-Gesellschaften als „Heuschrecken" in einen Topf zu werfen. Ulf musste sich mehrfach anhören, es ginge ihm wohl nur darum, in kurzer Zeit viel Geld zu verdienen. Dabei hatte es ihn gereizt, marode Unternehmen wieder in die schwarzen Zahlen zu führen und dabei sein gesamtes betriebswirtschaftliches Wissen anwenden zu können. Spannend war zudem, immer wieder neue Branchen kennenzulernen und Potenziale für die Zukunft eines Unternehmens herauszufinden. Überwiegend wurde er aufgrund seiner vertieften Kenntnisse im Bereich HR jedoch bei Personalthemen einbezogen.

Das Kaufhaus in Brunnwerder gehörte ursprünglich zur insolventen „City-Kauf AG" und sollte zunächst mit mehreren Filialen gemeinsam veräußert werden. Dafür hatte sich jedoch kein Interessent gefunden, weil es vielen Standorten an Frequenz und Kaufkraft mangelte. Nun wurden die Häuser einzeln verkauft. Das Haus in Brunnwerder war immer unter den drei produktivsten und rentabelsten Standorten von „City-Kauf" gewesen und trotz des erkennbaren Investitionsstaus handelte es sich um ein vielversprechendes Projekt. HIGHBOARD hatte in einem Bieterwettstreit mit einem deutschlandweiten Drogeriemarktbetreiber und einem lokalen Investor schließlich das Rennen gemacht und den Zuschlag bekommen. Die Personalüberhänge waren im Rahmen der wiederholten Restrukturierungsversuche der „City-Kauf AG" bereits zu großen Teilen abgebaut worden. „Allerdings hieß das nicht unbedingt, dass die richtigen Mitarbeiter übrig geblieben waren", dachte Ulf Schrader.

Als er in sein Büro zurückkam, lag schon eine Notiz seiner Kollegin Nina auf seinem Schreibtisch.

Notiz

Von: Nina

An: Ulf Schrader

Hallo Ulf,

soeben hat der Bürgermeister von Brunnwerder angerufen. Er möchte wissen, wie es nun weitergeht mit dem City-Kaufhaus. Du weißt, es gibt in Kürze Kommunalwahlen. Er hat auch erzählt, dass die Fachhochschule das Gelände der ehemaligen Fischfutterfabrik bekommt und in Zukunft deutlich mehr Studierende nach Brunnwerder kommen werden. Ich habe ihm gesagt, dass du wahrscheinlich erst morgen wieder im Haus bist.

Gruß

Nina

„Okay", dachte Ulf Schrader, „das erledige ich morgen. Zunächst sollte ich mir die Unterlagen zum Projekt genauer anschauen."

Unterlagen zum Projekt „GuV City-Kaufhaus Brunnenwerder"

Position	Bemerkung	City-Kaufhaus Brunnwerder		Branchenschnitt (Kaufhäuser in Mittel- u. Kleinstädten)	
Umsatz brutto	inkl. Mieterlöse	12.950.000 €	117%	8.313.000 €	117%
Umsatz/qm	Basis: VK-Fl. (Benchmark: 3.150 €/qm)	2.481 €	5.220 qm	2.250 €	3.695 qm
Umsatz/VZK	Vollzeit (Benchmark: 210.000 €/VZK)	196.212 €	66 VZK	180.717 €	46 VZK
MwSt.	tw. red. MwSt-Satz; deshalb < 19%	1.910.000 €	17%	1.235.000 €	17%
Umsatz netto		**11.040.000 €**	**100%**	**7.078.000 €**	**100%**
Wareneinsatz	nach Abschriften etc.	6.314.880 €	57,2%	4.091.084 €	57,8%
Rohertrag	**Benchmark: 43,5%**	**4.725.120 €**	**42,8%**	**2.986.916 €**	**42,2%**
Personalkosten	siehe ges. Aufstellung; Benchmark: 17,5%	2.138.813 €	19,4%	1.500.536 €	21,2%
Raumkosten	inkl. NK und sonstige Raumkosten	750.720 €	6,8%	474.226 €	6,7%
Werbung	zunächst höherer wg. Neupositionierung	353.280 €	3,2%	80.647 €	2,7%
Abschreibungen		253.920 €	2,3%	141.560 €	2,0%
Zinsen		187.680 €	1,7%	127.404 €	1,8%
sonst. Kosten	Vers., Verw., Reinigung, Gebühren, Kfz ...	331.200 €	3,0%	265.425 €	3,8%
Summe Kosten		**4.015.613 €**	**36,4%**	**2.589.798 €**	**36,6%**
Betriebsergebnis	**Benchmark: 9,5%**	**709.508 €**	**6,4%**	**397.118 €**	**5,6%**

Tabelle C.1.4: Businessplan bei Übernahme durch Highboard – mit Benchmark

Personen	Funktion	Brutto mtl. je VZK	brutto p.a. je VZK (12,5 Monatsgeh.)	Prämien etc. je VZK	brutto p.a. ges.	AG-Zuschlag (22%)	Personal-kosten gesamt
1	**Geschäftsführer**	6.000 €	75.000 €	10.000 €	85.000 €	103.700 €	103.700 €
1	**kfm. Leitung**	4.000 €	50.000 €	1.000 €	51.000 €	62.220 €	62.220 €
2	**Sekret. / Pers.-Sachb.**	2.250 €	28.125 €	- €	28.125 €	34.313 €	68.625 €
2	**Buchhaltung**	2.250 €	28.125 €	- €	28.125 €	34.313 €	68.625 €
2	**Haustechnik /Facility Mgmt.**	2.200 €	27.500 €	- €	27.500 €	33.550 €	67.100 €
1	**IT**	2.800 €	35.000 €	- €	35.000 €	42.700 €	42.700 €
1	**Verkaufsleiter**	4.000 €	50.000 €	4.000 €	54.000 €	65.880 €	65.880 €
1	**Werbung**	2.800 €	35.000 €	- €	35.000 €	42.700 €	42.700 €
2	**CM**	3.500 €	43.750 €	3.000 €	46.750 €	57.035 €	114.070 €
2	**Ass. CM (Nachwuchs)**	2.200 €	27.500 €	2.000 €	29.500 €	35.990 €	71.980 €
2	**Abt.leiter/stellvertr. CM**	2.750 €	34.375 €	2.000 €	36.375 €	44.378 €	88.755 €
6	**Abteilungsleiter**	2.350 €	29.375 €	1.000 €	30.375 €	37.058 €	222.345 €
25	**Verkäufer**	1.800 €	22.500 €	- €	22.500 €	27.450 €	686.250 €
40	**Aushilfen (400 €-Kräfte); 4 = 1 VZK (Vollzeitkraft)**	1.600 €	20.000 €	- €	20.000 €	24.400 €	244.000 €
2	**Warenannahme/Lager**	1.750 €	21.875 €	- €	21.875 €	26.688 €	53.375 €
2	**Dekorateur / Merchandiser**	2.500 €	31.250 €	- €	31.250 €	38.125 €	76.250 €
1	**Detektiv**	2.000 €	25.000 €	- €	25.000 €	30.500 €	30.500 €
3	**Azubis**	650 €	8.125 €	- €	8.125 €	9.913 €	29.738 €
						Summe	**2.138.813 €**
		VZK - unter Beachtung 400€-Kräfte:			**66**	Kosten je VZK	32.406 €
96						in % v. Ums.	19,4%

Tabelle C.1.5: Übersicht Personal City-Kauf

Einheit Abteilung	Funktion	Vakanz	Verk.	Aus-hilfen	Bemerkung
GF	Geschäftsführer	ja/?			Bewerbung des aktuellen Fililaleiters liegt vor
	Sekretariat	nein			
	Werbung	nein			hat Angebot von der örtlichen Werbeagentur
kaufm. Leitung	kfm. Leitung	nein			solider Fachmann, Gehalt 300 € pro Monat über Plangehalt, 58 J.
	Sachbearb. Personal/Finanzen	nein			
Warenan-nahme/ Lager	Warenannahme/Lager 1	nein			
	Warenannahme/Lager 2	nein			
Buchhaltung	Kreditoren	ja			
	Debitoren	nein			noch ein Jahr bis zum Ruhestand
Haustechn./ Facility Mgmt.	Haustechn./Facility Mgmt. 1	nein			
	Haustechn./Facility Mgmt. 1	ja			
IT	IT	ja			hat vor 3 Monaten gekündigt; derzeitig extern durch Freelancer
Detektiv	Detektiv	ja			ggf. durch Dienstleister?
Verkaufs-leiter	Verkaufsleiter	nein			aktueller VK-Leiter bewirbt sich evtl. bei anderen Unternehmen
	Deko/Merchandising 1	nein			
	Deko/Merchandising 2	ja			evtl. Azubi einstellen + Dienstleister in Hochphasen nutzen?
CM Textil	CM	nein/?			bisher in Personalunion mit AL DOB, künftig eigene Position (Gesamtverantwortung Sortiment/Einkauf)
	Ass. CM	ja			evtl. Chance für ausgelernten Azubi?
	AL DOB	nein	5	8	ambitioniert u. leistungsstark; hat Angebot als Bezirksleiterin; Abt. unterbesetzt
	AL HAKA/KIKO	nein	3	5	AL lange am Standort; wenig motiviert
	AL Wäsche/Strümpfe/Kurzw.	nein	3	5	Abteilung zur Zeit überbesetzt
	AL Haus & Heimtex	nein	2	5	gestandene, gute AL, Sortiment konzernbedingt eher traditionell
CM Hartwaren	CM	ja/?			bisher in Personalunion mit AL HH-Waren; künftig eigene Position
	Ass. CM	ja			
	AL HH-Waren/Elektro	nein	3	4	sehr guter "alter Hase", exzellenter Sortimentskenner, war früher im Einkauf
	AL Schreibwaren/Buch/Spielw.	ja	3	5	wechselt zu Mc Paper; Abteilung unterbesetzt
	AL Sport	nein	3	4	sehr guter AL; Abteilung mit motivierten Mitarbeitern besetzt; evtl. Stellvertr. CM?
	AL Lederw./Schmuck/Schuhe	nein	3	4	AL hat zu wenig Branchen-/Warenkenntnis; Abteilung unterbesetzt
Gesamt			**25**	**40**	

Tabelle C.1.6: Personalsituation

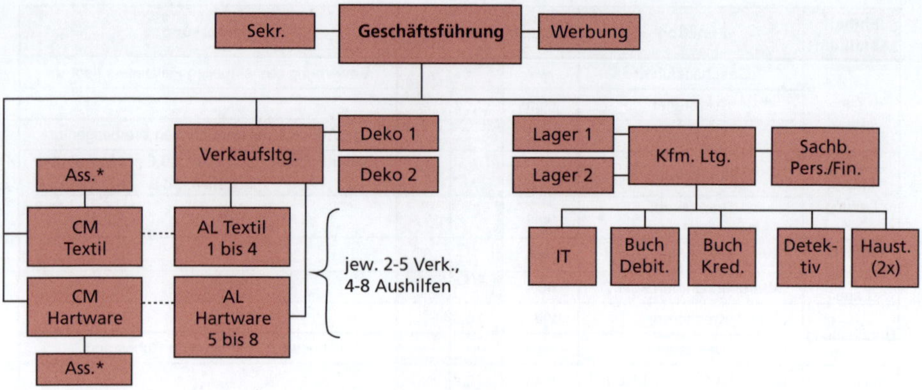

* Assistenten für das Category Management; die Stellvertretung des CM sollte jeweils von guten Abteilungsleitern in Personalunion übernommen werden

Abbildung C.1.1: Organigramm City-Kaufhaus (Ziel)

Positionsbezeichnung	**Geschäftsführung** Die Stelle umfasst die Führung des Kaufhauses in wirtschaftlicher, organisatorischer und konzeptioneller Sicht.
Ziele der Stelle	Ziel ist die Neuausrichtung und Führung/Weiterentwicklung des Kaufhauses
Unterstellung	Die Geschäftsführung berichtet quartalsweise an den Gesellschafter
Überstellung (direct report)	Kaufmännische Leitung, Verkaufsleitung, Category Manager, Werbeabteilung
Vertretung von:	-
Vertretung durch:	Kaufmännische Leitung
Hauptaufgaben:	• Strategische Positionierung des Kaufhauses sowie Gesamtorganisation • Ergebnisverantwortung sowie inhaltliche Verantwortung für Einkauf, Marketing und Verkauf, Personalführung und Controlling sowie Organisation und Haustechnik. • Disziplinarische und fachliche Führung der Abteilungsleiter • Repräsentanz des Unternehmens nach Außen (Kontaktpflege mit Behörden, Verbänden etc.)
Anforderungen	• Fundierte Einzelhandelserfahrung in vergleichbarer Position • Erfahrungen im Flächenmanagement • Sehr gute betriebswirtschaftliche Kenntnisse (Controlling/ Kennzahlen, Business- und Budgetplanung, Projektmanagement) • Eigenverantwortliches, unternehmerisches Handeln • Ausgewiesene Führungsfähigkeiten • Dynamische, flexible Persönlichkeit

Abbildung C.1.2: Stellenbeschreibung Geschäftsführer

Notiz

Von: A. v. Sommersell

An: Ulf Schrader

Hallo Ulf,

- Neues Organigramm wurde erstellt (s.o.) – bitte prüfen, ob so tragfähig.
- G&V war die Grundlage für die Übernahme des City-Kaufhauses. Änderungen der Personalplanung bitte vorab mit mir abstimmen, falls es zu Kosten-/ Ertragsveränderungen kommt.

Hinweise zur Funktion Category Management: Zu Konzernzeiten wurden die Sortimente des City-Kaufhauses von der Zentrale festgelegt. Die Häuser hatten eine reine Verkaufsfunktion. Es gab lediglich Sortimentsausschüsse, in denen ausgewählte AL unter Führung des zentralen CM einbezogen worden. Darüber hinaus gab es im geringen Umfang (max. 10% des Umsatzes) die Chance, regionale Sortimente/Lieferanten zu listen.

Im neuen mittelständisch geführten Haus muss die Aufgabe des Category-Managers nun durch Mitarbeiter des Hauses übernommen werden. Die Zusammenstellung des Sortimentes gehört dabei zu den zentralen Erfolgsfaktoren des Hauses! Es muss sich ein stimmiges Bild ergeben, welches die gesamte Positionierung und Entwicklung des Hauses im Wettbewerbsumfeld widerspiegelt.

Wesentliche Fragestellungen sind:

- Warengruppen und der Gewichtung im Haus (Umsatz/Fläche)
- Bestimmung des innerbetrieblichen Standortes
- Festlegung des Lieferanten-Mix und der Preislagen inkl. Gewichtung (Limitplanung!)
- Lfd. Marktbeobachtung und Lieferantenkontakte im Rahmen von Messen und sonstigen Kontakten (inkl. Jahresgesprächen zumindest mit den A-Lieferanten)
- Aktionsmanagement (herausragende Bedeutung für die Produktivität der Fläche!)
- Input für die übergreifende Werbung des Hauses sowie Abstimmung von lieferantenindividuellen Prospekten.

Personalien (Hartwaren u. Textil) sind noch zu klären – kann das durch interne Mitarbeiter erfüllt werden?

Gruß

A. v. Sommersell

Abbildung C.1.3: Notiz zum Category Management im City-Kaufhaus

Ronald Meyer, Wagnerstraße 17, 78556 Brunnwerder

Highboard GmbH
Herrn von Sommersell
Große Landstraße 131
60311Frankfurt

Brunnwerder, 22.09.2010

Bewerbung als GESCHÄFSFÜHRER

Sehr geehrter Herr von Sommersell,

wie bereits persönlich angesprochen, möchte ich mich hiermit auf die Position als Geschäftsführer des City-Kaufhauses Brunnwerder bewerben.

Wie Sie aus den persönlichen Gesprächen sowie aus meinen beigefügten Bewerbungsunterlagen sehen können, verfüge ich über fundiertes Fachwissen im Einzelhandel und bin seit vier Jahren als Filialleiter in Brunnwerder tätig. Ich habe das Haus durch die Krise der letzten Jahre geführt und es ist mir gelungen, trotz der Personaleinsparungen ein positives Klima aufrecht zu erhalten. Gerne würde ich die Arbeit als Geschäftsführer weiterführen.

Für weitere Gespräche zur strategischen Neuausrichtung stehe ich gerne zur Verfügung.

Mit freundlichen Grüßen

Ronald Meyer

Ronald Meyer

Abbildung C.1.4: Anschreiben von Ronald Meyer

Ronald Meyer, Wagnerstraße 17, 78556 Brunnwerder

LEBENSLAUF

Notiz: Bisher guter Eindruck als Filialleiter u. persönlich integer. Aber: GF?? Evtl. zu hoch - unbedingt prüfen.

A. v. Sommersell

Ronald Meyer

Wagnerstraße 17
78556 Brunnwerder
Mobil 0143/ 123 44 567
Mail Meyer-ronald@kmx.com

Persönliche Daten

Geburtstag:	15. Februar 1970
Nationalität:	deutsch
Familienstand:	geschieden

Berufliche Erfahrung

10.2006 - heute

Filialleiter City-Kaufhaus Brunnwerder
(bis 2010 zur City-Kauf AG gehörend)

- Verantwortlich für das gesamte Kaufhaus, einschließlich ca. 100 Mitarbeiter
- Verhandlung mit dem Betriebsrat während der Sanierung (2009) und Abschluss eines Sozialplanes

09.2003 - 09.2006

Regionalleiter für Westdeutschland
(City-Kauf AG)

- Verantwortlich für die vertriebliche Betreuung von zwölf Kaufhäusern
- Individuelle Entwicklung von Verkaufsstrategien auf der Basis des jeweiligen Standortes
- Erarbeitung von Store-in-Store-Konzepten, die erfolgreich in mehreren Häusern umgesetzt wurden

01.2002 - 08.2003

Stellvertretender Hausleiter in Düsseldorf
(City-Kauf AG)

06.1997 - 12.2001

Stellvertretender Leiter der Damenoberbekleidung
(Bekleidungshaus Kramberger, Düsseldorf Oberkassel)

- Umsatzstärkste Abteilung mit mehreren Markenshops
- Überwiegende Leitung des gesamten Bereichs während einer mehrmonatigen Krankheit des Vorgesetzten.
- Assistenzaufgaben der Geschäftsleitung

Ronald Meyer, Wagnerstraße 17, 78556 Brunnwerder

05.1993 - 05.1997	**Erstverkäufer Damenoberbekleidung mit Leitung des Shops „Eva Varia"** (Bekleidungshaus Kramberger, Düsseldorf Oberkassel)
07.1989 - 04.1993	**Verkäufer Herrenoberbekleidung** (Bekleidungshaus Kramberger, Düsseldorf Oberkassel)

Ausbildung/ Fortbildung

09.1989 - 05.1991	**Handelsfachwirt (IHK)** Berufsbegleitende Fortbildung, Bildungszentrum des Einzelhandels, Springe (Note: Gut)
08.1986 - 06.1989	Ausbildung zum Kaufmann im Einzelhandel (Note: Sehr gut) bei Bekleidungshaus Kramberger, Düsseldorf Oberkassel
08.1986 - 06.1996	**Realschule Düsseldorf Oberkassel** (Abschluss: Gut)

Zusatzqualifikationen

Fremdsprachen:
- Englisch in Wort und Schrift
- Griechisch (Grundkenntnisse)

EDV-Kenntnisse:
- Sehr gute Kenntnisse in MS Word, MS Excel, MS Powerpoint

Weiterbildung:
- Handelsmanagement und -Strategie; Günter-Rid-Stiftung München (3-tägiges Seminar, 07. 2006)
- Führung & Konflikte, Intensiv-Workshopreihe, ET Institut Hamburg (Drei Wochenenden im Jahr 2003)
- Train the Trainer, Trainerinstitut Berlin (10.2002)
- Ausbildereignungsprüfung gemäß Ausbildereignungsverordnung IHK Düsseldorf (09.2000)
- Führungskräfte-Seminar: Von der Fachkraft zur Führungskraft, IHK Düsseldorf (05.1997)

Ehrenamtliches Engagement

- Stellvertr. Vorsitzender des Stadtmarketing-Verbands Brunnwerder e.V. (seit 07.2008)
- Freiwilligenbüro Brunnwerder, Mentor für Auszubildende mit Migrationshintergrund (seit 08.2007)

Brunnwerder, 26. September 2010

Abbildung C.1.5: Lebenslauf von Ronald Meyer

„Am besten fahre ich gleich heute Nachmittag nach Brunnwerder und mache mir ein eigenes Bild vom Haus und auch vom Filialleiter", überlegte Ulf Schrader und schaute auf die Notiz, die sein Chef auf den Lebenslauf von Ronald Meyer geheftet hatte, „außerdem bekomme ich dann auch einen ersten Eindruck von der Situation und der Stimmung am Standort."

Er kündigte seinen Besuch kurz telefonisch an und fuhr los. Nach einem ausführlichen Hausrundgang lud Ronald Meyer ihn zu einem Gespräch in sein Büro ein. Zunächst berichtete Herr Meyer mit sichtbarem Stolz von der Zeit vor der Krise: Das Haus in Brunnwerder war eines der besten Häuser der Gruppe gewesen und hatte nach Auskunft der zentralen Controlling-Abteilung immer schwarze Zahlen geschrieben. Unter seiner Führung erreichte die Filiale in den letzten drei Jahren die höchste Umsatzproduktivität aller Standorte. Zudem sei die „City-Kauf-Filiale" von hoher Bedeutung für die Stellung von Brunnwerder als Zentrum und Einkaufmagnet für die sehr ländliche Region. Als stellvertretender Vorsitzender des örtlichen Stadtmarketings verstehe er die Sorgen von Politikern und Kollegen aus dem Einzelhandel über den Attraktivitätsverlust von Brunnwerder als Einkaufsstadt, wenn „City-Kauf" schließen sollte.

Die Gründe für die aktuelle Krise sah Ronald Meyer einerseits in der stark veränderten Wettbewerbssituation und andererseits in der zu späten und nicht immer sachgerechten Reaktion des Managements der „City Kauf AG". *„Uns hat es zunehmend an einem klaren Profil gefehlt. Ein Kaufhaus kann heute nicht mehr alles für alle anbieten. Discounter, Drogeriemärkte, Möbelhäuser und Textilketten haben sich sehr viel besser auf die Kundenbedürfnisse eingestellt."* Ein Regionalkaufhaus wie das „City-Kauf" in Brunnwerder müsse deshalb auch auf die standortspezifische Nachfrage und Wettbewerbsstruktur reagieren. Dies war in der sehr zentralistisch geführten Gruppe kaum möglich. So war die Zentrale für den Einkauf und die Zusammenstellung des Sortimentes zuständig und gab mit wenigen Ausnahmen auch die Werbung und die Preise vor. Der Einfluss vor Ort bestand vor allem in der Führung und Motivation des Verkaufspersonals sowie einer verkaufsfördernden Warenpräsentation und Schaufenstergestaltung. Hier ließen die zentral erstellten Pläne und Aufbauanleitungen viel Freiraum für eigene Kreativität. Zudem war das Haus in Brunnwerder für seine Vielzahl an Sonderveranstaltungen und Events wie Mitternachtsshopping und Modenschauen bekannt, die häufig in Zusammenarbeit mit dem Stadtmarketing und den Einzelhandelskollegen in der Innenstadt organisiert wurden.

Die Personalsituation des Hauses beurteilte Herr Meyer kritisch. Viele Mitarbeiter seien verunsichert und einige gute Kräfte hätten sich bereits eine neue Anstellung gesucht. Es sei dringend erforderlich, schnell Klarheit zur Weiterführung des Standortes zu schaffen, damit nicht noch mehr Leistungsträger, insbesondere unter den Abteilungsleitern, das Unternehmen verlassen würden. *„Es gibt außerdem die Vermutung, dass sich unser Verkaufsleiter Stephan Dubinski bei einem anderen Unternehmen bewirbt"*, so Meyer. *„Er hat schon mehrfach kurzfristig um einen freien Nachmittag gebeten, genau wie heute. Vielleicht könnte man ihm mehr Gehalt bieten? Es wäre in dieser Situation ein sehr schlechtes Signal, wenn er gehen würde. Vor allem aber geht es ihm wahrscheinlich wie vielen hier: Es muss einfach schnell deutlich werden, wie es weitergeht."*

Auf die Frage von Ulf Schrader nach den Empfehlungen für die zukünftige Ausrichtung des Hauses wurde Herr Meyer fast euphorisch und stellte heraus, dass die Filiale ihre Umsatzpotenziale noch lange nicht ausgeschöpft habe. Grundsätzlich sähe er zwei Ansätze: Zum einen müsse über ein leichtes „Trading Up" der Kundenkreis der „Mitte / oberen Mitte" erreicht werden, zum anderen wäre es erforderlich, die Sortimente in ihrer Auswahl und Gewichtung stärker an die regionalen Anforderungen anzupassen. So sei der Textilanteil am Umsatz mit aktuell 48 Prozent deutlich zu niedrig und müsse auf circa 60 Prozent angehoben werden. Ebenso empfahl er, die Schreibwarenabteilung deutlich zu vergrößern, da die örtliche Hochschule die Zahl der Studierenden in den letzten Jahren erheblich gesteigert hatte und es in Brunnwerder an einem geeigneten Angebot fehle. Umgekehrt könne die CD-Abteilung aufgelöst und die Spielwarenabteilung deutlich verkleinert werden. Gleiches gelte für die Haus- und Heimtex-Abteilung, in der heute sogar noch Gardinen und Betten angeboten werden. In diesen Sortimenten sei der Preis-Wettbewerb durch die Möbelhäuser und Fachmärkte erdrückend.

Gleichzeitig wies Herr Meyer darauf hin, dass die Detailplanungen zu seinen Überlegungen selbstverständlich durch betriebswirtschaftliche Zahlen zur Lagerumschlagsgeschwindigkeit und Handelsspanne aus dem Controlling fundiert werden müssten. Diese lägen ihm nicht vor, da die Einkaufs- und Kalkulationsverantwortung von der Zentrale der „City-Kauf AG" wahrgenommen würde. Es wäre daher richtig, wie von Sommersell angedeutet, dass künftig die Category Managementfunktion eigenständig wahrgenommen werden sollte.

Nach dem Gespräch ging Ulf Schrader noch einmal allein durch das Kaufhaus und nahm sich dabei auch die Zeit, mit Kunden und Mitarbeitern zu sprechen. Auffällig waren zunächst die vielen Sortimentslücken. Die Warenbelieferung durch die „City Kauf AG" war aufgrund von Liquiditätsproblemen erkennbar ins Stocken geraten. Eine Kundin deutete in einem Gespräch an, dass sie die gewohnten und von ihr benötigten Artikel mehrfach nicht bekommen hätte und deshalb immer häufiger bei anderen Anbietern einkaufen würde. In der Haushaltwarenabteilung musste Ulf sehen, dass sich zwei Mitarbeiterinnen offensichtlich über private Themen unterhielten, während an der Kasse mehrere Kunden warteten.

Am Ausgang traf er auf Marianne Berner, die Abteilungsleiterin der Damenoberbekleidung, die er bereits vor ein paar Wochen kennengelernt hatte. Sie war erfreut, ihn zu sehen. *„Bedeutet Ihr Besuch, dass es positiv für das Haus weitergeht?"*, fragte sie ihn. Spontan lud er sie zu einem Kaffee ein.

Im Gespräch mit der Abteilungsleiterin, die als tragende Säule des Hauses galt, stellte Ulf Schrader fest, dass sie genau wusste, wo die Stärken und Schwächen des Hauses lagen. *„Es war sehr positiv, dass sich Herr Meyer so gut im Bekleidungsbereich auskennt"*, meinte sie, *„darauf hat er immer sein besonderes Augenmerk gelegt. Außerdem hat er sich in der schwierigen Situation des letzten Jahres den Respekt der Mitarbeiter erworben. Für mich allerdings wäre es jetzt schon gut, zu wissen, wie es hier weitergeht."* Sie zögerte einen Moment und fügte dann hinzu: *„Ich sollte Ihnen das ruhig erzählen. Sie wissen, dass ich seit acht Jahren hier im Haus als Abteilungsleiterin arbeite und in Personalunion auch das Category Management übernommen habe. Im Wesentlichen war das Category Management im Konzern natürlich keine eigenständige Funktion. Stattdessen haben wir uns im kleinen Sortimentsausschuss zweimal im Jahr in der Zentrale getroffen und das Programm zusammen mit dem Zentraleinkauf besprochen. Es war durchaus geplant, dass ich im Rahmen des Förderprogramms bei der City-Kauf AG künftig auch ein eigenes Haus als Filialleiterin übernehme. Die Probleme der letzten Jahre haben das natürlich nicht ermöglicht – es wurden ja Häuser geschlossen. Und jetzt habe ich das Angebot, als Bezirksleiterin zu einem Textilfachmarkt zu gehen. Ich muss mich bis nächste Woche entscheiden. Eigentlich spricht nicht viel dagegen, da ich mobil bin. Das Unternehmen ist solide, das Gehalt besser, der Dienstwagen gehört dazu. Aber ich hänge schon hier an dem Haus und wenn es eine gute Perspektive gäbe, würde ich bleiben. Nur: Momentan sehe ich diese nicht."* Sie zuckte die Schulter und blickte ihn prüfend an: *„Oder können*

Sie mir etwas anbieten?“ Ulf versprach, im Laufe der Woche noch einmal auf sie zuzukommen und versicherte Marianne Berner, dass nicht nur er, sondern auch seine Vorgesetzten ihre Arbeit sehr schätzten. Sie verabredeten ein Treffen in vier Tagen und Frau Berner sicherte ihm zu, solange mit der Entscheidung eines beruflichen Wechsels zu warten.

Aufgabe

Stellen Sie sich vor, Sie sind in der Position von Ulf Schrader. Was würden Sie tun? In welcher Reihenfolge? Und warum?

Literaturempfehlungen zur Branche des Einzelhandels:

Gutknecht, K.: Positionierung und Profilierung. In: K. Gutknecht, J. Stumpf, D. Funck (Hgg.): Erfolgreich im mittelständischen Handel. Erprobte Methoden, Hilfsmittel und Erfolgsstrategien. Wolnzach: Kastner 2010, S. 75-89.

Gutknecht, K.: Handelscontrolling und Kennzahlen. In: K. Gutknecht, J. Stumpf, D. Funck (Hgg.): Erfolgreich im mittelständischen Handel. Erprobte Methoden, Hilfsmittel und Erfolgsstrategien. Wolnzach: Kastner 2010, S. 351-372.

C.1.4 Alles in Ordnung bei numbers & more – 360° im Blick?

Nicole Böhmer

Immer wieder erleben Instrumente des Personalmanagements eine Art „Modewelle“. Sie erscheinen als „State-of-the-Art“ besonders für Unternehmen, die sich dem „war for talents“ stellen müssen. Als Aushängeschilder für ein modernes Unternehmen sollen sie die Arbeitgebermarke attraktiv erscheinen lassen. Kein Instrument ist jedoch schon erfolgreich implementiert, wenn es erdacht wurde. Zudem erfordert die Durchführung in der Regel einen hohen Arbeitszeitaufwand von Mitarbeitern und Führungskräften. Es stellt sich daher auch die Frage nach der Kosten-Nutzen-Relation.

Fallstudie

Die „numbers & more AG“ (n&m) ist ein internationales Steuerberatungsunternehmen. In Deutschland arbeitet das Unternehmen mit 450 Mitarbeitern in sechs Niederlassungen. Wegen der wachsenden Probleme qualifizierten Nachwuchs zu finden und zu binden, erfährt die Mitarbeiterführung im Unternehmen zunehmende Aufmerksamkeit von der Konzernspitze. Wie in rund 80 Prozent aller großen Unternehmen in Deutschland gibt es bei n&m ein 360° Feedback als Instrument der Führungskräfteentwicklung.

Das 360° Feedback wurde 2008 mit Hilfe des externen Anbieters checkXX entwickelt und wird seitdem jährlich durchgeführt. Explizites Ziel ist es, das individuelle Führungsverhalten zu erfassen und zu verbessern. Zudem soll festgestellt werden, wie die Führungskräfte die Unternehmenswerte von n&m umsetzten.

Tabelle C.1.7

Unternehmenswerte der numbers & more AG

Integrität	Zusammenarbeit
Offene und ehrliche Kommunikation	Lebenslanges Lernen und aktives Lehren
Wertschätzung und Respekt	Commitment und Verantwortungsübernahme

Das 360° Feedback läuft folgendermaßen ab:

Anfang Mai des Jahres werden die Führungskräfte per E-Mail zur Teilnahme aufgefordert und über den Ablauf informiert. Jede Führungskraft entscheidet, ob sie teilnehmen möchte. Dazu wählt sie gemeinsam mit ihrem Vorgesetzten die Mitarbeiter aus, bei denen sie Feedback anfragt.

Anschließend werden alle angefragten Mitarbeiter von checkXX per E-Mail aufgefordert, ihre Beurteilungen innerhalb von 20 Tagen abzugeben. In der E-Mail wird das Verfahren erklärt und Verhaltensregeln erläutert. Aufgrund der wechselnden Projekte, in denen die Mitarbeiter tätig sind, kann es sein, dass der einzelne Mitarbeiter aufgefordert wird, jede Führungskraft seines Bereichs zu beurteilen. Zeitgleich mit der Bewertung durch die Mitarbeiter geben die Führungskräfte ihre Selbsteinschätzung ab.

Durchgeführt wird die Evaluation (Selbst- und Fremdeinschätzung) im Internet. Der Online-Fragebogen (s. „Die Fragen im 360° Feedback") wird von checkXX zur Verfügung gestellt. So wird zudem die Anonymität der Daten und ihrer Auswertung gewährleistet. Das Ausfüllen eines Fragebogens dauert circa 15 Minuten.

Vor dem ersten Wochenende im Juni erhalten die evaluierten Führungskräfte einen schriftlichen, detaillierten Bericht (s. „Der Bericht über das 360° Feedback"). Voraussetzung ist, dass mindestens drei Mitarbeiter den Fragebogen für sie ausgefüllt haben. Kurz darauf erhalten ihre Vorgesetzten ebenfalls den Bericht. Im Anschluss können die Führungskräfte einen Coach in Anspruch nehmen.

Neben dem 360° Feedback wird jährlich und zeitgleich eine klassische kriterienorientierte Personalbeurteilung durch den jeweiligen Vorgesetzten vorgenommen. Die Teilnahme am 360° Feedback ist freiwillig. Die Ergebnisse fließen nicht in die Personalbeurteilung ein und haben somit keinen Einfluss auf Gehalts- und Karriereentscheidungen.

Seit 2008 zeigen sich folgende Tendenzen:

- Die Kollegen und Kunden wurden im ersten Jahr ebenfalls um Feedback gebeten. Die Rücklaufquote war so gering, dass darauf seither verzichtet wird.
- Seit 2010 ist die Anzahl der Feedback-Berichte leicht gesunken (von 85% auf 78%). Dabei wurden 6% mehr Feedbacks von Mitarbeitern angefragt.
- Die Zahl der insgesamt abgegebenen Beurteilungen sank im gleichen Zeitraum um 5%. Dabei muss beachtet werden, dass ein Mitarbeiter zum Teil bis zu 20 Anfragen von verschiedenen Führungskräften hatte.

- Tatsächlich sank die Zahl der Führungskräfte, die ein Mitarbeiter durchschnittlich beurteilte von 2,8 auf 1,9. Eine Führungskraft bekam 2011 im Schnitt zehn Beurteilungen.
- Von den Führungskräften, die einen Bericht erhielten fragten jährlich im Schnitt 4% ein Coaching an.
- Seit 2009 ist das durchschnittliche Befragungsergebnis über alle Mitarbeiter und Fragen von 3,76 auf 3,81 gestiegen.

Die Fragen im 360° Feedback

1. Erfüllt Ihre Führungskraft ihre Aufgaben objektiv und unabhängig?
2. Zeigt das Verhalten Ihrer Führungskraft klare und professionelle Standards?
3. Zeigt Ihre Führungskraft gegenüber Kunden und potenziellen Kunden tiefgehendes Verständnis vom Geschäft?
4. Kommuniziert Ihre Führungskraft klar, offen und ehrlich?
5. Sieht Ihre Führungskraft das Weitergeben von Wissen und die Mitarbeiterförderung als wichtig an?
6. Handelt Ihre Führungskraft wie ein Vorbild und ermutigt andere zu Integrität und dem Einhalten von Werten?
7. Respektiert Ihre Führungskraft die Meinung anderer und nimmt Ideen und Vorschläge auf?
8. Zeigt Ihre Führungskraft die Fähigkeit, schnelle und wohlüberlegte Entscheidungen zu treffen?
9. Erkennt Ihre Führungskraft Ihre Anstrengungen und die Anstrengungen und Leistungen anderer an?
10. Fördert Ihre Führungskraft eine Atmosphäre, in der die Teammitglieder Ihre Anliegen diskutieren können?
11. Macht Ihre Führungskraft ihre Leistungserwartungen klar und kommuniziert diese?
12. Zeigt Ihre Führungskraft Kompetenz in ihrem Fachgebiet?
13. Fördert Ihre Führungskraft Teambildung und Zusammenarbeit?
14. Ermutigt Ihre Führungskraft Sie, neue Ansätze bei der Arbeit zu finden und auszuprobieren?

15. Respektiert Ihre Führungskraft die individuellen Bedürfnisse von Mitarbeitern?

16. Hilft Ihnen Ihre Führungskraft Ihre Leistung zu steigern?

17. Behandelt Ihre Führungskraft jeden unabhängig von seiner Position und Kultur mit Respekt?

18. Fördert Ihre Führungskraft ein Miteinander, das es ermöglicht, die Arbeit mit Verpflichtungen und Interessen des Privatlebens zu vereinbaren?

19. Gibt Ihre Führungskraft Ihnen das ganze Jahr hindurch konstruktives Feedback?

20. Informiert Ihre Führungskraft Sie klar über Unternehmensziele und über die Unternehmensausrichtung?

21. Zeigt Ihre Führungskraft Integrität und Orientierung an den Unternehmenswerten?

22. Akzeptiert Ihre Führungskraft die Verantwortung an positiven wie negativen Ergebnissen?

23. Motiviert Ihre Führungskraft Sie und Ihre Kollegen, am Erfolg von n&m mitzuarbeiten?

Diese Fragen können jeweils auf einer Skala von 1 bis 4 bewertet werden (4 = fast immer, 3 = oft, 2 = manchmal, 1 = selten). Alternativ kann angegeben werden, dass das Verhalten in diesem Bereich nicht beobachtet werden konnte.

Am Ende des Fragebogens werden drei offene Fragen gestellt:

- Was sollte Ihre Führungskraft tun, um ihre Stärken auszubauen und zu erhalten?
- Womit sollte Ihre Führungskraft aufhören, um besser zu werden?
- Womit sollte Ihre Führungskraft anfangen, um besser zu werden?

Der Bericht über das 360° Feedback

Der Bericht ist folgendermaßen aufgebaut:

Teil I: Die Ergebnisse der geschlossenen Fragen.

Teil II: Die Ergebnisse bezogen auf die Unternehmenswerte. Jede geschlossene Frage ist einem der zentralen Unternehmenswerte zugeordnet. Hier werden die Ergebnisse entsprechend zusammengefasst.

In Teil I und II werden jeweils die Selbsteinschätzung, die Einschätzung der geführten Mitarbeiter und die Durchschnittswerte aller teilnehmenden Führungskräfte von n&m dargestellt.

Teil III: Die fünf Fragen, in denen die Führungskraft am besten und am schlechtesten abgeschnitten hat.

Teil IV: Die Antworten auf die offenen Fragen. Diese werden im exakten Wortlaut wiedergegeben.

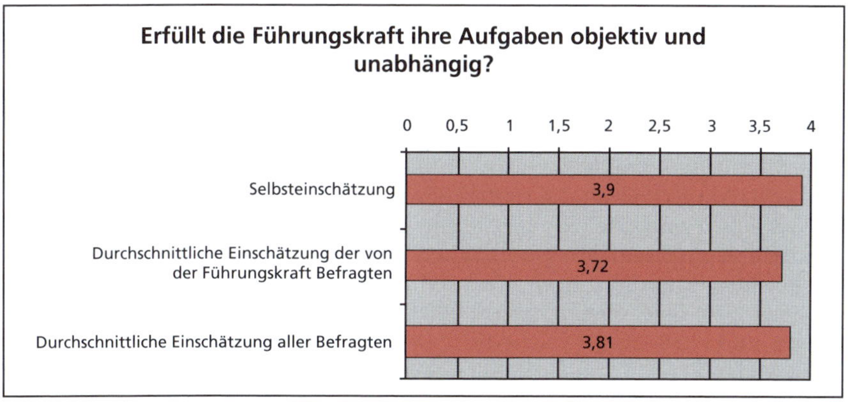

Abbildung C.1.6: Beispiel für eine Ergebnisdarstellung aus Teil I des Berichts

Nachdem sich Joost Kuhlmann die Fakten und Entwicklungen des Verfahrens noch einmal angesehen hatte, bekam er ein ungutes Gefühl in der Magengegend. Gerade in der letzten Woche hatte er schon geschluckt, als er die diesjährige Rechnung von checkXX abgezeichnet hatte. Im Jahr 2008 hatte das 360° Feedback zu den ersten Projekten gehört, die er als neuer Leiter Personalentwicklung bei n&m durchgezogen hatte. Es war die Vision des damaligen Geschäftsführers, Peter Frey, gewesen, der dann kurze Zeit nach der Implementierung zur Konkurrenz gewechselt war. Am kommenden Mittwoch sollte er nun der Geschäftsführung und der Personalleiterin Eva Sturmreiter die Ergebnisse des diesjährigen Durchlaufs vorstellen. Er griff zum Telefon und wählte Evas Nummer. *„Ja, Joost, gibt es was Dringendes?“*, meldete sie sich. *„Ich wollte eigentlich heute mal pünktlich gehen.“ „Tja, ich würde gern kurz mit dir über unser 360° Feedback sprechen, damit ich den Termin mit der Geschäftsführung nächste Woche vorbereiten kann“*, antwortete Joost. *„Okay“*, sagte Eva gedehnt, *„das war doch damals bei der Einführung dein Steckenpferd. Was ist denn los?“*

Zwanzig Minuten später bereitete sich Joost auf ein arbeitsreiches Wochenende vor. Im Laufe des Gesprächs hatte Eva zugegeben, dass ihr auch schon einige Dinge aufgefallen waren, die sie nachdenklich gestimmt hatten. So sei das Ergebnis des Kollegen Friedhelm Stuhler in diesem Jahr exzellent ausgefallen. Gleichzeitig zeichnete sich sein Bereich durch eine überdurchschnittliche Fluktuation aus und die Vakanzen waren schwer zu besetzen, da es nur selten intern Bewerbungen darauf gab. Am Ende des Telefonats hatten Eva und Joost vereinbart, dass sie die Geschäftsführung am Mittwoch von Veränderungen überzeugen wollten. *„Lass‘ uns am Dienstag in unserem Jour fixe unbedingt mögliche Fragen und Einwände der Geschäftsführer diskutieren!“*, hatte Eva noch gemeint und dann das Telefonat beendet.

„Nun wird es aber Zeit“ – Joost hatte sich zum Squash-Spielen verabredet – „abreagieren beim Betriebssport“, dachte er, „aber nachher in der Sauna gab es auch immer gute

Gespräche. Manchmal rund um die Firma und über alle Hierarchieebenen." Er freute sich auf einen netten Abend.

Aufgabe

Schlüpfen Sie in die Rolle von Joost Kuhlmann. Was tun Sie und warum?

Denkanstoß 360° Feedback – rundum unbrauchbar?

Viele Unternehmen nutzen das 360° Feedback (360 G). Die „Rundum"-Bewertung eines Mitarbeiters durch Vorgesetzte, Mitarbeiter und Kunden führt bei Abteilungsleiter Müller zur strukturierten Bewertung seines Führungsverhaltens, seiner fachlichen und persönlichen Kompetenzen: Hofft man jedenfalls. 360 G – objektiv und gut? Nein. Wissenschaftlich ist das Verfahren nicht valide. Es ermittelt subjektive Einschätzungen. Und die Summe subjektiver Bewertungen führen nicht zu einem objektiven Ergebnis. 360 G bietet eine tolle Bühne für Racheakte, Intrigen und schlichtes Anpassertum. Das Verfahren: Müller wird per Fragebogen bewertet. Seine externen Kunden wissen sowieso nicht, was er macht - ihre Bewertung ist wertlos. Seine Vorgesetzten bewerten seine Arbeit über die Zielvereinbarungsgespräche – ihre Bewertung ist entbehrlich. Die Mitarbeiter bewerten, wie er auf sie wirkt oder was er zuletzt falsch gemacht hat. Ihre anonymen Bewertungen werden dann mit Müller in einem von einem Externen moderierten Workshop besprochen.

Die Frage stellt sich: Warum redet Müller nicht direkt und kontinuierlich mit seinen Mitarbeitern? 360 G liefert die Illusion, dass dort, wo keine offene Feedback-Kultur existiert, wo kein Vorgesetzter ist, der mit Kritik umgehen kann, auf einmal eine offene Gesprächskultur entsteht. Das hat noch keiner erlebt. Wer steht denn zu seinen kritischen Bewertungen gegenüber einem despotischen Chef, wenn der im Workshop dabei ist? Welcher Chef ändert denn sein Verhalten unter dem Eindruck einer schlechten 360 G-Bewertung?

Es ist ein typisches HR-Paradoxon, dass 360 G dort gut ist, wo es am wenigsten gebraucht wird. Oder brauchen wir etwa im HR-Bereich die durch 360 G ausgelöste Veränderungsillusion, weil sie uns von der notwendigen Entscheidung einer personellen Veränderung bei einem problematischen Mitarbeiter oder Vorgesetzten entlastet? 360° Feedbacks als Schutzschild für Nicht-Entscheider – das wäre bedenklich!

Quelle: Jobst R. Haltedorn: 360 Grad Feedback - rundum unbrauchbar? In: Personalwirtschaft, 9, 2007, S. 8.

Literaturempfehlung:

Brisach, S.: 360° Feedback. In: R. Bröckermann, M. Müller-Vorbrüggen (Hgg.): Handbuch Personalentwicklung. Praxis der Personalbildung, Personalförderung, Arbeitsstrukturierung. Stuttgart: Schäffer-Poeschel 2006, S. 259-272.

C.1.5 Der Vertriebsspezialist – Personalbeschaffung als Belastungsprobe

Carsten Steinert

Dafür Sorge zu tragen, dass der richtige Mitarbeiter in der geforderten Qualifikation zur richtigen Zeit am richtigen Platz ist, gehört zu den wichtigsten Aufgaben des Personalmanagements überhaupt. In der Praxis stellt dies aber nicht selten eine echte Herausforderung dar: Insbesondere dann, wenn die Bewerberlage sehr eng ist und der Druck der Fachabteilung, die Stelle endlich zu besetzen zunehmend größer wird. Wenn dann auch noch politische Themen auf Geschäftsleitungsebene mit zu berücksichtigen sind, fällt die Entscheidung nicht leicht.

Fallstudie

Auch diese Nacht hatte Peter Möring sehr schlecht geschlafen, wie eigentlich immer, wenn er stark unter Druck stand. Seit fast fünf Monaten war er nun auf der Suche nach einem neuen „Vertriebsspezialisten Mobilienleasing" für das Team „Großkunden". So schwer hatte er sich das jedoch nicht vorgestellt. Stolz war er gewesen, als er nach seinem Studium und der Traineeausbildung bei der Finanzbank AG die Stelle als Personalreferent bei der Mobilien Finance GmbH, einem Tochterunternehmen, angeboten bekam. Das war vor gut einem Jahr. Sicher kam ihm seine zuvor absolvierte Banklehre für diese Stelle zugute. Er hörte noch die Worte in seinen Ohren, die der Personalleiter Herr Dr. Zahlmann während seines eigenen Bewerbungsgespräches an ihn gerichtet hatte: *„Das ist die wichtigste Personalreferenten-Position in meiner gesamten Abteilung. Sie betreuen dort unseren Vertrieb und hier wird das Geld verdient. Jede Vertriebsstelle, die unbesetzt ist, kostet uns schnell 20.000 bis 30.000 Euro pro Monat an nicht realisiertem Deckungsbeitrag. Die richtige Personalauswahl ist jedoch für den Vertrieb entscheidend"*, hatte Herr Dr. Zahlmann zu ihm gesagt, *„denn bei einer falschen Personalentscheidung können sich die Kosten für das Unternehmen schnell bis zu einer halben Million Euro summieren, den Reputationsverlust beim Kunden noch nicht eingerechnet."*

Am Anfang hatte er gedacht, es sei kein Problem, die Stelle zu besetzen. Er hatte die Personalberatungsfirma pbfl (Personalberatung für Leasing- und Finanz GmbH) mit der Suche beauftragt, mit der die Mobilien Finance GmbH schon lange und erfolgreich zusammenarbeitete. Stellenanzeigen in Zeitungen waren in diesem sehr speziellen Segment wenig erfolgsversprechend, weswegen bei Vakanzen im Vertrieb fast immer eine Personalberatung beauftragt wurde. *„Das ist kein Problem, in spätestens acht Wochen haben Sie die ersten Kandidatenprofile"*, hatte der Personalberater Herr Prader ihm bei der Auftragsvergabe versprochen. Und in der Tat, bereits nach sechs Wochen hatte er zwei sehr interessante Profile erhalten. Jedoch hatte sich in dem persönlichen Interview, das er gemeinsam mit dem Vertriebsleiter Herrn Heller geführt hatte, herausgestellt, dass ein Kandidat doch nicht über die notwendige fachliche Erfahrung verfügte. Der andere Kandidat zog nach dem ersten Gespräch seine Bewerbung zurück. Drei weitere Profile hatte ihm Herr Prader danach noch zugeschickt, aber Peter hat sich entschlossen, keines der Profile an Herrn Heller weiter zu leiten, da er von den Lebensläufen aller Kandidaten nicht überzeugt war. Das war vor gut vier Wochen, seitdem herrschte Funkstille. *„Der Markt ist im Moment sehr eng, wir sprechen viele Leute an, jedoch ist die Wechselbereitschaft aufgrund der konjunkturellen*

Lage aktuell sehr gering. Wir bleiben aber dran, Sie können sich auf uns verlassen", hatte Herr Prader ihm versichert.

Langsam wurde auch Herr Heller nervös. Fast täglich rief er an oder erkundigte sich via E-Mail nach dem aktuellen Stand. *„Wenn der Prader nichts bringt, dann müssen Sie eben einen anderen Personalberater engagieren oder eine Anzeige schalten. Ich muss die Stelle schnell besetzen, der Vertriebsgeschäftsführer sitzt mir wegen der schlechten Umsatzzahlen im Großkundenbereich im Nacken"*, hatte er gesagt. Einen neuen Personalberater zu beauftragen, war leichter gesagt als getan. Herr Prader hatte bereits mehr als 20.000 Euro an Honorar erhalten und eine Stellenanzeige in der Zeitung kostete circa 18.000 Euro. Zudem war das ihm für die Personalgewinnung zur Verfügung stehende Budget fast aufgebraucht.

Mobilien Finance GmbH

Die Mobilien Finance GmbH ist die Leasinggesellschaft der weltweit agierenden Finanzbank AG, mit Hauptsitz in Frankfurt/Main. Mit einem Neugeschäftsvolumen von mehr als 7 Milliarden Euro sind wir eine der größten Leasinggesellschaften in Deutschland und gehören im Bereich des Mobilien-Leasings zu den Marktführern.

Für die Verstärkung unseres Vertriebsteams in der Zentrale suchen wir zum nächst möglichen Zeitpunkt einen/eine

Vertriebsspezialist Mobilienleasing Großkunden (m/w) mit Führungsperspektive

Ihr Profil: Sie sind eine extrovertierte Persönlichkeit und haben ein wirtschaftswissenschaftliches Studium und/oder eine Ausbildung als Bankkaufmann/frau erfolgreich absolviert und bereits bewiesen, dass Sie Leasing- und/oder Finanzierungsprodukte verkaufen können. Die steuerlichen und rechtlichen Zusammenhänge sind Ihnen ebenso bekannt wie deren Auswirkungen im Rahmen von Objektfinanzierungen. Mit einem geschulten Blick für Objekt- und Bonitätsrisiken treten Sie auf den unterschiedlichsten Managementebenen verhandlungssicher und kommunikationsstark auf. Sie sind es gewohnt, Neukunden zu akquirieren und Beziehungen zu bestehenden Kunden weiter auszubauen. Ihr Ziel ist es, in naher Zukunft Personalverantwortung zu übernehmen.

Ihre Aufgabe: Neukunden – speziell aus dem Großkundenbereich – werden von Ihnen professionell akquiriert und Bestandskunden betreut. Zu Ihren zukünftigen Aufgaben zählen die Erstellung von Leasing-, und/oder Finanzierungsangeboten, die Verhandlung mit kompetenten Entscheidungsträgern, die Bonitätsvorprüfung Ihrer Kunden und der eigenständige Abschluss von Verträgen.

Ihre Chance: Da das Team Mobilien-Leasing Großkunden im Zuge unserer neuen Vertriebsstrategie personell weiter ausgebaut werden soll, bietet sich für Sie perspektivisch die Möglichkeit – bei entsprechender Eignung – eine Leitungsfunktion zu übernehmen.

Wenn Sie sich angesprochen fühlen und die Kriterien erfüllen, dann senden Sie bitte Ihre vollständige Bewerbung an:

Mobilien Finance GmbH
Personalmanagement
Herrn Peter Möring
Große Landstraße 153
60311 Frankfurt

069-1247 5789
P.Moering@mobilienfinance.de

Abbildung C.1.7: Stellenanzeige auf der Unternehmenshomepage

Geradezu als Glücksfall hatte es sich da erwiesen, dass sich jemand auf seine Anzeige auf der Unternehmenshomepage beworben hatte. Richtig erleichtert, fast euphorisch war er im ersten Moment gewesen; schien der Bewerber, Herr Markus Stockmann, doch auf den ersten Blick alle notwendigen Qualifikationen mitzubringen. Sogar über erste Führungserfahrung verfügte er bereits. Das war von nicht unerheblicher Bedeutung, da der Teamleiter Hans Huber in zwei Jahren in den Ruhestand gehen würde und der gesuchte Vertriebsspezialist sein potenzieller Nachfolger sein sollte.

Bewerbungsunterlagen Markus Stockmann

Markus Stockmann, Große Straße 17, 60311 Frankfurt a.M.

Mobilien Finance GmbH
Personalmanagement
Herrn Peter Möring
Große Landstraße 153
60311 Frankfurt

Mobil: 0179-1234561

Frankfurt, 22.07.2011

Bewerbung als Vertriebsspezialist Mobilien-Leasing

Sehr geehrter Herr Möring,

die auf Ihrer Unternehmenshomepage ausgeschriebene Stelle als Vertriebsspezialist Mobilien-Leasing entspricht, soweit ersichtlich, meinen beruflichen Interessen sowie meiner berufspraktischen Erfahrung. Daher möchte ich mich hiermit darauf bewerben.

Wie Sie aus meinen beigefügten Bewerbungsunterlagen sehen können, verfüge ich über fundiertes Fachwissen im Firmenkundenbereich von Banken und Leasinggesellschaften.

Zurzeit bin ich bei der ZBV-PayGmbH als Riskmanager im Firmenkundenbereich tätig und hierbei für die Bonitätsprüfung von Großkunden zuständig. Gleichzeitig unterstütze ich den Vertriebsinnendienst mit Recherchen, Akquisetätigkeiten und bin an Projekten bezüglich Vertriebspartnerschaften beteiligt.

Eine persönliche Weiterentwicklung ist jedoch aufgrund der überschaubaren Produktpalette nur eingeschränkt möglich. Außerdem wünsche ich mir mehr Kontakt zum Kunden. Mein Ziel ist es, mich fachlich und persönlich weiter zu entwickeln; mittelfristig in eine Führungsposition.

Teamorientiertes Arbeiten und Flexibilität sind für mich selbstverständlich.

Ihr Haus ist mir durch zahlreiche Gespräche mit dem Vorstandsvorsitzenden Ihrer Holding, Herrn Dr. Detlef Wagemüller, einem engen Freund meiner Familie, bestens bekannt. Über die Einladung zu einem persönlichen Gespräch würde ich mich sehr freuen. Sie erreichen mich tagsüber am besten über die oben genannte Mobil-Telefonnummer.

Mit freundlichen Grüßen

Markus Stockmann

Abbildung C.1.8: Anschreiben Stockmann

Name:	Stockmann
Vorname:	Markus
Geburtsdatum:	19.12.1975
Geburtsort:	Frankfurt
Familienstand:	verheiratet
Konfession:	evangelisch

Schulausbildung

1982 - 1986	Grundschule in Frankfurt
1986 - 1995	Heinrich-von-Zügel-Gymnasium Frankfurt, Abschluss Abitur (2,1)

Berufsausbildung

1995 - 1998	Ausbildung zum Bankkaufmann bei der Geschäftsbank

Zivildienst

1998 - 1999	Deutsches Rotes Kreuz, Bezirksverband Sachsenhausen e.V.

Beruflicher Werdegang

05/1999 - 11/2004	Kreditsachbearbeiter im Firmenkundenbereich und Firmenkundenbetreuer bei der Geschäftsbank
12/2004 - 05/2005	Leiter Kreditabteilung bei der Moneybank
06/2005 - 03/2006	Abteilungsleiter Risikomanagement bei der Genossenschaftsbank
04/2006 - 10/2007	Firmenkundenbetreuer im Außendienst bei der Leasing GmbH
12/2007 - 04/2008	Firmenkundenbetreuer im Außendienst (mit Handlungsvollmacht) bei der XBankLeasing GmbH
05/2008 - 12/2008	Selbstständiger Leasingberater
01/2009 - 11/2009	Firmenkundenbetreuer im Außendienst bei der Leasegood GmbH
seit 11/2009	Risk-Manager bei der ZBV-PayGmbH

Fortbildungen

Fortbildung „Kreditgeschäft" bei der Genossenschaftsakademie

Nebenberufliches Grundstudium der Betriebswirtschaftslehre (4 Semester) bei der Verwaltungs- und Wirtschaftsakademie in Frankfurt a. M. (2000-2002)

Sechswöchiges Leasing-Grundseminar im Rahmen der Tätigkeit bei der Leasing Akademie

Diverse innerbetriebliche Seminare

Interessen

Sport (Gleitschirmfliegen, Handball)
Geschichte
Musik

Frankfurt, den 22.07.2011

Markus Stockmann

Abbildung C.1.9: Lebenslauf Stockmann

Geschäftsbank

Zeugnis

Herr Markus Stockmann, geboren am 19.12.1975, hat bei uns in der Zeit vom 15.08.1995 bis 24.01.1998 den Beruf des Bankkaufmanns erlernt. Hierüber wurde ein separates Ausbildungszeugnis erstellt. Nach erfolgreichem Abschluss mit Auszeichnung vor der Industrie- und Handelskammer wurde Herr Stockmann in ein unbefristetes Angestelltenverhältnis als Sachbearbeiter in der Marktfolge übernommen.

Sein Aufgabengebiet umfasste:

- Aufbereitung der gestellten Kreditanträge
- Durchführung der Vertragsbearbeitung
- Führung und Pflege der Kreditakten
- Durchführung der Kreditverwaltungsaufgaben
- Ausführung der Kreditkontrolle
- Durchführung der Bilanzauswertung
- Bilanzbeurteilung / Beurteilung der wirtschaftlichen Verhältnisse in Zusammenarbeit mit dem zuständigen Firmenkundenberater
- Abwicklung der Sicherheitenverwaltung, eigenverantwortliche Beurteilung und Wertfestsetzung der Sicherheiten.

Ab 01.05.1999 übernahm Herr Stockmann die Aufgaben eines Firmenkundenberaters. Sein Verantwortungsgebiet umfasste schwerpunktmäßig die kundenorientierte Beratung im Firmenkundengeschäft, die Bearbeitung von Kreditanträgen bis zur Entscheidungsreife, die Wahrnehmung regelmäßiger Betreuungskontakte sowie die Überwachung der ihm zugeordneten Kreditengagements.

Im Rahmen der beruflichen Weiterbildung nahm Herr Stockmann erfolgreich an folgenden Seminaren der Weiterbildungsakademie teil:

- Einführung in die Kreditnachbearbeitung
- Kreditgeschäft.

Herr Stockmann ist ein pflichtbewusster, zuverlässiger und belastbarer Mitarbeiter, der über ein logisches Denkvermögen verfügt. Auf Grund seiner guten Auffassungsgabe arbeitete er sich rasch in sein Aufgabengebiet ein. Die ihm übertragenen Aufgaben erledigte er zu unserer vollen Zufriedenheit sicher und weitgehend selbstständig. Herr Stockmann verfügt über das erforderliche Fachwissen in seinem Fachgebiet und setzte es erfolgreich ein.

Sein Verhalten gegenüber Kunden, Vorgesetzten und Mitarbeitern war einwandfrei. Herr Stockmann war immer freundlich und zuvorkommend.

Herr Stockmann verlässt uns zum 30.11.2004 auf eigenen Wunsch. Wir bedauern sein Ausscheiden und bedanken uns für die gute Zusammenarbeit. Für seine persönliche und berufliche Zukunft wünschen wir ihm alles Gute.

30.11.2004

H. Milzner	*Schmidt*
(Bereichsleitung)	(Personalleitung)

Abbildung C.1.10: Zeugnis Geschäftsbank

Moneybank

Zeugnis

Herr Markus Stockmann, geboren am 19.12.1975, trat die von uns ausgeschriebene Stelle als Leiter des Kreditgeschäfts am 01. Dezember 2004 an.

Sein Tätigkeitsfeld umfasste die Kundenberatung im Kredit-, vornehmlich im Firmenkreditgeschäft sowie die Erledigung der damit zusammenhängenden Korrespondenz und Verwaltungsaufgaben. Mit den zur weitgehend selbstständigen Arbeit erforderlichen Kredit- bzw. Zinskompetenzen war Herr Stockmann ausgestattet.

Wir lernten Herrn Stockmann als gewissenhaften Mitarbeiter schätzen, der sich engagiert und relativ schnell in sein Aufgabengebiet eingearbeitet hat. Die ihm übertragenen Aufgaben erledigte er zu unserer vollen Zufriedenheit.

Sein Verhalten gegenüber Vorgesetzten und Kollegen war stets beanstandungsfrei.

Herr Stockmann verlässt uns auf eigenen Wunsch nach Ablauf der Probezeit zum 31. Mai 2005.

Wir wünschen ihm persönlich und für seinen weiteren Berufsweg viel Glück und Erfolg.

31. Mai 2005

v. d. Wöhrenberg	Schneevogel
Vorstand	Personalleitung

Abbildung C.1.11: Zeugnis Moneybank

Genossenschaftsbank

Zeugnis

Herr Markus Stockmann, geboren am 19.12.1975, wurde am 01.06.2005 als Abteilungsleiter des Risikomanagements eingestellt. Herr Stockmann wurde mit dem Aufbau dieser Abteilung betraut. Er zeigte gute Arbeitsleistung und Belastbarkeit.

Die Schwerpunkte seines Aufgabengebietes waren:

- Mitwirkung beim Aufbau eines Kreditreportings
- Übernahme von Kreditengagements aus dem Firmen- und Privatkundenbereich
- Prüfung der Sanierungsfähigkeit und -würdigkeit sowie der Möglichkeiten der Entleasung des Unternehmens (Zins- und Tilgung)
- Entwicklung eigener Sanierungskonzepte
- Prüfung und Umsetzung externer Sanierungskonzepte
- laufende Überwachung von Kreditnehmer
- Bewertung der Engagements und der Sicherheiten nach Realisierungsgesichtspunkten
- Führung und Einsatz der unterstellten Mitarbeiter

Herr Stockmann zeichnete sich durch ein gutes analytisches Denken und Fachwissen im Firmenkundengeschäft aus. Er war ein gewissenhafter und verantwortungsbewusster Mitarbeiter. Die ihm übertragenen Aufgaben erledigte er stets zu unserer vollen Zufriedenheit. Er zeigte Initiative und war engagiert. Für die Wahrnehmung seiner Aufgaben erhielt er entsprechende Kompetenzen. Herr Stockmann verfügt über ein gutes Auftreten und eine gute Ausdrucksweise. Sein Verhalten gegenüber Vorgesetzten, Kunden und Mitarbeiter war korrekt.

Herr Stockmann scheidet am 31. März 2006 auf eigenen Wunsch aus. Wir wünschen ihm auf seinem weiteren Berufs- und Lebensweg alles Gute und weiterhin viel Erfolg.

31. März 2006

Jurgele — *(Bereichsleitung)*

Müller — (Personalleitung)

Abbildung C.1.12: Zeugnis Genossenschaftsbank

Leasing GmbH

Zeugnis

Herr Markus Stockmann, geboren am 19.12.1975, war vom 01. April 2006 bis 31. Oktober 2007 in unserer Firma als Firmenkundenberater im Außendienst beschäftigt.

Zu seinen Aufgaben gehörte die Betreuung bestehender Kunden sowie die Herstellung und Pflege von Kontakten zu Maschinenherstellern und deren Verkaufsorganisationen mit dem Ziel, eine Zusammenarbeit aufzubauen.

Während seiner Tätigkeit in unserem Hause erfüllte Herr Stockmann seine Aufgabe mit Engagement und persönlichem Einsatz. Des Weiteren können wir sagen, dass wir ihn als einen zielstrebigen, fleißigen und gewissenhaften Mitarbeiter kennen. Herr Stockmann war pflichtbewusst und zuverlässig und auch bereit, Verantwortung zu übernehmen. Abschließend lässt sich sagen, dass wir mit seinen Leistungen stets zufrieden waren. Aufgrund seiner kooperativen Haltung war er bei Vorgesetzten und Mitarbeitern anerkannt und beliebt.

Das Arbeitsverhältnis endete am 31. Oktober 2007.

Wir danken Herrn Stockmann für seine gute Leistung und bedauern sein Ausscheiden. Für seinen weiteren Berufsweg wünschen wir ihm alles Gute.

31. Oktober 2007

Kerrschenstein	*Bellmann*
Dr. Kerrschenstein	Bellmann
(Bereichsleitung)	(Personalleitung)

Abbildung C.1.13: Zeugnis Leasing GmbH

XBank Leasing GmbH

Zeugnis

Herr Markus Stockmann, geboren am 19.12.1975, war vom 01.12.2007 bis 30.04.2008 für unsere Gesellschaft in der Geschäftsstelle Offenbach als Leasingberater tätig.

Zu seinen Hauptaufgaben gehörten neben der Betreuung der vorhandenen Firmenkunden die Pflege bestehender Händlerverbindungen sowie die Neukundenakquisition, welcher sich Herr Stockmann mit großem Engagement widmete.

In diesem Zusammenhang arbeitete Herr Stockmann absolut selbstständig und motiviert an der Umsetzung unserer Marketingstrategie durch intensive Markt- und Wettbewerbsbeobachtung. Besonderen persönlichen Einsatz bewies Herr Stockmann bei der Durchführung von Mailing-Aktionen.

Beim Aufbau des Kundenpotenzials wurde Herr Stockmann im Back-Office von einer Vertriebsassistentin unterstützt.

Herr Stockmann hat die ihm übertragenen Aufgaben zu unserer vollen Zufriedenheit erfüllt. Sein Verhalten gegenüber Vorgesetzten und Kollegen war stets einwandfrei.

Durch einschneidende Veränderungen bei unserer Alleingesellschafterin und dem beschlossenen Verkauf unserer Gesellschaft wurde das Geschäftsstellennetz verkleinert und die Tätigkeit in Bad Nauheim eingestellt. Aus diesem Grund wurde das Arbeitsverhältnis betriebsbedingt innerhalb der Probezeit beendet, was wir sehr bedauern.

Für den weiteren beruflichen Weg wünschen wir Herrn Stockmann viel Erfolg und auch privat alles Gute.

30.04.2008

Bornemann *Sandhausen*

Dr. Joachim Bornemann	Sandhausen
Geschäftsführer	Personalleiter

Abbildung C.1.14: Zeugnis XBank Leasing GmbH

Leasegood GmbH

Zeugnis

Herr Markus Stockmann, geboren am 19.12.1975, trat am 01.01.2009 als Firmenkundenbetreuer in unser Unternehmen ein.

Sein Aufgabengebiet umfasste hauptsächlich folgende Tätigkeiten:

- Akquisition neuer Vertriebsleasingpartner und Direktkunden in definierten Kundensegmenten unterschiedlicher Branchen
- Betreuung bestehender und neuer Kunden-, Hersteller- und Händlerverbindungen sowohl im Auto- als auch im Projektleasingbereich
- Betreuung unserer Kunden während der Vertragslaufzeit
- Besuch der Kunden vor Ort
- Ausarbeitung von Finanzierungsangeboten Leasing/Mietkauf/Miete
- Erstellung von Leasing-, Mietkauf- und Mietangeboten
- Einholung der Bonitätsunterlagen
- Beurteilung der wirtschaftlichen Verhältnisse unserer Kunden anhand von Bank- und Wirtschaftsauskünften sowie betriebswirtschaftlichen Auswertungen und Bilanzen und die damit verbundene Bilanzanalyse
- Erstellung entscheidungsreifer Vorlagen und Abwicklung des Genehmigungsverfahrens durch die entsprechenden Partner
- Abschluss von Leasing-, Mietkauf- und Mietverträgen
- Präsentation der Leasegood GmbH bei Direktkunden und Vertriebsleasingpartnern

Herr Stockmann besitzt ein den Ansprüchen genügendes Fachwissen und solide Erfahrung in seinem Aufgabenbereich. Er setzte seine Kenntnisse den Aufgaben entsprechend um. Auch bei größeren Anforderungen erbrachte er eine gute Leistung.

Herr Stockmann erledigte seine Aufgaben zu unserer vollen Zufriedenheit, er erkannte die Folgen seiner Handlungen und war stets verantwortungsbewusst und vertrauenswürdig.

Er behielt den Überblick über seine Aufgaben und konnte verschiedene Schritte durch flexible Handhabung angemessen aufeinander abstimmen – Probleme in seinem Bereich erkannte er und lieferte einen wesentlichen Beitrag zu ihrer Lösung.

Herr Stockmann war gegenüber allen Kollegen und Vorgesetzten freundlich und aufgeschlossen und meisterte auch ungewohnte Situationen gewandt. Er konnte seine Ideen und Entscheidungen plausibel vertreten und nahm konstruktiv an fachlichen Gesprächen teil. Im Team lieferte er viele wichtige Beiträge und betrachtete andere Meinungen und begründete Kritik als Anregung. Er war allzeit an den Wünschen der Kunden orientiert und achtete auf gründliche Beratung.

Wir haben Herrn Stockmann als bewährten Mitarbeiter kennengelernt, der sich dem Unternehmen verpflichtet fühlte.

Herr Stockmann scheidet zum 30.11.2009 aus unserem Unternehmen aus. Wir danken ihm für seine Mitarbeit und wünschen ihm für die Zukunft alles Gute.

30.11.2009

ppa. Wundermann	i.V. Berger-Hülzhoff
(Personalleitung)	(stv. Personalleitung)

Abbildung C.1.15: Zeugnis Leasegood GmbH

Aber als er sich dann den Lebenslauf und die Zeugnisse genauer ansah, war er sich plötzlich nicht mehr sicher. Sollte er diese Bewerbungsunterlagen wirklich an Herrn Heller weiterleiten? Sicher, einerseits könnte er sich dadurch etwas Luft gegenüber dem Vertriebsleiter verschaffen, der sich in der Geschäftsleitung bereits negativ über sein Engagement geäußert hatte – die Sekretärin Ina Möller hatte dies Peter Möring im Vertrauen mitgeteilt, als sie sich zum Squash getroffen hatten. Aber andererseits war Herr Heller im Hause dafür bekannt, dass er dazu neigt, Personalentscheidungen vorschnell und ohne gründliche Analyse des Bewerbers zu treffen; insbesondere dann, wenn Stellen lange vakant waren. Wenn er sich in seiner impulsiven Art spontan für einen Kandidaten entschieden hatte, war es sehr schwer, wenn nicht sogar unmöglich, ihn von der Entscheidung wieder abzubringen. Das hat in der Vergangenheit immer wieder dazu geführt, dass sie sich – teilweise noch in der Probezeit – von Kandidaten trennen mussten. Vielleicht war auch das ein Grund, warum Peters Vorgänger Hans Meier gehen musste? *„Dieses Hiring und Firing im Vertrieb wirft auf Dauer ein schlechtes Bild auf unser Unternehmen, daher liegt mir die Qualität der Personalauswahl ganz besonders am Herzen und dafür sind Sie verantwortlich“*, hatte ihn Herr Dr. Zahlmann instruiert.

Dann war da noch etwas. Peter war gestern mit Ansgar Jäger zu Tisch. Sie kannten sich bereits seit dem Abitur, hatten sich dann jedoch während des Studiums aus den Augen verloren und bei der Mobilien Finance GmbH wiedergetroffen. Ansgar arbeitete als Assistent der Geschäftsleitung. Daher war er bestens informiert und hatte sich schon oft als eine nützliche Quelle für vertrauliche Informationen erwiesen. Von ihm hatte Peter erfahren, dass die Strategie des Vertriebsleiters, sich in einem speziellen Team nur auf Großkunden zu fokussieren, in Teilen der Geschäftsleitung zunehmend kritischer diskutiert wurde. *„Unser Kundenfokus ist seit jeher der Mittelstand“*, hatte Ansgar ihm auf seine Nachfrage hin erklärt. *„Hier liegen die Finanzierungsvolumen in überschaubaren Größenordnungen. Daher ist für uns die Refinanzierung kein Problem und so können wir wettbewerbsfähige Preise anbieten. Großunternehmen benötigen in der Regel jedoch viel größere Finanzierungsvolumen. Hier tun wir uns teilweise sehr schwer mit unserer eigenen Refinanzierung beziehungsweise müssen Aufschläge einkalkulieren. Dadurch liegen unsere Preise teilweise deutlich über dem Wettbewerbsniveau, weshalb wir in der Vergangenheit häufig nicht zum Zuge gekommen sind. Herr Heller sieht das als normale Startschwierigkeiten an, schließlich haben wir uns ja erst vor zwei Jahren im Rahmen der von ihm ausgearbeiteten ‘Vertriebsstrategie 2020‘ dazu entschieden, dieses für uns neue Kundensegment gezielt anzugehen. Die Geschäftsleitung, insbesondere der Vertriebsgeschäftsführer Herr Hagedorn, sieht die Hauptursache in den nicht wettbewerbsfähigen Preisen. Am liebsten würde er das ganze Großkundenteam aufgeben. Auch auf Heller ist er in letzter Zeit nicht besonders gut zu sprechen. Allerdings halten sowohl sein Chef, der Hauptgeschäftsführer Herr Riebeling, als auch der Vorstandsvorsitzende der Holding, Herr Dr. Wagemüller, große Stücke auf Heller und seine Großkundenstrategie und möchten ihm noch mehr Zeit und Ressourcen einräumen, sein Großkundenteam aufzubauen. Aber das ist alles ‘top secret‘“*, hatte Ansgar ihm zugeflüstert.

„Ich kann das nicht länger vor mir herschieben und muss entscheiden, was ich tun werde“, dachte Peter auf der Fahrt nach Hause. In der kommenden Woche stand sein Jahresgespräch mit Herrn Dr. Zahlmann an und da würde sein Chef mit Sicherheit über die immer noch vakante Vertriebsposition sprechen wollen. Und Peter wusste genau, dass Dr. Zahlmann von seinen Mitarbeitern immer konkrete Lösungsvorschläge erwartete. Und nicht zuletzt ging es ja auch um die Höhe seines Bonus.

Aufgaben

Versetzen Sie sich in die Rolle von Peter Möring.

1. Was tun Sie?

2. Begründen Sie Ihre Einschätzung und Vorgehensweise

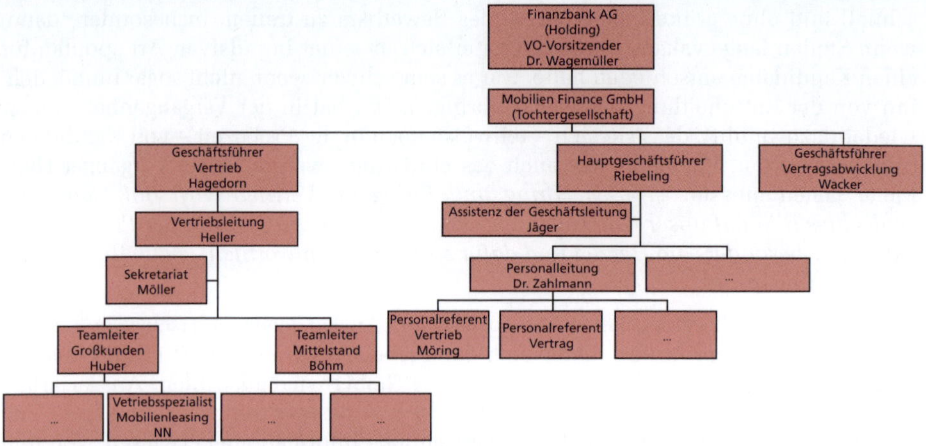

Abbildung C.1.16: Organigramm der Mobilien Finance GmbH (Auszug)

Literaturempfehlung:

Schuler, H.: Auswahl von Mitarbeitern. In: L. von Rosenstiel, E. Regnet, M. Domsch (Hgg.): Führung von Mitarbeitern. Handbuch für erfolgreiches Personalmanagement. 6. Aufl., Stuttgart: Schäffer-Poeschel 2009, S.115-147.

C.1.6 Die ersten 100 Tage – Herausforderungen im Verlag

Katja Reuter und Heike Schinnenburg

Die ersten 100 Tage in einem neuen Unternehmen galten früher als Orientierungsphase und gaben dem Newcomer die Erlaubnis, zunächst in der neuen Position anzukommen. Zunehmend wird dieser Zeitraum zur Bewährungsprobe, in der es geschickt zu agieren gilt.

Fallstudie

Seufzend legte Nadine den Telefonhörer auf. Das hatte ihr gerade noch gefehlt: Gerade drei Monate in der Funktion der Personalleitung und schon Ärger mit dem Betriebsrat! Der Vorsitzende Rolf Hahne wollte sofort ein Gespräch und kündigte an, dass er den empörten Redakteur Middelkötter aus der Lokalredaktion Moorburg gleich mitbrächte. Der säße sowieso bei ihm und so ginge das alles nicht weiter.

Als Nadine Weber das Angebot, die neue Personalleiterin der Media XS Group mit ihren 450 Mitarbeitern und 15 Lokalredaktionen zu werden, angenommen hatte, wusste sie, dass erhebliche Herausforderungen auf sie warteten. Der im regionalen Markt etablierte Verlag verlor – wie viele Mitbewerber – in den letzten Jahren stetig

Abonnenten und versuchte, sich mit modernen Kommunikationsmitteln sowie personellen Veränderungen besser zu positionieren. Der Verlagsgeschäftsführer Erwin Schmidt, Nadines Vorgesetzter und Mentor, formulierte bei der letzten Führungsrunde sehr deutlich: Mehrfach verwertbare, prägnante und bebilderte Inhalte, enge Zusammenarbeit mit der Online-Redaktion und deutlich mehr Lokalkompetenz – darum ginge es ihm in erster Linie, um den Verlag wirtschaftlich auf Kurs zu halten.

Verstanden hatte Nadine aus dem Telefonat nur, dass es in Moorburg Ärger mit der neuen Lokalchefin Rita Kornfeld gab. Das war alles. Bevor ihre Gesprächspartner eintrafen, rekapitulierte sie, was sie über die junge Kollegin wusste. Frau Kornfeld hatte die Position vor knapp drei Monaten übernommen, nachdem ihr Vorgänger aus Altersgründen ausgeschieden war. Ähnlich wie Nadines eigener Auftrag, das Personalmanagement der Media XS Group neu auszurichten, lautete das Ziel für die Lokalchefin, die „altbackene" Lokalberichterstattung so zu modernisieren, dass sie künftig mit der Konkurrenz mithalten, Abonnenten zurückgewinnen sowie neue Leser binden konnte. Diese wanderten heute lieber zu den kostenlosen Anzeigenblättern ab. Für diese Aufgabe wurde Rita Kornfeld von einem Mitbewerber abgeworben, der bereits ähnliche Entwicklungen hinter sich hatte. Da sie die Redaktion in Moorburg schon aus Volontariatszeiten kannte, hatte Schmidt es nicht für nötig gehalten, sie durch ihren Vorgänger einarbeiten zu lassen. Vielleicht – so vermutete Nadine – war es ihm lieber, dass sie völlig neu startete, weil er selbst mit dem ehemaligen Chefredakteur in Moorburg nicht gut zurechtgekommen war. Das hatte ihr seine Sekretärin Irina in der Cafeteria erzählt.

Das Team, mit dem Rita die Herausforderung meistern sollte, bestand aus drei alteingesessenen und mit der Region eng verbundenen Mitarbeitern. Nadine hatte alle bei ihrer „Rundtour durch die Redaktionen" kennengelernt:

- Da war *Hans Klein*, seit 30 Jahren im Verlag, konsequenter Naturkostfreund, Radfahrer und im Rathaus bekannt wie ein bunter Hund. Sein Schwerpunkt: Lokale Politik. Er war verheiratet und hatte zwei erwachsene Söhne, die von der Provinz in verschiedene Großstädte gezogen waren. In der Redaktion wurde als offenes Geheimnis gehandelt, dass sich Hans mit seinem Jüngsten überworfen hatte, seit dieser nach seinem Politikstudium als Referatsleiter bei einer konservativ-bürgerlichen Partei angeheuert hatte.
- *Rudolf Middelkötter*, seit 25 Jahren im Haus, eingefleischter Junggeselle und eher zufällig über seine Buchhändlerlehre zur Zeitung gekommen, war zuständig für Kultur und Vereinswesen. Er war Mitglied im örtlichen Fußballverein, gehörte zur freiwilligen Feuerwehr und brüstete sich vor Nadine mit seinen guten Kontakten zur Polizei. Das führe dazu, dass er bei Unfällen und Bränden immer sofort Bescheid wisse und vor Ort sei, betonte er bei ihrem Besuch.
- An die Redaktionssekretärin *Silvia Müller* erinnerte sich Nadine besonders gut. Die Achtundvierzigjährige kümmerte sich seit 18 Jahren um das Redaktionssekretariat. Ihr sehr persönlich dekorierter Schreibtisch war überladen mit Fotos ihrer Enkelkinder und ihres Dackels Burschi. An der Pinnwand hinter ihr hing eine Postkarte mit dem Hinweis „Ich bin hier auf der Arbeit und nicht auf der Flucht!". Frau Müller hatte damals sofort die Gelegenheit genutzt, der neuen Personalleiterin ihr Leid zu klagen. Seit Frau Kornfeld die Führung übernommen habe, sei nichts mehr so, wie es mal war. Immer wäre es hektisch. Außerdem fordere ihre neue Chefin viel zu viel und ließe es an Respekt mangeln. Das wäre bei dem Vorgänger nie passiert! Der hätte ihre Leistung und ihre fürsorgliche Art zu schätzen gewusst. Ihm hätte sie jeden Morgen seinen Kaffee mit Kaffeesahne bereitgestellt und er hätte sich stets überschwänglich bedankt.

Rita und Nadine hatten auf den ersten Blick festgestellt, dass sie sich vor einem Jahr bei einem IHK-Seminar „Die ersten 100 Tage als Chefin“ getroffen hatten. Schon damals waren sie sich sehr sympathisch gewesen. Nadine konnte sich noch an die guten Beiträge von Rita erinnern. Im Pausengespräch hatten sie dann Anekdoten aus dem Alltag ausgetauscht und festgestellt, dass sie trotz unterschiedlicher Arbeitsbereiche ähnliche Erfahrungen in den Redaktionen machten. *„Man darf sich auf keinen Fall unterbuttern lassen“*, meinte Rita damals, *„ich habe aber den Vorteil, dass mein Vorgänger bereits viele Veränderungen durchgesetzt hat. Die Mitarbeiter sind weitgehend auf dem neuesten Stand und machen einen guten Job.“* „Das war vielleicht genau das Problem“, dachte Nadine. Die Veränderungen, die beim Mitbewerber schon vor einigen Jahren durchgesetzt wurden, standen beim Verlag der Media XS Group überwiegend noch an. Gerade für junge Führungskräfte war dies nicht einfach, da sie vor allem aufgrund ihrer guten journalistischen Fähigkeiten in die Führungsrolle hineingewachsen waren und wenig Unterstützung durch die Personalentwicklung bekamen.

Für Nadine stand das Thema Personalentwicklung ganz oben auf ihrer persönlichen Agenda und sie hoffte, Schmidt von der Notwendigkeit eines nachhaltigen Konzeptes überzeugen zu können. Schmidt kannte sie seit ihrer Studienzeit. Damals hatte sie während ihres BWL-Studiums mit der Idee geliebäugelt, später als Journalistin in der Wirtschaftsredaktion zu arbeiten. Ein Praktikum in der „Wirtschaft pur“, bei der Schmidt damals Chefredakteur war, hatte ihr zweierlei gezeigt: Sie fühlte sich in der Branche wohl und konnte auch schreiben, allerdings gefiel es ihr langfristig noch besser, im Personalbereich zu arbeiten. So hatte sie nach ihrem Studium zunächst bei einem Wirtschaftsverlag im Personalbereich begonnen, wobei Schmidts exzellentes Praktikumszeugnis sehr geholfen hatte. Dort hatte sie sich bis zur stellvertretenden Personalleiterin hochgearbeitet und nicht lange gezögert, als sie das Angebot bekam, bei der Media XS Group als Personalleiterin zu starten. Ihr Team bestand aus drei Mitarbeitern, mit denen Nadine sehr gut zurechtkam, auch wenn es noch etwas Zeit brauchte, bis sich alles einspielte. Die Einführung einer wöchentlichen Besprechung mit kleinem Frühstück war gut angekommen und Nadine hatte den Eindruck, dass das Team erleichtert war, von der neuen Chefin in Vorgänge und Entscheidungen einbezogen zu werden. Die schüchterne Friederike hatte beim letzten Mal sogar einen Witz gemacht. Und Marianne Meinberg, die bereits seit zwölf Jahren als Personalsachbearbeiterin im Haus tätig war und eine gute Menschenkenntnis zeigte, gab ihr häufig hilfreiche Hinweise zu den Mitarbeitern. Zu Middelkötter hatte sie gewarnt: *„Achtung! Der ist sehr empfindlich und regt sich schnell auf. Hat einen Komplex gegenüber 'Studierten'; regt sich aber auch schnell wieder ab, wenn er sich ernst genommen fühlt.“*

Es klopfte. Hahne und Middelkötter betraten ihr Büro. *„So geht das alles nicht weiter“*, regte sich Middelkötter schon auf, noch bevor er sich setzte. *„Was geht so nicht weiter?“*, fragte Nadine freundlich, nicht ahnend, was sie damit auslöste. Nun brach es vollends aus dem gestandenen Redakteur heraus. Er beschwerte sich darüber, dass seine neue Chefin nicht nur ein anderes Arbeitstempo verlange, sondern auch über seine Themen hinaus Texte erwarte. Auch Fotos wolle sie, obwohl das früher von Freiberuflern übernommen worden sei. Außerdem verlange Frau Kornfeld, dass die Artikel online-fähig seien. Und neben seiner Kultur solle er sich jetzt zunehmend auch um politische Themen kümmern, für die doch Klein zuständig sei. Als wäre das alles noch nicht genug, wolle sie Auskunft darüber haben, wie er seinen Arbeitstag gestalte. Dieses Misstrauen sei bei dem alten Chef nie vorgekommen. Und überhaupt: Was diese junge Frau auf dem Posten eigentlich solle! Die hätte doch keine Erfahrung!

Hahne ergriff das Wort. Er habe bereits mehrfach Anrufe von Frau Müller erhalten, die sich über den psychischen Arbeitsdruck und das hohe Arbeitsvolumen beschwerte.

Es wäre Nadine doch bestimmt bekannt, dass Frau Müller im Laufe der letzten drei Monate schon mehrfach krank war? Das müsse doch Gründe haben. Er erwarte von Nadine jetzt eine Klärung zugunsten der Mitarbeiter.

Nachdem Nadine beide freundlich verabschiedet und ihnen versichert hatte, sich darum zu kümmern und spätestens morgen zu melden, sank sie etwas ratlos auf ihren Stuhl. Sie wusste ja bereits, dass Redakteure sich eher als Künstler verstanden und feste Strukturen ablehnten. Diese Haltung wurde auch heute noch von vielen Geschäftsführern, die ja oftmals auch der schreibenden Zunft entstammten, unterstützt. Herr Schmidt, Nadines Vorgesetzter, machte da keine Ausnahme. Es klopfte und Schmidt schaute in Nadines Büro hinein. *„Hallo Frau Schmidt, wir wollten doch nach Ihren ersten 100 Tagen ein Zwischengespräch führen. Passt es Ihnen übermorgen um 15 Uhr? Dann lade ich Sie zu einem Kaffee im 'Newsletter Bistro' ein.“ „Ja, prima*“, erwiderte Nadine und Schmidt war schon wieder zur Tür hinaus. „Tja“, dachte Nadine, „das passt sogar sehr gut.“ Aber es bedeutete auch, dass sie möglichst bis übermorgen die Wogen geglättet haben sollte…

Was jetzt? Auf der einen Seite gab es den Auftrag des Geschäftsführers zur Modernisierung bei gleichzeitiger Wahrung des Künstlerstatus. Auf der anderen Seite stand die Weigerung langjähriger Mitarbeiter, die eigene Arbeitsweise zu hinterfragen und die Veränderungen mitzugestalten. Mittelkötter war dafür ein typisches Beispiel. Nadine sah sich vor einem Dilemma.

Aufgabe

Versetzen Sie sich in die Situation von Nadine Weber. Was tun Sie und warum? Mit wem nehmen Sie Kontakt auf? Entwickeln Sie eine Strategie.

Denkanstoß **Finding the first rung**

„Becoming a leader for the first time should be very exciting. You have an opportunity to broaden your skills, to take on new responsibilities – and make more money. At the same time it can be overwhelming. Practicing in front of the mirror for days before your first presentation to upper management. The knots in your stomach when you have to provide negative feedback to an underperformer. As Dickens would say, „It was the best of times. It was the worst of times."

We asked participants what word would best describe their first year as a manager. The overwhelming response was „challenging" (45 percent), followed by „stressful" (18 percent), „invigorating" (8 percent), „overwhelming" (7 percent), and „complicated" (7 percent). If you are a glass half-full person, „challenging" can be good. You're learning new skills. You're pushing yourself. If you are a glass half-empty person, „challenging" can take on a whole different meaning – keeping your head above water. So what does it take for a first-time manager to go from feeling invigorated about being a leader to being stressed or overwhelmed?

> *It is as simple as how organizations help them learn the ropes. We asked managers to tell us what methods have been the most influential in building their leadership skills. [..] the two most common methods of learning to become a manager are at opposite ends of the continuum of organizational support: On one end, acquiring their leadership skills through trial and error (57 percent) – and on the other, support from their managers (51 percent)."*
>
> *Quelle: DDI Studie: Finding the first rung, 2010, S. 6; www.ddiworld.com/DDIWorld/media/trend-research/findingthefirstrung_mis_ddi.pdf (Stand: 19.12.2011).*

Literaturempfehlung:

Neuland, M.: Pragmatisch und zielsicher. In: ManagerSeminare, 6, 2003, S. 10-11.

C.1.7 Die Königskinder – Unzufriedenheit im Vertriebsinnendienst

Heike Schinnenburg

Wahrgenommene Ungerechtigkeiten führen nicht selten zu Konflikten zwischen Mitarbeitern. Oft resultieren Unterschiede bei der Bezahlung zum Beispiel aus früheren Unternehmensübernahmen, bei denen Mitarbeiter mit ihren bisherigen Rechten zu einem Erwerberunternehmen wechselten. Für Führungskräfte und Personalmanager stellt diese Situation eine nicht zu unterschätzende Herausforderung dar.

Fallstudie

„Das ist eine sehr interessante Aufgabe. Und da Sie mich so direkt fragen: Ja, ich wäre sehr interessiert", antwortete Julia spontan. Sie saß mit Rolf Kornelberg, dem Geschäftsführer der Alix GmbH, zusammen und diskutierte Kandidatenprofile mit ihm. Das Angebot, eventuell fest zu Alix zu wechseln, kam für sie überraschend.

Ursprünglich war sie als Personalberaterin für das mittelständische Großhandelsunternehmen engagiert worden, das Lebensmittel und Güter des täglichen Bedarfs unter anderem an Tankstellen, Kioske und Kantinen von Unternehmen lieferte. Der bisherige Vertriebsleiter (Rudolf Kleineberg, 57 J.) war wegen einer Hüftoperation ins Krankenhaus gekommen und in der Reha stellte sich heraus, dass er vorzeitig in den Ruhestand gehen würde. Mit der Suche nach einem Nachfolger wurde die Personalberatung betraut, für die Julia seit vier Jahren arbeitete. Sie arbeitete gerne in der Beratung und schätzte auch die Möglichkeiten, unterschiedliche Unternehmen kennenzulernen. Aber in der letzten Zeit stellte sie fest, dass sie gerne in einer festen Aufgabe Verantwortung übernehmen würde. Und die Stelle als neue Personalleiterin bei Alix wäre tatsächlich ein deutlicher Karrieresprung und finanziell sowie regional für sie sehr attraktiv.

Bei der Alix GmbH war ihr Auftrag, den neuen Vertriebsleiter zu suchen, ausgeweitet worden, da die Geschäftsführung im Vertrieb deutliche Probleme erkannte, die als dringlich eingeschätzt wurden. Zwei Mitarbeiter im Vertrieb (Frau Schmarrenberg und Frau Niemann) hatten sich vor ein paar Tagen bei der Geschäftsleitung über ungerechte Bezahlung und Arbeitsbedingungen beschwert und mit Kündigung gedroht, wenn sich in den nächsten Wochen nichts maßgeblich ändern würde. *„Es kommt daher nicht in Frage, mit den Veränderungen auf den neuen Vertriebsleiter zu warten“*, meinte der Geschäftsführer und fügte hinzu: *„Für die Mitarbeiter muss deutlich werden, dass ihre Belange ernst genommen werden, auch wenn momentan kein Vertriebsleiter im Haus ist. Und Sie können sich gleich als künftige Personalleiterin profilieren. Den Teamleitern im Vertrieb habe ich schon angekündigt, dass Sie das Projekt übernehmen und direkt an mich berichten werden.“* Für Julia wurde im Gespräch schnell deutlich, dass die Aufgabe, die sie quasi als „Interimsmanagerin“ übernehmen würde, ihre Bewährungsprobe darstellte!

Kornelberg erläuterte weitere Hintergründe: *„Wir hatten lange Zeit fast eine Monopolstellung am Markt, was dazu führte, dass einige Mitarbeiter Kunden nicht immer freundlich und entgegenkommend behandeln. Herr Kleineberg kam mit mehreren anderen Mitarbeitern vor einigen Jahren zu uns, als wir einen Mitbewerber übernommen haben. Die Entscheidung war strategisch durchaus richtig, da wir bis dato noch nicht viel Kenntnis vom Tankstellenmarkt hatten und auf das Know-how der Mitarbeiter dringend angewiesen waren. Heute erbringt dieser Zweig 60 Prozent unseres Umsatzes.*

Allerdings unterliegen diese Mitarbeiter einem Tarifvertrag und verdienen im Durchschnitt mehr Geld als die anderen Mitarbeiter, die zuvor für die Kioske beziehungsweise in den letzten Jahren zusätzlich eingestellt wurden. Das Arbeitsklima leidet darunter, weil sich die anderen Mitarbeiter ungerecht behandelt fühlen. Da die Tankstellen heute einen größeren Anteil des Gesamtumsatzes erbringen, haben die Mitarbeiter, die die Kioske betreuen, zudem das Gefühl, dass ihre Arbeit weniger gewürdigt wird.“ Julia nickte. *„Das kann ich mir gut vorstellen. Könnte ich eine Übersicht der Mitarbeiter haben?“*, fragte sie. *„Wenden Sie sich am besten an Silke Wächter, unsere Teamleiterin Personal. Mit ihr sollten Sie jetzt sowieso gut zusammenarbeiten, schließlich werden Sie aller Wahrscheinlichkeit nach ihre künftige Vorgesetzte.“*

Julia erfuhr, dass Frau Wächter ihren Schwerpunkt vor allem in der Administration und Gehaltsabrechnung sah. Sie wäre sehr loyal und kompetent in diesem Bereich. Für Kornelberg war aber völlig klar, dass angesichts der Pläne, künftig auch im angrenzenden Ausland tätig zu werden, eine strategischere Personalabteilung notwendig wäre. Er könne als Geschäftsführer nicht mehr in Personalunion die Personalleitung übernehmen und wisse auch, dass er diese Aufgabe bisher nicht wirklich gut habe ausfüllen können. *„Sie sollten aber wissen, dass wir mit Frau Müller, die wir vor zwei Jahren als Teamleiterin für den Tankstellenbereich eingestellt haben, wirklich Glück haben. Sie fühlt sich sehr verantwortlich für den Vertrieb und hat auch schon einiges – manchmal gegen Widerstände von Herrn Kleineberg – geändert. Sie kommt auch mit Herrn Schmolke, dem Teamleiter für die Kioske, gut zurecht. Ich bin sicher, dass wir mit Ihrer Hilfe und Frau Müllers Engagement die Phase ohne Vertriebsleiter gut überbrücken können.“*

Tabelle C.1.8

Mitarbeiterübersicht Alix GmbH Vertrieb

Sortiert nach Stundenlohn

Name	TV?	Teilzeit/ Vollzeit	Position	Std-Lohn €
Müller, Stefanie	nein	40,00	Teamleiterin Tankstellen	21,85
Betriebswirtin; engagiert u. fachlich gut; wurde vor 2 Jahren eingestellt, stieß auf Widerstand bei Wolke				
Schmolke	TV	38,50	Teamleiter Kiosk	21,23
lange da, engagiert, Kiosk-Fachmann vom alten Schlag				
Wolke	TV	29,00	SA Tankstellen, Zeitschriften	18,72
EH-Kfm., fachlich gut, persönlich schwierig, hoffte auf TL-Position; Sonderregelung: Do-nachmittag u. Freitag frei				
Müller, Sabine	TV	38,50	SA Tankstellen, Mopro	18,18
Betriebswirtin, fachl. sehr gut, wird v. d. Kiosk-Leuten als arrogant eingeschätzt				
Wagner-Speier	TV	38,50	SA Tanstelle, Süß u.Salzig	17,63
fachlich gut, zeitlich wenig flexibel				
Martens	TV	38,50	ADM/Key Account Nord	17,40
zusätzl. Provison, als Außendienstmitarbeiter selten im Haus				
Locke	TV	38,50	ADM/Key Account Süd	17,20
zusätzl. Provison, als Außendienstmitarbeiter selten im Haus				
Keiler	nein	Mini-Job	SA Tankst. Spirituosen	17,20
nur morgens, wurde vom ehemaligen VL persönlich eingestellt				
Maria-Krone	nein	20,00	SA Kiosk, Zeitschriften	16,99
8-12 Uhr; hat ein Kind mit ADS, oft nervös u. unfreundlich, fachl. gut				
Rolfes	nein	20,00	SA Kiosk, Mopro	16,63
3 Vormittage, zwei Nachmittage, kann nur Mopro				
Wehrenberg	nein	20,00	SA Kiosk Non Food, Süß-S.	16,10
fachl. ok, nicht immer zuverlässig, kann nur ihren Bereich				
Falke	nein	40,00	Sonderkunden Kantinen	16,10
sehr gut, flexibel u. kreativ				
Behring	nein	24,00	Sonderkunden Verbände	15,87
gut und im Team ausgleichend				
Kraftzick	nein	29,00	allgem. Sekretariat	14,97
gute Seele, engagiert				
Schmarrenberg	nein	38,50	SA Tankstellen Non-Food	14,58
gut u. flexibel, droht mit Kündigung; vertritt Wolke am Freitag				
Berning	nein	29,00	SA Tankstellen Spirituosen	14,33
kann nur den eigenen Bereich, will nur morgens arbeiten				
Niemann	nein	40,00	Springerin	12,50
G+A-kffr., überall einsetzbar u. zeitlich flexibel, möchte mehr Geld				
Beckendorf	nein	40,00	CC Kundenbetreuung	10,97
G+A-kffr., sehr gut, kennt sich sehr gut aus, könnte auch sofort SA				
Drichel	nein	20,00	CC Kundenbetreuung	10,97
sehr gut, ärgert sich über einige SA, die oft nicht erreichbar sind				
Papenburg	nein	25,00	CC Kundenbetreuung	10,97
Grundmeier	nein	40,00	CC Kundenbetreuung	10,97
Meierkord	nein	Mini-Job	CC Kundenbetreuung	10,97
Maris	nein	40,00	Springerin für SA und CC	9,53
G+A-kffr., 23 J., sehr gut u. flexibel, möchte mehr Geld				
Kolke	nein	Mini-Job	Springerin für SA und CC	9,53

Mopro = Molkereiprodukte
CC = Call Center
SA = Sachbearbeitung
EH-Kfm = Kaufmann im Einzelhandel

Weitere Hinweise:
Neue Mitarbeiter wurden in den letzten Jahren auf 40 Stundenbasis eingestellt, z.B. auch die CC-Mitarbeiter

Später rekapitulierte Julia das Gespräch, als sie in ihrem Büro saß, das ihr übergangsweise bei der Alix zur Verfügung gestellt wurde. Kornelberg hatte sich bedeckt gehalten, als es um die Frage ging, wie Silke Wächter wohl auf die neue Führung reagieren würde. Aus Julias Sicht war es nicht unwahrscheinlich, dass die Teamleiterin sich selbst Chancen auf die Position ausrechnete. Sie selbst war bisher nur als Beraterin angekündigt worden, die übergangsweise die Auswahl des neuen Vertriebsleiters begleitete und im Vertrieb ein Projekt zur Erhöhung der Mitarbeiterzufriedenheit durchführen sollte. In drei Tagen sollte sie Kornelberg erste Vorschläge zur Vorgehensweise präsentieren. „Immerhin lief das erste Projekt gut", dachte sie. Der Kandidatenpool für die neue Vertriebsleitung war vielversprechend und die Gespräche sollten in zehn Tagen stattfinden. Besonders ein Kandidat, Michael Schmidt, schien geeignet und auch ernsthaft an der Position interessiert. Julia wusste über ihre Kontakte, dass Schmidts Leistungen bei der Neuorganisation der Vertriebsstruktur eines Schuhgroßhändlers sehr positiv beurteilt wurde. „Aber angesichts der üblichen Kündigungsfristen ist kaum damit zu rechnen, dass die Position innerhalb der nächsten drei bis Monaten besetzt werden könnte. Selbst das ist optimistisch geplant", dachte sie.

Kurzentschlossen griff Julia zum Telefon und rief Frau Wächter an, die auch sofort meinte: *„Kommen Sie doch schnell auf einen Kaffee; ich habe Ihnen schon etwas zusammengestellt."*

Als beide zusammensaßen, gab sie Julia eine Liste mit einer Mitarbeiter-Übersicht.

„Herr Kornelberg hat mich schon angerufen. Wir arbeiten ja sehr gut auf dem kurzen Dienstweg zusammen. Natürlich stelle ich Ihnen gerne alles zur Verfügung, was Sie für Ihren Beratungsauftrag brauchen. Auf der Liste finden Sie alle Mitarbeiter mit Gehältern, Stunden und auch Anmerkungen. Ich kenne ohnehin alle persönlich und habe mich zusätzlich auch etwas bei Frau Müller und Herrn Schmolke umgehört. Das Organigramm hier zeigt die Vertriebsstrukturen zusätzlich noch etwas besser in der Übersicht. Wenn Sie Fragen haben, melden Sie sich gerne."

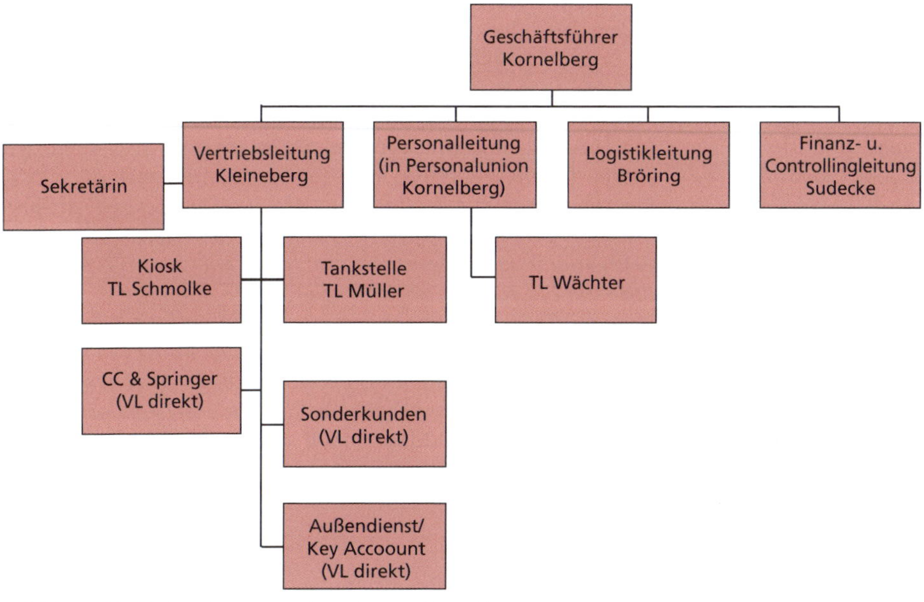

Abbildung C.1.17: Organigramm des Vertriebs der Alix GmbH

Von Frau Wächter erfuhr Julia auch, dass es im Vertrieb ein Gleitzeitsystem gab, das sehr weit interpretiert wurde. Ursprünglich war bei Alix vereinbart, dass von 9-15 Uhr die Kernarbeitszeit lag, in der jeder da sein musste – diese Regelung bestand auch immer noch. Allerdings war Rudolf Kleineberg anscheinend sehr großzügig. Die Mitarbeiter waren es gewohnt, zu ihren „Lieblingszeiten" zu arbeiten. Freitags war manchmal ab 13 Uhr keiner der Sachbearbeiter mehr da, worüber sich Kunden bereits beschwert hatten, die als Tankstelleninhaber selbst teilweise rund um die Uhr arbeiteten. Frau Wächter wusste das von Frau Drichel, die im Call Center von Alix tätig war und sich erst neulich darüber beschwert hatte. Als erste Ansprechpartner gaben zwar die Call-Center-Mitarbeiter Auskunft (Besetzung Montag bis Freitag von 7-19 Uhr), allerdings konnten diese Sonderanfragen nicht lösen und brauchten dafür die zuständigen Sachbearbeiter. War dort zum Beispiel um 16 Uhr niemand mehr erreichbar, führte dies zu Unmut.

Am Nachmittag traf sich Julia mit Frau Müller, der Teamleiterin „Tankstellen", die sich sichtlich freute, dass sie sich um die Problematik kümmern würde. Aus ihrer Sicht lagen die Probleme auf einer anderen Ebene. *„Also"*, begann sie, *„zunächst gibt es die Schwierigkeit, dass nur einige Mitarbeiter flexibel einsetzbar sind und mit sämtlichen Computerprogrammen und für alle Bereiche arbeiten können, zum Beispiel um Lieferzeiten und -mengen nachzuschauen, Tourenplanungen einzusehen oder Kollegen zu vertreten. Das hat mich völlig überrascht, als ich vor zwei Jahren hier anfing. Ich hätte das gerne geändert, bekam aber dafür keine Rückendeckung von Herrn Kleineberg. Wissen Sie, er war sehr gut im Vertrieb und hat viel für die positive Umsatzentwicklung getan. Aber die internen Abläufe waren nicht sein Thema. Die engagierten Leute fühlen sich teilweise ausgenutzt und haben sich daher bei der Geschäftsführung beschwert und mit Kündigung gedroht, wenn sich die Verhältnisse nicht ändern. Andere Mitarbeiter arbeiten seit Jahren auf einer Position und sind nur schwer zu bewegen, Neues dazuzulernen."*

Frau Müller überlegte und sprach weiter: *„Verstehen Sie mich nicht falsch. Wir haben sehr engagierte Leute und ich habe durch regelmäßige Mitarbeiterbesprechungen schon einiges verbessern können. Aber ich freue mich schon darauf, dass mit einer neuen Verkaufsleitung hoffentlich etwas frischer Wind kommt. Bislang waren auch Schulungen im Unternehmen nicht üblich. Im letzten Jahr habe ich aber damit begonnen, Lieferanten regelmäßig zu Kurzschulungen einzuladen und auch die Mitarbeiterbesprechungen für einen Erfahrungsaustausch zu nutzen. Nach anfänglicher Zurückhaltung ist heute Herr Schmolke auch überzeugt von diesen Runden. So laden wir einmal im Monat für Themen, die alle betreffen, morgens bei einem Kaffee die Kiosk- und Tankstellen-Mitarbeiter zusammen zur Besprechung ein, um gemeinsame Absprachen zu treffen und die Stimmung zu verbessern. In Absprache mit Herrn Kornelberg kümmere ich mich derzeitig auch kommissarisch um die Call-Center-Mitarbeiter, solange wir keinen Vertriebsleiter haben."* Sie zögerte. *„Sie sollten noch wissen, dass es zwischen den alteingesessenen Tankstellen-Sachbearbeitern und einigen Kiosk-Sachbearbeitern deutliche Spannungen gibt. Herr Wolke, Frau Müller und Frau Wagner-Speier verdienen mehr Geld und hatten einfach einen engen Draht zu Herrn Kleineberg, mit dem sie ja schon früher zusammengearbeitet hatten. Frau Beckendorf hat die Drei einmal als 'Königskinder' bezeichnet. Seitdem haben sie den Spitznamen."*

„Das kann ja heiter werden", dachte Julia, als sie sich von Frau Müller verabschiedete.

Aufgabe

Stellen Sie sich vor, Sie sind Julia. Welche Prioritäten setzen Sie und wie gehen Sie konkret vor?

Industrie

C.2

C.2.1 Der Weg ist das Ziel – Das Mitarbeitergespräch als „eierlegende Wollmilchsau" 218

C.2.2 Wer darf bleiben? Sozialauswahl bei der Wagner Schiffbau GmbH 223

C.2.3 Bewegung bei Easy Motion – Viele Baustellen für die neue Personalleitung ... 229

C.2.4 SMART sollen sie sein – Warum werden keine „richtigen" Ziele vereinbart? 232

C.2.5 Alles Gold, was glänzt? Beurteilung im Personalbereich 236

C.2.6 Die Jagdgesellschaft – Change für B3 243

C.2.7 Business as usual? Verkauf eines Unternehmens 249

ÜBERBLICK

C.2.1 Der Weg ist das Ziel – Das Mitarbeitergespräch als „eierlegende Wollmilchsau"

Nicole Böhmer

Im Mittelstand werden an das Personalmanagement oftmals besondere Anforderungen gestellt. Das Tagesgeschäft nimmt viel Raum ein. In einigen Bereichen gibt es nur rudimentäre Ansätze oder es fehlen noch Instrumente des Personalmanagements. Manches ist deutlich durch die Geschäftsleitung geprägt. Auch andere handelnde Personen, die das Unternehmen möglicherweise bereits wieder verlassen haben, nehmen Einfluss. Es bedarf daher teilweise einer Art „Spagat" zwischen den Anforderungen an die Person des Personalleiters von Seiten des Unternehmens und den Ansprüchen, die dieser selbst an seine Aufgabe stellt.

Fallstudie

Jochen Bullinger warf seine Sporttasche in den Kofferraum seines Autos. Seit ein paar Wochen ging er nicht mehr mit der sonstigen Freude zum Fußball. Irgendwie war die Euphorie der Weltmeisterschaft abgeebbt und gleichzeitig die Siegesserie seines Vereins Westerchester United in der örtlichen Spaßliga abgebrochen. Heute hatten sie wieder verloren. Jochen stieg missmutig ins Auto und fuhr auf die Landstraße. Auf dem Weg nach Hause erinnerte er sich zurück an seine erste Zeit bei Westerchester. Uwe Schmidt, der Leiter des Rechnungswesens ihres gemeinsamen Arbeitgebers Rodixma, hatte ihn beim Mittagessen eingeladen, einmal vorbei zu kommen. Damals, vor drei Jahren, hatte dies für Jochen als neuen Personalleiter einen ersten Schritt zu informellen Kontakten zu Kollegen bedeutet. Und das Spielen machte ihm Spaß. Gleichzeitig hatte er beim Training oder bei Liga-Spielen schon öfter wichtige Informationen, zum Beispiel über Konflikte in Abteilungen bekommen, denn etwa die Hälfte seines Teams arbeitete in ganz unterschiedlichen Positionen bei Rodixma. Diese Informationen waren für ihn oft hilfreich gewesen, Entscheidungen zu treffen. Inzwischen war er auch zu einer Art informellen Coach in Führungsfragen der anderen Spieler geworden.

Die Rodixma GmbH & Co. KG war ein Maschinenbauunternehmen mit weltweit 1.200 Mitarbeitern. Davon waren 900 Mitarbeiter am Stammsitz in Mittelbüren, Westfalen beschäftigt. Mittelbüren war seit den 1980er Jahren eine Stadt mit circa 15.000 Einwohnern im zentralen Ort und ebenso vielen in den umliegenden, eingemeindeten Dörfern. Die Gegend war ländlich geprägt. Obwohl Jochen seit seinem Studium immer eher große Städte als Wohnort gewählt hatte, hatte der geschäftsführende Gesellschafter Manfred Schneider ihn bei den Bewerbungsgesprächen begeistert.

Unter anderem war Rodixma seit den 1960er Jahren kontinuierlich gewachsen. Besonders in den letzten Jahren verzeichnete das Unternehmen ein stetiges Wachstum. Beispielsweise stieg die Zahl der Mitarbeiter zwischen August 2007 und Juli 2008 um 24 Prozent. Neue Mitarbeiter wurden oftmals zunächst befristet eingestellt; die Verträge wurden in der Regel später entfristet. Das hatte sich in der Region herumgesprochen. Saisonale Schwankungen wurden seit Längerem durch Zeitarbeit gepuffert, die zeitweise bis zu 10 Prozent der Belegschaft am Stammsitz ausmachte.

Zwar führte die wirtschaftliche Situation Ende 2008 und Anfang 2009 zu Einbrüchen in der internationalen Nachfrage und einer Verlangsamung des Wachstums, doch war dafür weniger der sinkende Bedarf der Kunden als die Probleme in der Auftragsfinanzierung ausschlaggebend gewesen. Seit einiger Zeit zeigte sich wieder „Licht am Ende des Tunnels", so dass die Geschäftsführung von einer dauerhaft positiven Entwicklung ausging. Jochen teilte deren Optimismus von Anfang an auch deshalb, weil für den Unternehmenserfolg wegweisende Produktinnovationen und enger Kundenkontakt mit gut ausgebautem Service entscheidend waren.

Tabelle C.2.1

Überblick über die Stammbelegschaft von Rodixma (Stand Jahresende)

Gewerbliche Mitarbeiter	61%
Kaufmännische Mitarbeiter und sonstige	39%
Ingenieure	6,1%
Akademiker (insgesamt)	11,5%
Anteil weibliche / männliche Mitarbeiter	34% / 66%

Trotz der inzwischen beachtlichen Mitarbeiterzahl zeichnete sich Rodix durch mittelständische Strukturen aus. Im Unternehmen wurde viel Wert auf ein kollegiales Arbeitsklima gelegt. Das hatte Jochen beeindruckt und motivierte ihn noch heute. Alle Unternehmensbereiche, die Jochen inzwischen kennengelernt hatte, hielten – gerade wenn es einmal eng wurde – zusammen, um zum Beispiel ein Produkt pünktlich auszuliefern. Der Teamgeist wurde auch in der Unternehmensphilosophie betont, die bereits seit mehreren Jahrzehnten bestand und dem jährlichen Planungs- und Zielfindungsprozess zugrunde lag. Die Unternehmensphilosophie fokussierte Qualität, Innovation, Kommunikation und schlanke Entscheidungswege, Kundenzufriedenheit und langfristige Kundenbindung sowie aktiven Umweltschutz.

Am Montag schaute sich Jochen bei seinem morgendlichen Kaffee die Master-Arbeit von Sybille Meierkamp an. Sie hatte sich mit so viel Engagement und Fingerspitzengefühl an die Arbeit gemacht, dass selbst die manchmal verschlossene Rodixma-Führungsriege zu Interviews bereit gewesen war. Es klopfte an der Tür und der Leiter der Konstruktion, Max Schlüter, schaute herein. *„Jochen, hast Du mal fünf Minuten? Ich will doch möglichst bald die Ingenieurstelle bei mir besetzen. Führst Du die Vorstellungsgespräche wieder mit mir? Wir haben da doch gemeinsame immer einen guten Blick."* Max hatte gleich den ganzen Stapel Bewerbungen mitgebracht. Jochen grinste im Stillen – fünf Minuten würden da nicht reichen. Sie setzten sich an den Besprechungstisch. Schnell waren sie sich über die Top-Bewerber einig und hatten Termine vereinbart. Max zog zufrieden weiter.

Danach schaute Jochen wieder interessiert in Sybilles Arbeit und in das Kapitel, das die Ergebnisse anhand des wissenschaftlichen „State-of-the-Art" bewertete. Er lächelte, als er ihre kritischen Punkte las. „Gute Argumentation", dachte er. So eine Mitarbeiterin, die auch kritisch zu seinen Ideen Stellung nahm und Bedenken äußerte, würde ihm fehlen, wenn die Absolventin ihr Praktikum beendete. Sein Personalreferententeam war zwar hoch engagiert und schaute nicht auf die Arbeitszeit. Er konnte sich fest auf sein Team und auf akkurate Ergebnisse verlassen, aber eine ehrliche Meinung, die von seiner abwich, erlaubte sich keiner. Das war wohl historisch gewachsen

– sein Vorgänger hatte das Team danach ausgewählt. Und es hatte bislang keine Fluktuation gegeben. Durch Sybille Meierkamp war ihm wieder deutlich geworden, wie konstruktiv eine andere Meinung sein konnte.

Seine Gedanken wanderten weiter. Keinen Tag hatte er bereut, aus einem der großen „Player" in der Automobilindustrie in diesen sogenannten Mittelständler gewechselt zu sein. „Berichtet direkt an die Geschäftsführung" hatte ihn damals in der Anzeige, auf die er sich beworben hatte, aufmerksam werden lassen. Bei Rodixma war das keine Worthülse. Er sprach mindestens einmal pro Woche intensiv über Personalthemen mit Manfred Schneider. Und wenn es eng wurde, telefonierten sie mehrfach am Tag, zum Beispiel als die Auslandsentsendungen neu strukturiert werden mussten. So hatte sich bald ein Vertrauensverhältnis aufgebaut, das Jochen Freiräume ließ. Seine Ideen fielen bei Schneider oft auf fruchtbaren Boden, doch Jochen wusste auch, dass er umsichtig vorgehen musste. Mehrfach hatte er erlebt, wie andere Führungskräfte unüberlegt und mit zu radikalen Vorschlägen auf Granit bissen. Einige Instrumente des Personalmanagements hatte er so weiter mitgetragen, auch wenn ihm sein Bauchgefühl manchmal etwas anders abverlangte. Als Erstes fiel ihm dazu immer das sogenannte Mitarbeitergespräch ein. Es war im engen Zusammenhang mit dem Planungsprozess im Unternehmen von Jochens Vorgänger erdacht worden.

Für den Planungsprozess im Unternehmen wurden dem Prinzip des *Management by Objectives* folgend strategische, taktische und operative Ziele unterschieden. Die strategischen Jahresziele wurden jeweils Ende des Jahres von der Geschäftsführung mit den 3-Jahres-Zielen abgestimmt. Sie wurden top-down auf die taktische Ebene heruntergebrochen. Für die Festlegung der operativen Bereichsziele wurden im Gegenstromverfahren zunächst die Mitarbeiter beteiligt, dann entwickeln die Bereichsleiter einen Zielvorschlag, der mit der Geschäftsführung, also mit Manfred Schneider, abgestimmt wurde und schließlich im Rahmen des jährlichen Mitarbeitergesprächs bis auf Mitarbeiterebene heruntergebrochen wurde. Die individuellen Mitarbeiterziele sollten jeweils bis Anfang April vereinbart sein. Die taktischen und operativen Ziele gliederten sich in drei Zielkategorien:

- „Milestone"-Ziele, die eine besondere Bedeutung für die Erreichung der Unternehmensziele hatten, zum Beispiel die Erschließung eines Marktes in einem neuen Land
- Innovationsziele, in denen es um echte Neuerungen und die Durchsetzung wesentlicher Veränderungen ging
- Wiederkehrende Standardziele, die dem Erhalt und der Verbesserung des Bestehenden zuträglich waren, zum Beispiel die Aktivierung und Pflege der Teamarbeit

Diese Ziele konnten von den Mitarbeitern jederzeit über das Intranet eingesehen werden.

Der Zielvereinbarungsprozess und das Mitarbeitergespräch waren bereits in einer Betriebsvereinbarung geregelt gewesen, als Jochen ins Unternehmen gekommen war. Die Betriebsvereinbarung sah für das Mitarbeitergespräch vier Elemente vor: Neben dem Zielfestlegungs- und Zielerreichungsgespräch ging es um die Arbeits- und Führungssituation sowie um die Mitarbeiterbeurteilung. Für das Mitarbeitergespräch waren entsprechend vier Phasen festgelegt:

Tabelle C.2.2

Die vier Phasen des Mitarbeitergesprächs

1. Phase	Gespräch über die Zielerreichung im Vorjahr sowie besondere Erfolge, Schwierigkeiten und Probleme im Tagesgeschäft. Vervollständigung des im letzten Jahr begonnenen **Formulars Zielvereinbarung und -erreichung**. In diesem Formular sind für die drei Zielarten („Milestone"-Ziel, Innovationsziel, Standardziel) jeweils separate Bereiche vorgesehen. Neben dem Ziel ist eine Spalte für den Zieltermin und den Grad der Zielerreichung vorgegeben.
2. Phase	Analyse und Diskussion des Arbeits- und Führungsverhaltens. Im Fokus liegt die Unterstützung des Mitarbeiters durch den Vorgesetzten mit Informationen, bei der Planung, bei der Organisation und im Arbeitsablauf, bei der Weiterbildung, mit Arbeitsmitteln und bei der Arbeitsplatzgestaltung. Abschließend bewertet der Mitarbeiter seinen Vorgesetzten anhand dieser Kriterien auf einer 5er-Skala. Das dazu erforderliche Formblatt hat er bereits einige Tage vor dem Gespräch erhalten.
3. Phase	Erläuterung der Beurteilung des Mitarbeiters durch den Vorgesetzten auf einer 5er-Skala. Die folgenden Kriterien werden beurteilt: ■ quantitatives Ergebnis (Arbeitsmenge, Arbeitstempo, zielgerichtetes Handeln) ■ qualitatives Ergebnis und Termineinhaltung ■ Zielorientierung ■ Selbstständigkeit, Initiative und Motivation ■ Flexibilität und Belastbarkeit ■ Kreativität ■ Kostenbewusstsein ■ Zusammenarbeit (Informationsaustausch, Zusammenarbeit und Abstimmung mit Kollegen, Vorgesetzten, Kunden u. a.).
4. Phase	Vereinbarung neuer Ziele für das laufende Geschäftsjahr. Fixierung auf dem **Formular Zielvereinbarung und -erreichung**. In diesem Zusammenhang werden Maßnahmen zur Mitarbeiterförderung und -entwicklung besprochen. Der Schwerpunkt liegt auf den Bereichen, die für die aktuelle Zielerreichung zuträglich sind.

Jochen grübelte. Eigentlich war das Mitarbeitergespräch gut durchdacht, wie vieles, das sein Vorgänger auf den Weg gebracht hatte. Er war aus einem der großen Beratungsunternehmen zu Rodixma gekommen, aus dem auch so manche Idee zu stammen schien, die er umgesetzt hatte. Beim zweiten Blick stellten sich aber oft Klippen heraus – diese wollte Jochen, wenn möglich, umschiffen.

Aufmerksam geworden war Jochen auf das Mitarbeitergespräch auch, weil dieses beim Fußball nie erwähnt wurde. Sonst waren die anderen so offen – und dieses zentrale Führungsinstrument schien ihm fast zu rund zu laufen. Wenn Uwe Schmidt, der inzwischen ein guter Freund geworden war, von seinen Mitarbeitergesprächen sprach, klang es eher so, als wolle er mit seinen Mitarbeitern einen Kaffee trinken gehen. Als dann vor vier Monaten Manfred Schneider anfing, er halte das Weihnachtsgeld nicht mehr für zeitgemäß, war Jochen unruhig geworden. Seit Langem erhielten alle Mitarbeiter neben dem tariflichen Fixum jährlich ein Weihnachtsgeld in der Höhe eines Monatsgehaltes. Dabei wurde auf den Freiwilligkeitsvorbehalt in jedem Jahr schriftlich in einem Brief der Geschäftsleitung hingewiesen, der auch die Höhe der Zahlung bekannt gab. Jochen erinnerte sich wieder, dass er schon vor zwei Jahren von einem Juristen hatte prüfen lassen wollen, ob es sich dennoch um eine betriebliche Übung handelte. Zumindest hatte er Manfred Schneider davon überzeugen können, dass es derzeit wichtigere Bereiche gab als das Vergütungssystem, an denen er arbeitete. Außerdem hatte er von Schneider die Zusage erhalten, ab Sommer nächsten Jahres eine zusätzliche Referentenstelle zu bekommen, um künftig mehr Kapazität für Konzeptentwicklungen im Personalbereich zu haben. Leider war das zu spät, um Sybille Meierkamp einzustellen, aber immerhin!

Zumindest für die Überarbeitung des Mitarbeitergesprächs war Sybilles Bewerbung um ein Praktikum in Verbindung mit ihrer Masterarbeit genau richtig gekommen. Er hatte sie im ersten Gespräch dafür begeistern können, dieses Instrument zu untersuchen. Ihr bevorzugtes Thema Personalentwicklung hätte er zu dem Zeitpunkt nicht darstellen können. So hatte sie nach Interviews mit von ihm ausgewählten Führungskräften eine schriftliche, standardisierte Befragung der Mitarbeiter durchgeführt (Rücklaufquote 86%). Die Ergebnisse ließen sich folgendermaßen zusammenfassen:

Ergebnisse der Mitarbeiterbefragung

- 65% der Befragten schätzen ihren Informationsstand über den Zielvereinbarungsprozess als mittelmäßig bis schlecht ein. Die genauere Untersuchung der Führungskräfte zeigt, dass 38% einen mittelmäßigen bis schlechten Kenntnisstand haben.
- Bei 54% der Mitarbeiter liegt die Schulung zum Verfahren mehr als drei Jahre zurück, 32% wurden nicht geschult. Dies mag dazu geführt haben, dass 63% der Mitarbeiter angaben, die Unterschiede zwischen „Milestone“-, Innovations- und Standardziel nicht zu kennen.
- Laut Befragung wurden 38% der Mitarbeiter in das Gegenstromverfahren zur Festlegung der operativen Bereichsziele einbezogen, 34% wurden teilweise und 20% gar nicht integriert.
- Die Mitarbeitergespräche fanden überwiegend im Büro der Führungskraft statt, wurden jedoch in drei von vier Fällen durch andere Mitarbeiter oder Telefonate gestört.
- Die vereinbarten Ziele empfinden 50% der Mitarbeiter als messbar und 37% als nicht messbar.
- Die in der Betriebsvereinbarung vorgesehenen Feedbackgespräche, die im Anschluss an das Mitarbeitergespräch im Jahresverlauf geführt werden sollten, fanden mit 19% der Mitarbeiter statt, 34% führten sie bei Bedarf und 46% führten sie nicht.

Die Telefonnummer von Manfred Schneider blinkte in Jochens Telefon-Display auf. Er nahm den Hörer ab und ahnte schon, was der erste Satz von Schneider bestätigte: *„Sagen Sie Herr Bullinger, gerade haben wir ja wieder das Weihnachtsgeld ausgezahlt. Wollen Sie mir da nicht noch mal einen zeitgemäßeren Vorschlag machen? Da wir nur in Anlehnung an den Tarifvertrag zahlen, können wir ja auch kreativere Lösungen finden als viele andere Unternehmen. Reichen Sie mir bis Anfang nächsten Monats einen Vorschlag herein?“*

Aufgabe

Schlüpfen Sie in die Rolle des Leiters der Personalabteilung Jochen Bullinger. Was würden Sie tun? Und warum?

Literaturempfehlungen:

Jetter, F.: Zielvereinbarungsgespräche als Führungs- und Kommunikationsinstrument im Personalwesen und der Unternehmensleitung. Über die dritte Evolutionsstufe einer Managementmethode. In: F. Jetter, R. Skrotzki (Hgg.): Handbuch Zielvereinbarungsgespräch. Stuttgart: Schäffer-Poeschel 2000, S. 3-37.

Kießling-Sonntag, J.: Beratung auf schwierigem Terrain. In: ManagerSeminare, 95, Feb. 2006, S. 20-25.

C.2.2 Wer darf bleiben? Sozialauswahl bei der Wagner Schiffbau GmbH

Heike Schinnenburg und René Hüggelmeier

Personalreduzierungen gehören zu den schwierigsten Aufgaben im Personalmanagement. Der unternehmerischen Entscheidung geht häufig eine Krisensituation voraus, die zum Beispiel in Marktveränderungen begründet liegt und vom Unternehmen nicht anders aufgefangen werden kann. Die persönliche Dimension, dass bekannte und geschätzte Mitarbeiter ihren Arbeitsplatz verlieren, ist für die handelnden Personen belastend – eine Vorbereitung auf derartige Aufgaben findet nur selten statt. Es stellen sich aber auch arbeitsrechtliche Fragen, um zu einer Regelung zu kommen, die von den Beteiligten und Betroffenen akzeptiert wird und rechtlich haltbar ist.

Fallstudie

„Eine solche Aufgabe ist auch nicht gerade ein Highlight im Leben eines Personalers", dachte Alexandra Schmidt. Als sie vor fünf Jahren als Personalleiterin bei der Wagner Schiffbau GmbH startete, war das Unternehmen betriebswirtschaftlich profitabel und hatte sich sehr erfolgreich neben anderen Geschäftsfeldern auch im Bereich des Innenausbaus von Kreuzfahrtschiffen positioniert. Heute, am Montag, den 5. Oktober 2009, war sie auf dem Weg in ihr Büro und grübelte über die aktuelle Situation sowie die nächsten nötigen Schritte.

Die Situation des Unternehmens hatte sich seit circa eineinhalb Jahren verändert, so dass der Bereich „Innenausbau Kreuzfahrtschiffe" geschlossen werden musste. Nur für fünf der betroffenen Mitarbeiter gab es Arbeitsplätze an einem anderen Standort, so dass ein Interessenausgleich sowie ein Sozialplan notwendig waren. „Für die betroffenen Mitarbeiter wird es schwer sein, einen neuen Arbeitsplatz zu finden", dachte Alexandra, als sie ins Büro kam und ihren PC anschaltete, da auch andere Unternehmen der Branche hart um das Überleben kämpften.

Die Unterlage mit der unternehmerischen Entscheidung lag bereits auf ihrem Schreibtisch. Weder für Alexandra noch für die betroffenen Mitarbeiter kam die Entscheidung überraschend, da der Auftragsrückgang für alle erkennbar war. Dennoch hatten alle Beteiligten in den letzten Monaten gehofft, doch noch Nachfolgeaufträge akquirieren zu können. Sämtliche Auftragsangebote waren aber so deutlich unterkalkuliert, dass eine weitere Geschäftstätigkeit in diesem Bereich nur Verluste eingebracht hätte. „Na gut", dachte Alexandra und begann zu lesen, auch wenn sie die meisten Fakten schon kannte:

Am 30.09.2009 hat die Geschäftsführung der Wagner Schiffbau GmbH entschieden, den Betrieb „Innenausbau Kiel" nicht mehr fortzuführen. Betroffen sind die folgenden Bereiche des Betriebes:

1. Möbelwerkstatt
2. Konstruktion
3. Einkauf

Hintergründe:

Der Betrieb „Innenausbau Kiel" fertigt ausschließlich Möbel für Schiffe in Massenproduktion. Das Hauptgeschäft liegt im Bereich Kreuzfahrtschiffe. Etwa 80 bis 90% des Leistungsumsatzes wurden in diesem Bereich ausgeführt. Ein weiterer Geschäftsbereich sind die Deckshausausbauten auf Handelsschiffen, womit etwa 10 bis 20% des Leistungsumsatzes erzielt wurden.

Die Mitarbeiter aus dem Bereich Konstruktion erbringen ausschließlich Konstruktionsleistungen für die Möbelwerkstatt und auch die Mitarbeiterin im Einkauf erbringt ihre Leistungen für die Möbelwerkstatt.

Die aktuelle Situation für die Möbelproduktion der Wagner Schiffbau GmbH stellt sich wie folgt dar:

- Drastischer Rückgang von Neubauaufträgen im europäischen Kreuzfahrtschiffbau:
  Die Werften verzeichnen so gut wie keinen neuen Auftragseingang, lediglich die Ozean Cruise Werft in Hamburg hat noch bis zum Jahr 2012 einen ausreichenden Auftragsbestand. Der hieraus resultierende verschärfte Preiskampf hat aktuell dazu geführt, dass die Ausschreibungen z. B. für die Projekte Ocean Liner 2+3 und Sea Dreamer 1+2 an den Wettbewerb gegangen sind. Bis zum Jahr 2012 sind alle Aufträge beim Hauptkunden, der Cruise Werft, vergeben.
  Aktuell gibt es keinen nennenswerten Auftragsbestand für die Fertigung von Möbeln für Kreuzfahrtschiffe.

- Verschärfte Situation im Handelsschiffbau:
  Die weltwirtschaftliche Finanzkrise führte insbesondere im Containerschiffbau zu diversen Auftragsstornierungen. Diese Stornierungen wirken sich negativ auf die Möbelproduktion aus und tragen dazu bei, dass der Innenausbau nicht mehr ausgelastet ist.

- Insolvenz Caribbean Werft:
  Für die Caribbean Werften in Kiel und Portsmouth / Großbritannien produziert Wagner Deckshausmöbel. Aufgrund der Insolvenz wurde der bei den Werften vorhandene Auftragsbestand gekündigt. Es ist nicht zu erwarten, dass insbesondere die Containerschiffe dort wieder neu platziert werden.

Die oben beschriebene wirtschaftliche Situation im Schiffbau hat einen enormen Preiskampf zwischen den Wettbewerbern zur Folge. Die Preise sind mittlerweile derart gesunken, dass die Möbelwerkstatt nicht mehr zu konkurrenzfähigen Preisen produzieren kann. Hierdurch fehlen Aufträge, so dass ein wesentlicher Teil des geplanten Leistungsumsatzes für die nächsten Jahre nicht realisiert werden kann.

Kennzahlen Möbelwerkstatt:

Jahr	Umsatz	Ergebnis (DB4)
2008	12,213 M€	- 0,871 M€
2009	18,287 M€	- 3.214 M€
2010 (Prognose 1)	6,781 M€	- 5,761 M€

Der Leistungsumsatz beträgt Stand Juli 2009 3,128 M€. Der Auftragsbestand beläuft sich per Juli 2009 auf 3,210 M€.

Prognose für die Zukunft:

Aufgrund der nicht vorhandenen Neubauaufträge im Kreuzfahrtschiffbau, der Insolvenz der Caribbean Werft und der allgemeinen schlechten wirtschaftlichen Situation im Schiffbau ist eine Änderung der Auftragslage in absehbarer Zukunft nicht zu erwarten.

Konsequenz:

Die Entscheidung der Geschäftsführung der Wagner Schiffbau GmbH, die von dem Betrieb „Innenausbau Kiel" getätigten Geschäfte ab sofort nicht weiter zu betreiben, führt zur Schließung des Betriebes (Möbelwerkstatt, Konstruktion, Einkauf) und somit zum Wegfall sämtlicher Arbeitsplätze. Ab sofort werden alle Vertriebsaktivitäten eingestellt. Die Auftragsbestände werden schrittweise abgearbeitet, dies soll spätestens bis Ende des ersten Quartals 2011 vollzogen sein.

Fünf Mitarbeiter des Standortes Kiel können ihren Qualifikationen entsprechend zukünftig am Standort Hamburg eingesetzt werden. An diesem Standort werden individuelle Möbel in Einzelfertigung für Privatyachten produziert. Im Gegensatz zur Möbelproduktion für Kreuzfahrtschiffe ist in diesem Bereich derzeitig ein stabiler Umsatz zu verzeichnen, so dass mit Hilfe auslaufender Zeitverträge sowie zwei Mitarbeitern, die in den Ruhestand gehen, fünf Vollzeitarbeitsplätze zur Verfügung stehen.

Kiel, 30. September 2009

Der Vorstand

Abbildung C.2.1: Unternehmerische Entscheidung

„Immerhin", dachte Alexandra, „fünf Arbeitsplätze sind besser als nichts." Sie war froh, rechtzeitig auf die Möglichkeiten in Hamburg hingewiesen zu haben und es war ihr gelungen, mit zwei angehenden Ruheständlern ein etwas früheres Ausscheiden zu vereinbaren. *„Ach wissen Sie, Frau Schmidt"*, hatte Fritz Havernich gesagt, der sein ganzes Berufsleben bei Wagner verbracht hatte, *„meine Frau und ich haben das Haus abgezahlt und die Kinder sind groß. Jetzt werden wir uns um den Garten kümmern. Schön, dass so zumindest ein junger Kollege seinen Arbeitsplatz behalten kann."*

Wenigstens konnte sie damit dem Betriebsratsvorsitzenden Uwe Jaroslin deutlich machen, dass alle Möglichkeiten ausgeschöpft wurden, um möglichst vielen festen Mitarbeitern die Weiterbeschäftigung zu ermöglichen. Jaroslin machte es Alexandra nicht gerade einfach. Sie hatten zu Beginn ihrer Zusammenarbeit keinen guten Start gehabt, weil Alexandras Vorgänger den Betriebsrat häufig erst sehr spät in Entscheidungen eingebunden hatte. Einige Anfängerfehler von Alexandra hatten zusätzlich Wasser auf die Mühlen gegossen. In der Zwischenzeit war das Verhältnis zwar besser, aber eine „vertrauensvolle Zusammenarbeit" hatte sich nicht wirklich eingestellt.

Es klopfte und ihr Personalreferent Felix Cordes kam hinein: *„Hallo Frau Schmidt, ich habe Ihnen die Aufstellung der Kieler Mitarbeiter gerade als Mail-Anhang geschickt. Soll ich die Personalakten auch gleich für unser Gespräch mitbringen?" „Ja"*, erwiderte Alexandra, *„auch wenn ich die meisten Mitarbeiter kenne. Bis gleich."* Sofort tauchten bei Alexandra Gesichter und Begebenheiten auf:

- *Herr Müller* hatte sie persönlich eingestellt. Er war geradeheraus und zuverlässig. In der Vergangenheit hatte er insbesondere bei der Fertigung von Sonderlösungen sowie bei der Bedienung der CNC-Maschinen seine Stärken unter Beweis gestellt.
- *Herr Düttmann* hatte erst vor einigen Monaten geheiratet. Vor wenigen Wochen hatte seine Frau ein Baby bekommen und die Karte mit dem Foto der kleinen Tabea hatte Alexandra vor zwei Wochen erreicht.

- *Herr Eichmann* stotterte circa 125.000 Euro Schulden durch den Kauf einer Eigentumswohnung ab. Die Kosten wurden höher als geplant, weil größere Mängel auftauchten, die beseitigt werden mussten. Vor drei Monaten hatte Herr Eichmann bei Alexandra um einen Arbeitgeberkredit in Höhe von 25.000 Euro gebeten, daher wusste sie davon. Dieser Kredit wurde nur deshalb gewährt, weil sie sich bei der Geschäftsleitung besonders dafür eingesetzt hatte.
- Die Eltern von *Herrn Peters* waren Hartz IV Empfänger. Herr Peters wohnte zwar nicht im gleichen Haushalt, trotzdem unterstützte er seine Eltern monatlich mit einem kleinen Geldbetrag.
- *Herr Laugemann* hatte eine pflegebedürftige Mutter. Die Pflege übernahm er gemeinsam mit seiner Ehefrau Marianne im eigenen Haushalt.
- *Herr Grundmann* und *Herr Hamann* galten als besondere Leistungsträger. Alexandra wusste, dass beide schon mehrere Jobangebote durch Wettbewerber erhalten hatten. Trotzdem waren beide dem Unternehmen – auch in schlechten Zeiten – bislang immer treu geblieben.

Das Telefon klingelte und der Personalvorstand Ulf Breuer war in der Leitung. *„Sie haben 250.000 Euro für den Sozialplan“*, sagte er, *„mehr war nicht drin. Bitte fangen Sie sofort an, einen ersten Vorschlag für ein Ranking zu erstellen, damit wir in die Verhandlungen mit dem Betriebsrat einsteigen können. Zum 31. Dezember sollen die Kündigungen ausgesprochen werden. Wir haben ja kaum noch Arbeit für den Bereich. Und Sie wissen ja: Es wäre schon gut, wenn wir Grundmann und Hamann für Hamburg behalten könnten. Tun Sie, was Sie können. Ach ja: Haben Sie an die Massenentlassungsanzeige bei der Agentur für Arbeit gedacht?“*

„Ja, natürlich, das habe ich letzte Woche schon veranlasst“, erwiderte Alexandra, *„lassen Sie uns über einen ersten Vorschlag zum Ranking Ende der Woche unterhalten, dann könnten wir nächste Woche mit dem Betriebsrat verhandeln, einverstanden?“ „In Ordnung, bis später.“* Breuer legte auf.

Alexandra schaute in ihre E-Mails. Wie versprochen, hatte Felix Cordes die Übersicht der Mitarbeiterdaten geschickt.

Tabelle C.2.3

Übersicht der Mitarbeiterdaten

Nachname	Vorname	Betriebsrat	Geburts-Datum	Eintritt	Befristung	noch in der Probezeit	Beschäftigungs-Grad	Steuerklasse (D)	Kinder lt. Steuerkarte	Unterhaltspfl. ggü Ehepartner	Schwerbehinderung in %	Gehalt ab 01.10.09	Urlaubsgeld	Kündigungsfrist	Stichtag Kündigung	Austritt bei Kündigung
Anders	Christian		29.01.1966	01.05.1992		nein	100,00	I	0,0	nein	50	2.326,38 €	1.001,40 €	6 Mon. / Mon.ende	31.12.2009	
Bölke	Sven		28.04.1969	01.04.2008		nein	100,00	I	0,5	nein	0	1.827,00 €	1.001,40 €	4 Wo. zum 15. o. ME	31.12.2009	
Dietrich	Klaus		05.01.1950	01.05.1992		nein	100,00	IV	0,0	nein	0	2.326,38 €	1.001,40 €	6 Mon. / Mon.ende	31.12.2009	
Düttmann	Patrick		07.03.1980	01.02.2005		nein	100,00	III	1,0	nein	0	2.131,50 €	1.001,40 €	1 Mon. / Mon.ende	31.12.2009	
Egers	Ulf		24.04.1965	01.05.1992		nein	100,00	IV	0,5	nein	0	4.230,00 €	720,00 €	6 Mon. / Mon.ende	31.12.2009	
Eichmann	Andre		07.06.1976	01.10.2001		nein	100,00	III	2,0	nein	0	2.326,38 €	1.001,40 €	2 Mon. / Mon.ende	31.12.2009	
Frank	Thomas	ja	04.01.1968	19.11.2007		nein	100,00	IV	2,0	nein	0	2.131,50 €	1.001,40 €	4 Wo. zum 15. o. ME	31.12.2009	
Grundmann	Joachim		08.11.1952	01.05.1992		nein	100,00	III	0,0	nein	0	2.326,38 €	1.001,40 €	6 Mon. / Mon.ende	31.12.2009	
Hamann	Siegbert		29.03.1959	01.05.1992		nein	100,00	III	0,0	nein	0	2.446,44 €	1.001,40 €	6 Mon. / Mon.ende	31.12.2009	
Klinsmann	Thomas		06.02.1966	01.05.1992		nein	100,00	IV	1,0	nein	0	2.533,44 €	1.001,40 €	6 Mon. / Mon.ende	31.12.2009	
Laugemann	Roland		20.06.1960	01.07.1991		nein	100,00	III	0,0	nein	50	2.326,38 €	1.001,40 €	6 Mon. / Mon.ende	31.12.2009	
Müller	Marcel		22.04.1984	01.08.2000		nein	100,00	I	0,0	ja	0	2.131,50 €	1.001,40 €	4 Wo. zum 15. o. ME	31.12.2009	
Otten	Kai		04.07.1978	01.08.1995		nein	100,00	I	0,0	nein	0	2.131,50 €	1.001,40 €	2 Mon. / Mon.ende	31.12.2009	
Peters	Kay		14.10.1987	01.09.2005	31.12.09	nein	100,00	I	0,0	nein	0	1.705,20 €	1.001,40 €	4 Wo. zum 15. o. ME	31.12.2009	
Richter	Eckhard		01.01.1959	01.07.1991		nein	100,00	IV	1,0	nein	0	2.326,38 €	1.001,40 €	6 Mon. / Mon.ende	31.12.2009	
Schulz	Heiko		30.07.1969	01.04.2008		nein	100,00	III	2,0	nein	0	3.302,00 €	1.001,40 €	4 Wo. zum 15. o. ME	31.12.2009	

Außerdem gab es eine Nachricht von Herrn Jaroslin, die wie immer mit „high priority“ gekennzeichnet war:

E-Mail

Von: Uwe Jaroslin (Betriebsratsvorsitzender)

An: Alexandra Schmidt (Personalleiterin)

Sehr geehrte Frau Schmidt,
ich würde gerne noch heute oder morgen mit Ihnen über die Lage in Kiel sprechen. Es gibt noch einige Fragen zur Unternehmerischen Entscheidung, die wir letzte Woche bekommen haben. Es gibt eine große Unruhe unter den Mitarbeitern.

MfG

Jaroslin

Aufgaben

Versetzen Sie sich in die Lage der Personalleiterin Alexandra Schmidt und bereiten Sie die Sozialauswahl vor.

Tipps zur Aufgabenbearbeitung:

Da es sich bei der geplanten Maßnahme um eine Teil-Betriebsänderung gemäß §§ 111, 112 BetrVG handelt, müssen Sie mit dem Betriebsrat einen Interessenausgleich und Sozialplan für die Mitarbeiter abschließen.
Sie sollten folgendermaßen vorgehen:

1. Klären Sie für sich zunächst die Begriffe sowie die rechtlichen Aspekte von Interessenausgleich, Sozialplan und Sozialauswahl.

2. Entwickeln Sie ein Punkte-Schema für eine angemessene Sozialauswahl. Am Ende sollte ein Ranking stehen, das klar zeigt, welche fünf Mitarbeiter die Arbeitsplätze in Hamburg angeboten bekommen. Es sollte so konkret sein, dass Sie es dem Betriebsrat vor den ersten Verhandlungen aushändigen können. Denken Sie daran, dass Ihre Vorgehensweise über „Bleiben oder Gehen“ eines Mitarbeiters entscheiden kann! Sie sollten also gute Argumente für Ihre Systematik haben.

3. Das Budget in Höhe von 250.000 Euro für den Sozialplan darf nicht überschritten werden. Errechnen Sie die Abfindungen für die Mitarbeiter, die nicht weiterbeschäftigt werden können.

Literaturempfehlungen:

Konrad, R.; Martens, M.: Operation am offenen Herzen. In: Personalwirtschaft, 6, 2009, S. 58-60.

Lorinser, B.: Arbeitsrechtliche Praxis. Leitfaden für Personalverantwortliche. München: Oldenbourg 2009, S. 165-173.

Spieker, C.: Der Kostenbumerang. In: Personalwirtschaft, 10, 2006, S. 46-49.

C.2.3 Bewegung bei Easy Motion – Viele Baustellen für die neue Personalleitung

Nicole Böhmer

Heute sind Unternehmen und Mitarbeiter ständigen Veränderungsprozessen ausgesetzt. Gleichzeitig ist für neue Mitarbeiter der Veränderungsbedarf im Unternehmen oftmals offensichtlich. Es ist verlockend, sofort alle Hebel in Bewegung zusetzten, um Missständen zu begegnen. Besonders herausfordernd ist dies bei der Übernahme einer neuen Stelle, die hierarchisch höher angesiedelt ist und gleichzeitig einen Branchenwechsel beinhaltet. Dann ist viel persönliches Umdenken gefordert. Wenn sowohl die persönlichen als auch die betrieblichen „Baustellen" zur gleichen Zeit besonders zeit- und arbeitsintensiv werden, kann es schwierig sein, alles in der gewollten Qualität zu bewältigen.

Fallstudie

Stefanie Schmidt schüttelte den Kopf, als sie gemeinsam mit ihrem Mitarbeiter Peter Steffen aus dem Besprechungsraum kam. Gerade hatten sie etwa eine Stunde mit einer talentierten Ingenieurin in der Produktentwicklung des Automobil-Zulieferers Easy Motion Car Solutions, Sandra Busch, gesprochen.

Frau Busch wollte nach ihrer Elternzeit wieder in ihren Beruf zurück. Sie hatte berichtet, dass ihr Gruppenleiter Franz Melchor sie auch gern wieder ins Team aufnehmen wollte. Jedoch war er, wie Frau Schmidt erzählt hatte, im Gespräch in der letzten Woche merklich reservierter geworden, als sie von einer Stundenreduzierung sprach. Ihren ursprünglichen Plan, ihn auf eine 30-Stunden-Regelung in alternierender Telearbeit anzusprechen, hatte Frau Busch daraufhin verworfen. Stattdessen hatte sie Stefanie Schmidt um ein Gespräch gebeten. Dabei war klar geworden, dass Frau Busch Herrn Melchor bislang als eher konservative, statusbewusste Führungskraft kennengelernt hatte. Was aber auch anklang, war eine Geschichte über eine ehemalige Kollegin und gute Bekannte von Frau Busch, die mit einem Teilzeitwunsch aus dem damaligen Erziehungsurlaub zurück in ihre Aufgabe als Entwicklerin wollte. Damals hatte der Vorgänger von Stefanie Schmidt das Angebot unterbreitet, eine Stelle in einem kleinen Entwicklungsstandort in London zu übernehmen. Dort wäre entsprechender Bedarf – an ihrem ursprünglichen Einsatzort in der Zentrale nicht. So war diese Ingenieurin zu einem Mitbewerber gewechselt, für den sie seit Jahren im Homeoffice arbeitete.

Seit 14 Monaten leitete Stefanie Schmidt nun die Personalabteilung von Easy Motion Car Solutions mit seinen 1.200 Mitarbeitern. Doch die nach außen modern wirkende Fassade des Unternehmens, in dessen Leitbild Innovation und Beweglichkeit ganz oben standen, bröckelt bei näherem Hinsehen immer mehr ab. Auch wenn ihr Vorgänger eine Vielzahl moderner Rekrutierungs- und Personalentwicklungsinstrumente eingeführt hatte, schienen diese nicht so recht zu dem zu passen, was die Mitarbeiter Stefanie erzählten. Das Gespräch heute war schon das dritte in diesem Monat, das sie am Ende mit dem Gefühl verlassen hatte, ihr Gesprächspartner würde sich zumindest latent nach einem neuen Arbeitgeber umsehen. Dabei wurde die Rekrutierung qualifizierter Fachkräfte immer schwieriger.

Der Hauptsitz des Unternehmens, das von den Mitarbeitern kurz Easy Motion genannt wurde, lag in einem kleinen Ort etwa 50 km südlich von Bremen. Die Menschen hier waren bodenständig und hatten überwiegend noch nie außerhalb der Region gelebt. Auch wenn das Unternehmen langjährige Kontakte zu den Hochschulen in Bremen, Oldenburg und Osnabrück pflegte, war Stefanie noch nicht zufrieden mit der Quote der Absolventen, die sie gewinnen konnte. Auch Studenten, die ihre Abschlussarbeit bei Easy Motion schrieben, waren oftmals nicht gewillt, hier anzufangen, wenn gleichzeitig Angebote, zum Beispiel in Hamburg, lockten. Umso wichtiger schien es zu sein, Kräfte aus der Region zu halten.

Als sie in ihr Büro zurückkam, fand sie diverse Rückrufbitten vor. Auch der Personalvorstand Ralf Lübke wollte mit ihr sprechen. Sie vermutete, dass es um eine Terminvereinbarung für die Abstimmung ihrer Ziele für das kommende Jahr ging. Sie wollte eben den Hörer abheben, um eine Bewerberin um eine Führungsposition im Marketing zurückzurufen, als Herr Steffens den Kopf durch die offene Bürotür steckte. *„Haben Sie gerade fünf Minuten?“*, fragte er. So verschob sie das Telefonat und diskutierte die korrekte tarifliche Eingruppierung eines potenziellen Mitarbeiters in der Produktion mit ihm.

Im Anschluss sprach sie mit Steffen über das Gespräch mit Sandra Busch. In den letzten zehn Jahren war die Teilzeitquote im gesamten Unternehmen deutlich gestiegen – aber die Telearbeitsplätze waren noch an einer Hand abzuzählen. Nicht zuletzt, weil sich viele Aufgabenfelder nicht hierfür eigneten: Rund 70 Prozent der Mitarbeiter arbeiteten in der Produktion. Peter Steffen erzählte Stefanie von den ersten Telearbeitsplätzen, die eingerichtet worden waren. Immer war dabei einer der Gruppenleiter aus der Produktentwicklung, Holger Martin, Treiber der Regelung gewesen: Er selbst hatte bei seinem ehemaligen Arbeitgeber „remote“ gearbeitet. Sie waren sich einig, dass Martin mit Buschs Vorgesetzten Melchor nicht viel gemeinsam hatte. Seit einigen Monaten arbeiteten die beiden jedoch an einem gemeinsamen Projekt. Stefanie überlegte, Martin bei der nächsten Gelegenheit zu bitten, Melchor an seiner Begeisterung für Telearbeit teilhaben zu lassen. Die Elternzeit von Frau Busch war erst in vier Monaten zu Ende, daher blieb noch Zeit. Aber viel Veränderungswillen traute Stefanie Franz Melchor nicht zu.

Als sie wieder allein im Büro war, schweiften Stefanies Gedanken weiter: Der hohe Anteil der Mitarbeiter in der Produktion war auch ein Grund dafür, dass es bei Easy Motion noch starre Arbeitszeitregelungen gab. Der Betriebsrat Frank Koslowski hatte Stefanie vor einem Jahr, als sie diese verändern wollte, berichtet, dass der Vorstand Unfrieden unter den Mitarbeitern fürchtet: Ein Versuch in den 70er Jahren Gleitzeit für den kaufmännischen Bereich einzuführen, war angeblich daran gescheitert. Für die Mitarbeiter der Produktion war damals wie heute wegen der Laufzeiten der Maschinen kein flexibles Arbeitszeitmodell denkbar. Etwa ein Drittel der Mitarbeiter dort arbeitete derzeit in einem 3-Schicht-System. Für die kaufmännischen Bereiche sowie die Produktentwicklung hielt Stefanie eine Flexibilisierung auch vor dem Hintergrund der gesellschaftlichen Entwicklung für dringend erforderlich.

So verging die Woche im Fluge – am Ende war sie rund 50 Stunden im Betrieb gewesen, aber ihre größten „Baustellen“ hatte sie nicht vorangebracht. Am Wochenende ließ sie dieser Gedanke nicht los. Besonders die Ziele fürs nächste Jahr lagen ihr am Herzen. Stefanie vermutete, dass Lübke ihr vorschlagen würde, den Beitrag der Personalabteilung zum Unternehmenserfolg daran zu bemessen, dass die Personalkosten auf Vorjahresniveau konstant blieben. Dass allein die letzte Tarifrunde dies unmöglich machte, wäre nicht der einzige Punkt, den sie ihm erklären wollte. Schon im letzten Jahr hatte sie versucht, Lübke zu überzeugen, dass die Probleme des Hauses an einer anderen Stelle lägen. Daraufhin hatte er in seiner väterlichen Art vorgeschlagen, sie möge sich zunächst richtig einarbeiten. Er würde derweil auf konkrete Ziele für dieses Jahr verzichten – und ihren Jahresbonus anhand des Erreichten am Ende des Jahres mit ihr anstimmen. Kürzlich hatte er ihr dann – ohne vorherige Ankündigung – ein Schreiben zukommen lassen. In diesem brachte er ihr Lob und Wertschätzung für die bisherige Arbeit sowie für das gezeigte Engagement zum Ausdruck und avisierte gleichzeitig einen großzügigen Bonus.

Stefanie seufzt. Sie war daran gewöhnt, sich in der von Männern dominierten Branche durchzusetzen. Auch die konservative, korrekte Art von Herrn Lübke stellte für sie kein Problem dar. Im Gegenteil: Im Laufe des Jahres hatte sie den Eindruck gewonnen, dass er sie mehr und mehr als Beraterin schätzte. So hatte er sie bei der Einschätzung anderer Abteilungsleiter teilweise zu Rate gezogen. Umso mehr hatte sie dieser Brief enttäuscht. Sie überlegte, was ihn dazu bewogen haben könnte. Wie bei vielen anderen Führungskräften im Unternehmen lagen Lübkes Wurzeln im Ingenieursbereich. Er war vor acht Jahren als Leiter der Produktion ins Haus gekommen und hatte nach wenigen Jahren seine jetzige Position übernommen.

Stefanies Vorgänger hatte es vermutlich für einen cleveren Schachzug gehalten, Ralf Lübke von einem großen Kunden abzuwerben und ihm die Vorstandposition in Aussicht zu stellen. Diese Art der Nachfolgeplanung gehörte scheinbar zu seinen Spezialitäten – aus den Personalakten war sie nicht abzulesen. Das war ihr bereits einmal zum Verhängnis geworden, als sie die Erwartungshaltung hinsichtlich einer schnellen Karriereentwicklung bei einem Gruppenleiter nicht erfüllt hatte. Dieser war enttäuscht wieder zu seinem alten Arbeitgeber zurückgekehrt.

Sie konzentrierte sich wieder auf Lübke: In ihren Gesprächen hatte er auch fundiertes betriebswirtschaftliches Verständnis gezeigt. Jedoch war er eher auf Kennzahlen konzentriert. Qualitativen Erwägungen stand er vorsichtig gegenüber. So hatte sie im Laufe der Zusammenarbeit immer wieder Beispiele, die für eine hohe Bedeutung weicher Faktoren im Unternehmen sprachen, eingebracht. Aufgrund ihrer langjährigen Berufserfahrung als Managerin bei einer großen Unternehmensberatung war ihr das nicht schwer gefallen.

Als sie die Abteilungsleitung bei Easy Motion übernommen hatte, war sie froh gewesen, die ewigen Hotelübernachtungen hinter sich zu lassen. Manchmal dachte sie jetzt wehmütig daran zurück: Personalentwicklung war dort sehr wichtig gewesen – selbstverständlich professionell gemanagt. Für eine erfolgreiche Managerin wie sie hatte immer die Planung der Seminartage während ihrer Projekte die Herausforderung dargestellt – nicht das erforderliche Budget. Selbstverständlich wurde sie immer über die neuesten Trends im Personalmanagement auf dem Laufenden gehalten. Nun lag ihre eigene Entwicklung allein in ihrer Hand. Bei durchschnittlich eineinhalb Weiterbildungstagen pro Mitarbeiter p. a. bei Easy Motion – mehr gab das Budget hierfür nicht her – war es ihr kaum möglich, mehr als eine Fachtagung im Jahr zu besuchen.

Schon jetzt hatte sie das Gefühl, nicht mehr so wie früher mitreden zu können, wenn sie sich mit alten Kollegen unterhielt. Aber das war immerhin besser, als die Diskussionen bei den regionalen Personalleiter-Runden, wo man sich selbst beweihräucherte, ohne die aus Stefanies Sicht aktuellen Herausforderungen überhaupt zu sehen. So richtig warm geworden war sie noch mit keinem der Teilnehmer.

Noch etwas anderes lag Stefanie auf der Seele: Sie war sich nicht sicher, wie flexibel sie die Personalplanung gestalten sollte. Die großen Kunden drosselten bereits ihre Produktion, weil der Absatz bröckelte. Bislang hatte Easy Motion noch keine Finanzierungs- oder Absatzprobleme. Aber wenn einem der Großen im Geschäft die

Umsätze wegbrachen, würde sich dies sofort bei Easy Motion auswirken. Wie konnte sie dies berücksichtigen und gleichzeitig die dringend benötigten Fachkräfte beschaffen?

Nächste Woche würde sie mit dem Betriebsrat Koslowski sprechen. Er begegnete ihr noch immer vorsichtig, obwohl sie ihn ganz bewusst frühzeitig informierte, wenn sie etwas verändern wollte. Zum Beispiel hatte sie ihn von Anfang an in die Veränderung des Zielvereinbarungssystems, das im Hause implementiert war, eingebunden. Nach Stefanies Meinung war das alte System nicht wirkungsvoll. In den Verhandlungen hatte Koslowski sich durchaus einsichtig gezeigt. Auch war deutlich geworden, dass das jetzige Verfahren nicht gelebt wurde, wie in der bestehenden Betriebsvereinbarung gewollt. Sie standen nun kurz vor der Unterschrift einer neuen Betriebsvereinbarung. Sie wollte daher auf keinen Fall schlechte Stimmung aufkommen lassen, wenn sie mit ihm über die Personalplanung fürs nächste Jahr sprach.

Ihre Gedanken gingen zurück zu Lübke. Sie hatte ihn schließlich zurückgerufen und die beiden hatten sich für ein Gespräch am Donnerstag beim Mittagessen verabredet. Sie trafen sich in der Kantine, was ein positives Signal für die Belegschaft setzen sollte, aber auch kein wirklich vertrauliches Gespräch ermöglichte. Am Ende des Gesprächs meinte Lübke, sie solle ihm bis zum kommenden Montag einen Vorschlag für ein qualitatives Ziel zukommen lassen. Wenn ihn dies überzeuge, werde er es in Betracht ziehen. Das schon von ihr erwartete Kostenziel wollte er am Montag ebenfalls abstimmen. Dafür benötigte er Stefanies Kalkulation und einen konkreten Vorschlag.

Aufgabe

Sie sind Stefanie Schmidt. Wie gehen Sie vor und warum?

Literaturempfehlung:

Gorges, H.; Hack, J.: Augen auf und Chancen ergreifen. In: Personalwirtschaft, 7, 2008, S. 43-45.

C.2.4 SMART sollen sie sein – Warum werden keine „richtigen" Ziele vereinbart?

Nicole Böhmer

Seit Jahren gelten Zielvereinbarungen als eine Art „Komet" der Leistungsmessung in Unternehmen (s. *Teil B Kapitel 5 Zielvereinbarungen*). Die SMART(I)-Formel zählt beinahe zum Allgemeinwissen. So sollten Ziele einen angestrebten Zustand in der Zukunft beinhalten, der **s**pezifisch, **m**essbar, **a**nspruchsvoll, **r**ealistisch und **t**erminiert ist. Auch **i**ntegriert in die Zielkaskade des Unternehmens sollen sie sein. Es zeigen sich dennoch immer wieder Herausforderungen bei der Implementierung von Zielvereinbarungssystemen: Nicht nur die Mitarbeiter sondern auch die Führungskräfte sind gefordert, wenn die Ziele dieses Personalführungsinstruments erreicht werden sollen. So stellt sich in Unternehmen oftmals die Frage, wie alle beteiligten Mitarbeiter vom Vereinbaren „richtiger" Ziele überzeugt werden können.

Fallstudie

Hübsch gestaltet waren die Formulare, daran bestand kein Zweifel. Ihre Vorgängerin in der Position der Personalreferentin, Brigitte Maßmann, hatte sogar das aus dem Britpop bekannte Target-Zeichen als Symbol neben dem Unternehmenslogo integriert. Und der Leitfaden „Zielvereinbarungen bei der Stadtwerke Elbenhausen AG" war gut strukturiert und lesbar. Christine Sommer seufzte. So richtig gebracht hatte das nichts, denn das vor zwei Jahren im Unternehmen eingeführte Zielvereinbarungssystem schien nicht richtig zum Laufen zu kommen. Bis nächste Woche sollte Christine Verbesserungsvorschläge machen. Während sie begann, die monatliche Statistik für die Konzernmutter, EIN – **E**nergie **i**n **N**iedersachsen, zusammenzustellen, rekapitulierte Christine noch einmal die Punkte, die ihr aufgefallen oder die in ihren Gesprächen mit Mitarbeitern aufgetaucht waren.

Gleich mit der Einführung hatte es Schulungen zu Zielvereinbarungen allgemein und den Themen „Wie werden Ziele formuliert" sowie „Wie führe ich ein Zielvereinbarungsgespräch" gegeben. Dafür wurden die Führungskräfte, je nach ihrer Hierarchieposition im Unternehmen, einer von zwei Schulungsgruppen zugeordnet. Auch die Mitarbeiter hatten bereits Schulungen und den Leitfaden zur Zielformulierung erhalten. Ihnen war erklärt worden, welche Zielarten es gab und dass Ziele „SMART" sein sollten. Außerdem wurden zu jeder Zielart auch konkrete Beispiele formuliert. Dennoch kamen oft keine „vernünftigen" Ziele zustande: Quer durch alle Bereiche und Führungsebenen wurden oftmals Ziele vereinbart wie „Aufgabenerfüllung im Tagesgeschäft". Dies lag scheinbar daran, dass die Mitarbeiter nicht wussten, was für Ziele sie aus ihrem Bereich ableiten sollten. Kai Meyer, eine Führungskraft aus dem mittleren Management, mit dem Christine gelegentlich mittags in die Kantine ging, hatte ihr versichert, sich umgesehen zu haben. *„Aber Zielformulierungen aus der Literatur lassen sich eigentlich nicht auf die Stadtwerke übertragen. Und mal ehrlich Christine, wenn man qualitative Ziele vereinbart, muss man dafür auch ein Messinstrument finden oder eins entwickeln. Das kostet Zeit. Woher soll ich die nehmen?"*

Einige Zielformulierungen ließen Christine auch an der Veränderungsbereitschaft im Unternehmen zweifeln. Es wurden zum Beispiel Ziele formuliert wie „Das Budget wird eingehalten". Nun, das hatten die Mitarbeiter in dem betreffenden Bereich schon immer getan. Insgesamt gab es nur sehr selten ein Ziel, welches in irgendeiner Weise eine Verbesserung anstrebt. Die meisten Ziele bezogen sich auf selbstverständliche Aufgaben und Merkmale des jeweiligen Bereiches. „Gut, dass daran keine Bonuszahlungen geknüpft sind", dachte Christine.

Bestimmte Ziele wurden bereits vom Vorstand einheitlich für alle Führungskräfte vorgegeben, auch wenn diese nicht alle Ziele direkt beeinflussen konnten. So waren sie zumindest für die obersten Unternehmensziele sensibilisiert und an den Unternehmenserfolg gebunden. Darüber hinaus machten sich die Vorstandmitglieder nur selten die Mühe, auch qualitative Ziele zu vereinbaren. Ungefähr zur gleichen Zeit wie die Zielvereinbarungen war eine Art Kurzbefragung zum Vorgesetztenverhalten der zweiten Führungsebene eingeführt worden. Dieser Fragebogen mit dem Titel „Feedback erwünscht" konnte jährlich von allen Mitarbeitern online ausgefüllt werden. Nachdem was Christine in ihrer Fortbildung zur Personalfachwirtin gelernt hatte, war das Instrument jedoch nicht ausgereift. Als der Fragebogen entwickelt wurde, hatte sie zufällig einige Gesprächsfetzen zwischen Frau de Buer, der Personalleiterin, und dem Personalvorstand aufgeschnappt. Sie war in das Büro von Frau de Buer gekommen, um sie um eine dringende Unterschrift zu bitten, als ihre Chefin sagte: *„Ja, ja, ich bin* *da ganz bei Ihnen, Herr Müsler. Wir sollten schnell einen Fragebogen durch den Betriebsrat bringen, damit wir nicht das gesamte Führungsfeedback von EIN übernehmen müssen. Das haben wir ja vor zwei Jahren gelernt, als wir die neue Abrechnungssoftware brauchten. So schnell konnten wir nichts einkaufen, wie uns deren riesige Lösung aufs Auge gedrückt wurde. Mein Gehaltsabrechnungsteam nutzt nur einen Bruchteil davon, aber die Kosten müssen wir voll tragen!"* Bei der nächsten Weihnachtsfeier hatten die älteren Personaler-Kollegen den Fragebogen sogar als ein Stück Autarkie gelobt. Etwa 20 geschlossene und eine offene Frage gingen oberflächlich auf die Kernpunkte aus den Führungsgrundsätzen der Stadtwerke ein. Um Einsatzbereitschaft, Aufgeschlossenheit, Mut und Zivilcourage, Verantwortungsbewusstsein, Achtung und Anerkennung und Identifikation mit dem Unternehmen ging es. Für viele Mitarbeiter und auch Führungskräfte waren dies nur Worthülsen. Informell hatte Christine auch gehört, dass die Vorgesetzten sich mit der Befragung unter Druck gesetzt fühlten, „um jeden Preis" gute Stimmung bei den Mitarbeiter zu machen. Die Ergebnisse waren nämlich über die Zielvereinbarungen direkt mit dem persönlichen jährlichen Bonus verknüpft. Im Herbst sollte Christine ein Konzept entwickeln, wie die Ergebnisse künftig auch für die Führungskräfteentwicklung genutzt werden konnten. So wenig gelungen sie das Verfahren einschätzte, so unwohl war ihr bei dem Gedanken daran.

Als Christine wenig später mit dem Vorsitzenden des Betriebsrats zusammensaß, um eine Anpassung der Betriebsvereinbarung zur Telekommunikation zu verhandeln, fiel ihr auf, wie konstruktiv die Zusammenarbeit mit Markus Mayland war. Kaum zu glauben, dass ihr bei der Übergabe durch Brigitte Maßmann vor eineinhalb Jahren, die Christine damals vor Beginn ihres Mutterschutzes alles ganz akribisch erklärt hatte, noch ganz Angst und Bange wurde, als die Kollegin von der Zusammenarbeit mit dem Betriebsrat berichtete. Der seit einem Jahr in Ruhestand befindliche ehemalige Betriebsratsvorsitzende Karl Lunnebrink war dafür bekannt gewesen, sehr genaue Vorstellungen zu haben und diese um jeden Preis durchzusetzen. In vielen Fällen hatte er geschickt mitbestimmungspflichtige Themen mit mitbestimmungsfreien verknüpftet. „Über Bande spielen", hatte er dies stolz genannt. Auch für den Abschluss der Betriebsvereinbarung „Zielvereinbarungen" waren die Verhandlungen bis zum Vermittlungsausschuss getrieben worden. Mit dieser Taktik hatte der damalige Betriebsrat die Einführung um mindestens ein Jahr verzögert.

Der Nachfolger Markus Mayland hatte, genau wie Christine, schon seine Ausbildung bei den Stadtwerken gemacht und war auch für betriebs- und personalwirtschaftliche Argumente offen. Er hielt sein Ohr dicht an der Belegschaft, was ihm seine lange Betriebszugehörigkeit erleichterte. Als Christine heute andeutete, das Thema Zielvereinbarungen mache ihr Kopfzerbrechen, war er jedoch ausgewichen. Christine entschied, ihn in ein paar Tagen noch einmal besser vorbereitet darauf anzusprechen. Nun war sie sicher, dass die Zielvereinbarungen schon von den Betriebsräten diskutiert wurden. Sicherlich hatte „die alte Garde" ein großes Wort geführt, um den „neuen Kram" schlecht zu machen. Manchmal musste Markus einige Überzeugungsarbeit leisten, um für modernere Ideen, sei es nur Telearbeit, Zustimmung im Gremium zu bekommen.

Christine war froh, dass sie bislang nie allein in eine Betriebsratssitzungen hatte gehen müssen. Ihre Chefin, Sonja de Buer, war stets mit dabei. Doch sie hatte mit Christine in ihrer letzten persönlichen Zielvereinbarung das Ziel abgestimmt, ihr Verhandlungsgeschick zu verbessern. „Schönes Entwicklungsziel", dachte Christine, „wenn auch die Zielerreichungsstufen bislang nicht abgestimmt waren." Christine lächelte, als sie an ihre ersten Schritte im Personalmanagement zurückdachte. Direkt nach der Ausbildung zur Industriekauffrau bei den Stadtwerken hatte man ihr hier eine Sachbearbeiterposition angeboten. Kaltes Wasser war das zunächst gewesen. Sie hatte sich dann schnell entschieden, in dem Bereich zu bleiben und sich bei der IHK zur Personalfachwirtin qualifiziert. Nun fühlte sie sich wohl in ihrer Position. Da die erste Hälfte des Jahres schon vergangen war, musste sie sich unbedingt am Wochenende überlegen, wie sie das ihr gesetzte Ziel erreichen wollte. Vielleicht konnte Frau de Buer ihr auch noch mal einen Tipp geben. Christine wollte beim Zwischenstandsgespräch mit ihrer Chefin, das für nächsten Monat terminiert war, schon eine Idee vorstellen. Die Bewertung ihrer Zielerreichung bei qualitativen Zielen würde besser ausfallen, wenn sie kontinuierliches Engagement für das Thema zeigte. Das wusste Christine aus vergangenen Zielerreichungsgesprächen mit Frau de Buer.

Zurück an ihrem Schreibtisch schloss sie endlich die lästigen Statistiken ab. Auf rund 1.000 Mitarbeiter waren die Stadtwerke mit ihren Bereichen Wasser, Strom und Gas nun gewachsen. Immer mehr Anfragen von EIN hatten den Aufwand für statistische Auswertungen explodieren lassen. Manchmal fragte sich Christine, was mit den ganzen Zahlen in der Zentrale passierte. Ob die wirklich jemand auswertete? Frau de Buer nutzte nur wenige Kennzahlen zur Steuerung. Bei den Stadtwerken gab es kein Personalcontrolling. Sollte einmal eine andere Zahl für den Vorstand gebraucht wurde, musste das gesamte Team der Personalabteilung in Windeseile in alten Dateien und Listen recherchieren. Leider hatten sie in diesem Monat keine Auszubildende in ihrem Team, die zumindest noch etwas dabei hätte lernen können, die Kennzahlen für EIN zu ermitteln.

Christine dachte weiter: „In der Zentrale wird bereits seit Jahren mit Zielen geführt. Jeder Mitarbeiter bekommt auf Basis der Zielvereinbarungen zudem einen jährlichen Bonus. Wie es dort wohl lief?" Christine nahm sich vor, bei dem nächsten Seminar, das sie in der Konzernzentrale besuchte, mit den Kollegen darüber zu sprechen.

Aufgabe

Versetzen Sie sich in die Situation von Christine Sommer. Was tun Sie und warum?

Literaturempfehlungen:

Böhmer, N.: Variabel Vergüten. Leitfaden für die Gestaltung von Entgeltsystemen in Banken und Sparkassen. Düsseldorf: Symposion Publishing 2007; insbesondere S. 117-136.

Jetter, F.: Zielvereinbarungsgespräche als Führungs- und Kommunikationsinstrument im Personalwesen und der Unternehmensleitung. Über die dritte Evolutionsstufe einer Managementmethode. In: Frank Jetter, Rainer Skrotzki (Hgg.): Handbuch Zielvereinbarungsgespräch. Stuttgart: Schäffer-Poeschel 2000, S. 3-37.

C.2.5 Alles Gold, was glänzt? Beurteilung im Personalbereich

Carsten Steinert

Mitarbeiterbeurteilungen spielen in der Unternehmenspraxis eine große Rolle. In nahezu allen größeren Unternehmen werden systematische Verfahren zur Beurteilung von Mitarbeitern eingesetzt. Urteile über andere Menschen sind jedoch immer subjektiv und fehlerhaft. Sie stellen Führungskräfte daher häufig vor große Herausforderungen, insbesondere dann, wenn Selbst- und Fremdbild voneinander abweichen. Hängen zudem von der Beurteilung auch noch Vergütungskomponenten, zum Beispiel Leistungszulagen, ab, wird es oftmals sehr komplex.

Fallstudie

E-Mail

Von: Dr. Stefanie Blenk (Personalleitung)

An: Lars Schmidt (Gruppenleiter Personalmanagement)

Hallo Herr Schmidt,

wie Sie wissen, haben wir am Donnerstag nächster Woche den Termin für unser Jahresgespräch vereinbart. Ich wollte Sie nur noch einmal darum bitten, sicherzustellen, dass Sie bis dahin alle Beurteilungsgespräche mit Ihren Mitarbeitern abgeschlossen haben. Ich hoffe, dass bei Ihnen im Team soweit alles glatt läuft und wir im Rahmen der diesjährigen Beurteilungsrunde keine großen Überraschungen erleben werden. Wie Sie wissen, verhandele ich aktuell eine ziemlich heikle Betriebsvereinbarung zum partnerschaftlichen Verhalten am Arbeitsplatz. Und was ich daher im Moment am wenigsten brauchen kann, ist Stress mit dem Betriebsrat, nur weil sich jemand unter Umständen nicht fair beurteilt fühlt.

Viele Grüße

Dr. Blenk, Personalleitung Berner Automotive GmbH

Lars Schmidt schaute auf die Mail seiner Chefin Frau Dr. Blenk. Natürlich hatte er bereits für Ende dieser Woche Termine mit seinen Mitarbeitern vereinbart, um mit ihnen die Beurteilungen zu besprechen. Als Gruppenleiter Personalmanagement war er insgesamt für vier Mitarbeiter verantwortlich. Herr Hebler und Frau Süß waren als Personalreferenten tätig. Hinzu kamen noch die beiden Sachbearbeiterinnen Frau Tauber und Frau Spieß. Drei Beurteilungsbögen hatte er bereits ausgefüllt – nur der von Frau Süß stand noch aus.

Petra Süß war vor rund zwölf Monaten in sein Team gekommen, daher war es ihre erste Jahresbeurteilung. Sie war unmittelbar nach ihrem Master-Abschluss bei der Berner Automotive GmbH eingestiegen. Im Rahmen ihres Studiums hatte sie unter anderem Personalmanagement vertieft. Beim Vorstellungsgespräch imponierte sie durch ihre hohe Motivation und hatte sich im Gespräch als in der Lage erwiesen, ihr theoretisches Wissen unmittelbar auf Praxisanforderungen anzuwenden, welche er ihr im Rahmen einer Arbeitsprobe vorgelegt hatte. Zwar hatte sie bislang weder in Theorie noch Praxis Erfahrung in arbeitsrechtlichen Themen, aber diese Lücke würde sie bei ihrer Lernbereitschaft sicher schnell schließen, war sich Lars sicher gewesen. In seinem Team versprach er sich von der Einstellung der jungen Kandidatin einen erheblichen Impuls und frischen Schwung. Sie war für ihn das ideale Pendant zum eher sachlich-konservativen und überaus erfahrenen Herrn Hebler.

Um sich besser in die neue Stelle hineinfinden zu können, wurde beschlossen, dass sich Frau Süß während der ersten zwölf Monate im Rahmen des Tagesgeschäftes zunächst auf die Bereiche „Personalbeschaffung" und „Personalbetreuung" konzentrieren sollte. Zudem wurde ihr als eigenes Projekt die Konzeption des neuen Vertriebstrainee-Programmes verantwortlich übertragen.

Und Frau Süß hatte sich gleich zu Beginn mit großem Eifer in ihre neuen Aufgaben gestürzt. Insbesondere bei der Konzeption des Vertriebstrainee-Programmes sprühte sie nur so voller Tatendrang, las seitenweise Fachliteratur und arbeitete nicht selten auch am Wochenende. Sie entwickelte ganze Listen mit Ideen, nahm aus eigener Initiative heraus Kontakt zu den Vertriebsleitern auf und diskutierte die Vorschläge mit ihnen. Die Vertriebler waren von ihren Ideen jedoch nicht sehr überzeugt, hielten das Konzept für zu aufgebläht und die Ausbildung insgesamt für zu theorielastig. Das wiederum verärgerte Frau Süß, welche sich von den Vertriebsleitern vor den Kopf gestoßen fühlte und ihr Engagement in diesem Projekt daraufhin drosselte. Zwar lagen mittlerweile zahlreichen Konzeptionen und Ideen vor, aber letztlich reif für die Realisierung schien dieses Projekt nach fast zwölf Monaten noch immer nicht zu sein.

Auch im Tagesgeschäft zeigte Frau Süß großen Einsatz und Engagement, vor allem im Rahmen der Personalauswahl. Hier hatte sie in Vorstellungsgesprächen ein hervorragendes Gespür bewiesen und wurde von vielen Führungskräften sehr gelobt. Dabei war sie gegenüber den Bewerbern und Führungskräften stets höflich und sehr zuvorkommend. Auch mit den nicht immer einfachen Betriebsräten kam sie sehr gut klar. Im Beisein von Frau Süß hatte der Betriebsratsvorsitzende Lars sogar einmal explizit zur Einstellung einer „so kompetenten Personalreferentin" beglückwünscht.

Die Personalbetreuung bewies sich jedoch aufgrund der mangelnden Kenntnisse im Arbeitsrecht bislang wahrlich nicht als ihre Stärke. Auch hatte sie es bislang aus zeitlichen Gründen immer abgelehnt, sich durch den Besuch entsprechender Seminare hier weiterzubilden. Das verärgerte Herrn Hebler, denn dadurch landeten alle arbeitsrechtlichen Fälle bei ihm. Herr Hebler hatte Lars im Vertrauen berichtet, dass Frau Süß patzig reagierte, als er sie darauf angesprochen hatte. Sie habe ihn auf ihr hohes Arbeitspensum im Zusammenhang mit der Konzeption des Trainee-Programms verwiesen. Schließlich arbeite sie im Gegensatz zu ihm ja auch an den Wochenenden und da könne er sich doch auch mal um einen Arbeitsrechtsfall mehr kümmern.

Ein wenig ungeschickt erwies sich Frau Süß auch im Hinblick auf die Zusammenarbeit mit den Personalsachbearbeiterinnen. Bereits nach wenigen Wochen hatte sich Frau Spieß bei Lars beschwert, Frau Süß trete Frau Tauber und ihr gegenüber sehr überheblich auf. Daraufhin hatte er zwar mit der Personalreferentin ein Gespräch geführt, doch wirklich gut war die Stimmung zwischen Frau Süß und den beiden Sachbearbeiterinnen nach wie vor nicht.

Einfach würde das Beurteilungsgespräch mit Frau Süß sicher nicht werden, dessen war sich Lars bewusst. Hatte es sich doch bislang gezeigt, dass sie schwer zugänglich für Feedback war. Nach der Bemerkung des Betriebsratsvorsitzenden hatte sich das seiner Einschätzung nach noch verstärkt. Erschwerend kam hinzu, dass auch die Zahlung einer Leistungszulage an die Beurteilung gekoppelt war, deren Höhe von der zusammenfassenden Gesamtbeurteilung abhing. Er fluchte innerlich. Wie oft hatte er sich schon dafür eingesetzt, das Beurteilungssystem nicht länger mit einer Leistungszulage zu koppeln, doch stieß er diesbezüglich bei der Personalleiterin Frau Dr. Blenk immer auf taube Ohren. Er nahm ihr das noch nicht einmal übel, wusste er doch vom Hörensagen, warum sie sich so schwer damit tat, das Thema anzugehen. Die Betriebsvereinbarung zum leistungsorientierten Vergütungssystem war vor knapp drei Jahren eingeführt worden, kurz bevor Lars seine Stelle als Gruppenleiter antrat. Euphorisch war Frau Dr. Blenk mit dem Vorschlag gestartet, ein Zielvereinbarungssystem einzuführen. Das bis dahin in Form eines Urlaubs- und Weihnachtsgeldes gezahlte 13. und 14. Monatsgehalt sollte in eine variable Vergütungskomponente umgewandelt und an die Erreichung von individuellen Zielen gekoppelt werden. Dabei war sie auf massivste Widerstände des Betriebsrates gestoßen, der das unter allen Umständen verhindern wollte. Die sehr emotional geführten Verhandlungen waren im Sande verlaufen und eine Einigungsstelle musste einberufen werden. Dort war quasi als Kompromisslösung auf Initiative des Vorsitzenden der Einigungsstelle herausgehandelt worden, nur das Urlaubsgeld in eine Leistungszulage umzuwandeln und diese an eine Gesamtbeurteilung zu koppeln. Frau Dr. Blenk hatte sich also mit dem von ihr favorisierten Zielvereinbarungssystem nicht durchsetzen können und dieses Thema seitdem auch nicht wieder aufgegriffen.

Zudem war das Verhältnis zwischen ihr und dem Betriebsratsvorsitzenden sichtlich angespannt, was die partnerschaftliche Zusammenarbeit zwischen der Personalabteilung und dem Mitbestimmungsgremium nicht gerade vereinfachte. Das blieb wohl auch der Geschäftsleitung nicht verborgen.

Lars hatte aktuell vermehrt Kontakt mit dem für das Personalwesen verantwortlichen Hauptgeschäftsführer, Herrn Blümelt, den er im Rahmen der Personalsuche nach einem Bereichsleiter Unternehmenskommunikation unterstützte. Als er vor wenigen Wochen zu einem Besprechungstermin in dessen Büro eintraf, schnappte er den letzten Satz eines von Herrn Blümelt geführten Telefonates auf. *„Wenn sich das Verhältnis zwischen ihr und dem Vorsitzenden nicht bald sichtlich verbessert, dann haben wir hier ein wirklich ernstes Problem, für das wir eine Lösung finden müssen"*, hörte er Blümelt sagen. Aufgrund der intensiven Zusammenarbeit im Rahmen der Personalsuche hatte sich zwischen Lars und dem Hauptgeschäftsführer eine gute Beziehung aufgebaut. Er gewann zunehmend den Eindruck, dass Herr Blümelt immer mehr von ihm hielt und seine Kompetenzen mehr und mehr zu schätzen wusste. Verstärkt bat Herr Blümelt Lars nun auch bei allgemeinen personalstrategischen Themen um dessen Einschätzung.

Durch das Klingeln des Telefons wurde Lars aus seinen Gedanken gerissen. Es war Frau Maurer, die Assistentin von Herrn Blümelt: *„Guten Tag Herr Schmidt, Herr Blümelt hat mich gebeten, mit Ihnen einen gemeinsamen Termin für ein Mittagessen außer Haus zu vereinbaren. Da Herr Blümelt in dieser und in der kommenden Woche auf Dienstreise ist, möchte er sich gerne in der übernächsten Woche mit Ihnen treffen, gleich am Montag." „Das ist kein Problem, Frau Maurer, ich habe um die Mittagszeit noch keine Termine eingetragen"*, entgegnete ihr Lars. *„Können Sie mir sagen, worum es bei diesem Termin gehen wird, damit ich mich vorbereiten kann?"*, fügte er fragend hinzu. *„Nein, das kann ich leider nicht"*, antwortete Frau Maurer. *„Herr Blümelt hat mich eben nur kurz auf dem Weg zum Flughafen angerufen und mich gebeten, den Termin zu vereinbaren. Mehr hat er mir nicht gesagt." „Okay Frau Maurer, dann lasse ich mich mal überraschen"*, beendete Lars das Gespräch.

Nachdem er den Telefonhörer aufgelegt hatte, wandte er sich wieder der Beurteilung von Frau Süß zu und sah sich den betreffenden Ausschnitt der Betriebsvereinbarung noch einmal an:

Betriebsvereinbarung zum leistungsorientierten Bewertungssystem der Berner Automotive GmbH

[. . .]

§ 5 Leistungszulage

Anspruch auf eine Leistungszulage besteht nur, wenn die zusammenfassende Gesamtbeurteilung mindestens mit Stufe 3 bewertet wird. Die Höhe der Leistungszulage ist abhängig von der zusammenfassenden Gesamtbeurteilung.

Eine Leistungszulage in Höhe von einem Monatsgehalt erhält der Mitarbeiter, wenn die zusammenfassende Gesamtbeurteilung mit Stufe 3 erfolgt.

Eine Leistungszulage in Höhe von 1,25 Monatsgehältern erhält der Mitarbeiter, wenn die zusammenfassende Gesamtbeurteilung mit Stufe 4 erfolgt.

Eine Leistungszulage in Höhe von 1,5 Monatsgehältern erhält der Mitarbeiter, wenn die zusammenfassende Gesamtbeurteilung mit Stufe 5 erfolgt.

[. . .]

Bedingt dadurch, dass nur das Urlaubsgeld in einen Bonus umgewandelt und das Weihnachtsgeld weiter gezahlt wurde, war es das Ziel der Geschäftsleitung, die Boni in der Höhe zu begrenzen. Es war ein offenes Geheimnis, dass die Geschäftsleitung von den Führungskräften erwartete, im Durchschnitt maximal eine Gesamtbeurteilung von 3,5 zu vergeben. Lars konnte also zum Beispiel zwei seiner Mitarbeiter überdurchschnittlich, das heißt jeweils mit Stufe 4, bewerten, wenn er die restlichen beiden durchschnittlich, das heißt mit Stufe 3, bewertete. Der Betriebsrat tolerierte diese Maxime der Geschäftsleitung bislang schweigend, wohl weil sich noch kein Mitarbeiter offiziell darüber beschwert hatte. Sowohl Herr Hebler als auch Frau Tauber hatten sich wirklich weit überdurchschnittlich im laufenden Geschäftsjahr engagiert, das stand außer Frage. Während Herr Hebler keinen Hehl daraus machte, dass er mit einer überdurchschnittlichen Bewertung rechnete, würde die doch eher bescheidene und zurückhaltende Frau Tauber sicher freudig überrascht reagieren.

Wie Lars von Frau Spieß erfahren hatte, rechnete allerdings wohl auch Frau Süß mit einer Leistungszulage von mehr als einem Monatsgehalt. Sie war sich dessen sogar so sicher, dass sie vom dem Geld anscheinend bereits die Möbel für ihre neue Wohnung bestellt hatte.

„Natürlich hängt auch die Höhe meines eigenen Bonus davon ab, wie gut der Beurteilungsprozess in meinem Team abläuft“, dachte er mit einem unguten Gefühl. Er zog den vorbereiteten Beurteilungsbogen von Frau Süß aus der Schreibtischschublade und machte sich an die Arbeit.

Aufgabe

Sie sind Lars Schmidt. Was tun Sie und warum?

Funktionsbeschreibung Berner Automotive GmbH	
Funktionsbezeichnung:	Personalreferent/in
Berichtet an:	Gruppenleiter Personalmanagement
Empfängt Berichte von:	Sachbearbeitung Personalmanagement (nur fachliche Weisungsbefugnis)
Ziel der Funktion:	Ziel der Funktion ist die Mitwirkung im Rahmen des Aufbaus eines effektiven, strategischen Personalmanagements

Qualifikationen / Anforderungen:

- Erfolgreich abgeschlossenes Studium mit Schwerpunkt Personal
- Spezifische Fachkenntnisse zeitgemäßer personalwirtschaftlicher Instrumente
- Sichere Kenntnisse im arbeitsrechtlichen Bereich
- Hohe Sozialkompetenz und gutes Dienstleistungsverständnis
- Sehr gute kommunikative Fähigkeiten und professioneller Auftritt
- Selbstständige und strukturierte Arbeitsweise, Durchsetzungsvermögen und Diskretion
- Gute Englischkenntnisse in Wort und Schrift

Aufgaben der Funktion:

- Erarbeitung und Weiterentwicklung von HR-Konzepten
- Personalbeschaffung (Stellenausschreibungen, Suche, Auswahl, Vorstellungsgespräche)
- Personalbetreuung
- Beratung der Führungskräfte in arbeitsrechtlichen Themen
- Personalmarketing (Bewerberdatenbank, Zusammenarbeit mit externen Bildungsträgern, Messen)
- Konzept und Aufbau Social Networking
- Mitarbeit in Projekten
- Personalentwicklung (Unterstützung Mitarbeitergespräche, Weiterbildung, interne Schulungen)
- Erstellung der Personalbudgetplanung

Abbildung C.2.2: Funktionsbeschreibung Berner Automotiv GmbH

Beurteilungsbogen Berner Automotive GmbH						
Name, Vorname	Personalnummer					
Geburtsdatum, Ort	Beurteilungszeitraum					
Funktion						
I Aufgaben						
Wichtige Aufgaben in Stichworten aufführen oder auf entsprechende Unterlagen (z. B. Funktionsbeschreibungen) hinweisen.						

Beurteilungsmerkmale	**5**	**4**	**3**	**2**	**1**
II Fachkompetenz					
Fachwissen/-können Besitzt alle für seinen Aufgabenbereich erforderlichen Fachkenntnisse und setzt diese optimal ein, ist fachlich sicher.					
III Leistungsverhalten					
Arbeitsqualität Führt die Aufgaben sorgfältig und systematisch aus. Die Arbeitsleistung erfolgt fehlerfrei und entspricht den definierten Prozessen.					
Arbeitstempo Erledigt die übertragenden Aufgaben zügig und in der vorgegebenen Zeit.					
Arbeitsorganisation Geht bei der Arbeit systematisch vor. Berücksichtigt dabei den Zeitplan und die optimale Arbeitseinteilung vor allem hinsichtlich der Wichtigkeit der Tätigkeiten. Arbeitet vorausschauend.					

Legende zu der Beurteilungsskala
5) liegt deutlich über den Anforderungen
4) liegt über den Anforderungen
3) entspricht den Anforderungen
2) liegt unter den Anforderungen
1) liegt deutlich unter den Anforderungen

Abbildung C.2.3: Beurteilungsbogen Berner Automotiv GmbH

Beurteilungsmerkmal	5	4	3	2	1
Einsatzbereitschaft Handelt im Unternehmen engagiert und zeigt große Leistungsbereitschaft, auch außerhalb seines Aufgabenbereichs. Erledigt seine Aufgaben engagiert und hält sich bei schwierigen und unangenehmen Arbeitssituationen nicht zurück.					
Belastbarkeit Ist belastbar Arbeitet auch unter unter Zeitdruck konstruktiv und effektiv. Bewahrt auch in kritischen Situationen den Überblick. Kennt die Grenzen seiner Belastbarkeit.					
Flexibilität und Veränderungsbereitschaft Kann sich leicht auf neue Situationen einstellen. Zeigt sich offen für Veränderungen, geht neue Wege. Verfügt über eine realistische Einschätzung der eigenen Person und setzt sich mit dieser auseinander.					
IV Zusammenarbeit mit anderen					
Engagement in der Gruppe Ist zur Zusammenarbeit bereit und geht die Gruppenarbeit motiviert an. Ist um Kompromissbereitschaft, ein erfolgreiches Gruppenleistungsergebnis und um Zusammenhalt bemüht. Geht auf Vorschläge anderer ein und ignoriert kein Gruppenmitglied.					
Bereitschaft zur Weitergabe von Informationen Zeigt Bereitschaft anderen relevante Informationen zu übertragen. Lässt dabei keine wichtigen Informationen aus.					
Konfliktfähigkeit Akzeptiert und wendet sachliche Kritik an. Ist bereit, Konflikte konstruktiv anzugehen. Verhält sich auch in persönlich belastenden Situationen angemessen.					
Kunden/Lieferanten Zeigt sich gegenüber internen und externen Kunden sowie Lieferanten kooperativ, hilfsbereit und freundlich.					
V Lernbereitschaft					
Lernbereitschaft Steht Feedback der eigenen Person grundsätzlich offen und aufgeschlossen gegenüber. Zeigt Interesse vorhandene und fehlende Bildung zu erweitern bzw. sich anzueignen. Passt bei Bedarf seine Kenntnisse den neuen Erfordernissen an.					
Zusammenfassende Gesamtbeurteilung					

Bemerkungen:

Datum, Unterschrift Mitarbeiter

Datum, Unterschrift Führungskraft

Legende zu der Beurteilungsskala

5) liegt deutlich über den Anforderungen
4) liegt über den Anforderungen
3) entspricht den Anforderungen
2) liegt unter den Anforderungen
1) liegt deutlich unter den Anforderungen

Abbildung C.2.3: Beurteilungsbogen Berner Automotiv GmbH (Fortsetzung)

Literaturempfehlungen:

Becker, M.: Personalentwicklung. Bildung, Förderung und Organisationsentwicklung in Theorie und Praxis. 5. Aufl., Stuttgart: Schäffer-Poeschel 2009, S. 501-519.

Böhmer, N.: Zweifel an der Wirkung. In: Personal, April 2010, S.12-14.

Nerdinger, F.: Formen der Beurteilung. In: L. von Rosenstiel, E. Regnet, M. Domsch (Hgg.): Führung von Mitarbeitern. Handbuch für erfolgreiches Personalmanagement. 6. Aufl., Stuttgart: Schäffer-Poeschel 2009, S. 192-203.

C.2.6 Die Jagdgesellschaft – Change für B3

Heike Schinnenburg

Bei Veränderungsprozessen gibt es immer unterschiedliche Perspektiven und Interessen. Gerade für junge Mitarbeiter mit wenig Berufserfahrung ist die Gefahr groß, sehr schnell eine einseitige Sichtweise einzunehmen und die mikropolitischen Prozesse unzureichend wahrzunehmen. Vor allem Stabsstellen bergen Chancen und Risiken, sich bei Projekten lediglich als „verlängerter Arm" der Geschäftsführung zu positionieren. Der nachfolgende Fall zeigt, wie wichtig eine gründliche Analyse und eine überlegte Vorgehensweise sind, um nicht aktionistisch in einem Veränderungsprozess zu agieren.

Fallstudie

Viktor Brüggemann setzte sich an den runden Tisch seines Chefs Dr. Stefan Funke. *„Prima, dass wir uns heute zusammensetzen"*, begann Funke, *„ich steige gleich ein und erläutere Ihr erstes Projekt bei uns. Ich glaube, wenige Absolventen bekommen so schnell eine derartig spannende Herausforderung – aber ich bin mir sicher, Sie werden das sehr gut meistern und dann auch schnell in eine Führungsrolle hineinwachsen. Nehmen Sie sich gerne einen Kaffee. Die Lebkuchen sind übrigens zu empfehlen!"*

Während sich Viktor eine Tasse Kaffee einschenkte, erläuterte der Geschäftsführer die Hintergründe zu dem Projekt, das er – Viktor – als seine erste Aufgabe in der Holding der Bohm-Werke bearbeiten sollte.

Viktor wusste bereits, dass die Bohm-Werke die Holding sowie drei unterschiedliche Einheiten umfasste, die über die letzten sechs Jahre fast autonom geführt wurden. Die drei Tochtergesellschaften wurden als selbstständige GmbHs mit eigenen Geschäftsführern gemanagt. Diese Gesellschaften hatten aufgrund der Erfolge der früheren Jahre wenig Einmischung von der Holding und den Eigentümern erfahren.

„Und diese dezentrale Organisation, Herr Brüggemann, wird gerade zum Problem", Herr Dr. Funke holte eine Mappe heraus, legte sie auf den Tisch und ergänzte, *„ich bin nun seit zwei Jahren Geschäftsführer der Holding. Die Zentrale ist ja nicht groß, muss aber künftig stärker steuern. Daher haben wir auch Ihre Stelle für Personal- und Organisationsentwicklung geschaffen und vor Kurzem Uwe Müller für das zentrale Controlling eingestellt – beide Stellen waren eine Empfehlung der Unternehmensberatung, die die strategische Ausrichtung und Effizienz der einzelnen Bereiche analysiert hat. Die dezentrale Organisation mit der großen Eigenständigkeit war für den Bereich Industriekartonagen positiv, allerdings ist gerade die Verpackungssparte, intern auch B3 genannt, seit einigen Jahren defizitär. B3 beschäftigt 450 Mitarbeiter und umfasst*

30 Prozent des gesamten Umsatzvolumens der B-Werke. Die Gewinnsituation hat sich in den letzten Jahren verschlechtert, was vordergründig durchaus mit dem wirtschaftlichen Druck zu erklären ist, dem die Sparte ausgesetzt ist. Aber das ist ja immer nur die halbe Wahrheit. Offen gesprochen – bitte betrachten Sie das natürlich als vertraulich – gibt es auch eine Problematik der Führung von B3. Herr Harrenberg hat als langjähriger Geschäftsführer bestimmt seine Verdienste erworben, aber jetzt scheinen seine Vorgehensweisen nicht ganz dem heutigen Anspruch zu entsprechen. Sie wissen ja, dass wir mehrheitlich zum Grünzow-Konzern gehören. Dort mischt man sich zwar wenig in das Tagesgeschäft ein, aber die Zahlen werden natürlich sehr genau verfolgt. Darum geht es bei Ihrem ersten Projekt auch um B3. Die einzelnen Bereiche sehen Sie im Überblick auf dem Organigramm.“

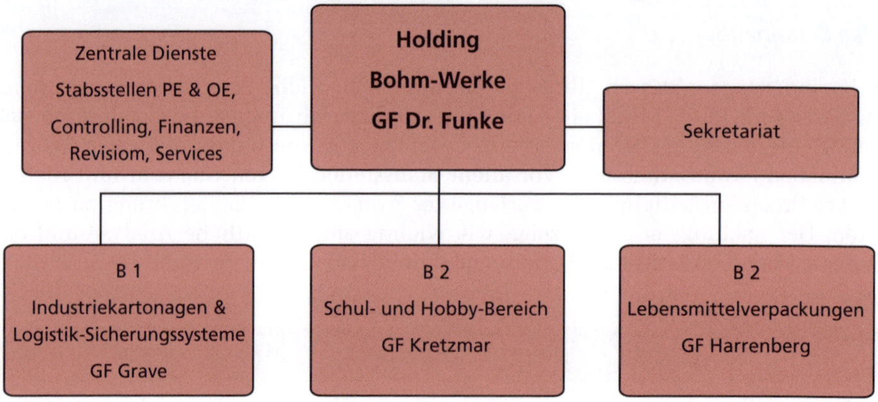

Abbildung C.2.4: Organigramm der Holding Bohm-Werke

Viktor Brüggemann schaute auf das Organigramm. *„Verstehe ich es richtig, dass die Unternehmensberatung bereits eine Ist-Analyse von B3 vorgenommen hat?“*, fragte er.

„Ja, allerdings. Das stimmt. Und die Ergebnisse sprechen für sich. Hier haben Sie die Kurzfassung des Berichts sowie eine Notiz von mir mit weiteren Anmerkungen, die aus einem Gespräch mit der Unternehmensberatung entstanden sind. Ich schlage vor, Sie schauen sich das an und entwickeln erste Ideen zur Verbesserung der Rentabilität. Zum Beispiel könnte man eine Führungskräftekonferenz durchführen und dort auch gemeinsam Ziele für die Zukunft festlegen“, antwortete Herr Dr. Funke.

Viktor nahm die Mappe mit der Kennzeichnung „vertraulich“ mit und ging zurück in sein Büro. Seit drei Monaten arbeitete er nun in der Holding der Bohm-Werke und hatte gerade seine Einarbeitung und den Durchlauf durch die Werke beendet. Dabei hatte er bereits einen guten Überblick gewinnen und auch viele Mitarbeiter kennenlernen können. Es war jedoch auch klar geworden, dass die Kollegen von ihm vor allem Angebote für Seminare erwarteten. Der Bereich Organisationsentwicklung war vielen Mitarbeitern unklar. Sein Telefon summte und zeigte seinen Kollegen Uwe Müller. *„Hallo Viktor. Essen um 13 Uhr im Bistro?“* Viktor stimmte zu und hatte noch Zeit, die Kurzfassung der Analyse zu lesen.

Kurzfassung der Beratung „Core Analysis" (vertraulich)

Die Holding der Bohm-Werke wurde in den letzten zwei Jahren neu ausgerichtet und der Service für die einzelnen Gesellschaften wurde spürbar verbessert. Ergänzend wird empfohlen, für die höheren Anforderungen der Zentrale je eine Stelle für Personal- und Organisationsentwicklung sowie für Controlling zu schaffen und damit die Niederlassungen noch besser zu unterstützen (s. Langfassung des Berichts).

Von den drei SGE (hier gleichzeitig Tochtergesellschaften B1 – B3) sind vor allem B1 und B2 erfolgversprechend aufgestellt. Hier zeigen sich positive Veränderungen der Projekte der letzten Jahre, die zu merkbaren Fortschritten der strategischen Ausrichtung geführt haben und im Ergebnis der Firmen auch deutlich erkennbar sind. Die Analyse in der Kurzfassung konzentriert sich daher auf B3.

Es ist festzustellen, dass das Werk in einem harten Wettbewerbsumfeld agiert, in dem die Kunden aus der Lebensmittelindustrie eine hohe Konzentration und damit eine entsprechende Käufermacht aufweisen.

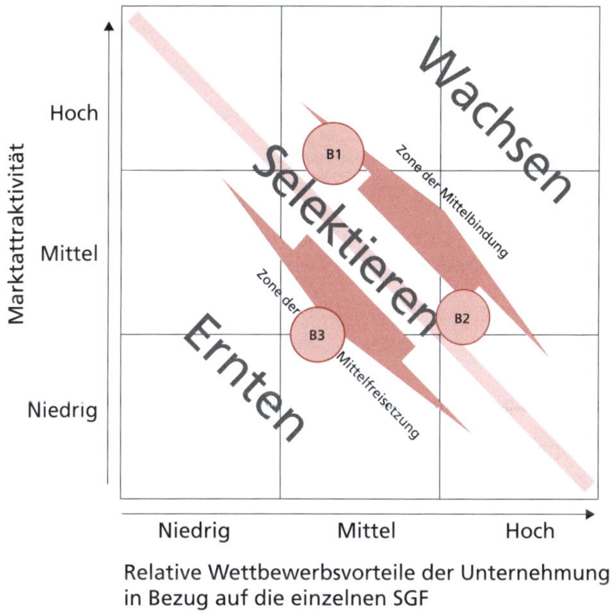

Abbildung C.2.5: Portfolio-Analyse Bohm-Werke

Die heutige Situation ist durch folgende Faktoren gekennzeichnet:

Tabelle C.2.4

Ist-Analyse B3 – Überblick

Externe Faktoren	Interne Faktoren
Zunehmende Erwartungshaltung bei Kunden bei gleichzeitiger Preissensibilität	Gute Fachleute, die an traditionellen Verfahren hängen und Veränderungen kritisch sehen
Neue Technologien, die Arbeitsweisen komplett verändern	Hohes Engagement für Kunden, aber viele Einzelvorgänge bzw. wenig Standardisierung
Zunehmender Wettbewerb in einem ehemals „gemütlichen" Bereich	Wenig Erfahrung mit neuer Technologie und Change
Rapide steigende Kosten, die sich angesichts des Wettbewerbs kaum an die Kunden weitergeben lassen	Produktivität wurde in den letzten Jahren kaum verbessert; Qualitätsprobleme entstehen teilweise durch komplizierte (und fehleranfällige) Prozesse, dadurch auch lange Durchlaufzeiten
	Loyalität der Mitarbeiter zur Firma und interner Zusammenhalt, aber kritisch gegenüber der Holding. Tenor: „Wenig Unterstützung, eher Druck."

Hinter dem Gutachten fand Viktor noch eine Notiz von Funke an ihn persönlich.

Notiz

Von: Dr. Stefan Funke (Geschäftsführer)

An: Herrn Brüggemann (Personal- und Organisationsentwicklung)

Auftrag Change Management:

Effizienzoffensive ist für B3 notwendig. Es muss ein Ruck durch die Mannschaft gehen, um anstehende Herausforderungen zu meistern und die notwendigen Veränderungen anzugehen. Es ist zu prüfen, ob das mit der derzeitigen Führungsmannschaft geht.

- *Drei Hauptprobleme liegen vor:*
  - *Die Einstellungen der Mannschaft bzw. der Führung zu Veränderung muss verändert werden.*
  - *Die Einstellung zu neuen Technologien und das Wissen darüber müssen sich drastisch verbessern.*

- *Die Organisationsstruktur muss überprüft und auf standardisierte Prozesse ausgerichtet werden. Dazu gehört die gründliche Überprüfung, welche Kundenaufträge B3 annimmt und für welche Extra-Leistungen zusätzliche Kosten berechnet werden.*
- *Notwendig ist eine Change-Management-Strategie, die folgende Ziele erreicht:*
  - *Die Mitarbeiter auf Veränderungen vorbereiten und sie davon überzeugen, dass signifikante Organisationsveränderungen notwendig sind (Dringlichkeit!).*
  - *Vorschläge zur Einbindung der Betroffenen zu entwickeln, damit diese die Veränderungen mittragen und möglichst auch vorantreiben.*
  - *Einen ersten Ablaufplan vorzulegen, wie der Change-Management-Prozess in B3 zu organisieren wäre; als Termin: Nächste Geschäftsführer-Runde (unbedingt vorher mit mir abstimmen!).*

Dr. Funke

„Das wird dann aber knapp", dachte Viktor und schloss die Mappe. Die Geschäftsführer-Runde tagte jeden ersten Mittwoch im Monat – der nächste Termin wäre dann in einer Woche.

Beim Mittagessen erfuhr Viktor nebenbei, dass Uwe im Controlling ebenfalls den Auftrag bekommen hatte, B3 zu überprüfen. Sein Kollege war zum gleichen Zeitpunkt bei den Bohm-Werken eingestiegen wie er, hatte jedoch bereits nach seinem Studium drei Jahre Berufserfahrung in einer Beratung gesammelt. *„Scheint mir fast so, als solle B3 verkauft werden"*, mutmaßte Uwe, *„wäre ja auch kein Wunder. Die Branche ist wirklich hart. Dafür steht B3 noch nicht einmal schlecht da."* Viktor war völlig überrascht. Schon mehrfach hatte er im Gespräch mit Uwe festgestellt, dass dieser durch seine Beratungserfahrung eine ganz andere Sichtweise auf die Vorgänge hatte als er selbst. Als sie sich kennenlernten, zeigte Uwe sich auch erstaunt, dass Viktor die aus seiner Sicht anspruchsvolle Stelle für Personal- und Organisationsentwicklung direkt nach seinem Studium bekommen hatte.

Zurück in seinem Büro überlegte Viktor, was er von B3 und Harrenberg wusste.

Im Werk gab es

- drei Abteilungsleiter Produkte / Services,
- eine Abteilungsleiterin kaufm. Administration und Finanzen sowie
- eine Abteilungsleiterin für Personal.

Viktor hatte Herrn Harrenberg bei seinem Durchlauf kurz kennengelernt und schätzte ihn auf etwas über 50 Jahre. Er wusste, dass der Geschäftsführer seit mehr als 24 Jahren bei den Bohm-Werken beschäftigt war und sich in seine Position hochgearbeitet hatte. Vor allem war ihm in B3 der familiäre Umgang aufgefallen. An das Büro von Harrenberg konnte er sich auch noch gut erinnern, da ein Geweih an der Wand hing.

Am nächsten Tag war Viktor mit Margret Sonneborn verabredet, der Personalmanagerin von B3, um über Personalentwicklungsmaßnahmen zu sprechen. Die rothaarige Frau mit der auffälligen Brille hatte um den Termin gebeten, weil aus ihrer Sicht Bedarf bestand, die Führungskräfte besser in ihrer täglichen Arbeit zu unterstützen.

Viktor nutzte die Gelegenheit, sie dabei nach ihrer Meinung zu den notwendigen Veränderungsprozessen für das Werk zu fragen. Die gestandene Personalerin lehnte sich zurück, wurde ernst und Viktor merkte, dass sich die Atmosphäre im Raum mit einem Mal veränderte.

„Also, wissen Sie, mir kommt das alles so vor, als sei plötzlich die Jagd auf B3 eröffnet worden“, begann sie. *„Es ist kein Geheimnis, dass Dr. Funke und Harrenberg nicht wirklich gut zusammenarbeiten. Beide sind einfach sehr unterschiedlich – auch in ihrer Biografie. Sie sollten aber wissen, dass Herr Harrenberg ein sehr guter Geschäftsführer ist. Er ist sehr loyal, kümmert sich um viele Details und kennt die Branche wie seine Westentasche. In B3 wird er als respekteinflößender, aber umgänglicher Chef der alten Schule geschätzt. Wo gibt es das noch, dass der Geschäftsführer jeden seiner Leute mit Namen kennt? Es gibt viele Mitarbeiter, die ihm einiges verdanken – und seine Kundenkontakte sind unglaublich wertvoll. Mit einigen Kunden geht er seit Jahren auf die Jagd. Was heute auf neudeutsch „Netzwerken“ genannt wird, kann er par excellence. Ich glaube nicht, dass Ihnen bewusst ist, wie gut er seit Jahrzehnten im Unternehmerverband, bei der IHK und in diversen Ausschüssen aktiv ist.“* Die Personalmanagerin zog die Augenbrauen hoch. *„Noch ein Tipp für Sie, Herr Brüggemann. Harrenberg kennt auch Rolfes, den Vorstand für Produktion im Mutterkonzern, sehr gut. Das ist ein alter Jagdkamerad von ihm. Die beiden waren auch schon gemeinsam in Afrika. An Ihrer Stelle würde ich mich lieber nicht zu weit aus dem Fenster lehnen.“*

„Da habe ich echt einen Nerv getroffen“, dachte Viktor und lenkte das Gespräch wieder in ruhigere Wasser. Am Ende wurden sie sich über ein erstes Konzept zu Personalentwicklungsmaßnahmen einig.

Nach dem Gespräch sann Viktor über das Gespräch mit Frau Sonneborn nach. Nicht nur jeder Mitarbeiter, sondern auch die sehr professionelle Personalmanagerin schienen Harrenberg äußerst loyal gegenüber zu stehen. Für den Change Prozess wurde damit Harrenberg ein zentraler Player, es sei denn, da gäbe es eine persönliche Verbindung zwischen Harrenberg und Sonneborn... Aber auch er hatte seine Netzwerke. Nächstes Wochenende würde er seinen ehemaligen Kommilitonen Friederich Behrens treffen, der gerade ein Trainee-Programm in B3 durchlief. Vielleicht konnte er von Friederich eine zweite Einschätzung zu Harrenberg einholen.

„Es wäre auch gut, etwas mehr über Dr. Funkes Hintergrund zu erfahren“, dachte sich Viktor und gab den Namen seines Chefs in eine Suchmaschine ein. Ein Artikel aus einer Branchenzeitschrift für Verpackungsmittel tauchte auf, der vor gut zwei Jahren erschienen war. „Das ist ja interessant“, dachte Viktor.

Personalien

Dr. Stefan Funke (40 J.)
wechselt als Geschäftsführer zu den Bohm-Werken.

Der promovierte Diplom-Kaufmann begann seine Karriere beim Grünzow-Konzern, der heute auch Eigentümer der Bohm-Werke ist. Nach mehreren Stationen, zunächst als Finanzmanager und dann als Kaufmännischer Leiter in verschiedenen Unternehmen der Branche, kehrt Funke damit zu seinem ehemaligen Arbeitgeber zurück.

Seine Position an der Spitze der Bohm-Werke deuten Insider als klares Zeichen, dass der Konzern die bisher sehr eigenständige Tochter stärker integrieren möchte, um Synergieeffekte zu nutzen. Nicht wenige vermuten, dass Dr. Funke auch als Nachfolger im Vorstand des Grünzow-Konzerns aufgebaut werden könnte, wenn er die Tochtergesellschaft erfolgreich führt. Im Vorstand der Muttergesellschaft scheint es hier allerdings unterschiedliche Ansichten zu geben. Die Kronprinzenrolle ist daher nicht ungefährlich, da sie Funke in seiner ersten Geschäftsführerposition zusätzlich unter Erfolgsdruck setzt.

Abbildung C.2.6: Artikel Branchenzeitschrift

Aufgabe

Sie sind Viktor Brüggemann. Wie gehen Sie konkret vor und warum?

Basisliteratur zu Change Management:

Vahs, D.; Weiand, A.: Workbook Change Management. Methoden und Techniken. Stuttgart: Schäffer-Poeschel 2010; insbesondere Kap. 2 Grundlagen und Vorbereitung – Instrumente, S. 17-76.

Literaturempfehlung zur Mikropolitik:

Blickle, G.; Solga, M.: Einfluss, Konflikte, Mikropolitik. In: H. Schuler (Hg.): Lehrbuch der Personalpsychologie. Göttingen, Bern, Wien: Hogrefe-Verlag 2006, S. 611-650.

Neuberger, O. (Hg.): Mikropolitik und Moral in Organisationen. Herausforderung der Ordnung. Stuttgart: Utb 2006.

C.2.7 Business as usual? Verkauf eines Unternehmens

Heike Schinnenburg und Daniela Vogel

Unternehmen reagieren mit immer höherer Geschwindigkeit auf die Herausforderungen ihres Marktumfelds. Umstrukturierungen, Kostensenkungsprogramme, Einführung neuer Technologien und IT, Prozessharmonisierungen, Standortverlagerungen, Zu- und Verkäufe stehen auf der Tagesordnung – und nicht selten finden mehrere dieser weitreichenden Veränderungen gleichzeitig statt. Für die Betroffenen bedeutet dies eine enorme Belastung: Zum einen muss neben dem Tagesgeschäft die Veränderung bewältigt werden, was häufig mit enormer Mehrarbeit einhergeht. Zum anderen bringen Veränderungen oft große Unsicherheit mit sich, was zu Sorgen, Demotivation oder offenem Widerstand führen kann. Für Unternehmen ist Veränderung daher nicht nur Weichensteller und Garant für die Zukunftsfähigkeit, sondern birgt auch Risiken: es drohen der Abfall der Produktivität, der Verlust von Leistungsträgern und schließlich das Scheitern der Vorhaben, wodurch der Erfolg und die Reputation des Unternehmens auf dem Spiel stehen. Dies macht eine umfassende Begleitung der Veränderungen unerlässlich. Change Management ist daher in den letzten Jahren zu einem Schlüsselfaktor für eine erfolgreiche Unternehmensführung geworden.

Fallstudie

Beim Elektronikkonzern Werning, einem über dreißigjährigen deutschen Traditionsunternehmen mit weltweiter Präsenz und 27.000 Mitarbeitern, war vor vier Monaten eine einschneidende Veränderung bekanntgegeben worden: Der Konzernvorstand hatte entschieden, das Portfolio stark zu straffen und damit eine Konzentration auf die Kernbereiche des Unternehmens herbeizuführen. Für zwei europäische Sparten mit insgesamt 3.000 Mitarbeitern bedeutete das die Trennung vom Mutterkonzern; sie sollten zum Verkauf angeboten werden. Entscheidungen dieser Natur waren zwar grundsätzlich nichts Ungewöhnliches in der Branche, ging doch der Trend nach Jahren der Diversifizierung wieder hin zur Fokussierung auf das Kerngeschäft. Dennoch hatte die Bekanntgabe der Konzernentscheidung die Betroffenen der beiden Sparten völlig unvermittelt getroffen.

Am niedersächsischen Standort Meerbüttel, dem Sitz der größeren der beiden Sparten, war die Nachricht mit Unverständnis und Wut aufgenommen worden. Nicht zuletzt war es dieser Standort gewesen, der Jahr für Jahr, selbst in Krisen, rentabel gewesen war, und damit im Portfolio des Konzerns als stabil und stark galt. Die Belegschaft und Geschäftsführung des Standortes waren auf ihre Leistung ausgesprochen stolz und die Loyalität gegenüber dem Mutterkonzern war groß. Umso heftiger wurde die Entscheidung zum Verkauf des Standortes aufgenommen.

Medien und Presse kritisierten die Entscheidung des Konzerns ebenfalls hart, so der Meerbütteler Kurier:

Meerbütteler Kurier

Die Nachricht des Werning-Konzerns, die Niederlassung in Meerbüttel zu verkaufen, schlug gestern wie eine Bombe ein. Die 1.750 Mitarbeiter erfuhren die Verkaufspläne aus dem Radio. Eine Stellungnahme der Geschäftsleitung vor Ort gab es bislang nicht. Offenbar wurde die Führung in Meerbüttel von der Konzernentscheidung ebenfalls überrascht. Besonders unverständlich ist die Ankündigung, dass der Standort geschlossen werden könnte, wenn sich kein Käufer findet. Der Bürgermeister äußerte sich deutlich gegenüber dem Meerbütteler Kurier: „Aus meiner Sicht zeigt die Entscheidung und die Vorgehensweise von Werning mangelndes Verantwortungsbewusstsein. Werning ist das einzige große Unternehmen in der Stadt und auch im Landkreis der wichtigste Arbeitgeber. Man sollte auch nicht vergessen, dass mindestens 500 weitere Mitarbeiter von Partnerfirmen von Werning abhängen. Eine Schließung des rentablen Standortes ist doch vor diesem Hintergrund völlig unverantwortlich!"

Abbildung C.2.7: Auszug aus dem Artikel in der Lokalzeitung

Christoph Tebbe war vor zwei Wochen als neuer Mitarbeiter zum Personal- und Organisationsteam des Standorts gekommen. Er hatte zuvor in einer Unternehmensberatung vor allem Sanierungen und Restrukturierungen mehrerer Unternehmen begleitet. Auf die Stellenanzeige des Konzerns war er im Internet aufmerksam geworden: Das Personal- und Organisationsteam suchte einen Change Management Experten zur Begleitung des Verkaufsprozesses des Standortes Meerbüttel. Nach dem Auslaufen des Projekts sollte er im Konzern weiter in der zentralen Personal- und Organisationsentwicklung tätig werden.

Das Stellenprofil klang vertraut und wies neben administrativen Aufgaben im Personalbereich unter anderem die Kommunikation mit internen und externen Stakeholdern, das Coaching der Geschäftsführung und der Führungskräfte sowie die Konzeption und Durchführung eventuell notwendiger Trainings und Schulungen auf. Bei der Einstellung durch den Konzern wurde ihm vom Personalleiter Sander besonders deutlich gesagt, dass sein Arbeitgeber zwar die Konzernleitung sei, er aber für sein erstes Projekt bei Werning unbedingt das Vertrauen der Kollegen in Meerbüttel brauche. Dort sei er daher im Personalbereich des Standortes integriert und während des Projektes auch der lokalen Personalleitung unterstellt. *„Mit Unterstützung der dortigen Personalkollegen muss gerade den Führungskräften vor Ort nun ihre besondere Verantwortung vermittelt werden“*, betonte der Konzern-Personalleiter Sander und führte weiter aus, *„Sie wissen ja schon, dass die Mitarbeiter am Standort sehr enttäuscht sind und die Entscheidung der Konzernleitung überhaupt nicht nachvollziehen können. Wichtig ist, dass die Realitäten akzeptiert und auch die Chancen bei einem guten Verkauf gesehen werden. Würde Meerbüttel zum Beispiel im neuen Verbund zum Kernbereich gehören, dann gäbe es eine andere Position als bei Werning. Dies wird aber nur gelingen, wenn der Standort weiter gut arbeitet und keine weiteren negativen Schlagzeilen in der Presse auftauchen. Sie fungieren also neben Ihrer inhaltlichen Aufgabe auch als Vermittler zwischen dem Konzern und Meerbüttel. Wenn es zu Entwicklungen kommt, die bedenklich sind, erwarte ich, dass Sie mich umgehend informieren. Ach ja, noch eine Info für Sie: Der zweite Standort in Süddeutschland, der verkauft wird, geht an einen Konzern aus Frankreich. Dort haben wir die Zusage, dass die Arbeitsplätze nicht nur erhalten, sondern zudem zusätzliche Investitionen getätigt werden. Das ist für Ihre Arbeit bestimmt auch hilfreich zu wissen.“*

Christoph hatte sich vor allem aus zwei Gründen für das Angebot von Werning entschieden. Zum einen war er entschlossen, dass seine nächste Stelle nicht mehr schwerpunktmäßig Sanierung umfassen sollte. Und zum anderen war der Konzern Werning mit dem Standort in Hannover für ihn sehr attraktiv, weil seine Freundin ebenfalls in der niedersächsischen Landeshauptstadt arbeitete. Fortan würde er also nicht mehr jede Nacht unter der Woche im Hotel verbringen – denn zwischen Meerbüttel und Hannover lagen nur 60 Kilometer.

Schon am ersten Tag seiner Tätigkeit war Christoph jedoch klargeworden, dass die jetzige Aufgabe wohl kaum einfacher werden würde als die bisherigen Sanierungsprojekte. Ihm schlug deutliches Misstrauen der Mitarbeiter entgegen. Es wurde zwar nicht offen ausgesprochen, aber die Leute verstummten mit ihren Gesprächen in der Kantine, wenn er an einem Tisch vorbei kam. Dennoch hatte er in den ersten beiden Wochen seiner Tätigkeit zahlreiche Gespräche mit Schlüsselpersonen des Standortes geführt und auch einiges erfahren:

Der Geschäftsführer des Standorts war Bruno Kamper, ein von sich überzeugter Mann Ende 50. Im Gespräch mit Christoph machte dieser deutlich, dass er und sein achtköpfiges Management-Team von der Verkaufsabsicht des Mutterkonzerns völlig überrascht worden waren. Er sei selbst erst eine Woche vor der allgemeinen Bekanntgabe informiert worden und musste sein Team dann kurzerhand auf den Verkaufsprozess einschwören. Dies führte sofort zu deutlicher Mehrarbeit in vielen Bereichen. Seit einigen Wochen wurden Gespräche mit Kaufinteressenten geführt, in die vor allem Kamper eingebunden war. Ein zentrales Verkaufsteam im Mutterkonzern bereitete diese Gespräche sowie die Besuche der Interessenten vor Ort zusammen mit dem

Management-Team des Standorts vor. Die Schließung des Standorts hielt Herr Kamper für nicht sehr wahrscheinlich, schloss dies aber auch nicht völlig aus. Für wahrscheinlicher hielt er den Verkauf der Sparte, zumal es einige seriöse Interessenten gab, darunter sowohl Finanzinvestoren als auch Unternehmen. *„Aber das muss unter uns bleiben. Wir dürfen lediglich weitergeben, dass wir mit Interessenten verhandeln! Der Mutterkonzern hat uns zum Schutz der Interessenten vorgegeben, dass der gesamte Verkaufsprozess vertraulich behandelt werden muss – weder unsere Mitarbeiter am Standort noch die Medien dürfen über den Verlauf unterrichtet werden. Diese Vorgabe hat uns kaum Spielraum gelassen! Das macht es für die Führungskräfte schwierig, weil sie zwar selbst in die Datenaufbereitung und teilweise auch in Gespräche eingebunden sind, aber nichts weitergeben dürfen."* Ohnehin hielt es Bruno Kamper in der jetzigen Situation nicht für nötig, „eine große Welle" zu machen. Er setzte auf „business as usual". Im Gespräch mit Christoph sagte er deutlich: *„Bei allem Frust über diese Entscheidung: Es sollte nicht zu viel Wind darum gemacht werden. Die Belegschaft soll sich auf ihr Tagesgeschäft konzentrieren. Klar ist jetzt etwas Unruhe festzustellen, aber dafür sind Sie, Herr Tebbe, jetzt auch eingestellt worden, um den Prozess zu unterstützen. Im Übrigen möchte ich eines klarstellen: Sie sind zwar vom Konzern eingestellt worden, aber ich erwarte, dass wir hier in einem Boot sitzen und gemeinsam arbeiten. Stimmen Sie also alles mit mir ab. Das gilt für Mitteilungen an Werning genauso wie für die Maßnahmen hier."*

Das Management-Team hatte bisher keinerlei Erfahrung mit Verkaufsprozessen, da der Standort von Beginn an Teil des Werning-Konzerns war und in den letzten Jahren lediglich kleinere Veränderungsvorhaben bewältigt werden mussten. Christoph bekam mit, dass in der Kantine zynische Bemerkungen über den Verkauf gemacht wurden. Bei einer Teamleiterin hing an ihrer Pinnwand der Spruch „Wir können nicht gekündigt werden, Sklaven werden verkauft!"

Michael Kamenski, Personalleiter und Christophs Ansprechpartner in Meerbüttel, hielt die Situation für problematisch. Er war in seiner Position stark in den Verkaufsprozess eingebunden, durfte aber aus Vertraulichkeitsgründen den Mitarbeitern ebenfalls keine Auskunft geben. In den letzten Wochen war er häufig nach dem Stand der Dinge und seiner Prognose für die Zukunft befragt worden, hatte dann aber immer ausweichend geantwortet. Christoph hatte bemerkt, wie schwer ihm das fiel. Auch seine Mitarbeiterin Frau Scholz, die die zweiwöchentlichen Newsletter des Standorts herausgab, hatte sich sehr zurückgehalten und den Verkauf nicht erwähnt. Seine Kollegen im Management-Team hielt Herr Kamenski für ausgesprochen gute Fachleute, aber für weniger versiert, was Mitarbeiterführung in Veränderungsprozessen betraf. Herr Kamenski war auch aus einem anderen Grund beunruhigt: Er berichtete Christoph von einer vermehrten Anzahl von Mitarbeitern, die bei der Personalabteilung um das Ausstellen eines vorläufigen Arbeitszeugnisses baten – aus seiner Sicht ein deutliches Zeichen für deren Bestreben, sich auf dem Arbeitsmarkt „umzuschauen". Auch zwei seiner Kollegen aus dem Management-Team hatten ihm vertraulich berichtet, den Fortgang ihrer Karriere lieber selbst „in die Hand nehmen" zu wollen, als abzuwarten, was aus dem Standort würde. Außerdem meinte er, dass die Konzernleitung auf seine mehrfachen Appelle, den Betriebsrat stärker einzubeziehen, nicht reagiert hätte. *„Das brodelt hier, Herr Tebbe, aber weder Herr Kamper noch die Konzernleitung haben das bislang realisiert. Sprechen Sie unbedingt mit dem Betriebsrat, dann wissen Sie, was ich meine. Der Vorsitzende Rusch war bislang durchaus kooperativ, aber ich fürchte, diese Art der Nicht-Information wird uns noch teuer zu stehen kommen. Vielleicht hört man ja auf Sie besser als auf mich?"*

Laut Betriebsratsvorsitzendem Peter Rusch war die Stimmung am Standort vier Monate nach Ankündigung der Trennung vom Mutterkonzern „unterirdisch". Zwar hätte sich der anfängliche Schock gelegt, aber an seine Stelle wären Angst und Sorge der Mitarbeiter über die Zukunft des Standorts und ihre Arbeitsplätze getreten. *„Sprechen Sie mal mit dem Betriebsarzt"*, hatte er empfohlen. *„Die Leute haben Angst, dass sie bei einer Krankschreibung vielleicht auf einer schwarzen Liste landen und bei einem Verkauf freigesetzt werden. Das mag grundlos sein, aber wer weiß, was nun passiert? Kamper ist als harter Kerl bekannt. Die meisten vermuten, dass er mit einem goldenen Handschlag in den vorzeitigen Ruhestand verabschiedet wird, wenn er das hier abwickelt. Die Mitarbeiter dagegen können zusehen, wo sie bleiben."* Aus Ruschs Sicht hatte sich das achtköpfige Management-Team in seinen Büros regelrecht „verschanzt" und abgesehen von der Mitarbeiterversammlung am Tag der Verkaufsankündigung gab es keine wesentlichen Informationen mehr an die Belegschaft. Das hatte die Unsicherheit noch verstärkt. Auch die Partnerfirmen waren beunruhigt und fühlten sich völlig unzureichend informiert. *„Die meisten Führungskräfte hier sind ohnehin keine Kommunikationsasse, aber woher auch? Das war ja bisher auch nicht notwendig. Lief ja alles gut – die ganzen Jahre. Aber dieses Stillschweigen jetzt ist regelrecht bedrohlich. Was wissen die, was wir nicht wissen? Verstehen Sie? Hier gibt es alle möglichen Gerüchte. Und die Informationspolitik der Geschäftsleitung gegenüber dem Betriebsrat ist jetzt wirklich nicht mehr okay. Bisher weiß auch niemand, was Sie so recht in diesem Prozess tun werden und ob Sie lediglich als Spitzel für Werning hier sind. Denn Sie erzählen ja auch nichts"*, hatte Rusch ihm verärgert vorgeworfen. Darum hatten Rusch und sein Betriebsratsteam es sich zur Aufgabe gemacht, zunächst Zuversicht in der Belegschaft zu verbreiten, während sie mehrfach bei der Geschäftsleitung auf mehr Information gedrungen hatten. *„Aber"*, so fügte der Betriebsratsvorsitzende hinzu, *„das ist jetzt vorbei. Auch meine Gewerkschaft ist dafür, hier richtig Stimmung zu machen und den Konzern mit Hilfe der Presse in die Zange zu nehmen. Momentan sind wir offenbar die Bauernopfer der neuen Konzernstrategie. Hier"*, er deutete auf ein Flugblatt, *„haben wir für nächsten Donnerstag eine Betriebsversammlung angekündigt. Da kann man auch mal den ganzen Tag damit verbringen. Was meinen Sie, was das den Konzern kostet…"*

Flugblatt

Schluss mit lustig!!! Wir wehren uns!

Kein Ausverkauf unseres Standortes.

Betriebsversammlung am nächsten Donnerstag in der Kantine um 8 Uhr!

Gast: Erwin Rademacher, Gewerkschaftssekretär

Kollegen, wir rechnen mit eurem Kommen!

Euer Betriebsrat

Abbildung C.2.8: Flugblatt des Betriebsrats

Heute war Montag. Die Betriebsversammlung sollte also in drei Tagen stattfinden. Und bisher gab es immer noch die Losung „business as usual" – das hatte Kamper mehrfach betont und Christoph signalisiert, dass man sich jetzt auf das „Wesentliche", nämlich auf den Verkauf konzentrieren müsse. An seinem ersten Arbeitstag war Christoph von Kamper und Kamenski beauftragt worden, drei Wochen nach seinem Einstieg Vorschläge für das weitere Vorgehen zu präsentieren.

Er hatte den Eindruck, dass die Energie der Führung nun darauf ausgerichtet war, das zusätzliche Arbeitsvolumen zu bewältigen: Für Kaufinteressenten mussten Informationen über das Unternehmen zusammenstellt sowie deren Fragen beantwortet werden. Dies betraf insbesondere die Personalabteilung in hohem Ausmaß.

„In den letzten vier Monaten ist offenbar einiges versäumt worden", dachte Christoph. Sein „Chef vor Ort", Herr Kamenski, hatte ihm seine volle Unterstützung bei seiner Aufgabe zugesagt, gleichzeitig aber angekündigt, dass Christoph auch in angrenzende Aufgaben im Personalbereich eingebunden würde, damit er auch sichtbar für die Niederlassung arbeitete. *„Sehen Sie zu, dass Sie hilfsbereit sind. Die Kollegen ertrinken in Arbeit. Sonst werden Sie hier auch eher als Fremdkörper wahrgenommen"*, hatte Kamenski warnend hinzugefügt. Andererseits wollte Herr Kamper möglichst „keine große Welle". Aber das war wohl eine völlige Fehleinschätzung, da war sich Christoph mit Blick auf das Flugblatt sicher.

Das Telefon klingelte und seine Kollegin Jessica Kleine, die für die Personalentwicklung und die Organisation des Führungskreises zuständig war, fragte ihn: *„Sag mal Christoph, du weißt ja, dass wir alle vier Wochen unseren jour fixe des Führungskreises haben und dort aktuelle Themen besprechen. Ist eigentlich geplant, dass du in zwei Wochen einen Teil übernimmst? Ich habe von Kamper nichts gehört – aber ich finde es wirklich komisch, dass bisher nur die üblichen Themen auf der Tagesordnung stehen, du weißt schon."* Christoph versprach, dies in Kürze mitzuteilen und prüfte seine Mails.

E-Mail

Von: Michael Kamenski (Personalleiter)

An: Christoph Tebbe (Personal- und Organisationsentwicklung)

Hallo Herr Tebbe,

bitte übernehmen Sie morgen Nachmittag um 14 Uhr die Präsentation unseres Unternehmens in der Gesamtschule Meerbüttel. Frau Kleine brauche ich morgen für ein anderes Projekt. Besorgen Sie sich von ihr die Präsentation. Es handelt sich nur um eine Viertelstunde mit anschließender Diskussion und ist sehr wichtig für die Bewerbungen der Schulabgänger. Wenn wir jetzt nicht Flagge zeigen, bekommen wir für nächstes Jahr keine Auszubildenden. Der Facharbeitermangel ist jetzt schon ein Problem. Danke!

Ach ja: Morgen kommt Birgit Schwarze, unser Personal-Trainee, aus ihrem Urlaub zurück. Sie ist für die nächsten Wochen zwar im administrativen Bereich eingeplant, kann Sie aber natürlich ebenfalls unterstützen. Sie ist seit einem halben Jahr bei uns und hat eine sehr schnelle Auffassungsgabe.

Gruß

Kamenski

Angesichts des Arbeitsvolumens war Christoph nicht klar, wie er es schaffen sollte, die Geschäftsleitung bis Donnerstag für eine aktivere Rolle zu gewinnen, den Fahrplan für die Betriebsversammlung abzustimmen und in einer Woche einen guten Vorschlag für das weitere Vorgehen zu präsentieren. Aber immerhin hatte er das Gefühl, mit Kamenski einen „Verbündeten" zu haben. Dieser hatte ihn auch am ersten Tag sehr herzlich im Team der Personalabteilung willkommen geheißen, alle gebeten, mit ihm zusammenzuarbeiten und ihn sofort zum Mittagessen in die Kantine mitgenommen. Sonst wäre seine Situation in Meerbüttel wahrscheinlich noch schwieriger. „Dennoch – den Start hatte ich mir etwas einfacher vorgestellt", dachte Christoph, als er sich hinsetzte, um seine Gedanken zu ordnen.

Aufgabe

Versetzen Sie sich in die Lage von Christoph und bereiten Sie einen Masterplan für das weitere Vorgehen vor.

Literaturempfehlung:

Vahs, D.; Weiand, A.: Workbook Change Management. Methoden und Techniken. Stuttgart: Schäffer-Poeschel 2010; insbesondere Kap. 5.2 Informations- und Kommunikationspolitik, S. 302-343.

Gesundheitsbranche und Non-Profit-Organisationen

C.3

ÜBERBLICK

C.3.1 Im Aquarium! Personalmanagement als Herausforderung in der Elementarpädagogik ... 258

C.3.2 Entlohnungssystem für eine Zahnarztpraxis 262

C.3.3 Wie dreht sich die Pille? Vertriebssteuerung und Anreizgestaltung in der Pharmabranche 266

C.3.4 Zeit für die eigenen Lorbeeren? Outsourcing der IT-Abteilung bei Holtmann Pharma 270

C.3.1 Im Aquarium! Personalmanagement als Herausforderung in der Elementarpädagogik

Nicole Böhmer

Spätestens seit „Pisa" erfährt der Bereich Elementarpädagogik wachsende gesellschaftliche Beachtung. Die Kompetenzen der Erzieherinnen werden zunehmend hinterfragt. Landesregierungen begehen unterschiedliche Wege, um das Bildungsangebot im Elementarbereich zu formen. Bei den betroffenen Kindergärten und Kindertagesstätten handelt es sich oftmals um kleinere Einrichtungen mit vier bis 15 Köpfen starken Teams. Für das Personalmanagement bringen diese Organisationen einige operative, aber auch strategische Herausforderungen mit sich.

Fallstudie

„Wann findet das Sommerfest denn statt?", fragte Franziska Schwab, um Zeit zu gewinnen und die zuvor von Anne Brinker am Telefon gestellte Frage nicht direkt beantworten zu müssen. Tatsächlich war ihr nicht klar, ob die Erzieherinnen am Kita-Sommerfest an einem Samstag – und damit außerhalb des regulären Dienstplans – von der Kita-Leitung zum Arbeiten eingeteilt werden konnten und dies auch vom arbeitsrechtlichen Direktionsrecht abgedeckt war. *„Wie in jedem Jahr am Wochenende vor der Schließungszeit im Sommer"*, sagte Frau Brinker, die kommissarische Kita-Leitung. *„Ihre Frage sollten wir bis Mitte Juni unbedingt klären"*, meinte Franziska und grübelte auch nach Ende des Telefonats noch darüber nach, während sie durchs Fenster die ersten grünen Blättchen draußen an den Bäumen betrachtete. Anne Brinker schien Zweifel zu haben, dass alle Teammitglieder der Kita „Kinderland" dazu bereit wären. Über eine mögliche Mitteilung an den Personalrat des Studentenwerks hatte Frau Brinker noch nicht einmal gedacht, weil dieses Gremium für sie bis vor Kurzem noch nicht relevant gewesen war.

Franziska musste sich korrigieren – „vor Kurzem" waren jetzt schon drei Monate. So lange war es auch her, seit sie fast über Nacht die Aufgabe bekommen hatte, das Personalmanagement der Kita „Kinderland" zu übernehmen. Franziska hatte bislang als Referentin für Personalmanagement im Studentenwerk die gewerblichen Mitarbeiter betreut. Auch hatte sie projektbezogen Konzepte entwickelt und implementiert. „Eine tolle Herausforderung, das „Kinderland"", hatte sie damals gedacht. Die ihr zugedachte neue Verantwortung hatte sie als Bestätigung für ihr bisheriges Engagement empfunden.

Inzwischen hatte sie viel dazugelernt, zum Beispiel über pädagogische Modelle, aber auch über die fundierte Ausbildung und starke Selbstreflexion der heutigen Erzieherinnen. Die Pädagoginnen mussten sich nämlich kontinuierlich anspruchsvollen, kritischen Eltern und seit „Pisa" vermehrt auch der öffentlichen Diskussion um ihre Kompetenzen stellen.

Die Kita „Kinderland" hatte zwei Gruppen: Eine Krippe mit zwölf Kindern und eine altersübergreifende Gruppe (AÜ) mit 18 Kindern. Das Team zählte bei der Übernahme acht Köpfe. Im Durchschnitt waren die Mitarbeiterinnen 27,2 Jahre alt:

Tabelle C.3.1

Personal im Kinderland

Gruppe	Mitarbeiter/in	Betreuungszeit (Uhrzeit p. T.)	Doppelbesetzung (Stunden pro Woche)	Dreifachbesetzung (Stunden pro Woche)	Verfügungszeit (Stunden pro Woche)	Sonderöffnungszeit (Uhrzeit p. T.)		Leitungsstunden (pro Woche)	Gesamtzeit (pro Woche)
		08:00-16:00				07:30-08:00	16:00-17:00		
Krippe	Meuer			24	2,5	0,5	3	9	39
	Brinker			31	2,5	1	1		35,5
	Schmidt			25	2	1	1		29
	Bock			20	1,5				21,5
	Fugger			20	1,5				21,5
AÜ	Brinkmann		26,5		2,5		1		30
	Herkenhof		28		2,5		2		32,5
	Hansen		25,5		2,5	2,5	2		32,5
Summe			**80**	**120**	**17,5**	**5**	**10**	**9**	**241,5**

Fast immer war auch in jeder Gruppe noch eine Praktikantin einer Fachschule, denn als Ausbildungseinrichtung hatte sich das „Kinderland“ im Umkreis schnell einen guten Ruf aufgebaut.

Das „Kinderland“ war im Jahr 2005 als Elterninitiative gegründet worden, doch waren die Eltern nach der ersten Euphorie immer wieder in schwierige Situationen gekommen. Schließlich hatte der Verein sich hilfesuchend an das Studentenwerk gewandt, da dieses der Vermieter des Hauses war, in dem die Kinder betreut, erzogen und gebildet wurden. Viele Versuche, die Streitigkeiten unter den Eltern zumindest so weit zu schlichten, dass ein arbeitsfähiger Vorstand gewählt werden konnte, waren mehr oder weniger fruchtlos geblieben. So hatte das Studentenwerk schließlich unter Mithilfe der Stadtverwaltung die Trägerschaft der Kita übernommen. Zuvor hatte mehrmals der Entzug der Betriebserlaubnis der Kita nach § 45 SGB VIII im Raum gestanden, da das für die Kinderbetreuung erforderliche Fachpersonal (s. Tabelle C.3.2) über Wochen – und auch mehrfach bei entsprechenden Prüfungen – nicht in angemessenem Umfang vorhanden gewesen war:

Tabelle C.3.2

Personalbesetzung (Soll in Stunden pro Woche)

Gruppe	Betreuung			Verfügung	Leitung	Sondereröffnungszeiten	Gesamt
	Erstkraft	Zweitkraft	Drittkraft				
Krippe	40	40	40	10	9	7,5	146,5
AÜ	40	40	0	7,5		7,5	95
Gesamt	**80**	**80**	**40**	**17,5**	**9**	**15**	**241,5**

Hinzu kam jeweils eine halbe Stelle für eine Köchin und eine Raumpflegerin.

Das Feld der Kinderbetreuung war noch völliges Neuland für das Studentenwerk. Es versprach jedoch viele Vorteile – zum Beispiel ein familienfreundliches Studentenwerk für die Mitarbeiter, aber auch verlässliche Betreuungsmöglichkeiten für die Kinder der Studierenden und Hochschulangehörigen. Rund 15.000 Studierende gab es im niedersächsischen Mühlenhausen. Der Stadtrat hatte schnell nach den ersten Initiativen des Bundesfamilienministeriums die Betreuung von Kindern auch unter drei Jahren zur Chefsache erklärt, denn das Stadtmarketing hatte diesem Bereich viel Bedeutung beigemessen.

Gleich beim ersten Treffen im „Kinderland" hatte Frau Brinker Franziska begeistert von der Reggio-Pädagogik erzählt, die das pädagogische Leitbild des „Kinderlandes" darstellte und auf den Leitspruch an der Wand gezeigt:

> **In Reggio sind Kindergärten und Krippen eine Art Aquarium: Man kann jederzeit hinaussehen, und von draußen haben alle Einblick, um zu verstehen, was da drinnen geschieht.**
>
> *Sommer*

Die in dem Vergleich mit dem Aquarium angedeutete Transparenz mochte für die Arbeit mit dem Kind gelten, für den HR-Bereich erschloss sie sich Franziska bis heute nicht. Nach wie vor hatte sie nicht den Eindruck, einen Überblick zu haben. Als sie zum ersten Mal die Personalakten einsehen wollte, war ihr aufgefallen, dass diese nur rudimentär existierten – weder waren die Bewerbungsunterlagen noch Protokolle von Mitarbeitergesprächen darin zu finden. Bei der Durchsicht der Bewerbungsmappen waren ihr auch einige ältere, nicht zurückgesendete Bewerbungsunterlagen aufgefallen. Manchmal schien es ihr, dass sie von einer personellen Herausforderung zur nächsten stolperte – doch mit jeder neuen operativen Lösung sah sie ein wenig klarer.

Zum Beispiel hatte vor drei Wochen die damalige Leitung Johanna Meuer dem Studentenwerk ihre Schwangerschaft mitgeteilt. Mit dieser Mitteilung war klar, dass sie nun nicht mehr in der Einrichtung arbeiten konnte. Zur Bestätigung hatte ihr Arzt bei Tests festgestellt, dass die Antikörper für zwei typisch ansteckende Krankheiten, die auch dem Baby gefährlich werden könnten, bei Frau Meuer nicht vorhanden waren. Die stellvertretende Leiterin Anne Brinker hatte sich glücklicherweise bereit erklärt, die Leitung kommissarisch zu übernehmen, bis eine Vertretung für Johanna Meuer gefunden war.

Andere Erzieherinnen im Krippen-Team waren bereit gewesen ihre Stundenzahl für einige Wochen auf die tariflich maximal 39 Stunden pro Woche anzuheben, um die vakanten Stunden abzufangen. Die Bereitschaft hatte Franziska zunächst begeistert. Dann hatte sie sich mit den Mitarbeiterinnen unterhalten und es war dabei klar geworden, dass viele gern mehr arbeiten wollten – auch um ihren Lebensunterhalb überhaupt mit ihrem Einkommen bestreiten zu können.

Franziska hatte zunächst angenommen, Frau Meuer hätte vielleicht schon eine Idee für ihre Vertretung als Kita-Leitung. Leider war dem nicht so – und der Arbeitsmarkt für Leitungskräfte in der Stadt war nach Frau Meuers Meinung leergefegt. So viele Einrichtungen waren in den letzten Jahren eröffnet und erweitert worden, dass scheinbar alle Erzieherinnen mit Führungsambitionen eine Position gefunden hatten. Außerdem war die Leitung bei einer Einrichtung in der Größe des „Kinderlandes" nicht freigestellt. Und die Vermischung von Gruppendienst und Leitungsaufgaben war nicht für jede Leitungskraft attraktiv. Da nach TVöD (Tarifvertrag für den öffentlichen Dienst) vergütet wurde und die Stadt bei der finanziellen Unterstützung der Einrichtung nicht bereit war, mehr zu zahlen, bedeutete ein Wechsel des Trägers für eine erfahrene Leitung zudem oftmals finanzielle Abstriche.

Stellenbeschreibungen existierten im Kinderland bislang nicht. So war Franziska schon mit dem Anforderungsprofil für die Leitung gefordert gewesen. Bis Mittwoch hatte sie nun noch Zeit, ihren Vorschlag für die Personalbeschaffung zu entwickeln. Dann wollte ihr Chef gemeinsam mit ihr darüber entscheiden, denn die lokale Tageszeit hatte ihren Anzeigeschluss für die Samstagsausgabe des Stellenmarktes am Donnerstag. Im letzten Jahr hatte es drei Anzeigen vom „Kinderland" gegeben – jeweils für Schwangerschaftsvertretungen. Dabei war die Zahl der qualifizierten Bewerbungen mit jedem Mal gesunken. Trotzdem hatte Franziska feststellen müssen, dass der Elternverein mit Personalentwicklung und insbesondere einer Nachfolgeplanung scheinbar bislang nicht gearbeitet hatte.

Franziskas Telefon klingelte erneut und Frau Brinker meldete sich; dieses Mal mit dem Anliegen, doch in Kürze über die Verlängerung der befristeten Verträge zu sprechen. *„Ja, darüber habe ich auch schon nachgedacht"*, sagte Franziska. *„Wissen Sie denn, wie lange die Mitarbeiterinnen, für die Vertretungen eingestellt sind, Elternzeit in Anspruch nehmen wollen?"* Hierzu gäbe es nur informelle Informationen, meinte Frau Brinker, und auch keine Angaben darüber, ob denn die Mütter mit der gleichen Stundenzahl wie vor der Schwangerschaft wieder einsteigen wollten. *„Aber es handelt sich um drei gute Mitarbeiterinnen, die auf eine Vertragsverlängerung warten. Sie sind inzwischen so erfahren, dass andere Einrichtungen sie mit Kusshand nehmen würden"*, unterstrich Frau Brinker die Dringlichkeit ihres Anliegens.

Inzwischen war Franziska auch klar, wie schwierig es für den Elternverein gewesen sein musste, die Personalplanung aufzubauen und auch den kurzfristigen Personalbedarf zu decken. Bei der ersten Grippewelle unter den Erzieherinnen hatte Franziska erfahren, dass die Vertretung im Krankheitsfall bislang überwiegend durch Mehrarbeit von Leitung und Team abgefangen worden war. Begründet wurde dies damit, dass die Kinder so stets bekannte Mitarbeiterinnen um sich hatten. Durch die Aufstockung der Stunden im Krippen-Team, um die Leitung zu vertreten, gab es hier im Moment jedoch wenig Spielraum.

Auch die Köchin oder die Raumpflegerin wurde gelegentlich plötzlich krank. Bislang hatte Franziska diese Fälle aus anderen Bereichen des Studentenwerks decken können. Diese Ressourcen hatte der Verein nicht gehabt – und die Bereitschaft innerhalb des Studentenwerks lies langsam auch nach – schon dreimal hatte Franziska um Hilfe bitten müssen. Gedanklich schrieb sie sich den Punkt „Krankheitsvertretung" auf ihre „To-Do"-Liste.

„Alle meine Hühnchen scharren in dem Stroh, scharren in dem Stroh, finden sie ein Körnchen, sind sie alle froh." Franziska Schwab lächelte, als sie drei Tage später nach einem Mitarbeitergespräch die KiTa „Kinderland" verließ. Aus ihrer Kindheit kannte sie nur die Version mit den Entchen, aber inzwischen schien es mehrere Strophen von diesem Lied zu geben. Nicht nur das hatte sich glücklicherweise in der Elementarpädagogik weiterentwickelt. Doch wie sie das Personalmanagement in der Einrichtung vorantreiben sollte, dafür wünschte sie sich noch einige kreative Ideen.

Aufgabe

Stellen Sie sich vor, Sie sind Franziska Schwab. Was tun Sie und warum?

Literaturempfehlung:

Knauf, T.: Reggio-Pädagogik. Kind- und bildungsorientiert. In: M. Textor (Hg.): Kindergartenpädagogik. Online-Handbuch. Download unter *www.kindergartenpaedagogik.de/1138.html* (Stand: 19.12.2011).

C.3.2 Entlohnungssystem für eine Zahnarztpraxis

Heike Schinnenburg und Andreas Frentz

In Unternehmen, die zum Mittelstand oder zu Kleinbetrieben gerechnet werden, ist ein Großteil der Arbeitnehmer in Deutschland beschäftigt. Wenn kein Tarifvertrag gilt, werden Vergütungsfragen oft ad hoc entschieden, um zum Beispiel einen Mitarbeiter zu gewinnen oder zu halten. Diese Vorgehensweise führt aber zu Gehältern, die der Mitarbeitertätigkeit und -leistung teilweise kaum entsprechen. Bei Bekanntwerden von deutlichen Lohnunterschieden ist die Gefahr von Unzufriedenheit in der Belegschaft groß. Auch für die Inhaber ist die Situation häufig unbefriedigend, wenn sie feststellen, dass die Entlohnung nicht das gewünschte Verhalten unterstützt.

Fallstudie

„Das solltet ihr so auf keinen Fall machen! Damit bekommt ihr nur Ärger mit euren Mitarbeitern und Frust bei allen Beteiligten." Holger Siemig schüttelte den Kopf. Soeben hatte ihm sein Freund Dr. Alexander Winter, der mit seiner Frau Kerstin nördlich von München eine renommierte Zahnarztpraxis führte, von seinen Ideen für ein neues Vergütungssystem berichtet. *„Du hast schon Recht, das ist alles noch nicht ausgereift. Ich habe mir das schon gedacht und wollte zumindest deine Meinung hören. Und am liebsten wäre es mir, wenn du das Konzept erstellst. Das bezahle ich natürlich auch. Und da du dich ja sowieso als Personalberater selbstständig machen willst, wäre das doch für dich die Chance, dich im Bereich mittelständischer Praxen zu etablieren"*, antwortete Alexander.

Holger überlegte. Derzeitig war er auf „Garden Leave", wie der amerikanische Mutterkonzern des Markenartikelunternehmens „Xenia" die Freistellungsphase im Rahmen einer Aufhebung ausdrückte. Als bisheriger stellvertretender Personalleiter hatte er dort einen Produktionsbereich betreut und auch strategische Projekte, unter anderem neue Vergütungssysteme oder die Einführung von Krankenrückkehrgesprächen, vorangetrieben. Als angesichts von Umsatzeinbrüchen das Kerngeschäft neu strukturiert wurde, gab es auch eine Verkleinerung des Personalbereichs. Holger, erst seit drei Jahren im Unternehmen und nun 30 Jahre alt, liebäugelte ohnehin schon länger mit der Selbstständigkeit und hatte daher – zur Erleichterung seines Chefs – das Abfindungsangebot angenommen und eine großzügige Freistellung sowie einen ersten Auftrag für ein Restrukturierungsprojekt in einer Niederlassung seines ehemaligen Arbeitgebers ausgehandelt.

„Eigentlich wäre die Gesundheitsbranche gar nicht schlecht“, dachte er, „dort ist mit Sicherheit ein großer Bedarf und die Aufträge sind für große Beratungsfirmen eher nicht so interessant.“ *„Okay Alexander, ich übernehme das. Dann sag´ mir noch einmal ganz genau, worum es dir bei der Veränderung der Vergütung eigentlich geht!“*

Alexander Winter berichtete, dass die Praxis aus ihm und seiner Frau Kerstin, also aus einem Zahnärzte-Ehepaar, und sieben Mitarbeiterinnen bestand – davon zwei in der Prophylaxe. Die renommierte Praxis war überwiegend auf anspruchsvolle Kunden und Manager ausgerichtet, die auch abends um 19 Uhr noch Termine bekamen. Um dies möglich zu machen, arbeiteten die beiden Zahnärzte je nach Terminlage zeitlich versetzt.

Ganz wichtig war die Problematik, dass derzeitig die Behandlungszeiten in der Prophylaxe nicht ausgeschöpft wurden. Die Praxis war zwar ab 7.30 Uhr geöffnet, allerdings begann die Prophylaxe meist erst ab 8.30 Uhr; ebenso endete die Prophylaxe meist um 18 Uhr, obwohl Termine bis einschließlich 19 Uhr gewünscht waren, um die Behandlungsräume auszulasten und durch diese Servicezeiten zusätzliche Umsätze zu generieren. Eine Prophylaxe-Behandlung entsprach 100 Euro Umsatz. Derzeitig wurden die Arbeitsstunden der Mitarbeiterinnen nur zu 70 Prozent mit Behandlungsterminen ausgefüllt. Selbst bei Beachtung notwendiger Nebenarbeiten wären 85-90 Prozent möglich. Dazu müssten die Mitarbeiterinnen aber bereit sein, morgens etwas eher zu kommen und gegebenenfalls auch abends länger zu bleiben. Es ging also um die Erhöhung der Flexibilität.

Hier war zu beachten, dass auch die Assistenz-Mitarbeiterinnen erheblichen Einfluss auf die Patienten hatten: Wenn sie kompetent Zahnreinigung und hochwertigen Zahnersatz empfahlen, machte sich das sofort bei der Terminvergabe bemerkbar und war somit umsatzrelevant.

Die Mitarbeiterinnen hatten sich kürzlich bei Kerstin Winter beschwert, dass sie zu wenig Geld verdienen würden und die Entlohnungsstruktur nicht klar sei. Vor allem die beiden Mitarbeiterinnen in der Prophylaxe fühlten sich unterbezahlt. Als Kerstin neulich in den Pausenraum kam, unterhielten sich Jelena und Maria, verstummten aber sofort, als Kerstin den Raum betrat. Das war ungewöhnlich, weil gerade die familiäre und vertrauensvolle Atmosphäre der Praxis als wichtig angesehen und durch den jährlichen Betriebsausflug und eine schöne Weihnachtsfeier auch gepflegt wurde. Bei Kerstin entstand der Eindruck, dass sich die beiden Mitarbeiterinnen über Gehälter unterhielten.

Aus Sicht der beiden Inhaber war die Anspruchshaltung der Mitarbeiterinnen nur begrenzt verständlich. Richtig war in jedem Fall, dass sich die Entlohnung in den letzten Jahren nicht systematisch entwickelt hatte, sondern je nach Marktgegebenheiten und Verhandlungsposition Erhöhungen gewährt wurden, das war Alexander Winter klar. Die Praxis war nicht an einen Tarifvertrag gebunden; Erhöhungen gab es bisher vorwiegend auf Nachfrage. Ein Beurteilungssystem existierte nicht. *„Wir haben Praxisführung nicht gelernt“*, meinte Alexander dazu, *„aber wir wollen gerne professioneller werden.“*

Die Inhaber Alexander und Kerstin waren nun bereit, die Entlohnung systematisch neu zu ordnen und mehr Geld für die Gehälter auszugeben, wenn dies langfristig auch zu besseren (umsatzrelevanten) Leistungen führen würde. Eine Erhöhung der Entlohnung um circa fünf bis sieben Prozent (gesamt) würde daher akzeptiert!

„Das ist schon einmal motivierend für die Mitarbeiter“, überlegte Holger, *„dann lass uns einmal zusammentragen, welche Qualifikationen und Aufgaben deine Mitarbeiterinnen haben. Außerdem benötige ich einen Überblick über die Entlohnung.“ „Kein Problem“*, Alexander grinste und holte eine Übersicht aus der Tasche, *„das habe ich dir schon einmal vorsorglich mitgebracht.“*

Einblick in die Unterlagen

Qualifikationen, Aufgaben und Gehälter der Mitarbeiterinnen

Alle Mitarbeiterinnen haben eine Berufsausbildung als zahnärztliche Fachangestellte (ZFA).

Neben der angegebenen Entlohnung pro Stunde wird bislang ein 13. Monatsgehalt als freiwillige Weihnachtsgratifikation gezahlt. Der Hinweis auf die Freiwilligkeit der Zahlung ohne Begründung von Rechtsansprüchen für die Zukunft ist selbstverständlich; bisher ist aber jedes Jahr die Gratifikation gezahlt worden. Bei der Berechnung des Monatsgehalts wird im Durchschnitt mit 4,3 Wochen gerechnet; pro Woche arbeitet eine Vollzeitkraft 40 Stunden.

Denkanstoß

Zusatz-Qualifikationen für Zahnärztliche Fachangestellte (ZFA)

Fachkundlicher Nachweis:

- Kursteil 1 (70 Stunden): Gruppen- und Individualprophylaxe
- Kursteil 2 (60 Stunden): Abdrücke und Provisorien erstellen, Grundlagen für Prophylaxe: Den Mitarbeitern wird ein Grundlagenwissen vermittelt, sie können aber nicht eigenverantwortlich Prophylaxe durchführen (Zahnarzt muss zugegen sein; keine Behandlungen, die unter das Zahnfleisch gehen).
- Kursteil 3: Kenntnisse in Praxisverwaltung und Abrechnung

ZMP: Aufbaukurs (170 Stunden) zur **Zahnmedizinischen Prophylaxe Helferin**; fachkundlicher Nachweis wird vorausgesetzt. Berufsbegleitende Aufstiegsfortbildung mit mehreren Wochen Freistellung; Mitarbeiter darf eigenständig sämtliche Kinder- und Erwachsenenprophylaxe-Maßnahmen sowie Parodontose-Vorbehandlung durchführen.

ZMF: Aufbaukurs (220 Stunden) zur **Zahnmedizinischen Fachassistentin** (alternativ zu ZMP, fachkundlicher Nachweis wird ebenfalls vorausgesetzt). Berufsbegleitende Aufstiegsfortbildung. Fundierte Kenntnisse in allen praxisrelevanten Bereichen. Berechtigung zu selbstständigen Prophylaxe-Maßnahmen. Im Bereich Prophylaxe ist diese Fortbildung gleichwertig zur ZMP. Zusätzlich werden noch fundierte Kenntnisse in Abrechnung und Praxisverwaltung vermittelt.

Die Mitarbeiterinnen

- *Jelena M.* ist zahnmedizinische Fachangestellte (ZMF), arbeitet Vollzeit in der Prophylaxe und übernimmt zusätzlich wichtige Aufgaben im Praxismanagement und Qualitätsmanagement. Sie hat zwölf Jahre Berufserfahrung und ist seit acht Jahren in dieser Praxis. Jelena kommt sehr gut mit Patienten zurecht und strahlt auch bei Hochbetrieb Kompetenz und Ruhe aus. Sie verdient derzeitig 15,35 Euro pro Stunde.
- *Maria K.* ist zahnmedizinische Prophylaxe Assistentin (ZMP) und arbeitet Vollzeit in der Prophylaxe (bei Bedarf auch in der Assistenz). Sie verfügt über 15 Jahre Berufserfahrung und ist seit fünf Jahren in dieser Praxis tätig. Maria nimmt regelmäßig an Fortbildungen teil. Derzeitig verdient sie 13,21 Euro pro Stunde.
- *Rosie L.* ist seit ihrer Ausbildung in dieser Praxis tätig (zwölf Jahre Betriebszugehörigkeit) und arbeitet als Behandlungsassistentin. Seitdem ihre Tochter Lea-Sophie vor fünf Jahren auf die Welt gekommen ist, arbeitet Rosie als Teilzeitkraft (30 Stunden). Sie ist immer zuverlässig und korrekt, nimmt aber an Fortbildungen nur unregelmäßig teil und hat keine zusätzlichen Qualifikationen. Rosie verdient 12,79 Euro pro Stunde.
- *Anne S.* ist mit 21 Jahren die Jüngste im Team und wurde vor sechs Monaten eingestellt. Sie arbeitet Vollzeit als Behandlungsassistentin und hat bislang jede Möglichkeit zur Fortbildung genutzt. Sie verdient 9 Euro pro Stunde.
- *Dagmar G.* verfügt über fünf Jahre Berufserfahrung und arbeitet seit 1,5 Jahren als Vollzeitkraft in der Praxis. Sie ist die perfekte Behandlungsassistentin und bei den Zahnärzten sowie den Patienten aufgrund ihrer Kompetenz und ihrer fröhlichen Ausstrahlung außerordentlich beliebt. Sie nimmt regelmäßig an Fortbildungen teil und verfügt über den fachkundlichen Nachweis. Sie verdient derzeitig 11 Euro pro Stunde.
- *Britta A.* ist bereits seit 13 Jahren im Beruf tätig und arbeitet seit vier Jahren als Vollzeitkraft in dieser Praxis. Neben der Behandlungsassistenz kümmert sie sich gewissenhaft um die Abrechnung und übernimmt Aufgaben des Qualitätsmanagements. An Fortbildungen zu Abrechnungsthemen nimmt sie regelmäßig teil. Sie verdient 15,75 Euro pro Stunde.
- *Gertrud J.* hat bereits 20 Jahre Berufserfahrung und ist seit sechs Jahren in dieser Praxis mit 30 Stunden pro Woche beschäftigt. Sie arbeitet als Behandlungsassistentin und nimmt regelmäßig an den angebotenen Fortbildungen teil. Außerdem hat sich Gertrud in die Abrechnung eingearbeitet und kann Britta A. vertreten. Sie verdient 13,50 Euro pro Stunde.

Als Holger von den Unterlagen aufblickte, lehnt sich Alexander zurück und meint: *„Wenn es nach Kerstin und mir geht, sollte das neue Verfahren Folgendes leisten:*

- *Das Vergütungssystem soll in jedem Fall einfach verständlich, rechenbar und motivierend für die Mitarbeiter sein.*
- *Belohnen sollte das System ein besseres Mitdenken (Arbeiten auch in Behandlungspausen sehen und anpacken), Patientenorientierung (Freundlichkeit), kompetente Beratung, gute Qualifikation, flexibler Einsatz, die Übernahme von Sonderaufgaben und die Ausnutzung von Servicezeiten in der Prophylaxe.*
- *Wichtig ist uns aber, dass auf keinen Fall eine kurzfristige „Verkaufsmentalität" der Mitarbeiterinnen entsteht. Im Mittelpunkt soll eine hochwertige und vertrauensvolle Patientenversorgung stehen. Dies ist umso wichtiger, da die meisten neuen Patienten über Empfehlung kommen.*
- *In 14 Tagen soll der Entwurf des neuen Konzeptes besprochen werden, damit das Vergütungssystem den Mitarbeiterinnen rechtzeitig vor Auszahlung des Weihnachtsgeldes kommuniziert werden kann!"*

Aufgaben

Versetzen Sie sich in die Lage von Holger Siemig und gestalten Sie einen konkreten Vorschlag für das neue System.

Tipps zur Fallbearbeitung:

1. Welche hauptsächlichen Herausforderungen sehen Sie bei diesem Fall?
2. Welche Hauptziele sehen Sie? Und: Was darf auf keinen Fall passieren?
3. Welche Alternativen gibt es für ein Entlohnungssystem?
4. Nach welchen Kriterien würden Sie die Vergütung der Praxis in Zukunft gestalten? Begründen Sie Ihre Vorgehensweise und stellen Sie eine Beispielrechnung mit Excel an; geben Sie auch die Stundenlöhne an.
5. Gibt es zusätzliche Anforderungen, die durch das neue System entstehen?
6. Was ist arbeitsrechtlich zu bedenken?
7. Wie sollte das neue System an die Mitarbeiterinnen kommuniziert werden?

Literaturempfehlung:

Böhmer, N.: Variabel Vergüten. Leitfaden für die Gestaltung von Entgeltsystemen in Banken und Sparkassen. Düsseldorf: Symposion Publishing 2007, insbesondere S. 65-116 (Leistungs- und erfolgsorientierte variable Vergütung).

C.3.3 Wie dreht sich die Pille? Vertriebssteuerung und Anreizgestaltung in der Pharmabranche

Nicole Böhmer

Die kontinuierlichen Veränderungen im deutschen Gesundheitswesen, mit dem Ziel dieses bezahlbar zu halten beziehungsweise bezahlbar zu machen, beeinflussen die Pharmaindustrie und die in ihr tätigen Mitarbeiter. Neue anspruchsvolle Aufgabenfelder entstehen. Bisher typische Werdegänge haben sich überlebt und neue Wege der Ausbildung sowie der Personalentwicklung halten Einzug. Dies führt zu Herausforderungen für Personalmanagement und Führungskräfte.

Fallstudie

Mehr als 20 Prozent machte der Umsatzanteil aller rabattvertragsgeregelten Medikamente im Arzneimittelmarkt der GKV inzwischen aus. Innerhalb dieses Marktsegments wuchs zudem der Anteil der patentgeschützten Arzneimittel. Maik Lembke, Personalleiter des mittelständischen Pharmaunternehmens Hypophar, grübelte über diese Zahlen des unabhängigen Forschungsinstituts IMS HEALTH.

Die Veränderungen im Gesundheitswesen führten dazu, dass für die Pharmaunternehmen neue Kundengruppen in den Fokus rückten. Neben den Krankenkassen wurde auch die Betreuung von Klinikketten immer wichtiger. Dass die Bedeutung der Allgemeinmediziner (Primary-Care-Bereich) für den Pharmavertrieb rückläufig war, war Maik gestern in der Abteilungsleitersitzung erneut deutlich vor Augen geführt worden: Schon vor mehr als einem Jahr hatte sich der Vertrieb von den Ärzten stärker auf die Homöopathen konzentriert. Die Geschäftsführung hatte die Idee verfolgt, insbesondere die Bioprodukte des Hauses den Patienten auf diesem Wege näher zu bringen. In der gestrigen Sitzung hatte die Geschäftsführung die Entscheidung bekannt gegeben, dass die regionalen Marktverordnungsdaten ab sofort nicht mehr benötigt würden. Diese Daten waren bisher regelmäßig von den Marktforschungsunternehmen eingekauft worden. Die zugegebenermaßen hohen Kosten für die Marktdaten wollte Hypophar künftig einsparen. Neben ihm war auch die Leiterin des Marketings, Andrea Stock, wenig begeistert gewesen. Mit Andrea teilte er die Meinung, dass ein familiengeführtes Unternehmen viele Vorteile hatte. Aber die derzeitigen Geschäftsführer, zwei promovierte Pharmazeuten, die die Position von ihren Eltern übernommen hatten, schienen zum Teil von moderner Unternehmens- und Mitarbeiterführung noch nicht viel gehört zu haben.

Maiks Gedanken schweiften zurück zu den Veränderungen am Markt: Von Personalern in anderen Unternehmen hatte er gehört, dass in einzelnen Pharmaunternehmen bereits Vertriebslinien für die Betreuung der neuen Kundengruppen aufgebaut wurden. Bei Hypophar wurden die neuen Kundengruppen hingegen von Mitarbeitern des klassischen Arztaußendienstes mit betreut.

Jedoch war ihm spätestens seit dem letzten Abendessen mit seinem alten Freund Lars Maier, einem erfolgreichen Außendienstmitarbeiter von Hypophar, klar, wie wenig tragfähig dies war. Sie waren beide nach ihrem Studium im Herbst 1996 im Unternehmen eingestiegen und hatten sich während der Einarbeitung kennengelernt. Heute schätzte Maik Lars nicht nur als Freund, sondern auch als wichtigen Kontakt zur Basis im Unternehmen. Während sie sich den ersten Zwiebelkuchen des Jahres schmecken ließen, hatte Lars sich klar geäußert: *„Die Verhandlungen mit den Krankenkassen sind etwas ganz anderes als die Allgemeinmediziner oder, du weißt schon, die Homöopathen zu betreuen. Man muss viel mehr Faktoren berücksichtigen. Preise für verschreibungspflichtige Arzneimittel waren für uns immer gesetzlich reguliert, nun sollen wir mit Deckungsbeiträgen und so rechnen. Und ständig ändern sich die Gesetze GKV-ÄndG, AMNOG, wie sie alle heißen – denk nur an die höheren Zwangsrabatte. Noch schlimmer – am besten wären wir noch Experten im Vertragsrecht. Nur mit naturwissenschaftlich-medizinischen Kenntnissen kommst du da nicht weit."* Maik hatte genau verstanden, worauf Lars hinaus wollte: Betriebswirtschaftliche und juristische Kompetenzen standen hierbei mit im Vordergrund. Später im Gespräch hatte ihm Lars noch seine Zweifel erläutert, ob die Rabattverträge tatsächlich den Preiswettbewerb ankurbelten. Teilweise gingen nämlich die Laufzeiten der Rabattverträge für patentgeschützte Arzneimittel auch über den Ablauf der Patente hinaus.

Maik schaute in seinen Terminkalender. Als Nächstes stand um 10.00 Uhr ein Gespräch mit Franz Schauland, dem Leiter des Vertriebsaußendienstes, auf dem Programm. Bei Hypophar, einem Generikahersteller mit einem Jahresumsatz von 80 Mio. Euro und etwa 50 Wirkstoffen in der Produktpalette, arbeiteten derzeitig 110 Mitarbeiter. Wie bei vielen Generikaherstellern verteilte sich der Umsatz zu etwa 60 Prozent auf verschreibungspflichtige und zu 40 Prozent auf nicht verschreibungspflichtige Arzneimittel. Da das Unternehmen zu seinem ausdrücklichen Service zählte, bundesweit mit Pharma-Referenten vertreten zu sein, hatte der Außendienst einen erheblichen Mitarbeiterstamm aufgebaut. Heute wollte Schauland mit Maik über die Gehaltsentwicklung seines zwanzigköpfigen bundesweit ansässigen Pharmareferenten-Teams schauen. Innerlich stöhnte Maik: Schauland war für seine Redefreudigkeit bekannt. Das Hauptargument von Schauland war ihm ebenfalls bekannt: Als Mittelständler zahlte Hypophar schlechter als die ganz Großen im Geschäft. Schauland war der Meinung, mit einer Gehaltsanpassung nach oben die Leistung seines Teams zu steigern und die Leute besser halten zu können.

Sein Personalreferent Frank Münster hatte Maik einen Überblick der Gehaltsentwicklung aller 20 Mitarbeiter auf den Schreibtisch gelegt. Auch die Fluktuationsrate und die anstehenden Veränderungen in den nächsten fünf Jahren hatte er analysiert. Demnach würden in den nächsten Jahren fünf Mitarbeiter altersbedingt ausscheiden. Im Schnitt verließen zudem eineinhalb Referenten p. a. das Team – zur Konkurrenz oder in andere Bereiche von Hypophar: Traditionell war der Außendienst eine Einstiegsposition für die weitere Entwicklung im Hause.

Je nach Erfahrung erhielten die Außendienstler aktuell zwischen 49.000 und 59.000 Euro Fixum p. a.. Zusätzlich hatte jeder Mitarbeiter einen Dienstwagen, der auch für private Fahrten genutzt werden konnte. Darüber hinaus wurde eine individuelle Erfolgsprämie von 10-20 Prozent des Jahresfixums auf der Basis von Zielvereinbarungen gezahlt. Gemeinsam mit Schauland hatte Maik im letzten Jahr eine Tabelle entwickelt, die Vorschläge für die Vereinbarung der persönlichen Ziele enthielt.

Tabelle C.3.3

Basis für Zielvereinbarungen nach Zielgruppen

Ärzte	Krankenhäuser	Krankenkassen
Teamumsätze Umsätze in rabattvertragsgeregelten Bereichen Besuchshäufigkeit bei wichtigen Ärzten, Meinungsbildnern, Homöopathen Verbindlichkeit des Gespräches Weitere qualitative Ziele (z. B. Kundenzufriedenheit oder Anzahl an Fortbildungen)	Teamumsätze Ertragswirksame Ziele für das Team (z. B. Deckungsbeitrag) Qualitative Ziele (z. B. Kundenzufriedenheit oder Anzahl an Fortbildungen)	Abschluss von relevanten Rabattverträgen Ertragswirksame Ziele (z. B. Deckungsbeitrag)

Praktisch zählten zu den wichtigsten Zielen nach wie vor Umsatzziele. Die Zielerreichung konnte bislang anhand der regionalen Marktverordnungsdaten klar bemessen werden. Neben Umsatzzielen spielten Besuchsvorgaben und -frequenzen eine wichtige Rolle. Bei den meisten Mitarbeitern basierte die persönliche Prämie zu 60 Prozent auf individuellen Umsatzzielen, 15 Prozent machten die Teamumsätze aus und der Rest wurde an den Besuchsfrequenzen festgemacht. Qualitative Ziele, zum Beispiel die Zufriedenheit der Ärzte oder die Qualität der Besuchsberichte, wurden zwar mit den Vertriebsmitarbeitern vereinbart und kontrolliert, fanden aber bei der Vergütung der Mitarbeiter bislang kaum Berücksichtigung.

Wie erwartet war Schauland im Gespräch alles andere als begeistert, als Maik ihm von dem Beschluss der Geschäftsleitung berichtete, keine Marktverordnungsdaten mehr zu erwerben. *„Meine Leute sind mit dem Push-Vertriebsansatz groß geworden – wie soll ich die motivieren, jetzt statt nach harten Zahlen nach der Qualität der Verhand-*

lungen mit Klinikketten und Krankenkassen für ihre Prämie zu arbeiten?", gab Schauland zu bedenken. Leider war danach in dem Gespräch nur noch wenig Konstruktives besprochen worden. Natürlich hatte Schauland auch das Thema Dienstwagen wieder einmal angesprochen. Die für den Außendienst vorgesehenen Modelle seien seiner Meinung nach nicht repräsentativ genug, wenn insbesondere die Meinungsbildner unter den Ärzten besucht werden sollten. Auf diese Diskussion hatte sich Maik gar nicht erst eingelassen. Die Personalplanung wurde nur am Rande thematisiert. Schauland sah wohl keinen Veränderungsbedarf.

„Push-Vertrieb", dachte Maik bitter, „wo Umsatzziele durch möglichst viele Besuche bei den Ärzten erreichen wurden, ist ein Instrument der Vergangenheit." Er hatte gehofft, dass Schauland dies schon bei den Gesprächen im letzten Jahr mitgenommen hätte. Maik ärgerte sich über sich selbst, aber auch über die Kurzsichtigkeit von Schauland. Mit Anfang 50 brachte er viel Erfahrung mit – aber er schien auch gern an Bewährtem festzuhalten.

Beim Mittagessen in der Kantine traf er Andrea Stock. Sie unterhielten sich über die Auswirkungen der Veränderungen und neuen Entscheidungen der Geschäftsführung. Maik war erleichtert, dass auch Andrea sich einer großen Herausforderung gegenüber sah. Schließlich vereinbarten die beiden für den nächsten Montag einen Termin, um über die neue Vertriebssteuerung nach Wegfall der Marktverordnungsdaten zu diskutieren.

Nach der Mittagspause fand Maik auf seinem Schreibtisch die letzten drei Spesenabrechnungen von Lars. Er konnte es kaum glauben: Rot markiert von Frank Münster sprangen ihm vier Hotelübernachtungen ins Auge, die offensichtlich nichts mit dem Geschäftsgebiet von Lars zu tun hatten. Das war kein Kavaliersdelikt! Sollte sein alter Freund tatsächlich gierig geworden sein? Ihm blieb keine Zeit, näher hineinzuschauen. Die Kandidatin für das nächste Vorstellungsgespräch wartete bereits im Besprechungszimmer auf ihn.

Am frühen Abend lehnte sich Maik in seinem Schreibtischstuhl zurück und dachte nach. Für den Außendienst musste er sich etwas überlegen. Glücklicherweise war er sich recht sicher, dass er mit Budgetstreichungen für diesen Bereich von Seiten der Geschäftsführung zunächst nicht rechnen musste. Aber das jetzige Team war nicht fit für die neue Art des Wettbewerbs. Wie sollte er weiter vorgehen? Die Kooperation mit Andrea Stock schien ihm im Moment wichtig, um sich dauerhaft gut zu positionieren. Er beschloss bis zu dem Gespräch am Montag ein Konzept zu entwickeln, mit dem er sie begeistern wollte.

Aufgabe

Stellen Sie sich vor, Sie sind Maik Lembke. Was tun Sie und warum?

Literaturempfehlungen:

Böhmer, N.; Bohlmann, L.: Neue Motivation braucht der Vertrieb. In: Pharma Marketing Journal, 6, 2009, S. 14-S. 15.

Knebel, H.: Mythos Leistungslohn. In: Personal, 12, 2006, S. 18-20.

C.3.4 Zeit für die eigenen Lorbeeren? Outsourcing der IT-Abteilung bei Holtmann Pharma

Heike Schinnenburg und Sonja Marrek

Von Outsourcing versprechen sich die meisten Unternehmen einen besonderen Effizienzgewinn durch die Konzentration auf die Kernkompetenzen. Teilweise ist auch gerade eine schwierige Arbeitsmarktlage in dem entsprechenden Bereich einer der Gründe, die Outsourcing aus Unternehmenssicht attraktiv erscheinen lassen. Naturgemäß haben derartige Projekte immer Auswirkungen auf die betroffenen Mitarbeiter und das Personalmanagement steht zwischen den unterschiedlichsten Interessen, die berücksichtigt werden müssen: Da gibt es den Betriebsrat, der mit dem ersten Projekt häufig einen Dammbruch befürchtet. Und auch für Personaler selbst bestehen eigene Interessen, zum Beispiel die Förderung der persönlichen Karriere durch eine gute Positionierung im Rahmen anspruchsvoller Aufgaben.

Fallstudie

„Das habe ich mal eben am Telefon geregelt", verkündete Werner Altenhausen, der Personalleiter der Holtmann Pharma GmbH, einer Tochtergesellschaft des amerikanischen Pharmakonzerns Pharmaceutic Acic. Das alteingesessene Unternehmen in der Nähe von Frankfurt am Main gehörte seit vier Jahren zum amerikanischen Mutterkonzern. Eva, seit knapp zwei Jahren in der Position einer Junior-Personalreferentin, war enttäuscht. Ihr wäre es lieber gewesen, ihr Chef hätte diese Angelegenheit mit ihr gemeinsam geregelt. *„Herr Altenhausen, für mich war die Situation einfach ungünstig, weil ich noch nicht einmal wusste, dass die einstweilige Verfügung wegen des Outsourcings der IT-Abteilung vom Tisch ist"*, sagte Eva leicht verärgert. *„Nun haben Sie sich mal nicht so. Da kann ich Sie doch nicht jedes Mal sofort anrufen"*, wiegelte Altenhausen ab und fuhr fort: *„Machen Sie schon einmal einen Vorschlag für die Aufhebungsvereinbarungen. Mit Kuhlmann habe ich bereits folgende Punkte verhandelt: Mindestens ein halbes Monatsgehalt pro Beschäftigungsjahr, bei über Fünfzigjährigen ein ganzes Monatsgehalt. Ich habe versprochen, dass wir Kündigungen soweit wie möglich vermeiden wollen. Auch wenn wir aufgrund der geringen Anzahl von Mitarbeitern keine Pflicht zu einem Sozialplan haben, soll alles möglichst auf freiwilliger Basis passieren – schlechte Presse brauchen wir nicht."*

Das Telefon klingelte. Altenhausen nahm ab und meinte zu Eva: *„Okay, das war's dann? Wir können ja übermorgen noch einmal sprechen. Bringen Sie doch Ihren ersten Entwurf gleich mit."* Er legte die Hand auf den Hörer. *„Das Budget für die Abfindungen kennen Sie: 500.000. Ich bin heute übrigens früh weg!"* Damit wurde Eva verabschiedet und ging an ihren Schreibtisch zurück. Ganz so hatte sie sich ihre Stelle bei einem renommierten amerikanischen Unternehmen nicht vorgestellt. Eva hatte „International Business Management" studiert und auch zwei Auslandssemester absolviert. Sie hatte damals unbedingt international arbeiten wollen. Am Anfang war sie stolz gewesen, Altenhausen bereits nach kurzer Zeit bei Telefonkonferenzen mit Chicago vertreten zu dürfen. Aber schnell realisierte sie, dass dies vor allem bei unangenehmen Themen der Fall war und nicht nur etwas damit zu tun hatte, dass ihr Englisch deutlich besser war als das ihres Chefs. „Die heutige Besprechung war wieder einmal typisch", dachte Eva. Die wichtigen Angelegenheiten hatte er allein geregelt und ihr noch nicht einmal Bescheid gegeben. Als der Betriebsratsvorsitzende Kuhlmann mittags zu ihr in der Kantine sagte, die Geschäftsleitung hätte sich ja doch noch einen Ruck gegeben, etwas für die Mitarbeiter zu tun, wusste sie gar nicht, was sie darauf antworten sollte und hatte nur genickt. Noch gestern hatte der Betriebsrat mit der einstweiligen Verfügung gedroht, die Altenhausen offenbar mit seinen Zusagen verhindert hatte.

Für das Projekt zur Verlagerung der IT an einen Dienstleister war Eva zuständig. Aus Kostengründen hatte die amerikanische Mutter beschlossen, den IT-Bereich so weit wie möglich an einen Dienstleister zu vergeben, der wiederum viele Arbeiten, insbesondere die SAP Programmierung, aus Pakistan erledigen ließ. Von den zwölf Mitarbeitern sollten nur der IT-Leiter Herr Bocklage und ein Mitarbeiter im IT-Helpdesk im Unternehmen bleiben. Trotz der schwierigen Situation für die Mitarbeiter und der damit verbundenen schlechten Stimmung unter ihnen hatte Eva mit dem neunundzwanzigjährigen Frank Kuhlmann einen durchaus sympathischen Verhandlungspartner. Beide hatten eine gute persönliche Ebene, auch wenn sie durch ihre Rollen im Unternehmen natürlich oft unterschiedliche Standpunkte vertraten. Es war durchaus hilfreich, dass sie Kuhlmann häufiger beim Joggen traf. Auch er hatte sich vorgenommen, im Herbst beim Frankfurt-Marathon zu laufen und so verglichen sie ab und zu Trainingspläne und liefen auch ein Stückchen zusammen, wenn sie sich zufällig begegneten. Am Anfang fand Eva es komisch, ihn verschwitzt und in Laufkleidung am Main zu treffen, aber ihm war es offenbar genauso gegangen. Nach dem ersten Unbehagen hatten sie festgestellt, dass das Tempo gut passte und sie durchaus einen ähnlichen Humor hatten. Gerade ihm gegenüber wollte sie aber nicht gerne zugeben, dass Altenhausen sie über den „Deal" nicht informiert hatte.

In das Thema der IT-Verlagerung war Eva eher „hineingerutscht", weil sie die „Corporate Functions" von Holtmann Pharma GmbH betreute. Neben Personalrecruiting und -entwicklung sowie den Gehaltsrunden für die zentralen Bereiche wurde sie außerdem in strategische Projekte einbezogen, um weitere Erfahrung zu sammeln. Nach zwei Jahren – so war es ihr bei der Einstellung zugesagt worden – sollte Eva dann auf eine Personalreferentenstelle befördert werden und eigenständig Projektleitungen übernehmen. Auch internationale Themen sollte sie längerfristig betreuen. Allerdings hatte Eva den Eindruck, dass Herr Altenhausen sie vor allem mit Detailarbeiten beschäftigte und kaum Interesse daran hatte, sie stärker in die anspruchsvolleren Aufgaben einzubeziehen.

Eva setzte sich an ihren Schreibtisch. *„Und?"*, fragte Claudia Zumstroh, *„hast du ihm ordentlich die Meinung gesagt?" „Noch nicht"*, entgegnete Eva, *„es war wie immer. Als es interessant wurde, war das Gespräch vorbei. Stattdessen habe ich wieder Aufgaben mitbekommen und kann nun den Vorschlag für eine Betriebsvereinbarung zur Ausgliederung der IT erarbeiten."* Mit Claudia hatte Eva schon häufiger über die Problematik gesprochen. Die fünfunddreißigjährige Kollegin war für die Ausbildung bei Holtmann zuständig und gehörte bereits seit zehn Jahren zum Unternehmen. Seit zwei Jahren war die Ausbildung direkt der amerikanischen Zentrale im Zuge des „Talent Management Excellence Plan" unterstellt; Claudia berichtete daher nicht mehr an Altenhausen, sondern an Jeff Casey in Chicago. Da dieser das Konzept der deutschen Ausbildung nicht wirklich verstand, konnte Claudia sehr frei agieren und kam mit Jeff gut zurecht. Sie konnte aber Eva sehr gut verstehen, da sie früher mit Altenhausen die gleichen Schwierigkeiten gehabt hatte. Aus ihrer Sicht war vor allem problematisch, dass Altenhausen selbst kein Studium vorzuweisen hatte und sich oft gegenüber den jungen Akademikern, insbesondere den Frauen, profilieren wollte. Daher betonte er sehr häufig seine langjährige Erfahrung und war bekannt dafür, dass er sein Wissen nicht gerne teilte. In der Zwischenzeit war Eva auch sicher, dass ihre Vorgängerin, die nur zwei Jahre bei Holtmann gewesen war, gekündigt hatte, weil sie für sich kein Vorankommen gesehen hatte – doch so schnell wollte Eva nicht aufgeben.

Eva schaute auf ihren Terminkalender. Sie hatte schon vor ein paar Tagen mit Friedhelm Bocklage, dem IT-Leiter des Unternehmens, einen Termin vereinbart, um über die Mitarbeiter zu sprechen, die von Holtmann Pharma nicht weiterbeschäftigt werden konnten. In fünfzehn Minuten würde der Kollege, den sie bislang noch nicht so gut kannte, eintreffen. „Dann werde ich noch schnell Tee kochen und Kandis hinstellen", dachte sie. Das hatte ihr Claudia augenzwinkernd verraten, als Eva nach den Vorlieben der Kollegen fragte. Herr Bocklage war vor 25 Jahren aus Norddeutschland nach Frankfurt gezogen und hatte durchaus Schwierigkeiten mit manchen hessischen Gepflogenheiten – und Kaffee mochte er gar nicht. Bocklage selbst würde im Unternehmen bleiben und in Zukunft die Projekte mit dem neuen Dienstleister koordinieren sowie die Service Level Agreements überwachen. *„Moin, moin, Frau Bertram"*, grüßte der zweiundfünfzigjährige IT-Spezialist Eva, als er in ihr Büro trat. *„Ich habe schon gehört, dass die Einstweilige Verfügung vom Tisch ist"*, meinte er, als er sich setzte. *„Oh, Frau Bertram. Ostfriesentee mit Kandis und Sahne. Na, das ist ja nett!"* Herr Bocklage strahlte und breitete Unterlagen vor sich aus, die er mitgebracht hatte. *„Also"*, begann er, *„hier hat mir gestern der Betriebsrat etwas mitgebracht. Das hier ist eine Betriebsvereinbarung von Röhrigheim; die haben doch letztes Jahr IT und Rechnungswesen outgesourct. Und die waren deutlich großzügiger als das, worüber wir hier gerade reden. Schauen Sie doch mal!"*

Ergänzungsvereinbarung zur Gesamtbetriebsvereinbarung 18/2001

Zwischen

[redacted] GmbH

- im Folgenden „Gesellschaft" genannt

und

dem Gesamtbetriebsrat der [redacted] GmbH

- im Folgenden „Betriebsrat" genannt

Präambel

Bei der in dem Interessenausgleich vom 18.05.2009 beschriebenen Betriebsänderung („Betriebsänderung") handelt es sich um eine wirtschaftliche Strukturänderung, die in den Anwendungsbereich der Gesamtbetriebsvereinbarung 18/2001 vom 06. Juli 2001 fällt. In Ergänzung zu den Bestimmungen dieser Gesamtbetriebsvereinbarung vereinbaren die Parteien die nachfolgenden Regelungen:

1. Aufhebungsvertrag

a) Jeder zur Kündigung aufgrund der Betriebsänderung anstehende Mitarbeiter erhält ein Angebot zum Abschluss eines Aufhebungsvertrages, es sein denn, er hat ein Angebot zur Frühpensionierung gemäß Ziffer 6 dieser Ergänzungsvereinbarung angenommen.

b) Das Angebot für den Aufhebungsvertrag erfolgt, sobald der individuelle Übergangsstichtag absehbar ist. Das Angebot kann nur innerhalb einer Frist von drei Wochen nach Zugang schriftlich gegenüber der Personalabteilung angenommen werden.

Abbildung C.3.1: Betriebsvereinbarung Röhrigheim

c) Das Beendigungsdatum des Arbeitsverhältnisses in diesem Aufhebungsvertrag errechnet sich wie folgt:
Die Kündigungsfrist der von der Betriebsänderung betroffenen Mitarbeiter wird verdoppelt und beträgt mindestens zwei Monate, höchstens aber sechs Monate.

d) Arbeitnehmer, deren Arbeitsverhältnis durch diesen Aufhebungsvertrag endet, erhalten zusätzlich zu der Abfindung, die sich aus der Gesamtbetriebsvereinbarung 18/2001 vom 06. Juli 2001 errechnet, eine weitere Abfindung in Höhe von EUR 10.000,- brutto.

2. Vorzeitige Kündigung in der Freistellungsphase
Arbeitnehmer, die einen Aufhebungsvertrag vereinbart haben, werden nach dem individuellen Übertragungsstichtag unter Fortzahlung ihrer Vergütung freigestellt. Sie können ihr Arbeitsverhältnis im Freistellungszeitraum mit einer Ankündigungsfrist von drei Tagen schriftlich kündigen. In diesem Fall erhält der Arbeitnehmer 100% des ausstehenden Brutto-Regeleinkommens zwischen dem Datum der Wirksamkeit der Eigenkündigung und dem im Aufhebungsvertrag vorgesehenen Beendigungsdatum als zusätzliche Abfindung.

3. Outplacement
Arbeitnehmer, die aufgrund der Betriebsänderung ihren Arbeitsplatz verlieren, die kein Angebot für eine Frühpensionierung erhalten und deren individuelle Kündigungsfrist (ohne zusätzlich Freistellungsphase) mindestens drei Monate beträgt, haben aufgrund ihres anerkennenswerten Schulungsbedarfs für Bewerbungen einen Anspruch auf Teilnahme an einer Outplacement-Maßnahme, um schnellstmöglich wieder in den Arbeitsmarkt eingegliedert zu werden. Der Anspruch setzt voraus, dass die Outplacement-Maßnahme während des bestehenden Arbeitsverhältnisses durchgeführt wird. Die Gesellschaft wird für das Outplacement einen externen Anbieter engagieren. Die Kosten für die Maßnahme belaufen sich auf maximal EUR 5.000,- pro Arbeitnehmer, wobei ein Zuschuss der Arbeitsagentur von max. EUR 2.500,- enthalten ist. Der Gesamtbetriebsrat bzw. der jeweils zuständigen lokale Betriebsrat wirkt bei der Antragstellung durch Abgabe seiner Stellungnahme zu der Maßnahme mit. Einzeloutplacement wird nur in Ausnahmefällen und nach vorheriger Absprache gewährt.

Notiz

Von: Frank Kuhlmann (Betriebsrat)

Achtung, nach der Gesamtbetriebsvereinbarung, auf die sich diese Ergänzungsvereinbarung bezieht, werden die Abfindungen sogar wie unten aufgelistet berechnet! Das ist doch vielleicht auch interessant für uns, oder? Frank Kuhlmann

- *bis 39 Jahre: 50% eines Monatsgehalts pro Beschäftigungsjahr*
- *ab 40 Jahre: 75% eines Monatsgehalts pro Beschäftigungsjahr*
- *ab 50 Jahre: 100% eines Monatsgehalts pro Beschäftigungsjahr*

Abbildung C.3.1: Betriebsvereinbarung Röhrigheim *(Fortsetzung)*

Eva überflog die Unterlage und meinte dann: *„Das ist aber deutlich mehr, als wir budgetiert haben."*

„Dann müssen Sie mit den Amerikanern wohl noch einmal sprechen. Die haben doch sonst auch für alles Geld", meinte Bocklage und nahm einen Schluck von seinem Tee. *„Wenn ich allein an das teure Projekt zum Wissensmanagement denke, das im ganzen Konzern eingeführt wurde und für Nichts taugt. Ich möchte nicht wissen, wie viel Geld dort verschleudert wurde."* Bocklage selbst hatte sich stets vor seine Mitarbeiter gestellt und war auch in den Gehaltsrunden als harter Verhandlungspartner bekannt. Ihm war wichtig, für seine Leute möglichst viel zu tun.

Tabelle C.3.4

Mitarbeiterliste

Name	Position	Ausbildung	Alter	Betriebs-zuge-hörigkeit in Jahren	Monats-gehalt in €	Kündigungs-frist (Arbeitgeber-seitig)	Besonderheiten	Austritt	Chancen auf dem Arbeitsmarkt
Bocklage, Friedhelm	IT- Leiter	Industriekaufmann	52	21	8.750	12 Monate zum Monatsende	wird Zusammenarbeit mit Dienstleister koordinieren	bleibt	bleibt
Jürgens, Johannes	stellvertretener IT- Leiter	Diplom- Informatiker (FH)	47	16	6.890	6 Monate zum Quartalsende	7 Mon. Übergang begleiten; Freistellung in der Kündigungsphase daher nicht möglich	plus 7 Monate für Begleitung Übergang	solide, da Weiterbildungen; Gefahr: schneller Austritt, da Ambitionen bezüglich Führungsverantwortung. Ist laut Gerüchten bereits mit Headhuntern im Gespräch
Erdmann, Veronika	Leiterin SAP Programmierung	Diplom-Informatikerin	38	5	6.250	6 Monate zum Quartalsende	soll noch 10 Monate den Übergang begleiten, Freistellung daher nicht möglich	plus 10 Monate für Begleitung Übergang	gut, da ausgebautes Netzwerk und Expertenwissen in der SAP Konfigurierung Vermutung: schaut sich bereits um; Gefahr: schneller Austritt
Springer, Nikolaus	SAP Programmierer	Diplom- Informatiker (FH)	42	18	5.100	6 Monate zum Monatsende	"Allrounder"	schnellstmöglich, siehe Kündigungsfrist	Gut, da Expertenwissen mit Zertifikaten über Weiterbildung bei SAP im Bereich MM und HR; auch Interesse Controlling
Güven, Franz	SAP Programmierer	abgebrochenes Studium Maschinenbau	55	18	7.130	6 Monate zum Quartalsende	keine klassische Ausbildung in IT, hat sich den größten Teil selbst beigebracht	schnellstmöglich, siehe Kündigungsfrist	mittelmäßig, Eigenbrötler, keine klassische Ausbildung, wenige Weiterbilungen in SAP inkl. Zertifikate; hohes Gehalt
Griedelbach, Jörg	SAP Programmierer	Fachinformatiker Anwendungs-entwicklung	26	6	2.650	2 Monate zum Monatsende	hat bereits seine Ausbildung im Unternehmen absolviert	schnellstmöglich, siehe Kündigungsfrist	mittelmäßig, ist ein guter Mitarbeiter, aber sehr zurückhaltend; kann er sich gut bei zukünftigen Arbeitgebern präsentieren?
Fröhlich, Ulrike	SAP Programmierer	Fachinformatiker Anwendungs-entwicklung	24	3	2.450	1 Monat zum Monatsende		schnellstmöglich, siehe Kündigungsfrist	junge Mitarbeiterin, wenig Erfahrung und noch keine Spezialisierung
Diemerling, Hans- Jürgen	System-adminstrator	Techniker	56	34	6.550	7 Monate zum Monatsende	hat im Unternehmen die komplette Software (Ausnahme SAP) programmiert	schnellstmöglich, siehe Kündigungsfrist	eher gering, guter Mitarbeiter, "Tüftler", der sich sein Wissen zum großen Teil selbst beigebracht hat und daher keine Zertifikate vorweisen kann
Koch, Alfred	Netzwerk-techniker LAN	Fachinformatiker Systemintegration	36	8	3.450	3 Monate zum Monatsende		schnellstmöglich, siehe Kündigungsfrist	gut; Weiterbildungen vorhanden, motiviert
Ernst, Matthias	Netzwerk-spezialist	Fachinformatiker Systemintegration	31	13	3.150	5 Monate zum Monatsende	hat bereits seine Ausbildung im Unternehmen absolviert	schnellstmöglich, siehe Kündigungsfrist	mittelmäßiger bis guter Mitarbeiter, der kein anderes Unternehmen kennt; Auftreten und Kleidung sehr nachlässig; riecht oft nach Zigaretten
Seidel, Franziska	System-adminstrator	IT- Systemkauffrau	30	8	3.550	3 Monate zum Monatsende	Projektkoordinatorin, insbesondere Kontakt zu externen Lieferanten	schnellstmöglich, siehe Kündigungsfrist	mittelmäßig bis gut, gute Ausbildung ohne besondere Qualifikationen, aber guter Typ, der im Vorstellungsgespräch sicher punkten kann
Horn, Michael	Mitarbeiter First Level Support	Kaufmann Groß- und Einzelhandel	27	7	2.850	2 Monate zum Monatsende	kaufmännische Ausbildung, hat sich sein Wissen großteils selbst beigebracht, "Tüftler", sehr serviceorientiert	bleibt	bleibt

„Ich habe schon vorab die Mitarbeiter mit ihren Besonderheiten aufgelistet“, meinte Eva und schob ihm eine Kopie der Liste auf dem Tisch zu (s. Tabelle C.3.4). *„Mir ist natürlich wichtig, wie Sie die einzelnen Leute beurteilen. Ihre spontane Einschätzung der Mitarbeiter sowie die Hinweise neulich am Telefon, dass Frau Erdmann und Herr Jürgens noch den Übergang begleiten müssen, habe ich schon eingefügt. Lassen Sie uns dann schauen, was wir für wen tun müssten, damit die Chancen auf dem Arbeitsmarkt gut sind, in Ordnung?“ „Sie sind ja gut vorbereitet“*, meinte Bocklage, *„das gefällt mir!“*

Beide schauten über die Liste, diskutierten die Mitarbeiter und Eva ergänzte die Anmerkungen direkt im Notebook. *„So“*, meinte sie zum Schluss, *„ich drucke Ihnen die Übersicht noch schnell aus. Würden Sie mir dann Informationen über geeignete EDV-Seminare heraussuchen? Möglichst nicht zu teuer – Sie kennen ja das Budget. Und ich bin nicht sicher, inwieweit es eine Aufstockung gibt.“* Bocklage nickte und sie verabschiedeten sich voneinander. An der Tür drehte sich der IT-Leiter noch einmal um, zögerte kurz und sagte dann zu Eva: *„Sie machen wirklich einen guten Job, Frau Bertram. Wenn ich Ihnen einen Rat geben darf: Sehen Sie zu, dass Sie stärker aus dem Schatten Ihres Chefs heraustreten. Passen Sie auf, dass Sie selbst die Lorbeeren Ihrer Arbeit einsammeln – Sie wissen schon.“* Mit diesen Worten drehte er sich um und Eva schaute ihm überrascht nach.

Für nächste Woche Montag hatte sich Jennifer Silvers angemeldet, die amerikanische HR-Direktorin, die mit allen Führungs- und Nachwuchskräften Gespräche führen wollte. Vor zwei Jahren war es zu mehreren Kündigungen wegen Unzufriedenheit gekommen. Einen solchen Verlust gut qualifizierter Mitarbeiter wollte der Mutterkonzern nun unbedingt verhindern. Eva überlegte schon länger, ob sie Jennifer auf die Problematik mit Altenhausen ansprechen sollte und wenn ja, wie dies am geschicktesten wäre. In diesem Moment erschien eine Mail von Jennifer auf Evas Bildschirm.

E-Mail

Von: Jennifer Silvers (HR Director Pharmaceutic Acic)

An: Eva Bertram (Junior-Personalreferentin)

Cc: Werner Altenhausen (Personalleiter)

Hi Eva,
please have a look at the attachment. Wouldn´t it be perfect for you?
See you on Monday. Make up your mind!

Jenn

Eva öffnete den Anhang und las mit zunehmendem Interesse die Ausschreibung: Pharmaceutic Acic suchte für sechs Monate einen HR-Manager aus Europa. In der Firmenzentrale in Chicago wurde ein neues Vergütungssystem entwickelt – in diesem Projekt sollte ein Entsandter aus Europa sicherstellen, dass auch die Anforderungen der wichtigen europäischen Standorte berücksichtigt wurden. Zusätzlich wurde die Teilnahme an einem hochrangigen Personalentwicklungsprogramm der Corporate University in Aussicht gestellt. Für die Zeit in Chicago stand ein Firmen-Appartement zur Verfügung; die bisherige Position wurde im Anschluss an die Projektarbeit garantiert.

Schnell klickte Eva auf „Drucken“ und las dann den Ausdruck noch einmal, bevor sie ihn in ihre Handtasche packte. Sie wusste, dass dies eine perfekte Chance wäre – aber sie würde sich schnell entscheiden müssen. Jennifer hatte das in der für sie typischen Art deutlich gemacht: Sie erwartete am Montag eine Antwort. „Was Uwe wohl dazu sagen würde“, überlegte Eva. Vor zwei Jahren war ihr die Entscheidung nicht so leicht gefallen, sich bei ihrer Stellensuche wegen ihm auf Frankfurt zu konzentrieren, da sie selbst lieber nach Hamburg gegangen wäre. Aber Uwe hatte damals schon seit einem Jahr eine sehr gut bezahlte Stelle bei einer Unternehmensberatung und beide wollten möglichst zusammen wohnen. Im Nachhinein war Eva nicht immer sicher gewesen, ob die Entscheidung so richtig gewesen war, denn Uwe war sowieso die ganze Woche für Kundenprojekte unterwegs und musste oft auch sonntags schon wieder zum Flughafen. Sie selbst hatte nach ihrem Studium eine sehr interessante Stelle in Hamburg abgesagt, um nach Frankfurt zu gehen. Genau diese Stelle wurde ironischerweise dann an eine ehemalige Kommilitonin von Eva vergeben, die nun bereits als stellvertretende Personalleiterin tätig war, viel in Europas Metropolen unterwegs war und deutlich mehr Geld verdiente als Eva. Währenddessen erledigte sie selbst vor allem die Detailarbeit für Altenhausen, der dann mit ihren Ergebnissen beim Vorstand punktete... „Nur kein Selbstmitleid“, dachte sich Eva und schrieb in ihrem Business-Netzwerk noch ein paar Personalkollegen aus der Region an, die eventuell Bedarf an IT-Fachkräften haben könnten. Sie war in der Zwischenzeit gut vernetzt und hoffte, auf diesem Wege frühzeitig von freien Stellen zu hören.

Abends telefonierte sie mit Uwe, der sich gerade in Genf aufhielt. Seine Reaktion war wie erwartet negativ: *„Wie stellst du dir das denn vor? Ich kann doch kaum zwei Wochen Urlaub am Stück bekommen. Und es läuft doch alles gut für dich in Frankfurt, oder? Du, Schatzi, mein Chef ist auf dem Blackberry. Wir müssen uns noch für morgen abstimmen. Wichtiger Termin. Großer Fisch. Bis morgen, ja?“*

Als Eva abends von zu Hause ihren Firmenaccount öffnete, fiel ihr als erstes eine Mail von Herrn Altenhausen auf.

E-Mail

Von: Werner Altenhausen (Personalleiter)

An: Eva Bertram (Junior-Personalreferentin)

Hallo Frau Bertram,

lassen Sie uns hierzu nochmal kurz sprechen, bevor Sie den Termin mit Jennifer haben. Bestimmt eine nette Reise, aber hier haben wir ja auch viel vor. Zum Beispiel die Mitarbeiterbefragung samt Maßnahmenplanung nächstes Jahr, das könnten Sie ja europaweit koordinieren.

Gruß

Altenhausen

„Puh“, dachte Eva, „manchmal kommt auch alles auf einmal.“ Wollte Herr Althausen sie nun wirklich weiterentwickeln oder ging es ihm nur darum, jemanden zu haben, der die administrative Arbeit zu seinem Projekt übernahm? Ihr Kopf dröhnte. Morgen ist auch noch ein Tag, sagte sie sich.

Am nächsten Tag klingelte der Wecker, als es noch dunkel war, da sie mittwochs schon vor der Arbeit joggen ging. Seufzend schaute Eva aus dem Fenster. Es war trocken und somit gab es keinen Grund, sich zu drücken. Außerdem wäre es vielleicht ganz gut, Kuhlmann zu treffen, überlegte sie, als sie die Laufkleidung überzog. Und tatsächlich begegnete ihr der Betriebsratsvorsitzende mit seinem Labrador. Nach etwas Smalltalk sprach Kuhlmann auch kurz über das Outsourcing-Projekt: *„Frau Bertram, Sie sollten übrigens wissen, dass im Betriebsrat die Sorge herrscht, dass nun nach und nach weitere Bereiche, also zum Beispiel Rechnungswesen oder Personalabrechnung, abgegeben werden. Salami-Taktik sozusagen – immer gerade so viel, dass kein Sozialplan notwendig ist. Können Sie uns garantieren, dass es keine weiteren Outsourcing-Pläne gibt? Sie wissen selbst, dass es die Kollegen in diesen Bereichen deutlich schwerer hätten, neue Stellen zu finden.“* Eva nahm dem Labrador den Stock ab und warf ihn über den Rasen, um Zeit zu gewinnen. *„Bislang gibt es keine weiteren Pläne“*, antwortete sie. *„Sie möchten das gerne in der Betriebsvereinbarung für eine bestimmte Zeit garantiert haben, richtig?“*, fragte sie. *„Wie immer treffen Sie den Nagel auf den Kopf – das wäre eine sehr gute Idee“*, grinste Kuhlmann und fügte hinzu: *„Vielleicht haben Sie ja einen Vorschlag, wenn wir uns morgen Nachmittag zur Verhandlung treffen?“* Eva lachte: *„Oder Sie leiern uns das aus den Rippen ...“*

Später in der Firma rief die Sekretärin von Altenhausen sie an: *„Frau Bertram, Herr Altenhausen ist wegen eines Magen-Darm-Infekts mindestens bis morgen zu Hause. Falls etwas Dringendes sein sollte, können Sie ihn aber telefonisch erreichen. Er sagte, Sie sollten versuchen, die Verhandlung mit dem Betriebsrat auf nächste Woche zu vertagen. Das soll ich Ihnen ausrichten.“*

Eva legte auf und überschlug die potenziellen Kosten für die IT-Verlagerung. Sie schüttelte den Kopf. Das Budget war jetzt schon zu knapp angesichts der Zusagen ihres Chefs. Und die Kosten für die Gehälter in den Freistellungsphasen wurden darin noch nicht einmal eingerechnet. „Eine teure Kosteneinsparung“, dachte sie. Ihr Blick fiel auf den Kalender, der den 20. März anzeigte. Bis zum Quartalsende wurde es bereits knapp für die Verhandlungen und wenn sie kein zusätzliches Budget bekam, wären Weiterbildungsmaßnahmen kaum denkbar. Das würde die Verhandlungen in die Länge ziehen. Ohnehin musste Jennifer das entscheiden.

In diesem Moment erschien eine Mail auf ihren Bildschirm.

E-Mail

Von: Jennifer Silvers (HR Director Pharmaceutic Acic)

An: Eva Bertram (Junior-Personalreferentin)

Cc: Werner Altenhausen (Personalleiter)

Hi Eva,
thanks for the overview of the IT staff. But why do they leave the company so late? Is this a mistake?

Jenn

Wie immer war die amerikanische HR-Direktorin überrascht von deutschen Besonderheiten. Insbesondere die Funktion des Betriebsrats mit den Mitbestimmungsrechten sowie auch das deutsche Kündigungsschutzgesetz konnte sie gar nicht nachvollziehen und neigte daher dazu, bei ihren Aufträgen das deutsche Arbeitsrecht völlig außer Acht zu lassen.

Eva blickte auf ihr Telefon und überlegte. Sollte sie Jennifer sofort in Chicago anrufen? Und schon Fakten schaffen, um morgen für die Verhandlung gut gerüstet zu sein? Das wäre ihre Chance, das Projekt jetzt über die Bühne zu bringen. Oder wäre es sicherer, die Verhandlung mit dem Betriebsrat auf nächste Woche zu verschieben?

Aufgabe

Sie sind Eva Bertram. Wie gehen Sie konkret mit dieser Situation um?

Internationale Fälle

C.4

C.4.1 Mentoren in China 280

C.4.2 HR Due Diligence bei der Flugtech AG 284

C.4.3 Auf nach Polen 291

ÜBERBLICK

C.4.1 Mentoren in China

Heike Schinnenburg und Annette Metz

Internationalität ist heute für viele Unternehmen eine selbstverständliche Aufgabe, die aber nichtsdestotrotz eine Herausforderung für das Personalmanagement darstellt. So führt gerade die Entsendung von Mitarbeitern ins Ausland häufig nicht zum gewünschten Erfolg. Dies liegt oft an bekannten Problemfeldern wie zum Beispiel der unzureichenden Auswahl und Vorbereitung der Entsandten. Vielfach sind diese Themen aber gleichzeitig auch Symptome für tieferliegende Konflikte und Versäumnisse im Unternehmen, die berücksichtigt werden sollten, wie der nachstehende Fall zeigt.

Fallstudie

E-Mail

Von: Wolfgang Müller (Werksleiter, Changchun, Nord-China)

An: Burkhard Wagner (HR Manager International, Wolfingen, Deutschland)

Sehr geehrter Herr Wagner,

wie Sie wissen, gibt es schon seit längerer Zeit Probleme mit einigen Mentoren, die aus Deutschland nach China geschickt werden. Die Idee der Mentoren finde ich nach wie vor hervorragend, da wir aufgrund des Werksaufbaus und der geplanten Expansion sehr viel in die eigene Aus- und Weiterbildung investieren müssen. Die meisten Mitarbeiter vor Ort, die wir bekommen können, bringen selbst mit Studium zu wenig praktische Erfahrung mit. Das Studium ist nun einmal in China sehr theorielastig. Leider wird diese Situation von dreien der jetzigen sechs Mentoren (Erwin S., Roland K. und Manfred Z., alle sind seit drei Monaten vor Ort) nicht als Chance verstanden, engagierten chinesischen Kollegen etwas beizubringen und selbst von der Erfahrungen in China zu profitieren. Vielmehr zeichnen sie sich durch massive Vorurteile gegenüber Chinesen aus und interpretieren die typisch asiatische Zurückhaltung als mangelndes Wissen beziehungsweise als Dummheit. Ihr Verhalten wird von den Chinesen als respektlos und sogar (vor allem bei Nachfragen) als aggressiv wahrgenommen. Ein echtes Interesse, Wissen weiterzugeben, ist bei den drei Mentoren nicht erkennbar. Gestern hat bereits der vierte chinesische Kollege gekündigt – sein Vorgesetzter ist sehr erbost und hat sich bei mir beschwert, dass es so nicht weitergeht. Ich muss wohl kaum darauf hinweisen, dass wir angesichts des heiß umkämpften Arbeitsmarktes in Nordchina gerade bei qualifizierten Mitarbeitern extreme Rekrutierungsprobleme haben und diese Leute kaum ersetzen können. Unsere Mitbewerber vor Ort nehmen die bei uns eingearbeiteten Ingenieure mit Kusshand!

Ich habe mit den dreien schon mehrfach gesprochen und dabei festgestellt, dass sie die Probleme kaum wahrnehmen, sich aber das Leben hier anders vorgestellt haben. Ständig beschweren sie sich, dass es hier vor Ort kaum westliches Essen gibt, dass die Verständigung auf Deutsch und Englisch nur schleppend – wenn überhaupt – funktioniert und dass die Chinesen zwar nicken, aber keine Vereinbarungen einhalten. Eine Toleranz und Neugier gegenüber der chinesischen Kultur kann ich nicht feststellen. Leider wurden meine Hinweise kaum aufgenommen, vermutlich auch, weil es kein klares Unterstellungsverhältnis gibt. Manfred Z. sagte sogar, ich wäre ja streng genommen gar nicht zuständig für sie. Die Stimmung in der ganzen Firma wird dadurch negativ beeinflusst, weil alle wahrnehmen, dass die drei als Einzelkämpfer agieren und sich überhaupt nicht einfügen. Es geht langsam in die Richtung „die Deutschen" gegen „die Chinesen".

Aus meiner Sicht müssten die drei ausgetauscht werden. Falls dies nicht möglich ist, wäre gegebenenfalls ein Einzelcoaching sinnvoll, um so schnell wie möglich zu Verhaltensänderungen zu kommen. So wie es bisher läuft, geht es jedenfalls nicht weiter.

Nur kurz am Rande: Mit den anderen drei Mentoren (Stefan S., Michael W. und Rudi B.) klappt es gut – sie sind nach der Eingewöhnung überwiegend sehr geduldig, loben auch und interessieren sich wirklich für die Kollegen und das Umfeld hier. Stefan S. und Michael W. haben sogar Interesse geäußert, länger als ein Jahr hierzubleiben. In ihren Teams gab es bisher kaum Schwierigkeiten. Solche Leute können Sie mir gerne schicken. Bezüglich der anderen brauchen wir aber dringend eine Lösung!

Mit freundlichen Grüßen

Wolfgang Müller

Burkhard Wagner seufzte. Das Problem hatte er bereits etwas vorausgeahnt, als es um die Entsendung ging, jedoch gehofft, dass es vor Ort nach einer Einarbeitungsphase klappen würde. „Aber so ist das eben", dachte er, „wenn ad hoc ein Werk in Nordchina aufgebaut wird und dann mal eben sechs Leute dorthin geschickt werden müssen, die vorher als Techniker zwar über viel Wissen verfügen, jedoch weder interkulturelle noch Trainings-Erfahrung mitbringen. Vor diesem Hintergrund haben wir sogar noch Glück, dass es mit drei Leuten gut klappt."

Seit vier Jahren arbeitete Burkhard Wagner nun für KLC, einen Automobilzulieferer mit 10.000 Mitarbeitern weltweit. Vor 14 Monaten wurde er aufgrund seiner guten Leistungen als Personalreferent auf die neu geschaffene Stelle HR Manager International befördert. Ursprünglich deutsch, war das Headquarter immer noch in Wolfingen. Seit Längerem wurde aber vor allem in den asiatischen Markt investiert, weil das künftige Wachstumspotenzial dort nicht mehr ignoriert werden konnte. Seit fünf Jahren war KLC in China bereits in einem Produktions-Joint Venture tätig. Durch eine verstärkte Präsenz von zwei OEMs in Nordchina hatten die deutschen Vorstände vor zwei Jahren entschieden, eine neue Produktionsstätte als „wholly foreign-owned enterprise" in Nordchina zu eröffnen. Das Werk befand sich nun im Aufbau und die derzeitig 100 lokalen Mitarbeiter wurden von sechs deutschen Mentoren unterstützt. Innerhalb der nächsten zwölf Monate war geplant, dass die Beschäftigtenzahl auf 300 Mitarbeiter steigt, dazu sollten fünf weitere Mentoren aus Deutschland entsandt werden, um die Prozess- und Produktqualität vor Ort zu sichern.

Bei den Mentoren handelte es sich um deutsche technische Experten, um Facharbeiter und Techniker, die seit vielen Jahren im deutschen Stammwerk von KLC beschäftigt waren und sich über die Jahre ein sehr umfangreiches technisches Wissen angeeignet hatten, welches die neue chinesische Tochterfirma dringend zum Aufbau benötigten. Die Mentoren wurden für ein Jahr nach China entsandt, um den Transfer sicherzustellen. Sie sollten dort als „Experten" und „Trainer" für die neuen chinesischen Kollegen agieren, aber nicht in der Rolle der disziplinarischen Vorgesetzten der chinesischen Kollegen auftreten. Diese Mentoren berichteten nach wie vor an ihre deutschen Vorgesetzten und in einer „dotted line" auch an den Werksleiter in China. Allerdings – und da musste Burkhard Herrn Müller Recht geben – war diese „dotted line" formal nicht beschrieben.

„Außerdem war es für Herrn Müller ohnehin nicht ganz einfach, weil ihm die Netzwerke im Headquarter fehlten", dachte Burkhard. Der Werksleiter lebte nun schon seit fünf Jahren in China und war mit einer Chinesin verheiratet. Vor 18 Monaten wurde er durch den Vorstand mit Hilfe einer in Asien tätigen Personalberatung für den Werksaufbau in China als Werksleiter eingestellt. Von Haus aus Ingenieur, war er nach seinem Studium erst in Deutschland tätig, bevor er für einen Wettbewerber von KLC, das Unternehmen Kopp & Lynch, als Produktionsleiter nach China entsandt wurde. „Bei der Einstellung musste damals alles ganz schnell gehen", dachte Burkhard ärgerlich. So war es nicht möglich, Herrn Müller mehr als zwei Wochen im Headquarter die KLC-Besonderheiten nahezubringen. Ein persönliches Netzwerk in Wolfingen ließ sich so kaum aufbauen. Es war daher kein Wunder, dass die neue Niederlassung in Nordchina bei den Planungen in Deutschland zum Teil wenig Berücksichtigung fand. Und so gab es auch wenig Vorlauf für die Auswahl und Vorbereitung der Mentoren.

„Schon wieder Ärger in China?" Seine Kollegin Claudia schaute hinein. *„Das Übliche"*, seufzte Burkhard und erzählte der versierten Personalentwicklerin von der Problematik. *„Wir haben doch kommende Woche Donnerstag das nächste Treffen zum Thema Internationale Personalstrategie, richtig?"*, fragte Claudia. *„Da nehmen doch mit Koch und Dr. Kortekamp genau die richtigen Leute teil, um etwas zu verändern. Vielleicht solltest du das Thema zum Anlass nehmen, grundsätzlich über die Personalpolitik in China nachzudenken und einen Vorschlag zu entwickeln. Wir können das ja auch noch einmal gemeinsam diskutieren, wenn du Lust hast."* Beide wussten, dass Frau Dr. Kortekamp, die als Personalvorstand erst vor eineinhalb Jahren bei KLC angefangen hatte, Änderungen durchaus vorantrieb. Es gab aber traditionell eine starke Position des Produktionsvorstands Herrn Heberle und seines Bereichsleiters Herrn Koch, die maßgeblich das Vorgehen in den Auslandsgesellschaften bestimmten. Beide waren ursprünglich bei der gleichen Unternehmensberatung tätig und Hebele hatte – als er Vorstand bei KLC wurde – Koch „nachgeholt". In der Vergangenheit hatte es oftmals Rangeleien zwischen Produktions- und Personalvorstand gegeben, da Herr Koch den zu entsendenden Produktionsmitarbeitern häufig direkte „Paketzusagen" im Ausland bezüglich Wohnungsgröße, Dienstwagen und Fahrern gegeben hatte, ohne es mit dem Personalbereich abzustimmen. Die neugeschaffene Stelle „HR Manager International" von Burkhard Wagner wurde von Heberle und Koch daher immer noch eher als administrative Unterstützung gesehen. Aus diesem Grund wurde auch die Benennung der Mentoren von Koch übernommen und im Personalbereich durfte dann das organisatorische Procedere abgewickelt werden. Böse Zungen behaupteten, dass gerade Roland K. und Manfred Z. unter Druck gesetzt worden waren, für ein Jahr nach China zu gehen, weil der Bereich, in dem sie in Wolfingen arbeiteten, Personalüberhänge aufgewiesen hatte.

Die Idee der Mentoren kam vom Werksleiter Müller, der bei Kopp & Lynch sehr gute Erfahrungen mit dem Mentorensystem gemacht hatte, erinnerte sich Burkhard. Aber offenbar war der Wettbewerber, der seit zehn Jahren mit mehreren Niederlassungen in China arbeitete, einfach deutlich weiter und hatte wahrscheinlich schon die Anfängerfehler überwunden. *„Kennst du eigentlich Wolfgang Müller persönlich?“*, fragte Claudia. Burkhard nickte. Er hatte den Werksleiter bei seinem Besuch vor gut einem Jahr in China kurz kennengelernt, als die formelle Vertragsunterzeichnung für das neue Werk vorgenommen wurde. *„Er ist ein echter Fachmann, der die Branche und auch die Bedingungen in China gut kennt“*, meinte Burkhard, *„ich glaube aber, dass er sich mit den Personalproblemen in seiner vorherigen Position nicht so beschäftigen musste, weil er ja damals das Asien-Headquarter in Shanghai hatte. Dort werden diese Fragen für die Niederlassungen von Shanghai aus bearbeitet und man kann sich kontinuierlich um die Expatriats kümmern. Und dort gibt es auch einen internen Coach, der für solche Themen zuständig ist – das habe ich von einem unserer Trainees gehört, der in Shanghai bei Kopp & Lynch ein Praktikum absolviert hat. Daher kommt Müller wahrscheinlich auf den Gedanken.“*

„Na dann, viel Spaß mit dem Problem – wenn du Input oder Feedback brauchst, melde dich gerne“, verabschiedete sich Claudia. Burkhards Telefon klingelte und zeigte im Display „Dr. Kortekamp“.

Aufgabe

Versetzen Sie sich in die Lage von Burkhard Wagner. Was würden Sie tun und warum?

Literaturempfehlungen:

Metz, A.; Schinnenburg, H.: Führungskräfteentwicklung in China. Heterogenität managen. In: S. Kull, H. Schinnenburg (Hgg.): Auf gelben Spuren. Menschen, Management und Märkte in China. Saarbrücken: Südwestdeutscher Verlag für Hochschulschriften 2009, S. 48-64.

Schinnenburg, H.; Dankert, I.: Mitarbeiterbindung als unternehmerische Herausforderung in China. In: S. Kull, H. Schinnenburg (Hgg.): Auf gelben Spuren. Menschen, Management und Märkte in China. Saarbrücken: Südwestdeutscher Verlag für Hochschulschriften 2009, S. 65-82.

Denkanstoß — Das chinesische Bildungssystem

„Für Praktiker in Unternehmen ist es wichtig, sich mit dem chinesischen Bildungssystem auseinander zu setzen, um zu verstehen, dass chinesische Mitarbeiter andere Voraussetzungen mitbringen. Personaler dürfen keine Erwartungen deutscher Standards an Bewerber haben, sondern müssen sich darüber bewusst sein, dass sie einem Chinesen gegenüberstehen, der durch Politik, Gesellschaft, Kultur und nicht zuletzt das Bildungswesen geprägt ist. Eine grundsätzliche Achtung dessen ist die Voraussetzung einer fruchtbaren Zusammenarbeit, denn neben den zu erwartenden Schwierigkeiten hat die typisch chinesische Verhaltenweise auch Vorteile, die wertgeschätzt werden sollten. So schult zum Beispiel die Methode des Auswendiglernens Konzentrationsfähigkeit und Geduld […].

Dennoch ergeben sich aus dem chinesischen Bildungssystem aus deutscher Sicht einige Problemfelder:

- Auf Grund des hohen Anteils theoretischen Wissens in der Ausbildung ist de facto keine oder kaum Praxiserfahrung zu erwarten. [...]
- Für die Anlaufphase ist viel Geduld notwendig. Es muss mit einer längeren gründlichen Einarbeitung vor allem bei Berufseinsteigern gerechnet werden. Unternehmen sollten davon ausgehen, dass Arbeitsabläufe, die deutsche Arbeitnehmer als typische Situationen ansehen, in China explizit erklärt und vermittelt werden müssen.
- Die Form des Lernens durch Nachahmen lässt ein hohes Maß an Unselbstständigkeit erwarten. Oftmals reicht es nicht aus, Techniken und Arbeitsweisen verbal zu erläutern, sondern diese müssen anschaulich vorgeführt werden.
- Da im chinesischen Schulsystem nur die Bewertung schriftlicher Leistungen und der Wiedergabe von Auswendiggelernten nicht aber persönlichen Verhaltens erfolgt, ist eine eingeschränkte Kritik- und Konfliktfähigkeit zu vermuten.
- Generell muss der stark hierarchisch geprägten Gesellschaft und dem chinesischen Verständnis von Hierarchiestufen Rechnung getragen werden. Der Vorgesetzte nimmt eine Vorbildfunktion in allen Bereichen und Situationen ein.
- Bei chinesischen Mitarbeitern gilt die Pflichterfüllung als ethische Richtlinie. Standardisierte, klar definierte Aufgaben werden bevorzugt, das Aufgabenfeld ist in China meist sehr spezialisiert und eingeschränkt. Ein generell breiterer Arbeitsbereich mit der Möglichkeit und Notwendigkeit zur persönlichen Ausgestaltung stellt daher für Chinesen eine Herausforderung dar.

Die geringeren Praxiskenntnisse und die bisher typischen Lernformen in China sind auch bei der Personalentwicklung zu berücksichtigen."

Quelle: Mecke, M.: Berufliche Bildung in China. In: S. Kull, H. Schinnenburg (Hgg.): Auf gelben Spuren. Menschen, Management und Märkte in China. Saarbrücken: Südwestdeutscher Verlag für Hochschulschriften 2009, S. 42f.

C.4.2 HR Due Diligence bei der Flugtech AG

Nicole Böhmer und René Hüggelmeier

Prüfungen sind deshalb so unerträglich, weil der größte Dummkopf mehr fragen kann, als der gescheiteste Mensch zu beantworten vermag.

Charles Caleb Colton

Um bei einem Unternehmenskauf mit der gebotenen Sorgfalt zu (ver-)handeln, kann nicht auf Prüfungen verzichtet werden. Gerade im interkulturellen Bereich ist viel Fingerspitzengefühl notwendig, um als kaufinteressiertes Unternehmen die gewünschte Informationsbreite und -tiefe zu erhalten. In einem anderen Kulturraum können Fragestellungen, die im Heimatland selbstverständlich wären, auf Unverständnis stoßen. Im Bereich der HR Due Diligence sind neben Datenräumen oftmals Managementinterviews entscheidend, um weiche Faktoren und auch erforderliche Rücklagen, zum Beispiel für Altersvorsorgezusagen, abschätzen zu können. Je weiter die Verhandlungen gediehen sind, desto mehr Einblick wird das Zielunternehmen dabei gewähren.

Fallstudie

„… wir warten nicht, wir starten, was immer auch geschieht …“, Lucas Bohmann summte den Text des „Fliegerlieds“ im Autoradio mit und dachte über seine neue Herausforderung als Personalleiter der Flugtech AG nach. Langweilig wurde es ihm nie, seit er vor drei Jahren ins Unternehmen gekommen war. Auch die neueste Übernahmeidee der Geschäftsführung führte ihn wieder in neue Felder des HR-Geschäfts, die er als Hochschulabsolvent noch gar nicht zum Aufgabenspektrum einer Personalabteilung gezählt hätte.

Flugtech war ein relativ junges Unternehmen, das sich jedoch schon recht erfolgreich am Markt etabliert hatte. Mit seinen rund 1.000 überwiegend jungen Mitarbeitern produzierte das Unternehmen Klimasysteme für die europäische Luftfahrtindustrie. Die Mitarbeiter, die größtenteils von der ersten Stunde an zum Erfolg des Unternehmens beigetragen hatten, identifizierten sich absolut mit dem Unternehmen sowie mit ihren jeweiligen Aufgaben. Das Unternehmen verfügte über Produktionsstandorte in Deutschland sowie im europäischen Ausland. Der überwiegende Teil der Mitarbeiter war am Stammsitz in der Nähe von Nordstadt, einer Großstadt in Norddeutschland, beschäftigt.

Bei der letzten Abteilungsleitersitzung war die Due Diligence zum ersten Mal auf der Agenda erschienen. Im Zuge der internationalen Expansion des Unternehmens hatte der Vorstand Interesse am Kauf der Firma Canadian Fly System Ltd. in Toronto/Kanada signalisiert. Canadian Fly System Ltd. hatte sich ebenfalls auf die Produktion von Klimasystemen spezialisiert und beschäftigte mehr als 700 Mitarbeiter. Das Unternehmen gehörte zur Fly Systems Gruppe. Diese Gruppe hatte sich in den letzten Jahren stärker auf den osteuropäischen sowie asiatischen Markt konzentriert. Bereits 2006 hatte der Konzern einen Verkauf von Canadian Fly Systems erwogen, diese Idee wurde jedoch mangels solventer Interessenten wieder verworfen. Kürzlich hatte die Geschäftsführung dann entschieden, den kanadischen Standort aufzugeben und die Canadian Fly System Ltd. zu verkaufen. Dem Vorstand der Flugtech AG lagen Insider-Informationen vor, nach denen zum Kundenportfolio der Canadian Fly System ein großer amerikanischer Flugzeugbauer gehören solle. Der gesamte Vorstand schien wie elektrisiert. Das zuständige Vorstandsmitglied, Werner Bremer, hatte es in der Sitzung auf dem Punkt gebracht: *„Mit dem Kauf von Canadian Fly Systems Ltd. könnten wir uns endlich Zugang zum nordamerikanischen Markt verschaffen.“*

Als Leiter Personal oblag Lucas die Gesamtverantwortung für sämtliche HR-Angelegenheiten im In- und Ausland. Er verstand sich als Business Partner der einzelnen Abteilungen. Werner Bremer unterstützte ihn dabei und hatte ihm vorgeschlagen, in E-Mails „Business Partner Personal“ statt Personalabteilung als Ergänzung nach seinem Namen aufzunehmen. In den letzten Jahren hatte Lucas ein modernes HR-Management aufgebaut, zu dem unter anderem eine strategische Personalentwicklung sowie ein leistungsorientiertes Entgeltsystem gehörten. Ohne seine guten arbeitsrechtlichen Kenntnisse wäre er da schon in einige Fettnäpfchen getreten. Zwischenzeitlich hatte er das Vertrauen vieler Kollegen gewonnen und selbst ein Gefühl dafür entwickelt, wie er die Vorstände von HR-Themen überzeugen konnte. Werner Bremer, der auch Personalvorstand war, war zum Beispiel durch und durch seiner Kerndisziplin, dem Marketing, zugewandt. Die beiden anderen Vorstandsmitglieder waren Ingenieure und daher für logische Argumentationen besonders empfänglich.

Wie so oft seit der Abteilungsleitersitzung drehten sich Lucas Gedanken um Canadian Fly Systems: Im Rahmen einer Vor-Due Diligence hatte der Vorstand bereits umfangreiche Recherchen (Internet, Insider-Befragungen etc.) über das Zielunternehmen durchführen lassen. Die Ergebnisse hatten die Attraktivität einer möglichen Akquisition erhöht. Nach ersten Vorgesprächen war ein „Letter of Intent" unterzeichnet worden. Wie autark das kanadische Unternehmen nach der Übernahme bleiben sollte, hatte der Vorstand noch nicht geäußert.

Lucas HR-Analysen sollten daher vor allem Informationen für die Kaufpreisfindung liefern sowie Risiken identifizieren, die einen „Dealbreaker" darstellen könnten. Bevor er sein Büro verließ, um nach Toronto zu fliegen, hatte er noch einmal nachdenklich über die Liste der Due Diligence-Prüfungspunkte geschaut, die ihm sinnvoll erschienen (s. „HR Due Diligence-Checkliste"). Gedanklich ging er dann auf dem Weg zum Flughafen alle vorliegenden Informationen noch einmal durch, die Canadian Fly Systems zum HR-Bereich bislang geliefert oder sein Team bislang recherchiert hatte:

Arbeitsrechtliche Prüfungsinhalte

Das kanadische Arbeitsrecht war im Canada Labour Code sowie im Employment Standards Act der Provinz Ontario, zu der Toronto gehört, geregelt. In Bezug auf Arbeitsverhältnisse herrschten für Arbeitnehmer härtere Bedingungen als in Deutschland. So waren die Kündigungsfristen, die ein Arbeitgeber einhalten muss, deutlich kürzer. Arbeitsverträge wurden in der Regel mündlich geschlossen. So konnte Lucas aufgrund der ihm vorliegenden Informationen davon ausgehen, dass auch bei Canadian Fly Systems einige Arbeitsverträge (ca. 20%) mündlich geschlossen worden waren.

Die wöchentliche Arbeitszeit betrug 40 Stunden. Überstunden wurden mit den in Ontario gesetzlich vorgesehenen 150 Prozent vergütet. Aus den vorliegenden Unterlagen ging hervor, dass auf den Überstundenkonten aller Mitarbeiter 29.000 Überstunden angesammelt wurden. Die Mitarbeiter bekamen die in Ontario vorgeschriebenen 15 Tage bezahlten Urlaub pro Jahr. Die Kündigungsfrist erhöhte sich in Ontario mit der Unternehmenszugehörigkeit. Ab drei Monaten im Unternehmen betrug die Kündigungsfrist eine Woche. Maximal acht Wochen Kündigungsfrist waren bei mehr als acht Jahren Betriebszugehörigkeit einzuhalten.

Etwa 48 Prozent der Belegschaft waren im Canadian Labour Congress organisiert.

Belegschaft

Tabelle C.4.1

Belegschaft in FTE

FTE		
WC	BC	Total
130	600	730

Der Altersdurchschnitt der Belegschaft lag bei 42 Jahren. Der Krankenstand lag bei 9 Prozent.

Umfeld auf dem Arbeitsmarkt

Die Arbeitslosenquote in Toronto lag aktuell bei 8,5 Prozent. Aus den vorliegenden Informationen ging hervor, dass in den letzten Monaten vakante Positionen nicht besetzt werden konnten. Genaue Gründe dafür konnten den Informationen nicht entnommen werden.

Die Fluktuation bei Canadian Fly Systems hatte sich folgendermaßen entwickelt:

Tabelle C.4.2

Entwicklung der Fluktuationsquote

2006	12,77%
2007	2,08%
2008	4,69%
2009	3,29%
2010	1,55%

Aufbau des HRM und personalwirtschaftlicher Instrumente

Canadian Fly Systems verfügte über ein HR-Servicecenter, das für die Lohn- und Gehaltsabrechnungen zuständig war. Als Ansprechpartner für Fach- und Führungskräfte sowie alle Mitarbeiter standen zwei HR-Manager zur Verfügung, die sich auch um die Rekrutierung kümmerten.

Die Abteilungsleiter führten regelmäßig Meetings mit ihren Mitarbeitern durch. Dies war in einem Managementhandbuch geregelt. Eine systematische Personalentwicklung gab es nicht.

Der Mindestlohn in Ontario betrug 10,25 CAD. Bei Canadian Fly Systems war das Entgelt jeweils individuell vereinbart. Entgeltregelungen beziehungsweise Tarifverträge existierten im Unternehmen nicht. Die Entgelthöhen lagen circa 3 Prozent unter dem landesüblichen Marktwert. Variable Vergütungsbestandteile gab es nicht.

Aus den Informationen ging auch hervor, dass es betriebliche Altersvorsorgezusagen gab. Die Unterlagen waren allerdings unvollständig. Die dafür gebildeten Rückstellungen erschienen Lucas zu niedrig.

Unternehmenskultur

Aufgrund von bisherigen Aussagen des Managements, die ihm von Kollegen aus anderen Bereichen der Due Diligence Prüfungen zugetragen worden waren, ging Lucas davon aus, dass bei Canadian Fly Systems eine starke Aufgabenidentifikation vorherrscht. Auffallend solle die Kunden- und Serviceorientierung aller Mitarbeiter sein. Außerdem war Lucas auf den Hang des Managements zu hoher Autonomie und unternehmerischer Selbstbestimmung hingewiesen worden.

In Toronto angekommen, war Lucas gefordert, vor Ort die nächsten Schritte der HR Due Diligence durchzuführen. Im Rahmen dieser standen ihm vor Ort ein Datenraum und ein Managementinterview zur Verfügung. Experteninterviews mit HR-Verantwortlichen würde er wegen der noch immer strengen Geheimhaltungspolitik aufseiten des Verkäufers nicht führen können.

Im Datenraum, der in einer großen Anwaltskanzlei in Toronto eingerichtet worden war, schaute sich Lucas in der ihm zur Verfügung stehenden Zeit unter anderem die folgenden Dokumente an:

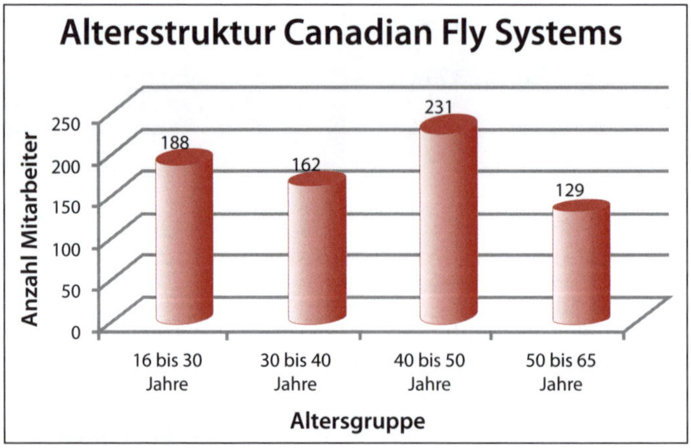

Abbildung C.4.1: Alterstruktur bei Canadian Fly Systems

Mitarbeiterjubiläen

[...]

Das Unternehmen zahlt seinen Jubilaren eine Geldzuwendung:

- bei 10-jähriger Betriebszugehörigkeit einen Betrag in Höhe von 2.000,00 CAD
- bei 20-jähriger Betriebszugehörigkeit einen Betrag in Höhe von 4.000,00 CAD
- bei 25-jähriger Betriebszugehörigkeit einen Betrag in Höhe von 5.000,00 CAD
- bei 30-jähriger Betriebszugehörigkeit einen Betrag in Höhe von 6.000,00 CAD
- bei 40-jähriger Betriebszugehörigkeit einen Betrag in Höhe von 8.000,00 CAD
- bei 50-jähriger Betriebszugehörigkeit einen Betrag in Höhe von 10.000,00 CAD

[...]

Der Betrag wird auf das Konto des jeweiligen Arbeitnehmers überwiesen. Dabei werden die jeweils gültigen steuer- und sozialversicherungsrechtlichen Regelungen berücksichtigt.

Regelungen zur Kündigung dieser Vereinbarung fand Lucas nicht. Als Nächstes sah er sich die Regelung zum Registered Retirement Savings Plan an.

Betriebliche Altersvorsorge

[...] Das Unternehmen zahlt einen Bonus, wenn ein Mitarbeiter in einen RRSP einzahlt. Für jeden Dollar, den ein Mitarbeiter in einen RRSP einzahlt, zahlt das Unternehmen weitere 0,70 CAD ein, jedoch maximal 70,00 CAD. [...]

Trotz seiner vorab platzierten Informationsanfragen fand er ansonsten eine unvollständige Datenlage mit einem geringen Detaillierungsgrad vor. Lucas dachte an die Prüfungsinhalte, auf die er wegen des Informationsmangels verzichten musste. Dazu gehörten zum Beispiel die Individualarbeitsverträge und die Qualifikationen sowie die Kompetenzen der Mitarbeiter. Nach wie vor war er nicht in der Lage, Schlüsselmitarbeiter zu identifizieren oder deren Bindung an das Unternehmen einzuschätzen. Im Datenraum waren zumindest keine Informationen zu Maßnahmen des Wissensmanagements oder der Mitarbeiterbindung vorhanden.

Das Managementinterview war bereits am dritten Tag nach seiner Ankunft terminiert. Im Rahmen dessen wollte er so viele konkrete Daten wie möglich bekommen, da dem Topmanagement keine detaillierten Unterlagen zum Thema Personal zur Verfügung standen. Lucas machte sich auf einen langen Abend im Hotelzimmer gefasst, um gut vorbereitet in das Managementinterview zu gehen.

Aufgaben

Nehmen Sie die Rolle von Lucas Bohmann ein.

1. Wie bereiten Sie das Managementinterview konkret vor? Setzen Sie Schwerpunkte und begründen Sie diese.

2. Am Abend vor dem Managementinterview haben Sie sich zu einer Telefonkonferenz mit Herrn Bremer verabredet. Denn dieser muss dem Aufsichtsrat noch vor dem Interviewtermin berichten. Nach dem aktuellen Stand Ihrer Due Diligence: Welche erste Einschätzung geben Sie an den Vorstand weiter?

HR Due Diligence-Checkliste

- Standard-Arbeitsverträge inkl. Datenschutzvereinbarungen, Wettbewerbsklauseln, Voll- und Teilzeitverträge, Freelancer-/ Berater-Verträge
- Impliziter Arbeitsvertrag
- Namentliche Liste aller Mitarbeiter inkl. Alter, Betriebszugehörigkeit, Brutto-Jahreseinkommen und Total Compensation, Kündigungsfrist, hierarchischer Einordnung
- Mitarbeiterzahl (Full-time equivalent – Head Count, Voll-/ Teilzeit, weiblich – männlich, Altersstruktur, Anteil gewerblicher Mitarbeiter, Anteil Akademiker, Anteil Ungelernte)
- Entwicklung der folgenden Kennzahlen über die letzten Jahre:
  - Fluktuation
  - Absentismus
  - Neueinstellungen
- Werden die gesetzlichen Quoten erfüllt (bezogen auf Rasse, Geschlecht, Schwerbehinderten etc.)?
- Verteilung der Mitarbeiter auf die Niederlassungen inkl. Auslandsentsendungen
- Entwicklung der Gesamtkosten HR, tarifliche und gesamte jährliche Gehaltssteigerungen jeweils in den letzten drei Jahren
- Zusätzliche Sozialleistungen: Wo weicht das Zielunternehmen von den gesetzlichen Mindestbestimmungen zum Beispiel bei Unfall- und Krankenversicherungen ab?
- Betriebliche Altersvorsorge und Verpflichtungen gegenüber Pensionären
- Dienstwagenregelung
- Regelung zu Mitarbeiterkrediten
- Personalmanagement-Instrumente:
  - Beurteilungssystem
  - erfolgs- und leistungsorientierte Vergütung
  - Mitarbeiterbindung
  - Arbeitszeitflexibilisierung und Arbeitszeitguthaben
  - Personalentwicklungsinstrumente und -strategie
- Regelungen zum betrieblichen Gesundheitsmanagement
- Maßnahmen zur Familienfreundlichkeit
- Mitbestimmungsgremien (inkl. namentlicher Liste), Betriebsvereinbarungen, Tarifverträge
- Arbeitsgerichtsprozesse (laufende und die der letzten Jahre, verbundene Kosten)
- Anzahl der durch Arbeitskampf verlorenen Arbeitstage in den letzten fünf Jahren
- Mitgliedschaft in Arbeitgeberverbänden und Organisationsgrad der Mitarbeiter in Gewerkschaften
- Payroll-Prozesse (inhouse oder outgesourc), verwendete Software
- HR-Software im Einsatz

Literaturempfehlungen zu den Themen Due Diligence, Kanada und Arbeitsrecht:

Faller, M.: Ansatzpunkte einer strategieorientierten HR Due Diligence. In: Personalführung, 7, 2006, S. 58-65.

Informationen der kanadisch-deutschen IHK unter *http://kanada.ahk.de/laenderinfo/info-kanada* (Stand: 19.12.2011); insbesondere AHK Kanada (Hrsg.): Kanada. Großes Land, große Potenziale. 7, 2010. Download unter *www.sihk.de/international/SIHK-Schwerpunktlaender/337118/Laenderschwerpunkt_Kanada.html?page=4* (Stand: 19.12.2011).

Employment Standards Act der Provinz Ontario. Download unter *www.labour.gov.on.ca/english/es/pdf/es_guide.pdf* (Stand: 19.12.2011).

C.4.3 Auf nach Polen

Heike Schinnenburg

Internationale Aktivitäten stellen gerade mittelständische Unternehmen vor große Herausforderungen. Vor allem der Aufbau neuer Standorte erfordert im Personalbereich kreative Lösungen – gerade angesichts sprachlicher Barrieren und arbeitsrechtlicher sowie kultureller Unterschiede. Den Lohnkostenvorteilen sind zudem erhöhte Aufwendungen für Einarbeitung der Mitarbeiter, Ausbildung sowie die Entsendung von Expatriats gegenüberzustellen. In der Literatur vernachlässigt wird dabei oft die Schwierigkeit, überhaupt geeignete Mitarbeiter für den Aufbau von Auslandsniederlassungen zu finden, die auch bereit sind, diese Aufgabe zu übernehmen.

Fallstudie

E-Mail

Von: Erich Christiansen (Personalleiter)

An: Renate Helmig (Personalreferentin)

Hallo Frau Helmig,

mit Herrn Hüsemann habe ich soeben gesprochen und wir sind uns einig, dass er für ein Jahr die Betriebsleitung in Polen übernimmt. Ich habe seinen Bonus bei guter Leistung auf 12.000 Euro erhöht.

Außerdem habe ich noch einmal mit unserer Unternehmensberatung Polins gesprochen. Die haben unsere Plan-Personalkosten bestätigt. Zwar sind die Löhne in den größeren Städten deutlich gestiegen, jedoch an unserem Planstandort bei Stettin im ländlichen Raum relativ konstant. Im Durchschnitt gehen wir in Polen nur von 8 Euro pro Stunde aus, während Deutschland im Produzierenden Gewerbe schon bei 29 Euro liegt. Über die erste Personalplanung haben wir ja schon gesprochen.

Hat sich vielleicht noch jemand auf die Ausschreibung als Vorarbeiter für Polen gemeldet? Das ist ja doch schwieriger als erwartet.

Gruß

Erich Christiansen

Renate Helmig schaute auf die E-Mail, die ihr Chef gestern Abend noch verschickt hatte und machte sich eine Notiz: „Christiansen an Zielvereinbarung mit Hüsemann erinnern!"

Vor ein paar Monaten hatte die Geschäftsleitung der W. Kronos Werkzeugbau GmbH entschieden, ein neues Werk in Polen aufzubauen. Es handelte sich um das erste Auslandsengagement des mittelständischen Unternehmens mit 650 Mitarbeitern. Vor Kurzem war ein Standort im ländlichen Raum in der Nähe der deutsch-polnischen Grenze gefunden worden und die Bauarbeiten liefen bereits an. Lohnkosten waren nicht der einzige Grund für diese Entscheidung, zumal bei Führungskräften und Spezialisten der Gehaltsunterschied ohnehin immer geringer werden würde. Vielmehr wurde Osteuropa auch als Absatzmarkt immer wichtiger und es ging darum, näher an den dortigen Kunden zu sein, um den Markt zu verstehen und sich schneller an lokale Bedürfnisse anzupassen.

Das Qualifikationsniveau in Polen galt zwar im Vergleich zu anderen osteuropäischen Nachbarn als gut, aber dennoch hatte die auf Osteuropa spezialisierte Unternehmensberatung Polins darauf hingewiesen, dass in Polen kaum Facharbeiter mit ähnlichen Erfahrungen wie in Deutschland zu finden wären. Als Geschäftsführer und Vertriebsleiter für das neue Werk hatte Kronos den aus Polen stammenden Wladimir Tomasz bereits eingeplant. Mit 13 Jahren war er mit seinen Eltern nach Deutschland gekommen und hatte sehr schnell Deutsch gelernt. Der heute dreißigjährige Wirtschaftsingenieur hatte nach seinem Abitur bei Kronos ein duales Studium als Jahrgangsbester absolviert und war bereits seit fünf Jahren im Vertrieb für Osteuropa tätig. Für das Unternehmen war er mit seinen guten Sprachkenntnissen in Russisch und Polnisch ein Glücksfall beim Aufbau des Osteuropageschäfts gewesen und die Geschäftsleitung verließ sich auf ihn. Allerdings hörte Renate auch Mitarbeiter hinter vorgehaltener Hand tuscheln, dass Tomasz einfach zur richtigen Zeit die „reifen Früchte" eingesammelt habe. Sie selbst schätzte dies eher als Neid einiger Kollegen ein, die von Tomasz überholt wurden. „Allerdings", so dachte Renate, „ist ein guter Vertriebler nicht unbedingt ein guter Geschäftsführer." Und aus ihren eigenen Erfahrungen mit Tomasz wusste sie, dass er manchmal sehr schnell und überoptimistisch Entscheidungen traf. Der Wirtschaftsingenieur hatte die Geschäftsführung mehrfach auf die Chancen in Polen aufmerksam gemacht und immer wieder betont, wie flexibel dort Arbeitszeiten beziehungsweise die Arbeitsgesetze im Vergleich zu Deutschland seien. Für ihn war das neue Werk der nächste Karriereschritt.

Für die erste Anlaufzeit von vier bis sechs Monaten hatte Tomasz daher vorgeschlagen, zusätzlich zum Betriebsleiter einen deutschen Vorarbeiter mit langjähriger Erfahrung in das neue Werk zu entsenden, um die Einarbeitung der polnischen Mitarbeiter sicherzustellen. Die interne Ausschreibung war bereits erfolgt. Die Vorstellung von Christiansen, alle Stunden in Polen – inklusiver zusätzlicher Einarbeitungsmaßnahmen – pauschal durch das Gehalt plus Mobilitäts- und Erschwerniszulage abzugelten, sah Renate kritisch, da im deutschen Werk alle Überstunden bezahlt wurden. Die Produktionsplanung im neuen Werk sollte übergangsweise von Wilhelm Hüsemann übernommen werden, der bis vor zwei Jahren Betriebsleiter bei Kronos gewesen war, dann aber auf die Position des Stellvertreters zurückgestuft wurde, als das Unternehmen umstrukturiert wurde. „Er ist eindeutig eine gute Wahl", dachte Renate, „da er sich in diesem Produktionsbereich bestens auskennt und bestimmt ein gutes „Gegengewicht" zum impulsiven Tomasz bilden wird." Aber Hüsemann wollte nur ein Jahr bis zum Ruhestand überbrücken. Renate wusste, dass er vor allem zugestimmt hatte, weil die Zusammenarbeit mit seinem neuen Vorgesetzten nur mäßig funktionierte und ihm zudem von Christiansen ein erheblicher Bonus für den erfolgreichen Aufbau in Polen versprochen worden war. „Wir brauchen noch eine Richtlinie, wie wir generell mit Entsendungen umgehen", dachte sie. Renate hatte Christiansen schon darauf angesprochen, der aber abgewiegelt hatte. Das sei für ein paar Leute nicht notwendig.

Christiansen war als kaufmännischer Leiter für Finanzen und Personal zuständig – sein Schwerpunkt war aber eher das Finanzmanagement. Er hatte Renate vor vier Jahren als Personalreferentin eingestellt. Ursprünglich begann sie als Auszubildende zur Industriekauffrau bei Kronos. Gegen Ende ihrer Ausbildung war Renate klar, dass eine Übernahme in ihrer Wunschabteilung Personal nicht möglich sein würde. Da sie ohnehin über ein Studium nachdachte, war die Entscheidung schnell gefallen. Neben dem Betriebswirtschaftsstudium hatte sie in den Semesterferien mehrfach im Unternehmen gearbeitet und den Kontakt gehalten. Und tatsächlich hatte das Wachstum des Unternehmens und die Fürsprache von Christiansen es ermöglicht, eine zusätzliche Stelle zu schaffen. So war Renate nach ihrem Bachelor-Abschluss als Personalreferentin eingestiegen und hatte nach und nach immer mehr Aufgaben übernehmen können. Sie hatte sich gefreut, nun auch ein internationales Projekt zu betreuen, auch wenn ihr bewusst wurde, dass das Engagement in Polen am Heimatstandort nicht ganz einfach zu vermitteln war.

In den ersten Jahren plante der Produktionsleiter Gerald Wochnowski, in Stettin Werkzeuge der Einstiegspreislagen zu bauen, die verhältnismäßig einfach zu produzieren waren und bei dem deutschen Lohnniveau kaum noch hergestellt werden konnten, ohne Verluste in Kauf zu nehmen. Die Aufträge für diese Produkte hatte man in den letzten Jahren überwiegend an Vorlieferanten gegeben und wollte diese nun an den polnischen Standort holen. Gleichzeitig konnte man damit den Bedenken der deutschen Mitarbeiter sowie des Betriebsrats entgegentreten, dass Jobs in Deutschland durch den Aufbau in Polen gefährdet würden. „Aber langfristig", dachte Renate, „sind die Befürchtungen vielleicht nicht von der Hand zu weisen."

Gerade im urdeutschen Familienunternehmen Kronos, das viel Wert auf Qualität legte und vor ein paar Jahren sein achtzigjähriges Jubiläum gefeiert hatte, war die Entscheidung für den neuen Standort für viele Mitarbeiter eher ein Warnsignal. Renate überlegte. Vor gut zwei Jahren hatte der Urenkel des Firmengründers, Ulf Kronos, die Leitung des Unternehmens übernommen. Seitdem waren einige Verfahrensweisen auf den Prüfstand gestellt worden und auch wenig ertragreiche Produkte an Subunternehmer abgegeben worden. Die früher üblichen Überstunden, die für viele Mitarbeiter ein beliebtes Zusatzeinkommen darstellten, gab es nun nur noch in Ausnahmefällen, was die Zahlung von Überstundenzuschlägen deutlich reduziert hatte. Am Anfang war die Zusammenarbeit zwischen Christiansen und Ulf Kronos eher holprig gewesen, da der kaufmännische Leiter bei einigen Plänen des neuen Geschäftsführers eine andere Meinung vertrat. Nach kurzer Zeit hatten beide sich aber schätzen gelernt und Christiansen gehörte zusammen mit dem Produktionsleiter Wochnowski zur Geschäftsleitung des Unternehmens.

Die vorläufige Personalplanung für Stettin lag griffbereit auf ihrem Schreibtisch. In vier Monaten sollte die Produktion dort starten.

Tabelle C.4.3

Personalplanung

		Personalplanung Werk Stettin									
		März	April	Mai	Juni	Juli	August	Sept.	Okt.	Nov.	Dez.
Betriebsleiter	MA			1	0	0	0	0	0	0	0
	MA kum.			**1**	**1**	**1**	**1**	**1**	**1**	**1**	**1**
Konstrukteure	MA			3	1	1	1	0	0	0	0
	MA kum.			**3**	**4**	**5**	**6**	**6**	**6**	**6**	**6**
Programmierung Zerspanung	MA				2	2	0	0	0	0	0
	MA kum.				**2**	**4**	**4**	**4**	**4**	**4**	**4**
Planung/Steuerung/Einkauf									1	0	0
	MA kum.								**1**	**1**	**1**
Zerspanungsmechaniker					4	4	4	0	0	4	0
	MA kum.				**4**	**8**	**12**	**12**	**12**	**16**	**16**
Werkzeugmechaniker					3	1	1	2	0	0	0
	MA kum.				**3**	**4**	**5**	**7**	**7**	**7**	**7**
Messtechniker					1	0	1	0	0	0	0
	MA kum.				**1**	**1**	**2**	**2**	**2**	**2**	**2**
Mechatroniker				1	0	0	1	0	0	0	0
	MA kum.			**1**	**1**	**1**	**1**	**1**	**1**	**2**	**2**
Bürokraft/Ass. der Geschäftsführung				1	0	0	0	0	0	0	0
	MA kum.			**1**	**1**	**1**	**1**	**1**	**1**	**1**	**1**
Summe				**6**	**14**	**21**	**26**	**27**	**28**	**33**	**33**

Hinweise: * Nicht enthalten sind der GF/Vertriebsleiter (Einstellung ab April) sowie der Vorarbeiter zur Anleitung.
*Falls die Verhandlungen über den Großauftrag (Kd. in Belarus) erfolgreich sind, müsste in manchen Wochen kurzfristig ggf. über 50 Std. pro Woche gearbeitet werden - das würde dann als Überstd. ausbezahlt - bitte diese notwendige Flexibiltät in den Verträgen berücksichtigen!

Eine Agentur in Polen, die von der Beratung Polins empfohlen wurde, wurde mit der operativen Anwerbung der dortigen Mitarbeiter betraut. Das war bereits geschehen, auch wenn die Vorbereitungen dafür, insbesondere die Arbeitsplatzbeschreibungen und Tätigkeitsprofile, noch nicht abgeschlossen waren. „Vielleicht hat Herr Hüsemann morgen Zeit, dies endgültig mit mir abzustimmen", dachte sie. Für die Koordination der Rekrutierung, die Einstellung und Qualifizierung der neuen lokalen Mitarbeiter sowie die Entsendung des Vorarbeiters war letztendlich dann doch Renate zuständig.

Es klopfte und ein blonder Schopf zeigte sich in der Tür: *„Hallo Frau Helmig, ich habe die interne Ausschreibung für Polen gesehen. Also, für eine begrenzte Zeit mache ich das, wenn das Geld stimmt. Sie wissen ja, wir haben gebaut und bei drei Kindern geht das Geld schneller weg, als ich gucken kann. In den letzten zwei Jahren sah es mit Überstunden ja auch eher düster aus. Es müsste natürlich deutlich mehr herausspringen, schließlich steht meine Frau dann unter der Woche allein da und muss sich um alles kümmern."* „Fritz Sieren schien sich das schon gut überlegt zu haben", dachte Renate und versprach ihm, sich in Kürze bei ihm zu melden. Man könne dann darüber weitersprechen. Als Sieren aus der Tür hinaus war, schaute sich Renate seine Personalakte an.

Derzeitig verdiente Sieren 3.119 Euro brutto bei einer 40-Stundenwoche. Zu Weihnachten zahlte die W. Kronos GmbH zudem ein Monatsgehalt als Weihnachtsgratifikation. Überstunden wurden extra vergütet.

Fritz Sieren war 48 Jahre alt und hatte drei Kinder im Alter 10, 14 und 16 Jahren. Seit 25 Jahren arbeitete er nun schon als gelernter Werkzeugmacher für Kronos und hatte auch eine entsprechende fachbezogene Meisterausbildung absolviert. Über Führungs- und Auslandserfahrungen verfügte er nicht. Allerdings war er in den letzten Jahren vermehrt auf Montage gewesen und hatte bei Kunden das Einfahren neuer Werkzeuge übernommen. Dort hatte er sich immer wieder mit den zuständigen Ansprechpartnern der Kunden abstimmen müssen. Er reagierte jedoch manchmal ungeduldig, wenn es Schwierigkeiten gab, so dass die Rückmeldungen unterschiedlich waren. Renate schaute noch einmal auf die Ausschreibung, die bereits seit einiger Zeit am schwarzen Brett in der Produktion und neben der Kantine aushing.

Interne Stellenausschreibung **W. Kronos GmbH**

Für unser neues Werk in Stettin/Polen suchen wir einen Mitarbeiter (m/w), der für ca. 4-6 Monate den Standort mit aufbaut und die neuen Mitarbeiter einarbeitet.

Voraussetzungen:

- Mindestens 6 Jahre Berufserfahrung als Vorarbeiter Werkzeugbau
- Mindestens Meister/Techniker-Ausbildung; Berufsausbildung Werkzeugmechaniker, Fachrichtung Stanz- und Umformtechnik wird vorausgesetzt.
- Polnische Sprachkenntnisse sind wünschenswert.
- Die Bereitschaft sich auf ein anderes Land einzulassen, Geduld und Freude bei der Ausbildung sind unerlässlich.
- Erste Führungserfahrungen oder Tätigkeiten in der Ausbildungswerkstatt sind von Vorteil.
- Flexibilität wird vorausgesetzt.

Für die Dauer des Auslandsaufenthaltes werden Unterkunft und Heimfahrten vom Unternehmen übernommen. Für weitere Auskünfte steht Ihnen gerne Frau Renate Helmig zur Verfügung.

Durchwahl-3156 E-Mail: helmig@kronosgmbh.de

Abbildung C.4.2: Interne Stellenausschreibung

Ob diese Lösung tatsächlich tragfähig war? Ihr Blick fiel auf den Praxisartikel zum Thema Entsendung, der auf ihrem Schreibtisch lag: *„Ein wichtiges Gebot ist, lediglich die besten Mitarbeiter auszuwählen"* (s. Literaturempfehlung unten). Sie überlegte kurz und suchte die Telefonnummer eines Studienfreundes heraus, den sie letzten Monat auf einem Alumni-Treffen wiedergesehen hatte. *„Wagner"*, meldete er sich tatsächlich sofort am Telefon. Renate wusste, dass Burkhard Wagner über viel Erfahrung bei Entsendungen verfügte, da er bei einem großen Automobilzulieferer als Referent für Internationales HRM tätig war. Sie schilderte ihm die Problematik und fühlte sich in ihren Zweifeln bestätigt, als Wagner meinte: *„Also ehrlich gesagt: Das hört sich nicht nach einer guten Lösung an. Ich selbst habe ja meine Erfahrungen mit Mentoren, die wir nach China geschickt haben. Häufig treten die dort arrogant auf und es kommt zu Schwierigkeiten. Hat denn euer Geschäftsführer für das Werk in Polen kein persönliches Netzwerk in diesem Umfeld? Kennt er nicht jemanden? Vielleicht bekommt ihr ja auch polnische Mitarbeiter, die schon in Deutschland in ähnlichen Positionen gearbeitet haben? Aus meiner Sicht wäre es gut, nach einer anderen Lösung zu schauen. Übrigens: Seid Ihr sicher, dass die Vorbildung ausreicht? Ich weiß ja, dass Ingenieure schwer zu bekommen sind, aber bei uns würden wir die Position höher ansiedeln."* Sie hielten noch ein wenig Smalltalk und verabschiedeten sich dann.

Burkhard hatte durchaus Recht – Sieren war kein Idealkandidat für das Anforderungsprofil. Aber bisher hatte sich noch niemand auf die interne Ausschreibung gemeldet. Die meisten Mitarbeiter waren nicht bereit, den Standort zu wechseln, das hatte schon der Betriebsratsvorsitzende angekündigt. Außerdem meinte er, es wäre schön dumm, dort alles aufzubauen, damit dann die Jobs nach Polen gingen... Renate wählte die Telefonnummer von Wochnowski und berichtete kurz vom Gespräch mit Fritz Sieren. *„Na ja, Mister Perfect werden wir wohl nicht finden“*, meinte Wochnowski, *„wir brauchen jetzt unbedingt eine schnelle Lösung. Und bislang hat mir jeder, den ich sonst im Auge hatte, abgesagt.“* „Insgesamt passt das alles noch nicht“, dachte Renate, „vielleicht gab es auch noch andere Möglichkeiten.“

Das Telefon klingelte. Christiansen meldete sich: *„Hallo Frau Helmig, in einer Woche wollen wir auf der Projektbesprechung Stettin das erste Konzept zur Personalplanung diskutieren. Es wäre natürlich gut, wenn wir das erst vorbesprechen. Wann passt es Ihnen?“* Sie vereinbarten einen Termin in drei Tagen.

Aufgabe

Stellen Sie sich vor, Sie sind Renate Helmig. Was tun Sie konkret?

Literaturempfehlung:

Siebeke, S.: Das Entsendungsmanagement kann effizienter gestaltet werden. In: Personalmagazin, 7, 2009, S. 42-44.

Die Autoren

Prof. Dr. Nicole Böhmer lehrt seit 2006 Betriebswirtschaftslehre, insbesondere Personalmanagement, an der Hochschule Osnabrück. Nach einer Ausbildung zur Bankkauffrau studierte sie Wirtschaftswissenschaften und Wirtschaftspädagogik an der Carl von Ossietzky Universität Oldenburg und der Manchester Metropolitan University. Vor der Übernahme der Professur war sie sieben Jahre in der Personalabteilung einer Regionalbank tätig und dort unter anderem für Hochschulmarketing sowie E-Recruitment verantwortlich. Im Themabereich „Erfolgs- und leistungsorientierte Vergütung" wurde sie 2005 als externe Doktorandin promoviert. Ihre Forschungs- und Lehrschwerpunkte liegen bei Anreizsystemen und internationalem Personalmanagement.

n.boehmer@hs-osnabrueck.de

Dipl.-Ing. Andreas Frentz MBA ist Geschäftsführer der FFT management.health oHG in Stuttgart und verantwortlich für den Bereich Zahnärzte im niedergelassenen Bereich. Er managt zudem die Zahnarztpraxis der Familie, die er zu einer der führenden Praxen in Stuttgart ausbaute. Nach dem Studium der Technischen Kybernetik an der Technischen Universität Chemnitz war er langjährig in Entwicklung und Support innerhalb der IT-Branche tätig, bis er sich 1995 ganz auf die Gesundheitsbranche konzentrierte. Seine Beratungsthemen sind neben Prozessoptimierung, Qualitätsmanagement und Vergütung auch Strategieentwicklung und Führung von Zahnarztpraxen als professionell agierende Unternehmen.

frentz@management-health.de

Prof. Dr. Dirk Funck lehrt seit 2011 als Professor für Handelsbetriebslehre an der Fachhochschule in Worms mit den Schwerpunkten Handelsmanagement, Handelscontrolling, E-Commerce und Corporate Social Responsibility. Darüber hinaus ist er Vorsitzender des Beirats der Rid-Stiftung des Bayerischen Einzelhandels in München und leitet zwei Erfahrungsaustauschgruppen mittelständischer Kauf- und Warenhäuser. Nach seinem Studium der Betriebswirtschaft an der Georg-August-Universität Göttingen schloss er seine Promotion zum Thema „Ökologieorientierte Sortimentspolitik im Handel" ab und sammelte Erfahrungen als Berater, Trainer und Coach für den mittelständischen Einzelhandel. Es folgte eine fast achtjährige Anstellung als leitender Angestellter und Geschäftsführer in einer der führenden Verbundgruppen in Deutschland.

funck@fh-worms.de

Prof. Dr. Petra Gorschlüter lehrt seit 2004 an der Hochschule Osnabrück Betriebswirtschaftslehre, insbesondere Management im Gesundheitswesen, und ist seit 2011 Beauftragte für den MBA-Studiengang Gesundheitsmanagement. Nach dem Studium der Betriebswirtschaftslehre an der Westfälischen Wilhelms-Universität Münster war sie wissenschaftliche Mitarbeiterin am dortigen Institut für Industrie- und Krankenhausbetriebslehre und promovierte zum Thema „Qualitätsmanagement im Krankenhaus". In der Praxis sammelte sie sowohl im Krankenhausbereich als auch bei den gesetzlichen Krankenkassen in Leitungsfunktionen Erfahrungen. Ihre Lehr- und Forschungsschwerpunkte sind Qualitätsmanagement im Gesundheitsbereich sowie Personalmanagement für die Berufsgruppen Pflege und Hebammen.

gorschlueter@wi.hs-osnabrueck.de

Dipl.-Wirtschaftsjurist (FH) René Hüggelmeier ist Personalleiter bei den Amazonen-Werken H. Dreyer GmbH & Co. KG. Darüber hinaus ist er Lehrbeauftragter für Personalmanagement an der Hochschule Osnabrück. Herr Hüggelmeier hat zunächst eine Ausbildung zum Groß- und Außenhandelskaufmann absolviert. Danach studierte er Wirtschaftsrecht mit den Schwerpunkten Personal und Arbeitsrecht an der Hochschule Osnabrück. Herr Hüggelmeier verfügt über langjährige Berufserfahrung im Personalmanagement, die er in verschiedenen leitenden Positionen sowohl in mittelständischen Unternehmen als auch in internationalen Konzernen sammelte.

r.hueggelmeier@hs-osnabrueck.de

Dipl.-Päd. Katrin Lattner arbeitet seit 2010 als wissenschaftliche Mitarbeiterin an der Hochschule Osnabrück im Forschungsprojekt „Evaluationsstudie zur Kompetenz und Zufriedenheit von Erzieherinnen" bei Frau Prof. Dr. Julia Schneewind und Frau Prof. Dr. Nicole Böhmer. Sie promoviert im Themenbereich Burnout und emotionale Erschöpfung. Zuvor studierte Frau Lattner Erziehungswissenschaften und Psychologie mit dem Schwerpunkt Kleinkindpädagogik sowie dem Zusatzfach Sozialpädagogik an der Freien Universität Berlin. Erste Erfahrungen in der Projektkoordination sammelte Frau Lattner als freie Mitarbeiterin bei der PädQUIS gGmbH unter der Geschäftsführung von Herrn Prof. Dr. Wolfgang Tietze (Freie Universität Berlin).

k.lattner@hs-osnabrueck.de

Dipl.-Kauffrau (FH) Sonja Marrek ist als Human Resources Manager bei der Döhler GmbH in Darmstadt tätig. Nach ihrer Ausbildung zu Speditionskauffrau studierte sie Betriebswirtschaftslehre mit den Schwerpunkten Personal, Veranstaltungsmanagement und Logistik an der Hochschule Osnabrück und der La Trobe University in Melbourne, Australien. Erfahrungen im Personalmanagement sammelte Frau Marrek nach ihrem Studium in verschiedenen Positionen bei einem koreanischen Automobilhersteller und in einem US- amerikanischen Chemiekonzern.

sonja.marrek@doehler.com

Dipl.-Kauffrau (FH) Annette Metz M.A. leitet seit 2004 das CONBEN Representative Office in Shanghai, China, eine auf Führungskräfteentwicklung spezialisierte Beratungsfirma. Das Shanghai Rep Office gehört zu der von Frau Metz mitbegründeten CONBEN Deutschland GMBH (Düsseldorf). Zuvor betreute Frau Metz als Senior Beraterin einer Schweizer Beratungsfirma namhafte europäische Unternehmen in der Vertriebs- und Führungskräfteentwicklung. Die Basis für ihre Beratungstätigkeit stellt ihre langjährige Handels- (Einkaufs- und Vertriebs-) sowie Marketingerfahrung dar, die sie in verschiedenen Positionen eines europäischen Handelsunternehmens gewann. Frau Metz studierte European Business Studies an der Hochschule Osnabrück und in Frankreich und Griechenland und absolvierte einen Master of Arts in European Marketing Management an der Brunel University in London.

annette.metz@conben.com.cn

Dipl. Psych. Katja Reuter begleitet als externe Beraterin vor allem Handels- und Dienstleistungsunternehmen sowie Verlage. Schwerpunkte ihrer Tätigkeit sind die Entwicklung von (Nachwuchs-)Führungskräften, die Begleitung von Veränderungsprozessen und das Training sozialer Kompetenzen, insbesondere Kommunikation und Konfliktbewältigung. Im Anschluss an ihr Psychologiestudium begann sie in einer Hamburger Unternehmensberatung den Bereich Personalentwicklung und Training als Mitarbeiterin und später als Prokuristin zu gestalten. Seit 2004 ist sie selbstständige Personalentwicklerin, Coach und Trainerin. Des Weiteren berät sie Unternehmen bei der Entwicklung von Organisation, Teams und Persönlichkeiten. Seit 2005 ist sie zudem regelmäßig als Lehrbeauftragte an der Hochschule Osnabrück tätig. Sie absolvierte unter anderem ein Aufbaustudium der Arbeitswissenschaften sowie Fortbildungen zur systemischen Organisationsberaterin und Supervisorin.

info@reuterpunkt.de

Prof. Dr. Heike Schinnenburg lehrt seit 2002 an der Hochschule Osnabrück Betriebswirtschaftslehre, insbesondere Personalmanagement, und ist regelmäßig als Gastprofessorin am Shanghai Institute of Foreign Trade tätig. Nach einer kaufmännischen Ausbildung studierte sie Wirtschaftswissenschaften an der Universität Hannover und sammelte danach erste Asienerfahrungen in Thailand bei der Deutsch-Thailändischen Handelskammer. Ihre Promotion über strategische Personalentwicklung schloss sie neben ihrer freiberuflichen Tätigkeit als Unternehmens- und Personalberaterin in Dienstleistungs- und Handelsunternehmen ab. Bevor sie den Ruf als Professorin annahm, arbeitete sie einige Jahre als Personalleiterin und Prokuristin bei einer Verbundgruppe für mittelständische Einzelhandelsunternehmen. Ihre Lehr- und Forschungsschwerpunkte sind Personalrecruiting, Personalentwicklung, internationales Personalmanagement sowie Change Management.

schinnenburg@wi.hs-osnabrueck.de

Prof. Dr. Carsten Steinert ist seit 2008 Professor für Allgemeine Betriebswirtschaftslehre, insbesondere Personalmanagement, an der Hochschule Osnabrück. Nach Abschluss des Studiums der Wirtschaftswissenschaften und einer Lehrtätigkeit am Winchester College in England promovierte er berufsbegleitend auf dem Gebiet der Personalentwicklung. Danach war er sechs Jahre als Personalmanager eines internationalen Finanzdienstleistungskonzerns tätig. Während dieser Zeit war er zudem ehrenamtlicher Richter am Arbeitsgericht in Frankfurt am Main. Seine Lehr- und Forschungsschwerpunkte sind Mitarbeiterführung, Managementdiagnostik, strategisches Personalmanagement und Change Management.

c.steinert@hs-osnabrueck.de

Dipl. Kulturwirtin Daniela Vogel MSc. ist seit 2011 als selbstständige Unternehmensberaterin, als Coach und Yogalehrerin tätig und unterstützt Unternehmen und Einzelpersonen in Veränderungsprozessen hin zu mehr Erfolg, Vitalität und Lebensfreude. Vor ihrer Selbstständigkeit arbeitete sie als Managerin für eine internationale Unternehmensberatung und betreute zahlreiche global agierende Konzerne im deutschsprachigen Raum und im Mittleren Osten. Ihr Beratungsschwerpunkt liegt auf den Bereichen Change Management und Talent Management. Frau Vogel studierte Sprachen-, Wirtschafts- und Kulturraumstudien an der Universität Passau und der Sciences Po Toulouse in Frankreich und absolvierte den Master of Science in International Employment Relations and Human Resource Management an der London School of Economics.

info@daniela-vogel.com

Bildnachweis:

S. 39 Quelle: Fotolia 15685328.
S. 55 Quelle: Fotolia 34861380.
S. 73 Quelle: Fotolia 30604293.
S. 92 Quelle: Fotolia 17454383.
S. 104 Quelle: Fotolia 23852249.
S. 120 Quelle: Fotolia 30506200.
S. 124 Quelle: Fotolia 25399411.
S. 134 Quelle: Fotolia 15561643.
S. 136 Quelle: Fotolia 28468155.
S. 139 Quelle: Fotolia 8053255.
S. 140 Quelle: Fotolia 30909877.
S. 146 Quelle: Fotolia 27401365.
S. 155 Quelle: Fotolia 28554764.
S. 162 Quelle: Fotolia 2844240.